Springer Tracts in Natural Philosophy

Ergebnisse der angewandten Mathematik

Volume 3

Edited by C. Truesdell

Co-Editors: L. Collatz · G. Fichera

M. Fixman · P. Germain · J. Keller · A. Seeger

Konstruktive Methoden
der konformen Abbildung

Dieter Gaier

Springer-Verlag · Berlin · Göttingen · Heidelberg 1964

Dr. rer. nat. Dieter Gaier, Ph. D.
o. Professor für angewandte Mathematik
an der Justus Liebig-Universität Gießen

ISBN 978-3-642-87225-9   ISBN 978-3-642-87224-2 (eBook)
DOI 10.1007/978-3-642-87224-2

Titel-Nr. 6731

Vorwort

Das Erscheinen der elektronischen Rechenanlagen hat für die konstruktiven Methoden der konformen Abbildung einen starken Aufschwung gebracht. Während es früher eine äußerst zeitraubende Aufgabe war, eine konforme Abbildung wenigstens mit mäßiger Genauigkeit herzustellen, wurde es nun möglich, größere Versuchsserien auszuführen und damit die Güte von Verfahren besser zu beurteilen; auch konnten jetzt schwierigere Probleme angegriffen werden, wie etwa die effektive konforme Abbildung mehrfach zusammenhängender Gebiete auf Normalgebiete. Dieser von der Praxis herkommende Impuls hat andererseits zahlreiche Mathematiker dazu angeregt, sich mit der theoretischen Durchforschung der Methoden weiter zu beschäftigen. Durch den engen Kontakt zwischen theoretischen Disziplinen (Funktionentheorie, reelle Analysis, Funktionalanalysis) und der Experimentalmathematik haben heute die Methoden der konformen Abbildung eine besondere Anziehungskraft bekommen.

Das vorliegende Buch versucht, diese beiden Aspekte gleichermaßen zu berücksichtigen. Der theoretisch interessierte Leser findet die notwendigen funktionentheoretischen Sätze, Konvergenzuntersuchungen und Fehlerabschätzungen, während andererseits dem Praktiker Anleitung zur Gewinnung konkreter numerischer Ergebnisse gegeben wird. Im Vordergrund stehen die Integralgleichungsmethoden, die das Problem der konformen Abbildung an seiner empfindlichsten Stelle, an der Zuordnung der Ränder, angreifen. Sodann werden Polynome mit Extremaleigenschaften zur konformen Abbildung verwendet, und danach verschiedene weitere, z. T. sehr nützliche Einzelmethoden behandelt. Im Falle mehrfachen Zusammenhangs treten die funktionentheoretischen Iterationsverfahren hinzu, bei denen das Problem auf die konforme Abbildung einfach zusammenhängender Gebiete reduziert wird. Die zahlreichen ausgewerteten Experimente sollen dem Praktiker helfen, an Hand der Erfahrungen mit den durchgerechneten Beispielen das seinem Problem gemäße Verfahren zu finden; siehe hierzu Todd ([421], S. 2).

Zur Anlage des Buches ist zu sagen, daß seine ersten vier Kapitel im wesentlichen voneinander unabhängig sind, während sich Kapitel V auf die vorangehenden bezieht. Die grundsätzlichen Entwicklungen sind meist ausführlich dargestellt, um die Verwendung des Buches in Vorlesungen und Seminaren zu ermöglichen und dadurch weitere Interessenten zu gewinnen. Andererseits wurde versucht, über sämtliche bekannten Ergebnisse möglichst vollständig zu berichten; die Literatur ist bis Ende 1963 berücksichtigt.

Die Anregung, mich mit konformer Abbildung zu beschäftigen, verdanke ich meinen Lehrern Professor LÖSCH und Professor WALSH, während mich Professor COLLATZ zur Abfassung dieses Buches veranlaßt hat. Professor JOHN TODDs Einfluß ist in den numerischen Teilen des Buches zu spüren; mit Hilfe eines Forschungskontrakts der Office of Naval Research konnte ich im Winter 1960/61 am California Institute of Technology arbeiten. Von besonderem Vorteil für mich war es, daß ich mich beim Lesen der Korrekturen auf eine bewährte Mannschaft von Mitarbeitern, bestehend aus Dr. OTTO HÜBNER, Dr. SIGBERT JAENISCH und Fräulein HELGA BERTRAM, stützen konnte. Gelegentlich haben auch noch die Herren Dr. RUDOLF REPGES, Dipl.-Math. HANS-JOACHIM FROHN und Dipl.-Math. DIETER HOCK mitgeholfen. Ihnen allen gilt an dieser Stelle mein herzlicher Dank.

Gießen, Januar 1964.

DIETER GAIER

Inhaltsverzeichnis

Kapitel II. Das Verfahren von THEODORSEN zur konformen Abbildung von $|z| < 1$ auf ein Gebiet

Kapitel III. Approximation konformer Abbildungen durch Polynome mit Extremaleigenschaften

Anhang

Kapitel I

Konforme Abbildung einfach zusammenhängender Gebiete durch Lösung von Integralgleichungen mit Neumannschem Kern

Die ersten beiden Kapitel dieses Buches sind solchen Methoden der konformen Abbildung gewidmet, die das vorgelegte Abbildungsproblem auf die Lösung einer Integralgleichung für die Ränderzuordnung oder für eine eng damit zusammenhängende Funktion reduzieren. Die Abbildung der inneren Gebietspunkte (sofern sie überhaupt gesucht ist) ergibt sich dann, bei bekannter Randabbildung, vermittels der Cauchyschen Integralformel.

In Kapitel I interessieren wir uns für die Abbildung eines gegebenen Gebiets auf den Einheitskreis, in Kapitel II für die Umkehrfunktion. Beide Probleme führen auf verschiedene Typen von Integralgleichungen: Im ersten Fall sind die Integralgleichungen linear, im zweiten dagegen nichtlinear. Die linearen Integralgleichungen sind eng mit denen verwandt, die bei der Lösung der Grundaufgaben der Potentialtheorie auftreten. Ihre praktische Behandlung hat gegenüber der nichtlinearen natürlich gewisse Vorzüge, doch hängt der Kern vom Gebiet ab und muß also stets neu aufgebaut werden, was bei einer etwa geometrisch vorgelegten Randkurve einen gewissen Aufwand erfordern kann.

Nach einigen Vorbereitungen leiten wir zunächst die fraglichen Integralgleichungen auf rein funktionentheoretischem Wege ab, beschäftigen uns dann mit ihrer theoretischen Lösung durch Bildung der Neumannschen Reihe, wobei wir besonders auf Fehlerabschätzungen achten, und kommen dann in § 4 zur Frage der numerischen Approximation der Lösung. Auch hierbei wird auf Fehlerbetrachtungen, soweit sie bisher möglich sind, besonders eingegangen.

§ 1. Vorbemerkungen

Bevor wir zur Aufstellung und Behandlung der für die konforme Abbildung bedeutsamen Integralgleichungen kommen, wollen wir einiges über die Geometrie rektifizierbarer Kurven, insbesondere den Zusammenhang mit dem Neumannschen Kern und über Randwerte von Cauchy-Integralen zusammenstellen.

1.1. Geometrische Vorbemerkungen und Bezeichnungen

a) Rektifizierbare und glatte Kurven. Es sei C ein rektifizierbarer Jordanbogen: $z = z(s)$ $(0 \leq s \leq L)$; hierbei bezeichnet s die Bogenlänge. Wegen $|z(s_1) - z(s_2)| \leq |s_1 - s_2|$ ist $z(s)$ in $\langle 0, L \rangle$ absolut stetig, so daß $z'(s)$ fast überall in $\langle 0, L \rangle$ existiert und (z. B. GOLUSIN [143], S. 367)

$$s = \int_0^s |z'(t)|\, dt$$

gilt, woraus durch Differentiation fast überall $|z'(s)| = 1$ folgt.

Diese fast überall in $\langle 0, L \rangle$ geltenden Aussagen sind auch dann noch nicht im *ganzen* Intervall $\langle 0, L \rangle$ richtig, wenn C überall eine Tangente besitzt. Hat dagegen C überall eine Tangente mit dem Richtungswinkel $\vartheta(s)$, und ist $\vartheta(s)$ in $\langle 0, L \rangle$ *stetig*, so ist $z'(s)$ in $\langle 0, L \rangle$ existent und stetig, und es gilt $|z'(s)| = 1$, $\arg z'(s) = \vartheta(s)$. Dann nennen wir C *glatt*. Eine (geschlossene) Jordankurve, die sich aus endlich vielen glatten Jordanbögen zusammensetzt, heißt *stückweise glatt*; in diesem Fall hat die Jordankurve höchstens endlich viele Ecken, tritt keine auf, so nennen wir sie *glatt*.

Gehört die Tangentenwinkelfunktion $\vartheta(s)$ einer glatten Jordankurve $C : z = z(s)$ einer Lipschitz-Klasse $\mathrm{Lip}\,\alpha$ an $(0 < \alpha \leq 1)$, so sagen wir, es sei $C \in C'_\alpha$; äquivalent dazu ist $z'(s) \in \mathrm{Lip}\,\alpha$. Entsprechend heißt $C \in C''_\alpha$, wenn $\vartheta'(s) \in \mathrm{Lip}\,\alpha$ oder äquivalent dazu $z''(s) \in \mathrm{Lip}\,\alpha$ ist.

b) Bezeichnungen. Die im folgenden konform abzubildenden Gebiete G werden mindestens stückweise glatt berandet vorausgesetzt. Wir verwenden gleichbleibend in diesem Kapitel die folgenden Bezeichnungen.

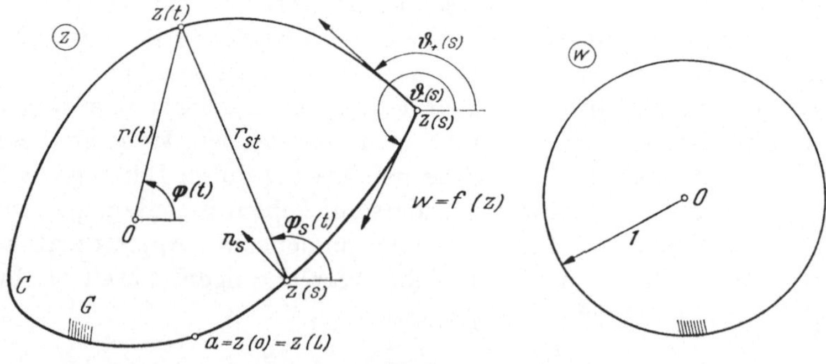

Fig. 1

Die Bogenlänge von C werde bei positivem Durchlauf von $z = a$ aus gemessen; $a = z(0)$ sei kein Eckpunkt; L sei die Länge von C, und es sei $O \in G$.

$\vartheta_+(s),\, \vartheta_-(s)$: vorderer und hinterer Tangentenwinkel, gemessen von der $+x$-Achse.

$\vartheta_- - \vartheta_+ = \alpha \cdot \pi$, $\alpha = \alpha(s)$, mit $0 < \alpha < 2$. Ist $\alpha = 1$, so sprechen wir von $\vartheta_+(s) = \vartheta(s)$ als der *Tangentenwinkelfunktion.*

$$r_{st} = |z(t) - z(s)| \quad \text{und} \quad \varphi_s(t) = \arg(z(t) - z(s)), \qquad t \neq s.$$

$$r(t) = |z(t)| \quad \text{und} \quad \varphi(t) = \arg z(t).$$

$\mu(s)$: Winkel zwischen $+x$-Achse und innerer Kurvennormale n_s in $z(s)$; beim Vorliegen einer Ecke ist die Normale durch die Winkelhalbierende zu ersetzen.

Die Argumentwerte seien dabei so gewählt, daß ϑ_+, ϑ_-, φ, μ beim Durchlaufen von C um 2π zunehmen und an $z = a$ ein Sprung der Höhe 2π stattfindet; z. B. $\varphi(L) = \varphi(0) + 2\pi$. Die Funktion $\varphi_s(t)$ ist bezüglich t mit L periodisch und stetig für $t \neq s$. An $t = s$ findet ein Sprung der Höhe $\alpha\pi$ statt:

$$\varphi_s(s-) = \vartheta_-(s) = \vartheta_+(s) + \alpha\pi = \varphi_s(s+) + \alpha\pi.$$

Schließlich bezeichne noch $\theta(s)$ die Ränderzuordnung bei der konformen Abbildung von G auf $|w| < 1$ durch $w = f(z)$, wobei wir beachten, daß $f(z)$ im abgeschlossenen Gebiet $\overline{G}$ stetig ist (Anhang 4). Es ist $\theta(s) = \arg f(z(s))$ in $s = 0$ festgelegt und für wachsendes s stetig fortgesetzt, also $\theta(L) = \theta(0) + 2\pi$. Daraus folgt, daß $\theta(s) - \varphi(s)$ mit L periodisch ist.

c) Der Neumannsche Kern $K(s, t)$. Es sei nun C eine glatte Jordankurve, und wir betrachten für $t \neq s$ den Kern

$$K(s, t) \doteq \frac{1}{\pi} \cdot \frac{\sin(\vartheta(t) - \varphi_s(t))}{r_{st}} = \frac{1}{\pi} \cdot \frac{\partial}{\partial t}\, \varphi_s(t) = -\frac{1}{\pi} \cdot \frac{\partial \log r_{st}}{\partial n_t}, \quad (1.1)$$

ferner daneben gelegentlich

$$\frac{1}{\pi} \cdot \frac{\cos(\vartheta(t) - \varphi_s(t))}{r_{st}} = \frac{1}{\pi} \cdot \frac{\partial \log r_{st}}{\partial t} \text{ oder } \frac{\partial r_{st}}{\partial t} = \cos(\vartheta(t) - \varphi_s(t)). \quad (1.2)$$

Wie Birkhoff-Young-Zarantonello ([40], S. 118) nennen wir $K(s, t)$ den Neumannschen Kern, da $K(s, t)$ als Kern einer Integralgleichung (zur Lösung des Dirichletschen Problems) erstmals bei C. Neumann [300] auftritt, der auch schon einfache Eigenschaften von $K(s, t)$ untersucht hat.

Für $t \neq s$ ist $K(s, t)$ stetig, für $t \to s$ im allgemeinen aber nicht beschränkt. Jedoch gilt

Satz 1.1. *a) Ist $C \in C'_\alpha$, so ist $K(s, t)\,|s - t|^{1-\alpha}$ und $\dfrac{\partial}{\partial s} K(s, t)\,|s - t|^{2-\alpha}$ beschränkt $(0 \leqq s, t \leqq L)$.*

b) Ist $C \in C''_\alpha$, so ist $\dfrac{\partial}{\partial s} K(s, t)\,|s - t|^{1-\alpha}$ beschränkt $(0 \leqq s, t \leqq L)$.

c) Ist C stetig gekrümmt, so gilt für jedes s_0 $\displaystyle\lim_{s, t \to s_0, s_0} K(s, t) = \frac{1}{2\pi}\, \varkappa(s_0)$, wobei $\varkappa(s_0)$ die Krümmung von C an der Stelle $z(s_0)$ bedeutet.

Wir beweisen die erste Aussage von a). Es ist, als inneres Produkt geschrieben,

$$K(s, t) = \frac{1}{\pi} \cdot \frac{(n_t, z(s) - z(t))}{|z(s) - z(t)|^2} .$$

Dabei ist

$$z(s) - z(t) = z'(t)(s - t) + \int_t^s (z'(\tau) - z'(t)) \, d\tau , \qquad (1.3)$$

also

$$|(n_t, z(s) - z(t))| \leq |s - t| \cdot A \cdot |s - t|^\alpha ,$$

und

$$|z(s) - z(t)| \geq B \, |s - t| .$$

Dies ergibt

$$|K(s, t)| \cdot |s - t|^{1-\alpha} \leq \frac{1}{\pi} \cdot \frac{A|s - t|^{1+\alpha}}{B^2 |s - t|^2} \cdot |s - t|^{1-\alpha} = \frac{A}{\pi B^2} .$$

Entsprechend beweist man die übrigen Teile von Satz 1.1.

Wir bemerken weiter: *Ist C glatt, so ist*

$$|\log r_{st}| \leq \log \frac{1}{|s - t|} + O(1) \qquad (0 \leq s, t \leq L) \qquad (1.4)$$

und daher

$$\int_0^L \int_0^L |\log r_{st}| \, ds \, dt < \infty .$$

Es ist nämlich

$$r_{st} = |z(s) - z(t)| = \left| \int_t^s z'(\tau) \, d\tau \right| = \left| \int_t^s z'(s)(1 + o(1)) \, d\tau \right| = |s - t|(1 + o(1)) ,$$

mit $o(1) \to 0 \ (t \to s)$, gleichmäßig in s, woraus (1.4) sofort folgt.

1.2. Randwerte von Cauchy-Integralen

Ist der Rand C von G rektifizierbar, und $f(z)$ in G regulär und in $\overline{G}$ stetig, so gilt nach der erweiterten Cauchyschen Integralformel (z. B. WALSH [443], S. 43) $f(z) = \frac{1}{2\pi i} \int_C \frac{f(\zeta)}{\zeta - z} \, d\zeta$ für jedes $z \in G$. Wir benötigen eine entsprechende Formel, falls $z \in C$ ist.

Satz 1.2. *Der Rand C von G sei glatt, und $f(z)$ sei in G regulär und in $\overline{G}$ stetig. Dann gilt für jedes $z_0 \in C$*

$$f(z_0) = \frac{1}{\pi i} \int_C \frac{f(\zeta)}{\zeta - z_0} \, d\zeta , \qquad (1.5)$$

wobei das Integral als Cauchyscher Hauptwert zu nehmen ist.

Bezeichnet C_ε den durch Weglassen des Bogens $(s_0 - \varepsilon, s_0 + \varepsilon)$ entstehenden Jordanbogen, so ist der *Cauchysche Hauptwert* von $\int_C$ durch $\lim_{\varepsilon \to 0} \int_{C_\varepsilon}$ erklärt.

Beweis. Der betrachtete Punkt sei $z_0 = z(s_0)$, um den wir den Kreis $|z - z_0| = \varepsilon$ zeichnen. Wie leicht ersichtlich, hat dieser für hinreichend kleines ε genau zwei Schnittpunkte mit C, die wir mit $z(s_0 + \varepsilon_1)$ und $z(s_0 - \varepsilon_2)$ bezeichnen; dabei gilt $\varepsilon_1 \geqq \varepsilon$ und $\varepsilon_2 \geqq \varepsilon$. Der innerhalb G liegende Teil von $|z - z_0| = \varepsilon$, der $z(s_0 - \varepsilon_2)$ und $z(s_0 + \varepsilon_1)$ verbindet, heiße $\Gamma(\varepsilon)$, und $C(\varepsilon)$ bezeichne den von $z(s_0 + \varepsilon_1)$ nach $z(s_0 - \varepsilon_2)$ führenden Teil von C (vgl. Fig. 2).

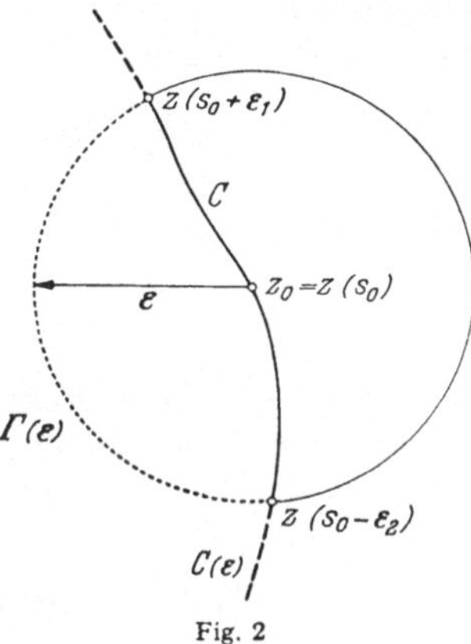

Fig. 2

Nach dem Cauchyschen Integralsatz gilt dann

$$0 = \int\limits_{\Gamma(\varepsilon)+C(\varepsilon)} \frac{f(\zeta)}{\zeta - z_0}\, d\zeta = \int\limits_{\Gamma(\varepsilon)} + \int\limits_{C(\varepsilon)},$$

und setzt man im ersten Integral $\zeta = z_0 + \varepsilon e^{i\varphi}$, $f(\zeta) = f(z_0) + o(1)$ ein, so ergibt sich sofort

$$\lim_{\varepsilon \to 0} \int\limits_{\Gamma(\varepsilon)} = -\pi i \cdot f(z_0)\,; \qquad (1.6)$$

wir benötigten hierbei nur die Existenz einer Tangente in z_0. Daher ist

$$\int\limits_{C} \frac{f(\zeta)}{\zeta - z_0}\, d\zeta = \lim_{\varepsilon \to 0} \int\limits_{z(s_0+\varepsilon)}^{z(s_0-\varepsilon)} = \lim_{\varepsilon \to 0} \left[\int\limits_{z(s_0+\varepsilon)}^{z(s_0+\varepsilon_1)} + \int\limits_{C(\varepsilon)} + \int\limits_{z(s_0-\varepsilon_2)}^{z(s_0-\varepsilon)} \right]$$

$$= \pi i\, f(z_0) + \lim_{\varepsilon \to 0} \left[\int\limits_{z(s_0+\varepsilon)}^{z(s_0+\varepsilon_1)} + \int\limits_{z(s_0-\varepsilon_2)}^{z(s_0-\varepsilon)} \right], \qquad (1.7)$$

und wir sind fertig, wenn $\lim\limits_{\varepsilon \to 0} [\ ] = 0$ ist.

Führen wir $\zeta = \zeta(s)$ ein, so wird z. B.

$$\int\limits_{z(s_0+\varepsilon)}^{z(s_0+\varepsilon_1)} \frac{f(\zeta)\, d\zeta}{\zeta - z_0} = \int\limits_{s_0+\varepsilon}^{s_0+\varepsilon_1} \frac{f(\zeta(s))\, \zeta'(s)\, ds}{\zeta'(s_0)\, (s - s_0)\, (1 + o(1))} = O\left(\frac{\varepsilon_1 - \varepsilon}{\varepsilon}\right).$$

Nun ist aber $\dfrac{\varepsilon}{\varepsilon_1} = \left| \dfrac{z(s_0 + \varepsilon_1) - z(s_0)}{\varepsilon_1} \right| \to |z'(s_0)| = 1$ $(\varepsilon \to 0)$, also $\dfrac{\varepsilon_1}{\varepsilon} - 1 = o(1)$, und in der letzten Zeile von (1.7) ist also $\lim\limits_{\varepsilon \to 0} [\ ] = 0$.

Zusatz zu Satz 1.2. *Ist C nur stückweise glatt, so gilt:*

a) Die Beziehung (1.5) bleibt richtig, wenn z_0 keine Ecke ist.

b) Hat C an z_0 eine Ecke mit dem Innenwinkel $\alpha \cdot \pi$ $(0 < \alpha < 2)$, so gilt statt (1.5)

$$\alpha f(z_0) = \frac{1}{\pi i} \int\limits_{C} \frac{f(\zeta)}{\zeta - z_0}\, d\zeta, \qquad (1.8)$$

wobei das Integral ebenfalls als Cauchyscher Hauptwert zu verstehen ist.

Der Beweis verläuft wie oben; statt (1.6) erscheint jedoch im Falle einer Ecke $\lim\limits_{\varepsilon \to 0} \int\limits_{\Gamma(\varepsilon)} = -\alpha \cdot \pi i f(z_0)$.

Weiter gilt ein zu Satz 1.2 entsprechender Satz, wenn G das *Außengebiet* von C bezeichnet; dabei bleibe C weiterhin positiv orientiert, und $f(z)$ sei auch in $z = \infty$ regulär. Wir haben dann an Stelle von (1.5) in Satz 1.2 die Formel

$$f(z_0) = -\frac{1}{\pi i} \int\limits_{C} \frac{f(\zeta)\, d\zeta}{\zeta - z_0} + 2f(\infty) \qquad (z_0 \in C)\,, \qquad (1.5')$$

bzw.

$$(2 - \alpha)\, f(z_0) = -\frac{1}{\pi i} \int\limits_{C} \frac{f(\zeta)\, d\zeta}{\zeta - z_0} + 2f(\infty) \qquad (z_0 \in C) \qquad (1.8')$$

beim Vorliegen einer Ecke an z_0, deren Innenwinkel $\alpha \cdot \pi$ ist.

Weitere Untersuchungen Cauchyscher Integrale findet man bei PRIWALOW ([335], S. 130 ff.).

§ 2. Aufstellung der Integralgleichungen

In diesem Paragraphen sollen die Integralgleichungen hergeleitet werden, die zur konformen Abbildung eines Gebiets G der z-Ebene auf $|w| < 1$, $|w| > 1$, oder ein Horizontalschlitzgebiet herangezogen werden können. Falls G glatt berandet ist, was wir in 2.1 bis 2.7 annehmen werden, sind diese Integralgleichungen sämtlich von der Form

$$f(s) = \pm \int\limits_{C} K(s, t)\, f(t)\, dt + g(s) \qquad\qquad (2.1)$$

oder

$$f(s) = \pm \int\limits_{C} K(t, s)\, f(t)\, dt + g(s)\,, \qquad\qquad (2.2)$$

wobei $f(s)$ eine gesuchte Funktion und $K(s, t)$ der Neumannsche Kern (1.1) ist, und wobei das Integral als Cauchyscher Hauptwert zu nehmen ist. Der inhomogene Bestandteil $g(s)$ läßt sich in 2.2 und 2.3 sofort geometrisch ablesen und in 2.7 kann er sogar verschwinden, während $g(s)$ in 2.1 und 2.4 durch ein Integral dargestellt wird. Für Gebiete mit Ecken, die in 2.8 und 2.9 behandelt werden, ergeben sich eng damit zusammenhängende Stieltjes-Integralgleichungen. Durchweg werden die Bezeichnungen von 1.1 verwendet.

2.1. Die Integralgleichung von LICHTENSTEIN

Im Zusammenhang mit konformer Abbildung hat LICHTENSTEIN [256] als erster eine Integralgleichung der Form (2.1) für die Ränderzuordnung aufgestellt. Das abzubildende Gebiet G mit $O \in G$ sei durch C glatt berandet, und $w = f(z)$ bilde G konform auf $|w| < 1$ ab mit $f(0) = 0$.

Der Randpunkt $z = z(0)$ gehe in den Punkt $w = e^{i\theta(0)}$ über, der nicht weiter festgelegt wird.

Nun betrachten wir die Funktion

$$F(z) = \log \frac{f(z)}{z} \,, \tag{2.3}$$

welche in G eindeutig-regulär und in $\overline{G}$ stetig erklärt werden kann, und die für $z = z(s) \in C$ den Imaginärteil $\theta(s) - \varphi(s)$ besitzt. Eine Anwendung von (1.5) auf $F(z)$ ergibt

$$\log \frac{f(z)}{z} = \frac{1}{\pi i} \int\limits_C \frac{\log \dfrac{f(\zeta)}{\zeta}}{\zeta - z} \, d\zeta \qquad\qquad (z \in C) \,,$$

und setzen wir $\zeta = z(t)$, $z = z(s)$ ein, also $\dfrac{d\zeta}{\zeta - z} = \dfrac{e^{i(\vartheta(t) - \varphi_s(t))}}{r_{st}} \, dt$, so folgt durch Vergleich der Imaginärteile

$$[\theta(s) - \varphi(s)] = \frac{1}{\pi} \int\limits_C [\theta(t) - \varphi(t)] \frac{\sin(\vartheta(t) - \varphi_s(t))}{r_{st}} \, dt +$$

$$+ \frac{1}{\pi} \int\limits_C \log r(t) \frac{\cos(\vartheta(t) - \varphi_s(t))}{r_{st}} \, dt \,,$$

also

$$[\theta(s) - \varphi(s)] = \int\limits_C K(s, t) \, [\theta(t) - \varphi(t)] \, dt + \Phi(s) \tag{2.4}$$

mit

$$\Phi(s) = \frac{1}{\pi} \int\limits_C \log r(t) \frac{\cos(\vartheta(t) - \varphi_s(t))}{r_{st}} \, dt \,. \tag{2.5}$$

Diese beiden Hauptwerte existieren hierbei je für sich; es genügt, dies für $\Phi(s)$ zu sehen. Zunächst wenden wir (1.5) für $f(z) \equiv 1$ an:

$$1 = \frac{1}{\pi} \int\limits_C \frac{\sin(\vartheta(t) - \varphi_s(t))}{r_{st}} \, dt - i \cdot \frac{1}{\pi} \int\limits_C \frac{\cos(\vartheta(t) - \varphi_s(t))}{r_{st}} \, dt \,. \tag{2.6}$$

Der Hauptwert in (2.5) existiert daher genau dann, wenn er in

$$\Phi(s) = \frac{1}{\pi} \int\limits_C [\log r(t) - \log r(s)] \frac{\cos(\vartheta(t) - \varphi_s(t))}{r_{st}} \, dt \tag{2.7}$$

existiert, und dies ist der Fall, da $\log r(t)$ stetig differenzierbar ist und somit $\log r(t) - \log r(s) = O(|t - s|)$ gilt; beachtet man $r_{st} = |t - s| (1 + o(1))$, so erkennt man, daß das Integral in (2.7) sogar als gewöhnliches Integral existiert. — Fordert man übrigens $C \in C'_\alpha$ $(0 < \alpha \leq 1)$, so existiert infolge von Satz 1.1 das Integral (2.4) im Lebesgueschen Sinne, und ist C sogar stetig gekrümmt, so hat (2.4) einen stetigen Kern $K(s, t)$. In (2.5) steht immer ein Cauchyscher Hauptwert.

In (2.4) erhält man eine Integralgleichung für die *mit L periodische* Winkelverzerrung $\theta(s) - \varphi(s)$, was numerisch vorteilhaft ist (vgl. § 4). Sie findet sich bei LICHTENSTEIN ([256], S. 180) und später erneut bei BIRKHOFF-YOUNG-ZARANTONELLO ([39] und [40], S. 119). Wegen einer Umformung des unhandlichen $\Phi(s)$ siehe 2.4.

Ist $\theta(s) - \varphi(s)$ und damit $\theta(s)$ bestimmt, so ist $f(z)$ auch für $z \in G$ leicht zu ermitteln. Nach der Cauchyschen Integralformel ist nämlich für $z \in G$

$$f(z) = \frac{1}{2\pi i} \int_C \frac{f(\zeta)}{\zeta - z}\, d\zeta = \frac{1}{2\pi} \int_{s=0}^{L} \frac{\sin\chi(s)}{r_z(s)}\, ds - \frac{i}{2\pi} \int_{s=0}^{L} \frac{\cos\chi(s)}{r_z(s)}\, ds\,,$$

wobei wir $r_z(s) = |\zeta(s) - z|$ und $\chi(s) = \theta(s) + \vartheta(s) - \arg(\zeta(s) - z)$ gesetzt haben.

2.2. Die Integralgleichung von GERSCHGORIN

Wieder sei G durch C glatt berandet. Wir wollen nun eine Integralgleichung für $\theta(s)$ selbst ableiten, in welcher der inhomogene Anteil eine sofort erkennbare geometrische Bedeutung hat.

Wir schlitzen G wie in Fig. 3 angedeutet auf und betrachten in dem abgeänderten Gebiet G^* mit Rand C^* die Funktion $F(z) = \log f(z)$, die durch die Erklärung $F(z(0+)) = i\theta(0)$ eindeutig festgelegt ist. Wendet

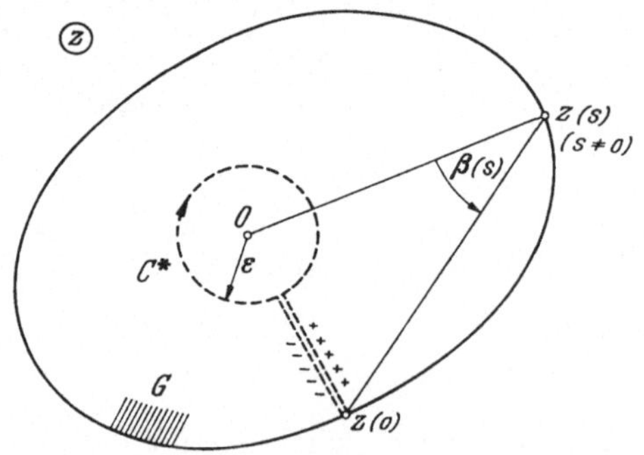

Fig. 3

man den Zusatz zu Satz 1.2, a) an, so ergibt sich

$$\log f(z) = \frac{1}{\pi i} \int_{C^*} \frac{\log f(\zeta)}{\zeta - z}\, d\zeta \qquad (z = z(s),\, s \neq 0). \tag{2.8}$$

Der von $|\zeta| = \varepsilon$ herrührende Beitrag zum Integral ist wegen $|f(\zeta)| \leq K \cdot |\zeta|$ hierbei $O(\log\varepsilon \cdot \varepsilon) = o(1)$. Für die Integration längs des Schnittes beachten wir

$$\log f\binom{+}{z} = \log f\binom{-}{z} - 2\pi i\,,$$

so daß sich als Integral längs des Schlitzes für $\varepsilon \to 0$

$$-2\pi i \cdot \frac{1}{\pi i} \int_{\zeta=0}^{\zeta=z(0)} \frac{d\zeta}{\zeta-z} \text{ mit dem Imaginärteil } -2\arg \frac{z(0)-z(s)}{0-z(s)} = -2\beta(s)$$

ergibt; $\beta(s)$ ist der angezeichnete Winkel, um den man den Strahl $\overrightarrow{z(s), O}$ in $\overrightarrow{z(s), z(0)}$ zu drehen hat.

Vergleichen wir in (2.8) die Imaginärteile, so kommt

$$\theta(s) = \Im\left\{\frac{1}{\pi i} \int_{C} \frac{i\theta(t) \cdot e^{i(\theta(t)-\varphi_s(t))}}{r_{st}} dt\right\} - 2\beta(s),$$

$$\theta(s) = \int_{C} K(s,t)\,\theta(t)\,dt - 2\beta(s) \qquad (s \neq 0). \tag{2.9}$$

Die gewonnene Integralgleichung geht auf GERSCHGORIN zurück ([134], S. 50); vgl. auch KANTOROWITSCH-KRYLOW ([187], S. 459 ff.).

Wenn C nur glatt vorausgesetzt ist, hat man in (2.9) den Cauchyschen Hauptwert zu nehmen; ist $C \in C'_\alpha$ oder sogar mit stetiger Krümmung versehen, so ist wieder wegen Satz 1.1 das Integral im Lebesgueschen Sinne existent, bzw. der Kern $K(s,t)$ ist sogar stetig. Die einfache Form des inhomogenen Anteils $-2\beta(s)$ ist ein besonderer Vorzug von (2.9).

2.3. Die Integralgleichung von CARRIER

Hier handelt es sich um die Aufgabe, ein von einer glatten Jordankurve C berandetes Gebiet G durch $w = f(z)$ so auf $|w| < 1$ abzubilden, daß für

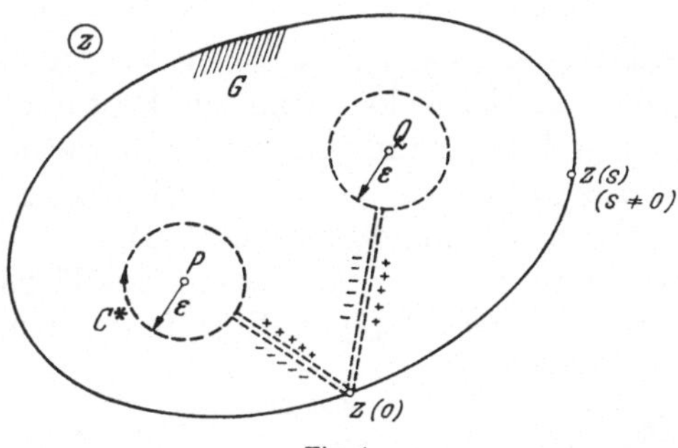

Fig. 4

zwei innere Punkte P, Q von G $f(P) = +a$, $f(Q) = -a$ wird mit $0 < a < 1$. Eine einfache Überlegung zeigt, daß dadurch a und $f(z)$ eindeutig festgelegt sind.

Motiviert durch potentialtheoretische Überlegungen (vgl. CARRIER [59] und [60]), betrachten wir in dem gemäß Fig. 4 geschlitzten Gebiet G^*

mit Rand C^* die Funktion

$$F(z) = \log\left(\frac{f(z) - a}{f(z) + a} \cdot \frac{f(z) - a^{-1}}{f(z) + a^{-1}}\right) - i\pi,$$

und wenden den Zusatz zu Satz 1.2, a) an:

$$F(z) = \frac{1}{\pi i} \int\limits_{C^*} \frac{F(\zeta)}{\zeta - z}\, d\zeta \qquad (z = z(s),\ s \neq 0).$$

Die von $|\zeta - P| = \varepsilon$ und $|\zeta - Q| = \varepsilon$ herrührenden Beiträge sind wieder $o(1)$ $(\varepsilon \to 0)$, und längs der Schlitze haben wir $F\left(\overset{+}{z}\right) = F\left(\overset{-}{z}\right) - 2\pi i$ (auf $P, z(0)$) und $F\left(\overset{+}{z}\right) = F\left(\overset{-}{z}\right) + 2\pi i$ (auf $Q, z(0)$). Dies ergibt für $\varepsilon \to 0$

$$F(z) = \frac{1}{\pi i} \int\limits_{C} \frac{F(\zeta)}{\zeta - z}\, d\zeta - 2 \int\limits_{\zeta=P}^{\zeta=z(0)} \frac{d\zeta}{\zeta - z} + 2 \int\limits_{\zeta=Q}^{\zeta=z(0)} \frac{d\zeta}{\zeta - z}, \qquad (2.10)$$

wobei die beiden letzten Terme einen Realteil $2\log\left|\dfrac{P - z(s)}{Q - z(s)}\right|$ ergeben. Nun beachten wir, daß $\Im F(z) = 0$ ist für $z \in C$. Ist nämlich $|w| = 1$, so ist

$$\arg\left[\frac{w - a}{w + a} \cdot \frac{w - a^{-1}}{w + a^{-1}}\right] = \pi,$$

wie leicht elementargeometrisch zu sehen ist. Ein Vergleich der Realteile in (2.10) liefert daher mit $\Phi(s) = \Re F(z)$ $(z = z(s))$ die Integralgleichung

$$\Phi(s) = \int\limits_{C} K(s, t)\, \Phi(t)\, dt + 2\log\left|\frac{P - z(s)}{Q - z(s)}\right| \qquad (s \neq 0),\quad (2.11)$$

die von CARRIER ([59], S. 102) stammt; vgl. auch PRAGER [334] und TRAUPEL [428].

Diese Integralgleichung hat wie (2.9) den Vorzug eines leicht erfaßbaren inhomogenen Anteils, jedoch sind zur Bestimmung der Ränderzuordnung $\theta(s)$ einige Unannehmlichkeiten zu überwinden, wie aus dem folgenden *Prozeß zur Gewinnung von* $\theta(s)$ ersichtlich ist.

I) Man suche *eine* Lösung $\Phi_0(s)$ von (2.11).

II) Dieselbe stimmt mit $\Re F(z(s))$ bis auf eine Konstante c_0 überein, da zum Eigenwert $\lambda = 1$ von $K(s, t)$ als Eigenfunktionen die Konstanten gehören (§ 3):

$$\log\left|\frac{e^{i\theta(s)} - a}{e^{i\theta(s)} + a} \cdot \frac{e^{i\theta(s)} - a^{-1}}{e^{i\theta(s)} + a^{-1}}\right| = \Phi_0(s) + c_0. \qquad (2.12)$$

Hierin sind unbekannt c_0 und a. Diese Größen sind bestimmbar durch

$$\max_{\theta}\log|\quad| = 2\log\left(\frac{1 + a}{1 - a}\right) = \max_{s} \Phi_0(s) + c_0$$

$$\min_{\theta}\log|\quad| = 2\log\left(\frac{1 - a}{1 + a}\right) = \min_{s} \Phi_0(s) + c_0.$$

III) Nach der Bestimmung von a und c_0 liegt nun in (2.12) für jedes s eine transzendente Gleichung vor; $\theta(s)$ wird also durch (2.12) *implizit* angegeben.

Die Verwendung der Integralgleichung (2.11) erscheint daher im Vergleich zu den übrigen Verfahren dieses Paragraphen nicht so empfehlenswert.

BIRKHOFF, YOUNG und ZARANTONELLO ([40], S. 119, (3b)) geben eine weitere Integralgleichung an, die von CARRIER ([59], S. 104) in einem Satz knapp angedeutet war, und die ebenfalls auf potentialtheoretischen Überlegungen beruht. Hier soll wieder G auf $|w| < 1$ abgebildet werden mit O als Fixpunkt. Dann gilt für $U(s) = \Re\left\{\dfrac{\log f(z(s))}{z(s)}\right\}$ nach [40] die Integralgleichung

$$U(s) = \int\limits_C K(s, t)\, U(t)\, dt + 2\,\frac{\cos\varphi(s)}{r(s)}\,, \qquad (2.13)$$

deren Lösung bis auf eine additive Konstante $U(s) = \dfrac{\theta(s)\,\sin\varphi(s)}{r(s)}$ ergibt und damit $\theta(s)$.

2.4. Umformung von $\boldsymbol{\Phi(s)}$ in der Integralgleichung von LICHTENSTEIN

Der unübersichtliche inhomogene Anteil $\Phi(s)$ in (2.4) kann wie folgt umgeformt werden. Vergleichen wir (2.4) mit (2.9), so erhalten wir

$$\Phi(s) = \int\limits_C K(s, t)\, \varphi(t)\, dt - \varphi(s) - 2\,\beta(s) \qquad (s \neq 0)\,,$$

also unter Berücksichtigung von (1.1) und der Erklärung von $\beta(s)$

$$\Phi(s) = \frac{1}{\pi}\int\limits_{C(H)} \varphi(t)\, d_t\,\varphi_s(t) + \varphi(s) - 2\arg(z(s) - z(0)) \quad (s \neq 0)\,; \quad (2.14)$$

für das Stieltjes-Integral bezüglich der Variablen t ist der Cauchysche Hauptwert zu nehmen*.

Der Integrand hat sich gegenüber der ursprünglichen Form von $\Phi(s)$ vereinfacht, doch ist er nicht mehr periodisch, was numerisch nachteilig ist. Wir setzen daher

$$\bar\varphi(t) = \varphi(t) + \delta(t) \quad \text{mit} \quad \delta(t) = \begin{cases} 0 & s < t \leq L \\ 2\pi & 0 \leq t \leq s\,, \end{cases}$$

so daß der Sprung um -2π von $\varphi(t)$ an $t = 0$ bei $\bar\varphi(t)$ jetzt nach $t = s$ verschoben ist. Dann ist

$$\frac{1}{\pi}\int\limits_{C(H)} \bar\varphi(t)\, d_t\,\varphi_s(t) = \frac{1}{\pi}\int\limits_{C(H)} \varphi(t)\, d_t\,\varphi_s(t) + 2\int\limits_{t=0}^{t=s-} d_t\,\varphi_s(t)\,,$$

---

* Da der Wert eines Stieltjes-Integrals von seinem Hauptwert verschieden sein kann, bringen wir bei Hauptwerten von Stieltjes-Integralen die Markierung (H) an.

und das letzte Integral gibt $\vartheta_-(s) - \varphi_s(0)$. Daher gilt

$$\frac{1}{\pi} \int\limits_{C\,(H)} [\bar\varphi(t) - 2\,\varphi_s(t)]\,d_t\,\varphi_s(t) = \frac{1}{\pi} \int\limits_{C\,(H)} \varphi(t)\,d_t\,\varphi_s(t) + 2(\vartheta_-(s) - \varphi_s(0)) - \qquad (2.15)$$

$$- \frac{1}{\pi}\,(\varphi_s(t))^2\,\Big|_{t=s+}^{t=s-}\,,$$

mit dem letzten Term $- \dfrac{1}{\pi}\,(\vartheta_-^2 - \vartheta_+^2) = -\,2\vartheta_+ - \pi$. Aus (2.14) und (2.15) folgt mit Berücksichtigung von

$$\vartheta_- = \vartheta_+ + \pi\,, \qquad \varphi_s(0) = \arg(z(s) - z(0)) + \pi$$

unsere gesuchte Darstellung

$$\Phi(s) = \frac{1}{\pi} \int\limits_{C\,(H)} [\bar\varphi(t) - 2\,\varphi_s(t)]\,d_t\,\varphi_s(t) + \varphi(s) + \pi \qquad (s \neq 0)\,, \quad (2.16)$$

wie sie sich bei BIRKHOFF-YOUNG-ZARANTONELLO ([40], S. 122) findet; für das Stieltjes-Integral ist der Cauchysche Hauptwert zu nehmen. Wir haben eine einfache Darstellung von $\Phi(s)$ gewonnen, in der überdies der Integrand [ ] stetig und *mit L periodisch* ist. Wegen einer Verallgemeinerung bei Vorliegen von Ecken siehe 2.9.

2.5. Integralgleichungen für Außengebiete

Die Aufgabe, das Außengebiet G einer Jordankurve C auf $|w| > 1$ konform abzubilden, kann man zunächst durch Spiegelungen in der z- und w-Ebene auf ein Problem für Innengebiete reduzieren. Zum Teil sind aber die *direkt* auf das Außengebiet angewandten Methoden numerisch schneller konvergent ([40], S. 139), so daß es wichtig sein kann, diesen Fall ohne den Umweg über Innengebiete zu behandeln.

Im ganzen Abschnitt, ebenso wie in 2.6, setzen wir C wieder glatt voraus; die bei $z = a$ beginnende Messung der Bogenlänge bleibe erhalten, so daß das abzubildende Gebiet G jetzt rechts von C liegt, wenn man C in Richtung wachsender s durchläuft.

a) Der Punkt ∞ ist Fixpunkt. Die Normierung der Abbildungsfunktion $w = f(z)$ kann dann so geschehen, daß $f(z)$ in ∞ eine Entwicklung der Form hat

$$f(z) = A\,z + a_0 + \frac{a_1}{z} + \frac{a_2}{z^2} + \cdots \qquad (A > 0)\,; \quad (2.17)$$

die Abbildung ist dadurch eindeutig festgelegt.

Entsprechend zu 2.1 und 2.2 können wir nun in zweierlei Weise vorgehen:

Erstens betrachten wir einfach $F(z) = \log \dfrac{f(z)}{z}$ und wenden unsere Formel (1.5') an; dabei wollen wir $z = 0$ innerhalb C voraussetzen. Jene Formel liefert sofort nach Trennung von Real- und Imaginärteil eine Integralgleichung für die Winkelverzerrung

$$[\theta(s) - \varphi(s)] = - \int_C K(s, t)\,[\theta(t) - \varphi(t)]\,dt - \Phi(s)$$

mit demselben in (2.5) erklärten und in 2.4 umgeformten $\Phi(s)$.

Zweitens können wir $F(z) = \log f(z)$ heranziehen. Für ein festes $z = z(s)$ $(s \neq 0)$ und hinreichend großes $R > 0$ betrachten wir das von C und dem Kreis $|z - z(s)| = R$ berandete Ringgebiet, das noch von $z = a$ nach $z = z(s) + R = \zeta_R$ aufgeschlitzt werde; der Rand des nunmehr einfach zusammenhängenden Gebiets heiße C^*. Offenbar ist längs des Schlitzes $F\left(\overset{-}{z}\right) = F\left(\overset{+}{z}\right) + 2\pi i$, so daß mit dem Zusatz zu Satz 1.2 folgt:

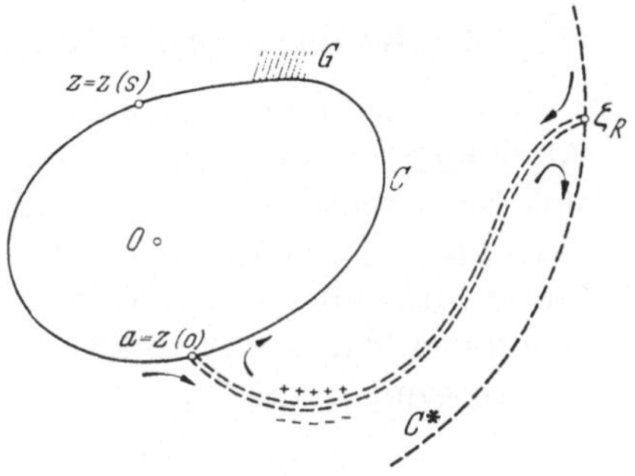

$$\log f(z) = - \frac{1}{\pi i} \int_{C^*} \frac{\log f(\zeta)}{\zeta - z}\,d\zeta$$

Fig. 5

$$= - \frac{1}{\pi i} \int_C \frac{\log f(\zeta)}{\zeta - z}\,d\zeta - 2 \int_{\zeta=a}^{\zeta=\zeta_R} \frac{d\zeta}{\zeta - z} + \frac{1}{\pi i} \int_{|\zeta - z| = R} \frac{\log f(\zeta)}{\zeta - z}\,d\zeta$$

$$= I_1 + I_2 + I_3\,.$$

Der Imaginärteil von I_2 ist $2(\arg(z - a) - \pi)$. Wegen unserer Normierung (2.17) ist

$$\frac{1}{\pi i} \int_{|\zeta - z| = R} \frac{\log \dfrac{f(\zeta)}{\zeta - z}}{\zeta - z}\,d\zeta = 2 \log A$$

reell, also

$$\Im I_3 = \Im \left\{ \frac{1}{\pi i} \int_{|\zeta - z| = R} \frac{\log(\zeta - z)}{\zeta - z}\,d\zeta \right\},$$

und die Substitution $\zeta = z + Re^{i\varphi}$ ergibt unmittelbar $\Im I_3 = 2\pi$. Insgesamt erhalten wir durch Vergleich der Imaginärteile die Integralgleichung

$$\theta(s) = - \int_C K(s, t)\,\theta(t)\,dt + 2\arg(z(s) - a)\,;$$

vgl. KANTOROWITSCH-KRYLOW ([187], S. 467).

b) Der Punkt ∞ ist Bild eines endlichen Punktes. Nun sei $f(z_0) = \infty$ für ein endliches $z_0 \in G$, $f(\infty) = \varrho_\infty e^{i\vartheta_\infty}$, und die Abbildung von G auf

$|w| > 1$ sei durch $f(a) = 1$ eindeutig festgelegt. Dann findet man in der schon mehrfach vorgeführten Weise die Integralgleichung

$$\theta(s) = -\int_C K(s, t)\,\theta(t)\,dt + 2\,[\beta(s) + \vartheta_\infty]\,,$$

wobei $\beta(s)$ der Winkel ist, um den man $\overrightarrow{z(s),\,z_0}$ in $\overrightarrow{z(s),\,a}$ drehen muß; vgl. GERSCHGORIN ([134], S. 57), und KANTOROWITSCH-KRYLOW ([187], S. 466).

2.6. Konforme Abbildung auf ein Horizontalschlitzgebiet

Für Umströmungsprobleme ist es wichtig, daß auch die konforme Abbildung eines Gebiets auf ein Schlitzgebiet durch Integralgleichungen mit Neumannschem Kern behandelt werden kann. Das Außengebiet G einer glatten Jordankurve C werde durch $w = f(z)$ auf das Äußere eines Horizontalschlitzes abgebildet; hierbei wollen wir uns auf den Fall beschränken, daß ∞ Fixpunkt ist, und normieren die Abbildung durch die Entwicklung in $z = \infty$

$$f(z) = z + \frac{a_1}{z} + \frac{a_2}{z^2} + \cdots. \tag{2.18}$$

Für $z \in C$ haben wir $f(z(s)) = \xi(s) + ik$ mit einer unbekannten reellen Konstanten k, und wir wollen eine Integralgleichung für $\xi(s)$ ableiten.

Wir schlitzen dazu das von C und $|z| = R$ (R hinreichend groß) berandete Ringgebiet zu einem einfach zusammenhängenden Gebiet auf und wenden den Zusatz zu Satz 1.2 auf $f(z)$ an:

$$f(z) = -\frac{1}{\pi i}\int_C \frac{f(\zeta)}{\zeta - z}\,d\zeta - \frac{1}{\pi i}\int_{|\zeta|=R} \frac{f(\zeta)}{\zeta - z}\,d\zeta\,,$$

wobei $|\zeta| = R$ negativ umlaufen ist; die Integrale längs des Schlitzes heben sich weg. Setzt man (2.18) ein, so sieht man, daß der zweite Ausdruck $= 2z$ ist, und wir erhalten

$$f(z) = 2z - \frac{1}{\pi i}\int_C \frac{f(\zeta)}{\zeta - z}\,d\zeta \qquad (z \in C);$$

mit $f(\zeta) = \xi(t) + ik$ folgt daraus wegen

$$-\frac{1}{\pi i}\int_C \frac{d\zeta}{\zeta - z} = -1$$

$(f \equiv -1$ in (1.5))

$$f(z) = 2z - ik - \frac{1}{\pi i}\int_C \frac{\xi(t)\,d\zeta}{\zeta - z} \qquad (z \in C)\,. \tag{2.19}$$

Durch Vergleich der Realteile entsteht unsere gesuchte Integralgleichung für $\xi(s) = \Re f(z(s))$:

$$\xi(s) = 2\Re z(s) - \int_C K(s, t)\,\xi(t)\,dt\,, \tag{2.20}$$

während der Vergleich der Imaginärteile in (2.19) eine Bestimmungsgleichung für das unbekannte k liefert:

$$2k = 2\Im z(s) + \frac{1}{\pi} \int\limits_C \frac{\cos(\vartheta(t) - \varphi_s(t))}{r_{st}} \xi(t)\, dt\,.$$

Man hat also zuerst (2.20) zu lösen und danach k zu bestimmen (evtl. Umformung des letzten Integrals wie bei (2.7)), um die Ränderzuordnung für die Schlitzabbildung zu beherrschen. Vergleiche KANTOROWITSCH-KRYLOW ([187], S. 468 ff.), wo auch der Fall behandelt ist, daß ∞ nicht Fixpunkt ist.

2.7. Integralgleichungen für $\boldsymbol{\theta'(s)}$

Wir wollen nun zeigen, daß sich aus den Integralgleichungen für $\theta(s)$ solche für $\theta'(s)$ ableiten lassen, die den zum Neumannschen Kern $K(s, t)$ *adjungierten Kern* $K(t, s)$ besitzen, also von der Form (2.2) sind. Vom numerischen Gesichtspunkt sind diese aus zwei Gründen interessant: Einmal ist $\theta'(s)$, im Gegensatz zu $\theta(s)$, mit L periodisch, was die Genauigkeit der Quadraturformeln erhöht (§ 4), und zweitens kann man erwarten, daß durch die Integration $\theta = \int \theta'$ die bei der Gewinnung von $\theta'(s)$ entstandenen Ungenauigkeiten weitgehend ausgemittelt werden.

Von C setzen wir in 2.7 voraus, daß $\vartheta(s) \in \mathrm{Lip}\,\alpha$, also $z'(s) \in \mathrm{Lip}\,\alpha$ ist für ein $\alpha > 0$. Wie man weiß (siehe Anhang 4), ist daher die Abbildungsfunktion mit einer bei Annäherung an C stetigen Ableitung versehen, die auf C ebenfalls einer Lipschitzbedingung genügt; dies gilt daher auch für $\theta'(s)$. Die Forderung an C ist sicher dann erfüllt, wenn C stetig gekrümmt ist.

a) Die Integralgleichung von BANIN. Hier handelt es sich um die konforme Abbildung des Außengebiets von C auf $|w| > 1$ mit der Normierung gemäß (2.17). Nach 2.5, **a)** gilt (Integrale im Lebesgueschen Sinne)

$$\theta(s) = -\int\limits_C K(s, t)\, \theta(t)\, dt + 2\arg(z(s) - a)$$

$$= -\int\limits_C K(s, t)\, [\theta(t) - \theta(s)]\, dt - \theta(s) + 2\arg(z(s) - a)\,,$$

man beachte $\int K(s, t)\, dt = 1$ wegen (2.6). Dabei ist

$$\theta(t) - \theta(s) = O(|t - s|),\quad \text{und}\quad |t - s|^{2-\alpha} \left|\frac{\partial}{\partial s} K(s, t)\right|$$

nach Satz 1.1 beschränkt. Differentiation liefert*

$$\theta'(s) = -\int\limits_C \frac{\partial}{\partial s} K(s, t)\, [\theta(t) - \theta(s)]\, dt + 2\frac{\partial}{\partial s} \arg(z(s) - a)\,.$$

---

* Die Ableitung unter dem Integral kann legitimiert werden durch Ansatz des Differenzenquotienten und Anwendung des Lebesgueschen Konvergenzsatzes.

Nun ist nach (1.1)

$$\pi \cdot \frac{\partial K(s,t)}{\partial s} = \frac{\partial}{\partial s}\frac{\partial}{\partial t}\arg(z(t)-z(s)) = \frac{\partial}{\partial t}\frac{\partial}{\partial s}\arg(z(t)-z(s))$$

$$= \frac{\partial}{\partial t}\frac{\partial}{\partial s}\arg(z(s)-z(t)) = \pi \cdot \frac{\partial K(t,s)}{\partial t} \; ;$$

$\frac{\partial}{\partial s}\frac{\partial}{\partial t} = \frac{\partial}{\partial t}\frac{\partial}{\partial s}$ ist erlaubt, weil diese gemischten Ableitungen für $t \neq s$ existieren und stetig sind $\left[\text{z. B. ist } \frac{\partial}{\partial t} = \Im\left\{\frac{z'(t)}{z(t)-z(s)}\right\}\right]$. Durch partielle Integration erhalten wir weiter

$$\theta'(s) = -\int_C \frac{\partial}{\partial t} K(t,s)\,[\theta(t)-\theta(s)]\,dt + 2\frac{\partial}{\partial s}\arg(z(s)-a)$$

$$= -K(0,s)\,[\theta(L)-\theta(0)] + \int_C K(t,s)\,\theta'(t)\,dt + 2\frac{\partial}{\partial s}\arg(z(s)-a).$$

Der erste Ausdruck ist $-\frac{1}{\pi}\frac{\partial}{\partial s}\varphi_0(s)\cdot 2\pi = -2\frac{\partial}{\partial s}\arg(z(s)-a)$, so daß sich die homogene Integralgleichung von BANIN ([16], S. 133) ergibt:

$$\theta'(s) = \int_C K(t,s)\,\theta'(t)\,dt. \tag{2.21}$$

Die Lösung $\theta'(s)$, die zur konformen Abbildung gehört, muß offenbar $\int_C \theta'(s)\,ds = 2\pi$ genügen und ist dadurch [vgl. 3.3,a)] eindeutig bestimmt.

b) Die Integralgleichung von WARSCHAWSKI und STIEFEL. Nun soll das *Innengebiet* von C auf $|w| < 1$ abgebildet werden mit $f(0) = 0$. Nach dem in **a)** verwendeten Prinzip folgt aus der Gerschgorinschen Gleichung (2.9) eine weitere Integralgleichung für $\theta'(s)$

$$\theta'(s) = -\int_C K(t,s)\,\theta'(t)\,dt + 2\frac{d\varphi(s)}{ds}, \tag{2.22}$$

die zuerst von WARSCHAWSKI aufgestellt wurde ([454], S. 17) und sich auch bei STIEFEL findet ([399], S. 70). Setzt man $\tau(s) = \varphi(s) - \theta(s)$ in (2.22) ein, so erhält man außerdem eine Integralgleichung für $\tau'(s)$

$$\tau'(s) = -\int_C K(t,s)\,\tau'(t)\,dt + k(s) \tag{2.23}$$

mit

$$k(s) = \int_C K(t,s)\,\varphi'(t)\,dt - \varphi'(s) \; ;$$

siehe STIEFEL ([399], S. 71). Die Integrale können im Lebesgueschen Sinn genommen werden.

2.8. Gebiete mit Ecken; Integralgleichung von ARBENZ

Wie CARLEMAN [56] und RADON [337] gezeigt haben, läßt sich die Methode der Integralgleichungen zur Lösung der Probleme der Potentialtheorie auch auf den Fall übertragen, daß der Rand C von G Ecken aufweist. Carleman zerlegt dazu den Kern in zwei Anteile, von denen einer die durch die Ecken hervorgerufenen Singularitäten enthält, während Radon konsequent mit Stieltjes-Integralgleichungen arbeitet. Das Vorgehen von Radon wurde neuerdings von Arbenz [14] auch auf die konforme Abbildung von Gebieten mit Ecken angewandt. Wir schließen uns an Radon und Arbenz an.

Von der fast überall erklärten Tangentenwinkelfunktion $\vartheta(s)$ der rektifizierbaren Jordankurve C wollen wir folgendes voraussetzen:

a) $\vartheta(s)$ ist auf der Restmenge (vom Maß 0) so erklärbar, daß $\vartheta(s)$ in $\langle 0, L \rangle$ von beschränkter Schwankung wird;

b) $\vartheta(s)$ hat in $\langle 0, L \rangle$ höchstens endlich viele Sprungstellen, und die Sprunghöhen sind alle vom Betrag $< \pi$.

Es zerfällt also $\langle 0, L \rangle$ in endlich viele Teilintervalle, in denen $\vartheta(s)$ stetig und von beschränkter Schwankung ist; für eine Ecke gilt $|\vartheta(s+) - \vartheta(s-)| < \pi$, so daß C keine Spitzen hat. (An unserer Verabredung in **1.1, b)**, daß $z(0) = a$ keine Ecke ist, halten wir fest.) Kurven C mit der Eigenschaft a) heißen *von beschränkter Drehung.* Radon [337] hat sich als erster mit ihnen beschäftigt; vgl. auch Paatero [318], [319] und Riesz-Nagy ([344], S. 209). Kurven beschränkter Drehung haben folgende wichtige Eigenschaft:

Satz 2.1 (Radon [337], S. 1133 und S. 1140). *Ist C von beschränkter Drehung, so ist $\varphi_s(t)$ in $\langle 0, L \rangle$ von beschränkter Schwankung für jedes feste s, gleichmäßig für alle s aus $\langle 0, L \rangle$.*

An die Stelle der bisherigen Integralgleichungen werden in **2.8** und **2.9** Stieltjes-Integralgleichungen treten; die auftretenden Stieltjes-Integrale sind von der Form $\int_0^L f(t)\, d_t\varphi_s(t)$ mit in $\langle 0, L \rangle$ stetigem $f(t)$; der Index t bedeutet wieder, daß t die Integrationsvariable ist. Wir verwenden laufend

$$\lim_{\varepsilon \to 0} \int_{T-\varepsilon}^{T+\varepsilon} f(t)\, d_t\varphi_s(t) = f(T)\left[\varphi_s(T+) - \varphi_s(T-)\right]$$

$$= \begin{cases} 0 & \text{falls } T \neq s \\ -f(s) \cdot \alpha\pi & \text{falls } T = s; \end{cases} \tag{2.24}$$

$\alpha\pi = \alpha(s)\pi$ bezeichnet den Innenwinkel von C an der Stelle s.

Nach dieser Vorbereitung kommen wir zur Ableitung der ersten Stieltjes-Integralgleichung, bei der wir uns an die Gerschgorinsche Gleichung in **2.2** anschließen. Ist $z = z(s)$ möglicherweise eine Ecke, so liefert (1.8) auf der linken Seite von (2.8) $\alpha \cdot \log f(z)$, und an Stelle von (2.9) erhalten wir unter Berücksichtigung von (1.1)

$$\alpha \cdot \theta(s) = \frac{1}{\pi} \int\limits_{0\,(H)}^{L} \theta(t)\, d_t\, \varphi_s(t) - 2\beta(s) \quad (s \neq 0)\,, \tag{2.25}$$

wobei es sich um einen bezüglich $t = s$ genommenen Hauptwert handelt. Für das über das *gesamte* Intervall erstreckte Stieltjes-Integral haben wir wegen (2.24)

$$\frac{1}{\pi}\int\limits_{0}^{L} = \frac{1}{\pi}\lim_{\varepsilon\to 0}\Big[\int\limits_{0}^{s-\varepsilon} + \int\limits_{s+\varepsilon}^{L} + \int\limits_{s-\varepsilon}^{s+\varepsilon}\Big] = \frac{1}{\pi}\int\limits_{0\,(H)}^{L} - \alpha\cdot\theta(s)\,,$$

also erfüllt $\theta(s)$ die folgende Stieltjes-Integralgleichung:

$$\frac{1}{\pi}\int\limits_{0}^{L} \theta(t)\, d_t\, \varphi_s(t) = 2\beta(s) \qquad (s \neq 0)\,. \tag{2.26}$$

Für die Abbildung des *Außengebiets* von C (Fixpunkt ∞) erhält man ganz analog

$$\frac{1}{\pi}\int\limits_{0}^{L} \theta(t)\, d_t\, \varphi_s(t) + 2\theta(s) \qquad = 2\beta(s) + 2\varphi(s) \tag{2.26'}$$

$$\frac{1}{\pi}\int\limits_{0\,(H)}^{L} \theta(t)\, d_t\, \varphi_s(t) + (2-\alpha)\,\theta(s) = 2\beta(s) + 2\varphi(s)\,. \tag{2.25'}$$

Die Lösung von (2.26) ist wegen $\int\limits_{0}^{L} d_t\, \varphi_s(t) = 0$ nur bis auf eine additive Konstante bestimmt, also nicht eindeutig. Dies vermeidet eine Integralgleichung von ARBENZ [14], die sich durch folgende einfache Umformungen aus (2.26) ableiten läßt. Für $s \neq 0$ setzen wir

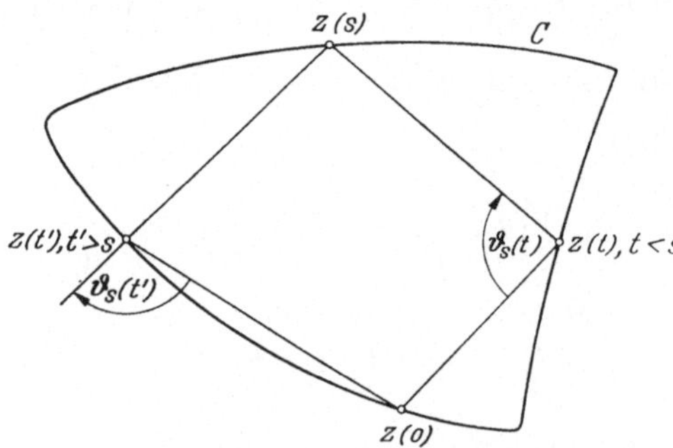

Fig. 6

$$\overline{\varphi}_s(t) = \begin{cases} \varphi_s(t) & t < s \\ \varphi_s(s-) & t = s \\ \varphi_t(s) & t > s \end{cases}$$

$$= \varphi_s(t) + \begin{cases} 0 & t < s \\ \pi & t > s, \end{cases}$$

und weiter $\vartheta_s(t) = \overline{\varphi}_s(t) - \varphi_0(t)$; für $t = 0$ und $t = L$ setzen wir $\varphi_0(0) = \varphi_0(0+)$ bzw. $\varphi_0(L) = \varphi_0(L-)$. Der Winkel $\vartheta_s(t)$ ist an C leicht abzulesen (Fig. 6).

Aus (2.26) folgt nun für $s \neq 0$

$$\frac{1}{\pi} \int\limits_0^L \theta(t)\, d_t \vartheta_s(t) = \frac{1}{\pi} \int\limits_0^L \theta(t)\, d_t\, \varphi_s(t) + \theta(s) - \frac{1}{\pi} \int\limits_0^L \theta(t)\, d_t\, \varphi_0(t)$$

$$= 2\,\beta(s) + \theta(s) - \frac{1}{\pi} \int\limits_0^L \theta(t)\, d_t\, \varphi_0(t)\,.$$

Zur Auswertung des letzten Terms lassen wir in (2.26) $s \to 0+$ rücken, wenden den 2. Hellyschen Satz an (z. B. NATANSON [292], S. 262), wobei wir $\lim\limits_{s \to 0+} \varphi_s(0) = \varphi_0(0+) + \pi$ beachten, und erhalten als Grenzwert des Integrals

$$2\,\beta(0+) = \frac{1}{\pi} \int\limits_0^L \theta(t)\, d_t\, \varphi_0(t) - \theta(0+)\,.$$

Dies liefert insgesamt

$$\frac{1}{\pi} \int\limits_0^L \theta(t)\, d_t \vartheta_s(t) = \theta(s) + 2\,\beta(s) - [\theta(0+) + 2\,\beta(0+)]\,.$$

Fordern wir also von der Ränderzuordnung $\theta(0+) = -\,2\,\beta(0+)$, so wird $\theta(s)$ *eindeutig* (siehe 3.6) bestimmt durch

$$\frac{1}{\pi} \int\limits_0^L \theta(t)\, d_t \vartheta_s(t) = \theta(s) + 2\,\beta(s) \qquad (s \neq 0)\,; \quad (2.27)$$

vgl. ARBENZ ([14], S. 28). Wir betonen, daß das Stieltjes-Integral wie in (2.26) *nicht als Hauptwert*, sondern als Integral über das ganze Intervall $\langle 0, L \rangle$ zu nehmen ist.

2.9. Gebiete mit Ecken; Analogon zur Integralgleichung von LICHTENSTEIN

Läßt man in 2.1 Ecken zu, wendet also (1.8) statt (1.5) an, so ergibt sich wie in 2.8 an Stelle von (2.4)

$$\alpha(\theta(s) - \varphi(s)) = \frac{1}{\pi} \int\limits_{0\,(H)}^L [\theta(t) - \varphi(t)]\, d_t\, \varphi_s(t) + \Phi(s)$$

mit einem inhomogenen Anteil $\Phi(s)$, den man durch Vergleich mit (2.25) zu

$$\Phi(s) = \frac{1}{\pi} \int\limits_{0\,(H)}^L \varphi(t)\, d_t\, \varphi_s(t) + (2 - \alpha)\,\varphi(s) - 2\arg(z(s) - z(0)) \quad (2.28)$$

ermittelt. Ersetzt man die Hauptwerte durch die Stieltjes-Integrale über das gesamte Intervall $\langle 0, L \rangle$, so findet man (beachte (2.24)) die Integralgleichung

$$\frac{1}{\pi} \int_0^L [\theta(t) - \varphi(t)]\, d_t \varphi_s(t) = 2\,\beta(s) - \frac{1}{\pi} \int_0^L \varphi(t)\, d_t \varphi_s(t) \quad (s \neq 0) \quad (2.29)$$

für die Winkelverzerrung $\theta(s) - \varphi(s)$, die auch aus (2.26) direkt folgt. Die rechte Seite ist dabei $-\Phi(s)$. Sie entspricht der Integralgleichung (2.4) von LICHTENSTEIN bei Vorliegen von Ecken.

Für die Abbildung des *Außengebiets* von C (Fixpunkt ∞) ergibt sich analog zu (2.29) und mit demselben $\Phi(s)$:

$$\frac{1}{\pi} \int_0^L [\theta(t) - \varphi(t)]\, d_t \varphi_s(t) + 2\,[\theta(s) - \varphi(s)] = -\Phi(s). \quad (2.29')$$

Will man die von $\int_0^L d_t \varphi_s(t) = 0$ herrührende Vieldeutigkeit der Lösung von (2.29) beseitigen, so kann man wie in 2.8 eine Integralgleichung mit der Belegungsfunktion $\vartheta_s(t)$ herleiten. Wie (2.27) aus (2.26) folgte, ergibt sich aus (2.29) analog

$$\frac{1}{\pi} \int_0^L [\theta(t) - \varphi(t)]\, d_t \vartheta_s(t) = [\theta(s) - \varphi(s)] - \Phi(s) \quad (s \neq 0), \quad (2.30)$$

wobei $\theta(s) - \varphi(s)$ durch die Nebenbedingung $\theta(0+) - \varphi(0+) = \Phi(0+)$ eindeutig (siehe 3.6) festgelegt ist.

Von numerischer Bedeutung ist, daß in (2.29) und (2.30) jedenfalls links ein periodischer Integrand steht. Wir skizzieren, wie auch in Φ ein periodischer Integrand hergestellt werden kann, und folgen dabei 2.4. Wie dort führen wir $\overline{\varphi}(t)$ ein und berechnen statt (2.15)

$$\frac{1}{\pi} \int_{0\,(H)}^L \left[\overline{\varphi}(t) - \frac{2}{\alpha(s)}\, \varphi_s(t) \right] d_t \varphi_s(t) = \frac{1}{\pi} \int_{0\,(H)}^L \varphi(t)\, d_t \varphi_s(t) +$$

$$+ 2(\vartheta_-(s) - \varphi_s(0)) - \frac{1}{\alpha(s) \cdot \pi}\, (\varphi_s(t))^2 \Big|_{t=s+}^{t=s-} ,$$

mit dem letzten Term $-2\vartheta_+(s) - \alpha(s) \cdot \pi$. Dies ergibt wegen (2.28)

$$\Phi(s) = \frac{1}{\pi} \int_{0\,(H)}^L \left[\overline{\varphi}(t) - \frac{2}{\alpha(s)}\, \varphi_s(t) \right] d_t \varphi_s(t) + (2 - \alpha(s))\, [\varphi(s) + \pi] \quad (s \neq 0)$$

als Verallgemeinerung des Falles $\alpha(s) = 1$ in (2.16). Man beachte, daß der Integrand [ ] in t periodisch und stetig ist: $\lim\limits_{t \to s-} [\,] = \lim\limits_{t \to s+} [\,] = \varphi(s) - \dfrac{2\vartheta_+(s)}{\alpha(s)}$.

Den Hauptwert können wir noch in ein volles Stieltjes-Integral umformen; mit (2.24) ergibt sich nach leichter Rechnung nunmehr insgesamt

$$\frac{1}{\pi} \int\limits_0^L [\theta(t) - \varphi(t)] \, d_t \varphi_s(t) = - \frac{1}{\pi} \int\limits_0^L \left[\bar{\varphi}(t) - \frac{2}{\alpha(s)} \, \varphi_s(t) \right] d_t \varphi_s(t) +$$

$$+ 2 [\mu(s) - \varphi(s) - \pi] , \tag{2.31}$$

wo $\mu(s) = \vartheta_+(s) + \dfrac{\alpha(s)}{2} \cdot \pi$ ist. Beide Integranden sind mit L periodisch, was numerisch bequem ist (vgl. § 4).

§ 3. Iterative Lösung der Integralgleichungen von § 2

In § 2 haben wir gesehen, daß bei verschiedenen Aufgaben der konformen Abbildung die Ränderzuordnung $\theta(s)$ oder eine eng damit zusammenhängende Funktion notwendig einer Integralgleichung der Form

$$\theta(s) = \lambda \int\limits_0^L K(s, t) \, \theta(t) \, dt + g(s) \tag{3.1}$$

oder

$$\theta'(s) = \lambda \int\limits_0^L K(t, s) \, \theta'(t) \, dt + g(s) \tag{3.1'}$$

genügt mit $\lambda = \pm 1$, wobei $K(s, t)$ der zur Berandung C gehörige Neumannsche Kern ist und $g(s)$ eine stetige Funktion bedeutet. Umgekehrt folgt aus den Eigenwert-Aussagen von 3.3, a) unten, daß jede Lösung der betreffenden Integralgleichung eng mit der konformen Abbildung zusammenhängt. Zwei Lösungen der Integralgleichungen (2.4), (2.9), (2.11) und (2.13) unterscheiden sich nämlich durch eine additive Konstante, die von (2.21) durch eine multiplikative Konstante, und die Integralgleichungen für Außengebiete in 2.5 sowie (2.20), (2.22) und (2.23) besitzen eine eindeutig bestimmte Lösung.

Unsere Abbildungsaufgaben sind daher mit der Lösung von Gleichungen vom Typ (3.1) und (3.1') äquivalent. Die weitaus wichtigste Methode zu deren Lösung (Methoden der Störungsrechnung siehe 5.1) ist die der sukzessiven Approximation:

$$\theta_{n+1}(s) = \lambda \int\limits_0^L K(s, t) \, \theta_n(t) \, dt + g(s) \qquad (n = 0, 1, 2, \ldots) \tag{3.2}$$

mit
$$\theta_0(s) = g(s) ;$$

entsprechend bei (3.1'). Diese Methode geht bekanntlich auf C. NEUMANN [300] und POINCARÉ [326] zurück, die bei der Behandlung des Dirichletschen und Neumannschen Problems auf (3.1) und (3.1') stießen.

In diesem Paragraphen beschäftigen wir uns zunächst mit Konvergenzaussagen, die schon die Fredholmsche Theorie liefert, und danach mit Hilfe feinerer Untersuchungen, die von WARSCHAWSKI [454] stammen, mit der Frage der Fehlerabschätzung für das Iterationsverfahren (3.2).

3.1. Konvergenzaussagen mit Hilfe der Fredholmschen Theorie

a) Allgemeine Konvergenzaussagen. Der Einfachheit halber nehmen wir in 3.1 und 3.2 an, C sei stetig gekrümmt, so daß der Kern $K(s, t)$ in $0 \leq s, t \leq L$ stetig ist. In 3.3 werden wir sehen, daß $\lambda = 1$ einfacher und betragskleinster Eigenwert von $K(s, t)$ ist, und daß die Resolvente $\Gamma(s, t; \lambda)$ an $\lambda = 1$ einen einfachen Pol hat. Als zu $\lambda = 1$ gehörige normierte Eigenfunktionen zu $K(s, t)$ und $K(t, s)$ nehmen wir $\psi(s) \equiv 1$ und

$$\varphi(s) = \mu^*(s) \quad (\text{,,natürliche Belegung von } C\text{``}) \quad \text{mit} \quad \int_0^L \psi \varphi \, ds = 1, \quad \text{also}$$

$\int_0^L \mu^*(s) \, ds = 1$. Dann ist bekanntlich $\Gamma(s, t; \lambda) - \dfrac{\mu^*(t)}{1 - \lambda}$ in $\lambda = 1$ regulär,

also sogar in $|\lambda| < |\lambda_2|$, wobei $|\lambda_2| > 1$ ist; siehe 3.3,**a)**.

Dieses $\gamma(s, t; \lambda) = \Gamma(s, t; \lambda) - \dfrac{\mu^*(t)}{1 - \lambda}$ ist nun die Resolvente zum Kern $k(s, t) = K(s, t) - \mu^*(t)$. Denn für kleine λ gilt

$$\Gamma(s, t; \lambda) - \frac{\mu^*(t)}{1 - \lambda} = \sum_{\nu=0}^{\infty} [K_{\nu+1}(s, t) - \mu^*(t)] \, \lambda^\nu = \sum_{\nu=0}^{\infty} k_{\nu+1}(s, t) \, \lambda^\nu$$

$$= \gamma(s, t; \lambda) \, ;$$

K_ν, k_ν sind dabei die iterierten Kerne, und $K_{\nu+1} - \mu^* = k_{\nu+1}$ ($\nu = 0, 1, 2, \ldots$) wird leicht induktiv verifiziert. Die Neumannsche Reihe für $k(s, t)$ konvergiert also für $|\lambda| < |\lambda_2|$.

Nun kommen wir auf (3.2) zurück. Wir erhalten für $n = 0, 1, 2, \ldots$

$$\theta_n(s) = g(s) + \sum_{\nu=1}^{n} \lambda^\nu \int_0^L K_\nu(s, t) \, g(t) \, dt, \tag{3.3}$$

also mit $c = \int_0^L \mu^*(t) \, g(t) \, dt$

$$\theta_n(s) - c \cdot \sum_{\nu=1}^{n} \lambda^\nu = g(s) + \sum_{\nu=1}^{n} \lambda^\nu \int_0^L [K_\nu(s, t) - \mu^*(t)] \, g(t) \, dt$$

$$= g(s) + \sum_{\nu=1}^{n} \lambda^\nu \int_0^L k_\nu(s, t) \, g(t) \, dt \, .$$

Rechts steht eine Teilsumme der Neumannschen Reihe zum Kern $k(s, t)$, und wenn wir die linke Seite mit $\theta_n^*(s) = \theta_n^*(s, \lambda)$ bezeichnen, erhalten wir für jedes λ mit $|\lambda| < |\lambda_2|$ die Aussage, daß $\theta_n^*(s) \Rightarrow \theta^*(s) = \theta^*(s, \lambda)$ strebt für $n \to \infty$, und da wegen (3.2) die $\theta_n^*(s)$ der Rekursion

$$\theta_{n+1}^*(s) = \lambda \int_0^L K(s, t)\, \theta_n^*(t)\, dt + g(s) - c\lambda \qquad (n = 0, 1, 2, \ldots)$$

genügen, ist die Grenzfunktion $\theta^*(s)$ Lösung der Integralgleichung

$$\theta^*(s) = \lambda \int_0^L K(s, t)\, \theta^*(t)\, dt + g(s) - c\lambda \,. \qquad (3.4)$$

Wir fassen zusammen:

Satz 3.1. *Für jedes feste λ mit $|\lambda| < |\lambda_2|$ (λ_2 betraglich zweitkleinster Eigenwert von $K(s, t)$) streben die Funktionen $\theta_n^*(s) = \theta_n(s) - c \cdot \sum_{v=1}^{n} \lambda^v$ gleichmäßig in s gegen eine Lösung $\theta^*(s)$ von (3.4); dabei ist $c = \int_0^L \mu^*(t)\, g(t)\, dt$.*

Uns interessieren besonders die Fälle $\lambda = \pm 1$.

a) Fall $\lambda = +1$. Da nun λ Eigenwert von $K(s, t)$ ist, muß nach der Fredholmschen Theorie notwendig $g(s)$ zu $\mu^*(s)$ orthogonal sein, d. h. $c = 0$. Also *konvergieren $\theta_n^*(s) = \theta_n(s)$ für $n \to \infty$ gleichmäßig gegen eine Lösung von (3.1).*

b) Fall $\lambda \neq 1$, $|\lambda| < |\lambda_2|$. Zunächst gilt wieder $\theta_n(s) - c \cdot \sum_{v=1}^{n} \lambda^v \Rightarrow \theta^*(s)$, und wird (3.4) durch $\theta^*(s)$ befriedigt, so (3.1) durch $\theta^*(s) - \dfrac{c\lambda}{\lambda - 1}$. *Also strebt $\theta_n(s) - c \cdot \dfrac{\lambda^{n+1}}{\lambda - 1}$ gleichmäßig gegen eine Lösung von (3.1), falls $\lambda \neq 1$, $|\lambda| < |\lambda_2|$ ist. Speziell konvergiert für $\lambda = -1$ die Folge $\theta_n(s) - \dfrac{c}{2}(-1)^n$ gleichmäßig gegen eine Lösung von (3.1),* d. h. es gilt in diesem Falle $\tau_n(s) = \dfrac{1}{2}(\theta_n(s) + \theta_{n+1}(s)) \Rightarrow \theta(s)$ $(n \to \infty)$.

Zusatz. *Satz 3.1 und die nachfolgenden Erörterungen gelten entsprechend für den adjungierten Kern $K(t, s)$, wenn man c durch die Funktion $d = d(s) = \mu^*(s) \cdot \int_0^L g(t)\, dt$ ersetzt.*

b) Gewinnung von Fehlerabschätzungen. Die Untersuchungen in **a)** lassen sich zu einer Fehlerabschätzung ausbauen, wie HSIEH ([173], S. 25—30) gezeigt hat; wir skizzieren den Beweis. Zunächst ist

$$\theta^*(s) = g(s) + \sum_{v=1}^{\infty} \lambda^v \int_0^L [K_v(s, t) - \mu^*(t)]\, g(t)\, dt = \sum_{v=0}^{\infty} a_v(s) \lambda^v \quad (|\lambda| < |\lambda_2|),$$

was sich wegen (3.4) mit der Resolvente $\Gamma(s, t; \lambda)$ auch als

$$\theta^*(s) = G(s) + \lambda \int_0^L \Gamma(s, t; \lambda)\, G(t)\, dt \quad \text{mit} \quad G(s) = g(s) - c\lambda$$

schreiben läßt. Kann man dann $\Gamma(s, t; \lambda)$ auf $|\lambda| = q$ $(1 < q < |\lambda_2|)$ abschätzen, so auch $\theta^*(s)$, etwa durch $|\theta^*(s)| \leqq Q$, und die Cauchysche Koeffizientenformel liefert somit

$$|a_\nu(s)| \leqq \frac{Q}{q^\nu} \qquad\qquad (\nu = 0, 1, 2, \ldots) \,.$$

Daraus folgt dann für den Fehler

$$|\theta_n^*(s) - \theta^*(s)| \leqq Q \sum_{\nu > n} \left(\frac{|\lambda|}{q}\right)^\nu \qquad (n = 0, 1, 2, \ldots) \,,$$

was für jedes λ mit $|\lambda| < q$ brauchbar ist, insbesondere für die uns interessierenden Fälle $\lambda = \pm 1$.

Um nun $\Gamma(s, t; \lambda)$ auf $|\lambda| = q$ $(1 < q < |\lambda_2|)$ abzuschätzen, knüpft HSIEH an die Darstellung von $\Gamma(s, t; \lambda)$ mit Hilfe der Fredholmschen Determinanten an:

$$\Gamma(s, t; \lambda) = \frac{D(s, t; \lambda)}{D(\lambda)} \,.$$

Für Zähler und Nenner lassen sich mit der Hadamardschen Determinantenabschätzung sofort obere Schranken angeben, die nur $\max |K(s, t)|$ enthalten. Um $D(\lambda)$ nach *unten* abzuschätzen, ist $\dfrac{D(\lambda)}{1 - \lambda}$ zu betrachten, eine in $|\lambda| < |\lambda_2|$ reguläre und nullstellenfreie Funktion. Ist sie dort nach oben abschätzbar, so auch nach unten (!); daraus folgt die gewünschte Abschätzung von $\Gamma(s, t; \lambda)$ auf $|\lambda| = q$. Die sich so ergebende Zahl Q ist explizit angebbar, jedoch verhältnismäßig kompliziert.

3.2. Konvexe Gebiete

Eine erste brauchbare Fehlerabschätzung für das Iterationsverfahren (3.2) läßt sich mit den klassischen Methoden von C. NEUMANN für konvexe Gebiete gewinnen. Dabei wollen wir, wie auch im folgenden, als Muster die Integralgleichung (3.1) für $\lambda = 1$ vornehmen, in die sich (2.4), (2.9), (2.11) und (2.13) einordnen. Ergebnisse zu den anderen Integralgleichungen stellen wir in 3.4 zusammen.

Gesucht ist also die Lösung von

$$\theta(s) = \int_0^L K(s, t)\, \theta(t)\, dt + g(s) \tag{3.5}$$

durch die Iterationen (3.2) mit $\lambda = 1$; die Lösung selbst ist in den uns interessierenden Fällen durch den Riemannschen Abbildungssatz gesichert. Da C stetig gekrümmt und nun auch konvex sein soll, ist $K(s, t)$ in $0 \leqq s, t \leqq L$ stetig und überdies $\geqq 0$.

Wir betrachten zunächst die Integraltransformation (,,Neumannsche Operation''; [325], S. 59)

$$f^*(s) = \int_0^L K(s, t)\, f(t)\, dt \,, \tag{3.6}$$

die jede stetige Funktion $f(s)$ in eine ebensolche $f^*(s)$ überführt. Für die Oszillation $\operatorname{osc} f^* = \max f^* - \min f^*$ gilt wegen $\int_0^L K(s, t)\, dt = 1$ offenbar $\operatorname{osc} f^* \leq \operatorname{osc} f$. Wir benützen folgende Verschärfung dieser Tatsache ([300], S. 169 ff.; [187], S. 120—124; [454], S. 27):

Satz 3.2 *(Neumannsches Lemma). Ist C stetig gekrümmt und konvex, so gibt es eine nur von C abhängige Konstante k $(0 \leq k < 1)$ derart, daß für die Integraltransformation (3.6) die Beziehung*

$$\operatorname{osc} f^* \leq k \cdot \operatorname{osc} f \quad mit \quad k \leq 1 - \frac{L}{2\pi \varrho_{\max}} \tag{3.7}$$

gilt, wobei $\varrho_{\max}$ der Radius des größten Krümmungskreises in Punkten von C ist.

Der Beweis folgt in einfacher Weise mit der später abzuleitenden Ungleichung (4.11). Wir wenden das Neumannsche Lemma auf die Iterationen (3.2) an.

Satz 3.3. *Beginnt man die Iterationen (3.2) mit einer beliebigen, in $\langle 0, L \rangle$ stetigen Funktion $\theta_0(s)$, und ist C stetig gekrümmt und konvex mit der Neumannschen Konstanten k, so konvergieren die $\theta_n(s)$ in $\langle 0, L \rangle$ gleichmäßig gegen diejenige Lösung $\theta(s)$ von (3.5), für die*

$$\int_0^L \theta(s)\, \mu^*(s)\, ds = \int_0^L \theta_0(s)\, \mu^*(s)\, ds$$

ist, und es gilt die Abschätzung

$$|\theta_n(s) - \theta(s)| \leq (2\pi + \operatorname{osc} \theta_0)\, k^n \quad (n = 1, 2, \ldots; 0 \leq s \leq L). \tag{3.8}$$

Ist $\theta_0(s)$ in $\langle 0, L \rangle$ monoton und $\theta_0(L) - \theta_0(0) = 2\pi$, so kann „$\operatorname{osc} \theta_0$" in (3.8) weggelassen werden.

Beweis. Zunächst konvergieren die $\theta_n(s)$ gleichmäßig gegen eine Lösung $\theta(s)$ von (3.5). Dies wurde bereits in 3.1 mit Hilfe der Fredholmschen Theorie gezeigt, soll aber erneut abgeleitet werden. Dazu sei $\tau(s)$ irgend eine Lösung von (3.5). Die Funktionen $h_n(s) = \theta_n(s) - \tau(s)$ genügen dann $h_{n+1}(s) = \int_0^L K(s, t)\, h_n(t)\, dt$, also $\operatorname{osc} h_{n+1} \leq k \operatorname{osc} h_n$ oder $\operatorname{osc} h_n \leq k^n \operatorname{osc} h_0$ $(n = 0, 1, 2, \ldots)$. Daher ist

$$|\theta_{n+1}(s) - \theta_n(s)| = |h_{n+1}(s) - h_n(s)| = \left| \int_0^L K(s, t)\, [h_n(t) - h_n(s)]\, dt \right|$$

$$\leq k^n \operatorname{osc} h_0\, ;$$

wir beachten $K(s, t) \geq 0$ und $\int_0^L K(s, t)\, dt = 1$. Daraus folgt $\theta_n(s) \Rightarrow \theta(s)$, wo $\theta(s)$ Lösung von (3.5) ist.

Weiter ist mit der natürlichen Belegung $\mu^*(s)$ (siehe 3.1)

$$\int_0^L \theta_{n+1}(s)\,\mu^*(s)\,ds = \int_0^L \int_0^L \theta_n(t)\,K(s,t)\,\mu^*(s)\,dt\,ds + \int_0^L g(s)\,\mu^*(s)\,ds\,,$$

worin der letzte Term verschwindet, so daß wir nach Vertauschung der Integrationsreihenfolge

$$\int_0^L \theta_{n+1}(s)\,\mu^*(s)\,ds = \int_0^L \theta_n(t)\,\mu^*(t)\,dt = \cdots = \int_0^L \theta_0(s)\,\mu^*(s)\,ds$$

erhalten. Für $n \to \infty$ ergibt dies

$$\int_0^L \theta(s)\,\mu^*(s)\,ds = \int_0^L \theta_0(s)\,\mu^*(s)\,ds$$

und

$$\int_0^L [\theta_n(s) - \theta(s)]\,\mu^*(s)\,ds = 0\,,$$

und da $\mu^*(s) > 0$ ist *, muß $\theta_n(s) - \theta(s)$ für ein $s_0 \in \langle 0, L\rangle$ verschwinden; daher ist $\max|\theta_n - \theta| \leqq \operatorname{osc}(\theta_n - \theta)$.

Schließlich ist $\theta_{n+1}(s) - \theta(s) = \int_0^L K(s,t)\,[\theta_n(t) - \theta(t)]\,dt$, also

$$\max|\theta_{n+1} - \theta| \leqq \operatorname{osc}(\theta_{n+1} - \theta) \leqq k\,\operatorname{osc}(\theta_n - \theta) \leqq \cdots \leqq k^{n+1}\operatorname{osc}(\theta_0 - \theta)\,.$$

Der Faktor von k^{n+1} ist $\leqq \operatorname{osc}\theta_0 + 2\pi$ oder, wenn θ_0 wie angegeben gewählt ist, $\leqq 2\pi$. Dies beweist Satz 3.3.

Im Sonderfall des Kreises ist $k = 0$; die Formel (3.8) enthält also eine Fehlerabschätzung für „kreisnahe" Gebiete, wobei die „Kreisnähe" durch die Neumannsche Konstante k gemessen wird.

Für „nahezu konvexe" Kurven C, deren Kern $K(s,t)$ „wenig" von dem einer konvexen Kurve abweicht, führt WARSCHAWSKI ([454], S. 28/29) eine leicht abgeänderte Überlegung durch und erhält eine zu (3.8) entsprechende Abschätzung.

Schließlich bemerken wir, daß für die adjungierte Integralgleichung ein zu Satz 3.3 analoges Resultat gilt. An die Stelle von (3.7) tritt hierbei

$$\operatorname{osc}\frac{f^*}{\mu^*} \leqq \bar{k} \cdot \operatorname{osc}\frac{f}{\mu^*}\,, \text{ wobei } \bar{k} \leqq 1 - \frac{\varrho_{\min}}{\varrho_{\max}} \text{ ist und } f^*(s) = \int_0^L K(t,s)\,f(t)\,dt$$

---

* *Die natürliche Belegung ist auch bei nicht-konvexer Kurve C stets $\geqq 0$. Der Integralgleichung (2.21) in 2.7, a)* von BANIN *entnimmt man nämlich, daß* $\mu^*(s)$ *bis auf einen konstanten Faktor mit dem dortigen* $\theta'(s)$ *übereinstimmt. Also ist* $\mu^*(s)$ *einerlei Vorzeichens, wegen* $\int_0^L \mu^*(s)\,ds = 1$ *also* $\mu^*(s) \geqq 0$; *siehe auch* PLEMELJ ([325], S. 88). *Ist C sogar stetig gekrümmt und konvex, so folgt aus (4.10) überdies*
$$\frac{1}{2\pi\varrho_{\max}} \leqq \mu^*(s) \leqq \frac{1}{2\pi\varrho_{\min}}\,.$$

gesetzt ist, und statt (3.8) erhält man entsprechend

$$|\theta_n(s) - \theta(s)| \leq (2\pi + \operatorname{osc}\theta_0)\,\frac{\varrho_{\max}}{\varrho_{\min}}\,\overline{k}^n \quad (n = 1, 2, \ldots; 0 \leq s \leq L).$$

3.3. Der Konvergenzbeweis von WARSCHAWSKI

Daß die Lösung der Integralgleichung

$$\theta(s) = \int_0^L K(s, t)\,\theta(t)\,dt + g(s) \tag{3.9}$$

durch das Iterationsverfahren

$$\theta_{n+1}(s) = \int_0^L K(s, t)\,\theta_n(t)\,dt + g(s) \quad (n = 0, 1, 2, \ldots) \tag{3.10}$$

auch bei nicht konvexen Kurven C möglich ist, hat (unter Zusatzannahmen) erstmals POINCARÉ [326] bewiesen, und WARSCHAWSKI hat in einer bedeutsamen Arbeit [454] (siehe auch den Bericht in [456]) unter schwachen Annahmen über C die Konvergenz von $\{\theta_n(s)\}$ durch eine explizite Fehlerabschätzung für $|\theta_n(s) - \theta(s)|$ verschärft; diesen Untersuchungen ist 3.3 gewidmet. Dabei stellt sich erneut (vgl. 3.1) heraus, daß für die Konvergenzgeschwindigkeit $|\lambda_2|$, der betraglich zweitkleinste Eigenwert von (3.9), maßgebend ist, weshalb in 3.5 verschiedene Abschätzungen für $|\lambda_2|$ folgen werden.

Im ganzen Abschnitt setzen wir $C \in C_\alpha'$ voraus; die Bedingung ist sicher dann erfüllt, wenn C stetig gekrümmt ist.

a) Eigenwerte und Eigenfunktionen von (3.9). Wir stellen zunächst einige bekannte Eigenschaften des Neumannschen Kerns $K(s, t)$ zusammen. Sie finden sich in klassischen Arbeiten vor allem bei BLUMENFELD und MAYER [43] und PLEMELJ [325]; siehe auch MARTY [269, 270] und KORN [223, 224]. Wichtigste Eigenschaft ist die Symmetrisierbarkeit von $K(s, t)$ durch $\log \dfrac{D}{r_{st}}$ * im Sinne von MARTY, d. h. es ist

$$H(s, t) = \int_0^L K(s, x)\log\frac{D}{r_{xt}}\,dx \quad \text{symmetrisch,} \quad H(s, t) = H(t, s), \tag{3.11}$$

wobei gleichzeitig

$$\int_0^L \int_0^L f(s)\,f(t)\log\frac{D}{r_{st}}\,ds\,dt > 0 \tag{3.12}$$

ist für alle in $\langle 0, L\rangle$ stetigen Funktionen $f(s) \not\equiv 0$; siehe CARLEMAN

---

* Der Durchmesser von C sei $\leq D$.

([56], S. 157). Marty-Kerne untersucht allgemein ZAANEN ([472], Kap. 16). — Die Eigenwerte zu $K(s, t)$ sind alle reell, und $\lambda_1 = 1$ ist betragskleinster Eigenwert:

$$\lambda_1 = 1, \quad \lambda_2, \quad \lambda_3, \ldots \quad \text{wobei} \quad 1 < |\lambda_2| \leqq |\lambda_3| \leqq \cdots.$$

Alle λ_i sind einfache Pole der Resolvente und von endlicher Vielfachheit; $\lambda_1 = 1$ ist einfach. Die zum Kern $K(s, t)$ bzw. zu $K(t, s)$ gehörenden Eigenfunktionen $\psi_i(s)$ bzw. $\varphi_i(s)$, die also

$$\psi_i(s) = \lambda_i \int_0^L K(s, t)\, \psi_i(t)\, dt \tag{3.13.a}$$

bzw.

$$\varphi_i(s) = \lambda_i \int_0^L K(t, s)\, \varphi_i(t)\, dt \tag{3.13.b}$$

genügen, können so numeriert werden, daß sie durch die Beziehungen

$$\psi_i(s) = \int_0^L \varphi_i(t) \log \frac{D}{r_{st}}\, dt \quad (i = 1, 2, \ldots) \tag{3.14}$$

zusammenhängen und ferner $\int_0^L \varphi_i(s)\, \psi_k(s)\, ds = 0 \; (i \neq k)$ ist. Normiert man daher die $\varphi_i(s)$ durch

$$\int_0^L \int_0^L \varphi_i(s)\, \varphi_i(t) \log \frac{D}{r_{st}}\, ds\, dt = 1 \quad (i = 1, 2, \ldots),$$

was wegen (3.12) möglich ist, und bestimmt die $\psi_i(s)$ gemäß (3.14), so sind die Eigenfunktionen $\varphi_i(s)$, $\psi_i(s)$ eindeutig festgelegt und genügen

$$\int_0^L \varphi_i(s)\, \psi_k(s)\, ds = \delta_{ik} \quad (i, k = 1, 2, \ldots), \tag{3.15}$$

wobei δ_{ik} das Kroneckersymbol ist. Wir bemerken, daß $\varphi_1(s) = \alpha\, \mu^*(s)$ ist, wenn $\mu^*(s)$ die durch $\int_0^L \mu^*(s)\, ds = 1$ normierte Lösung von (3.13.b) für $\lambda_i = 1$ ist (natürliche Belegung von C), während $\psi_1(s) = \beta$ ist; dabei gilt wegen (3.15) $\alpha\,\beta = 1$, also $\varphi_1(s)\, \psi_1(t) = \mu^*(s)$.

Nach BLUMENFELD und MAYER ([43], S. 2022/23) und PLEMELJ ([325], S. 85) ist weiter mit λ_i auch $-\lambda_i$ Eigenwert von $K(s, t)$ mit derselben Vielfachheit $(i \geqq 2)$. WARSCHAWSKI zeigte ([454], S. 11), daß zwischen den Eigenfunktionen $\psi_{i_k}(s)$ zu $K(s, t)$ und λ_i und den Eigenfunktionen $\varphi_{i_k}^*(s)$ zu $K(t, s)$ und $-\lambda_i$ die Beziehung besteht

$$\psi'_{i_k}(s) = \omega_i\, \varphi_{i_k}^*(s) \quad \text{mit} \quad \omega_i^2 = \pi^2\,\frac{\lambda_i^2 - 1}{\lambda_i^2} \qquad (k = 1, 2, \ldots, p;\, i \geqq 2)\,. \tag{3.16}$$

Hierin bedeutet p die Vielfachheit des Eigenwerts λ_i.

b) Einführung eines Hilbertraumes H und eines Operators T. Für irgend zwei in $\langle 0, L \rangle$ stetige Funktionen $f(s), g(s)$ ist wegen (1.4) der Ausdruck

$$(f, g) = \int_0^L \int_0^L f(s)\, g(t)\, \log\frac{D}{r_{st}}\, ds\, dt \tag{3.17}$$

endlich. Infolge (3.12) ist (f, g) ein inneres Produkt, und der Raum der in $\langle 0, L \rangle$ stetigen Funktionen läßt sich daher in einen Hilbertraum H einbetten, in dem die stetigen Funktionen das innere Produkt (3.17) und die Norm $\|f\| = (f, f)^{1/2}$ erhalten. Die Funktionen $\varphi_i(s)$ bilden dann wegen (3.15) und (3.14) in H ein *orthonormales* System. Zu H gehören ferner alle Funktionen $f \in L_1(0, L)$ mit $(f, f) < \infty$; vgl. [454], S. 9.

Für die stetigen Elemente f von H erklären wir nun den Operator T durch

$$T f(s) = \int_0^L K(t, s)\, f(t)\, dt\,; \tag{3.18}$$

mit Satz 1.1, a) findet man leicht, daß auch Tf stetig ist. Für stetige f, g folgt aus der Symmetrisierbarkeit (3.11) von $K(s, t)$ sofort $(Tf, g) = (f, Tg)$. Darüber hinaus beweist Warschawski den folgenden wichtigen

Satz 3.4. *a) Der Operator T kann als beschränkter Operator auf ganz H fortgesetzt werden.*

b) T ist vollstetig in H.

c) T ist selbstadjungiert in H: $(Tf, g) = (f, Tg)$ für alle $f, g \in H$.

Der Beweis verläuft in drei Schritten. Zunächst ist der iterierte Kern $K_{2p}(s, t)$ für hinreichend großes p durch eine absolut und gleichmäßig konvergente Bilinearentwicklung darstellbar:

$$K_{2p}(s, t) = \mu^*(t) + \sum_{k=2}^{\infty} \frac{\varphi_k(t)\, \psi_k(s)}{\lambda_k^{2p}}\,.$$

Sodann wird durch geeignete Approximation des Operators T^{2p} gezeigt, daß T^{2p} die Eigenschaften von Satz 3.4 besitzt, und schließlich wird, wieder durch eine Approximation, auf T selbst zurückgeschlossen. Näher können wir auf den Beweis nicht eingehen.

Natürlich ist nun auch T^n für jedes $n \geqq 1$ in H vollstetig und selbstadjungiert, und da $\{\lambda_i^n, \varphi_i(s)\}$ alle Eigenwerte und Eigenfunktionen von T^n enthält, können wir die im folgenden verwendete Vollständigkeitsrelation notieren (z. B. ACHIESER-GLASMANN [1], S. 132):

$$\text{Für jedes } h \in H \text{ gilt } \|T^n h\|^2 = \sum_{i=1}^{\infty} (T^n h, \varphi_i)^2 \,. \tag{3.19}$$

c) Zwei Hilfssätze. Für den in **d)** zu führenden Konvergenzbeweis benötigen wir zwei Hilfsbetrachtungen.

Hilfssatz 3.1. *Es sei* $f(s) = \int\limits_0^L h(t) \log \dfrac{D}{r_{st}} \, dt$ *mit stetigem* $h(t)$, *und* $f'(s)$ *sei in* $\langle 0, L \rangle$ *stetig. Dann gilt*

$$\pi^2 \cdot \sum_{i=2}^{\infty} \frac{\lambda_i^2 - 1}{\lambda_i^2} (h, \varphi_i)^2 = \sum_{i=2}^{\infty} (f', \varphi_i)^2 \tag{3.20.\,a}$$

und also

$$\sum_{i=2}^{\infty} (h, \varphi_i)^2 \leqq \frac{\lambda_2^2}{\pi^2 (\lambda_2^2 - 1)} \cdot \|f'\|^2 \,. \tag{3.20.\,b}$$

Beweis ([454], S. 13/14). Für $i \geqq 2$ ist

$$(f', \varphi_i) = \int\limits_0^L \int\limits_0^L f'(t) \, \varphi_i(x) \log \frac{D}{r_{tx}} \, dx \, dt = \int\limits_0^L f'(t) \, \psi_i(t) \, dt$$

$$= f(t) \, \psi_i(t) \big|_0^L - \int\limits_0^L f(t) \, \psi_i'(t) \, dt,$$

wobei der integralfreie Term wegen der Darstellung von f und ψ_i (3.14) verschwindet. Wegen (3.16) erhalten wir

$$(f', \varphi_i) = -\omega_i \int\limits_0^L \int\limits_0^L h(x) \log \frac{D}{r_{tx}} \varphi_i^*(t) \, dx \, dt = -\omega_i (h, \varphi_i^*) \,.$$

Nun folgt (3.20.a) mit (3.16), und (3.20.b) durch Anwendung der Besselschen Ungleichung.

Weiter brauchen wir noch einen Darstellungssatz.

Hilfssatz 3.2. *Es sei* $f(s)$ *in* $\langle 0, L \rangle$ *erklärt, und* $f'(s)$ *gehöre in* $\langle 0, L \rangle$ *einer Lipschitz-Klasse an; ferner sei* $f(0) = f(L)$, $f'(0) = f'(L)$. *Dann gestattet* $f(s)$ *die Darstellung*

$$f(s) = A + \int\limits_0^L h(t) \log \frac{D}{r_{st}} \, dt \tag{3.21}$$

mit einem in $\langle 0, L \rangle$ stetigen $h(t)$, für das $\int_0^L h(t)\, dt = 0$ ist. Die Konstante A

bestimmt sich aus $A = \int_0^L f(t)\, \mu^*(t)\, dt$.

Beweis. Wir bilden eine innerhalb C reguläre Funktion $\Phi_i(z)$, für die $\Re \Phi_i(z) \to f(s)$ und $\Im \Phi_i(z) \to \bar{f}_i(s)$ strebt für $z \to z(s) \in C$. Dabei ist $\bar{f}_i(s)$ sicher mit stetiger Ableitung versehen, wenn man den bekannten Satz von PRIWALOW über konjugierte Funktionen im Einheitskreis und die Tatsache berücksichtigt, daß die Ableitung der Abbildungsfunktion des Inneren von C auf $|w| < 1$ auf C einer Lipschitz-Klasse angehört (siehe Anhang 4). Analog bilden wir eine außerhalb C reguläre Funktion $\Phi_a(z)$ mit $\Phi_a(z) \to f(s) + i\bar{f}_a(s)$ für $z \to z(s) \in C$; auch $\bar{f}_a(s)$ hat eine stetige Ableitung.

Wenden wir (1.5) und (1.5') auf $\Phi_i(z)$ bzw. auf $\Phi_a(z)$ an, so erhalten wir

$$f(s) = \Re \left\{ \frac{1}{\pi i} \int_C \frac{f(t) + i\bar{f}_i(t)}{\zeta - z}\, d\zeta \right\}$$

und
$$(z = z(s),\ \zeta = \zeta(t))$$

$$f(s) = \Re \left\{ \frac{-1}{\pi i} \int_C \frac{f(t) + i\bar{f}_a(t)}{\zeta - z}\, d\zeta + 2\Phi_a(\infty) \right\}.$$

Wir addieren und erhalten mit (1.2)

$$f(s) = A + \frac{1}{2\pi} \int_{0\,(H)}^{L} [\bar{f}_i(t) - \bar{f}_a(t)]\, \frac{\partial \log r_{st}}{\partial t}\, dt$$

und nach sorgfältiger partieller Integration

$$f(s) = A + \frac{1}{2\pi} \int_0^L [\bar{f}_i'(t) - \bar{f}_a'(t)] \cdot \log \frac{1}{r_{st}}\, dt.$$

Für (3.21) können wir also $h(t) = \frac{1}{2\pi} [\bar{f}_i'(t) - \bar{f}_a'(t)]$ verwenden, $\int_0^L h(t)\, dt = 0$ ist erfüllt. Zur Bestimmung von A bilden wir

$$\int_0^L f(s)\, \mu^*(s)\, ds = A \cdot 1 + \int_0^L \int_0^L h(t)\, \mu^*(s)\, \log \frac{D}{r_{st}}\, dt\, ds$$

$$= A + \int_0^L h(t) \cdot [\text{const}]\, dt = A,$$

denn $\int_0^L \mu^*(x)\, \log \frac{D}{r_{xt}}\, dx$ ist Eigenfunktion zu $K(s, t)$ und $\lambda_1 = 1$, also konstant $(= \|\mu^*\|^2)$.

d) Der Konvergenzbeweis. Nunmehr sind wir in der Lage, den Hauptsatz dieses Paragraphen zu beweisen.

Satz 3.5. *Die Kurve C gehöre der Klasse C'_α an, und die 0te Näherung $\theta_0(s)$ für das Iterationsverfahren (3.10) sei so gewählt, daß $\theta'_0(s)$ in $\langle 0, L\rangle$ einer Lipschitz-Klasse angehöre und $\theta_0(L) = \theta_0(0) + 2\pi$, $\theta'_0(L) = \theta'_0(0)$ gelte.*

Dann konvergieren die Funktionen $\theta_n(s)$ in $\langle 0, L\rangle$ gleichmäßig gegen diejenige Lösung $\theta(s)$ von (3.9), für die

$$\int_0^L \theta_0(s)\, \mu^*(s)\, ds = \int_0^L \theta(s)\, \mu^*(s)\, ds \tag{3.22}$$

gilt, wobei $\mu^*(s)$ die natürliche Belegung von C ist. Genauer gilt

$$|\theta_{n+1}(s) - \theta(s)| \leqq \frac{1}{\pi} \|K(s,t)\|_t \|\theta'_0 - \theta'\| \sqrt{\frac{\lambda_2^2}{\lambda_2^2 - 1}} \cdot \frac{1}{|\lambda_2|^n} \tag{3.23}$$

$$(n = 1, 2, 3, \ldots).$$

Beweis. Wir bemerken zunächst, daß $\theta'(s)$ einer Lipschitz-Klasse angehört (Anhang 4), so daß also $f(s) = \theta_0(s) - \theta(s)$ den Voraussetzungen von Hilfssatz 3.2 genügt. Wegen (3.22) ist dort überdies $A = 0$, und also

$$f(s) = \int_0^L h(t) \log \frac{D}{r_{st}}\, dt \quad \text{für stetiges } h(t) \text{ mit} \quad \int_0^L h(t)\, dt = 0\,.$$

Mit den iterierten Kernen $K_n(s, t)$ und bei festem s ist daher

$$\theta_{n+1}(s) - \theta(s) = \int_0^L K(s,t)\, [\theta_n(t) - \theta(t)]\, dt = \int_0^L K_{n+1}(s, t)\, [\theta_0(t) - \theta(t)]\, dt$$

$$= \int_0^L \int_0^L K_{n+1}(s, t)\, h(x) \log \frac{D}{r_{zt}}\, dx\, dt = (h, K_{n+1}(s, t))$$

$$= (h, T^n K(s, t)) = (T^n h, K(s, t))\,.$$

Dies schätzen wir mit der Schwarzschen Ungleichung ab:

$$|\theta_{n+1}(s) - \theta(s)| \leqq \|T^n h\| \cdot \|K(s, t)\|_t\,,$$

und hierbei ist zufolge (3.19), für das stetige h angewandt,

$$\|T^n h\|^2 = \sum_{i=1}^\infty (T^n h, \varphi_i)^2 = \sum_{i=1}^\infty (h, T^n \varphi_i)^2 = \sum_{i=2}^\infty \frac{1}{\lambda_i^{2n}} (h, \varphi_i)^2\,,$$

da $(h, \varphi_1) = \int_{t=0}^L h(t) \int_{\tau=0}^L \varphi_1(\tau) \log \frac{D}{r_{t\tau}}\, d\tau\, dt = \text{const} \cdot \int_0^L h(t)\, dt = 0$ ist. Mit

$|\lambda_i| \geqq |\lambda_2|$ ($i \geqq 2$) und Hilfssatz 3.1 folgt vollends (3.23).

Die Abschätzung (3.23) zeigt, daß es günstig ist, eine gute 0te Näherung $\theta_0(s)$ zu verwenden. Ist etwa $\int_0^L |\theta_0'(t) - \theta'(t)|^2 dt$ klein, so ist nämlich auch $\|\theta_0' - \theta'\|$ klein:

$$\|\theta_0' - \theta'\| \leq \left\{ \int_0^L \int_0^L \left(\log \frac{D}{r_{st}} \right)^2 ds\, dt \right\}^{1/4} \cdot \left\{ \int_0^L |\theta_0'(t) - \theta'(t)|^2 dt \right\}^{1/2}.$$

Andererseits ist es wichtig, für $\theta'(s)$ im voraus eine Abschätzung zu kennen, da diese Größe in (3.23) rechts vorkommt. Hier beweist WARSCHAWSKI ([454], S. 17) folgendes:

Es sei $|s - t|^{1-\alpha} |K(s, t)| \leq A$, $N = \max\limits_{s \in \langle 0, L \rangle} \left| \dfrac{d}{ds} \arg z(s) \right|$ *und* L *die Länge von* C. *Dann ist*

$$\theta'(s) \leq \pi \left[\frac{2^\alpha N L^{1-\alpha}}{\pi} + \frac{2A}{\alpha} \right]^{1/\alpha}.$$

Der kurze Beweis knüpft an die Darstellung (2.22) von $\theta'(s)$ an. In dem Sonderfall, daß C stetig gekrümmt ist, also $|K(s, t)| \leq A$ gilt, erhält man für $\alpha = 1$

$$\theta'(s) \leq 2\pi A + 2N,$$

was sich unmittelbar aus (2.22) ablesen läßt. Ist C konvex, so läßt sich dies weiter präzisieren; vgl. Satz 4.3.

3.4. Untersuchung der Ableitungen und der allgemeinen Integralgleichungen (3.1)

a) Konvergenz der Folge $\{\theta_n'(s)\}$. Über die Konvergenz der Ableitungen $\theta_n'(s)$ beweist WARSCHAWSKI ([454], S. 18):

Satz 3.6. *Es sei* $C \in C_\alpha''$ *und* $\theta_0(s)$ *genüge den Voraussetzungen von Satz 3.5. Dann gilt für die Ableitungen* $\theta_n'(s)$ *der Funktionen in* (3.10)

$$|\theta_n'(s) - \theta'(s)| \leq \frac{1}{\pi} \|\theta_0' - \theta'\| \left\| \frac{\partial K(t, s)}{\partial t} \right\|_t \sqrt{\frac{\lambda_2^2}{\lambda_2^2 - 1}} \cdot \frac{1}{|\lambda_2|^{n-1}} \qquad (3.24)$$

$$(n = 1, 2, \ldots).$$

Beim Beweis ist wichtig, daß $\sum\limits_{i=1}^\infty \dfrac{\varphi_i^2(s)}{\lambda_i^2}$ konvergiert, wenn $C \in C_\alpha''$ ist.

b) Die Integralgleichungen (3.1). Die Sätze von WARSCHAWSKI ([454], S. 14—19) gestatten, das Verhalten der Iterationen $f_n(s)$ auch für die *allgemeinen* Integralgleichungen

$$f(s) = \lambda \int_0^L K(s, t)\, f(t)\, dt + g(s) \qquad (3.25)$$

und

$$f(s) = \lambda \int_0^L K(t, s)\, f(t)\, dt + g(s) \qquad (3.25')$$

anzugeben, sofern $|\lambda| < |\lambda_2|$ ist; wir beschränken uns auf die Angabe der Ergebnisse, wobei wir voraussetzen: $C \in C''_\alpha$ und $g(s)$ in $\langle 0, L \rangle$ stetig differenzierbar.

Satz 3.7. *Die Ausgangsnäherung $f_0(s)$ sei in $\langle 0, L \rangle$ stetig differenzierbar, $f_0(L) - f_0(0) = g(L) - g(0)$, und $|\lambda| < |\lambda_2|$, $\lambda \neq 1$. Dann hat die Integralgleichung (3.25) eine eindeutig bestimmte Lösung $f(s)$, und für die Iterationen $f_n(s)$ gilt*

$$|f_n(s) - c^* \cdot \lambda^n - f(s)| \leq M \cdot \left|\frac{\lambda}{\lambda_2}\right|^n \quad (n = 1, 2, \ldots), \qquad (3.26)$$

wobei

$$M = \frac{|\lambda_2|}{\pi} \|f'_0 - f'\| \, \|K(s, t)\|_t \sqrt{\frac{\lambda_2^2}{\lambda_2^2 - 1}}$$

und

$$c^* = \int_0^L f_0(t) \, \mu^*(t) \, dt - \frac{1}{1 - \lambda} \int_0^L g(t) \, \mu^*(t) \, dt$$

gesetzt ist. Ist $\lambda = 1$ und (3.25) lösbar, so gilt (3.26) mit $c^* = 0$ für diejenige Lösung $f(s)$ von (3.25), für die $\int_0^L f(t) \, \mu^*(t) \, dt = \int_0^L f_0(t) \, \mu^*(t) \, dt$ ist.

Ein ähnliches Ergebnis gilt für die adjungierte Integralgleichung (3.25'):

Satz 3.8. *Die Ausgangsnäherung $f_0(s)$ sei in $\langle 0, L \rangle$ stetig, und $|\lambda| < |\lambda_2|$, $\lambda \neq 1$. Dann hat die Integralgleichung (3.25') eine eindeutig bestimmte Lösung $f(s)$, und für die Iterationen $f_n(s)$ gilt*

$$|f_n(s) - d^* \cdot \lambda^n \, \mu^*(s) - f(s)| \leq N \cdot \left|\frac{\lambda}{\lambda_2}\right|^n \quad (n = 1, 2, \ldots), \qquad (3.27)$$

wobei

$$N = \frac{|\lambda_2|}{\pi} \|f_0 - f\| \left\|\frac{\partial K(t, s)}{\partial t}\right\|_t \sqrt{\frac{\lambda_2^2}{\lambda_2^2 - 1}}$$

und

$$d^* = \int_0^L f_0(t) \, dt - \frac{1}{1 - \lambda} \int_0^L g(t) \, dt$$

gesetzt ist. Ist $\lambda = 1$ und (3.25') lösbar, so gilt (3.27) mit $d^* = 0$ für diejenige Lösung $f(s)$ von (3.25'), für die $\int_0^L f(t) \, dt = \int_0^L f_0(t) \, dt$ ist.

Diese beiden Sätze präzisieren die bei Satz 3.1 gemachten Aussagen. Dort war speziell $f_0(s) = g(s)$ angenommen worden.

c) Folgerungen für die Integralgleichungen von § 2. Für die Ermittlung der konformen Abbildungen in § 2 benötigen wir die Lösungen von (3.25) und (3.25') für $\lambda = \pm 1$.

1. Fall: (3.25) mit $\lambda = +1$: Hierin ordnen sich (2.4), (2.9), (2.11) und (2.13) ein. Die Sätze 3.5 und 3.6 geben eine vollständige Lösung.

2. Fall: (3.25) mit $\lambda = -1$: Hierin ordnen sich die Integralgleichungen für Außengebiete in 2.5 und 2.6 ein. Aus (3.26) folgt, wenn man

$$\tau_n(s) = \frac{f_{n+1}(s) + f_n(s)}{2}$$

bildet und dadurch c^* eliminiert: $|\tau_n(s) - f(s)| \leq M \cdot \dfrac{1}{|\lambda_2|^n}$ $(n = 1, 2, \ldots)$. Man untersucht also zweckmäßig hier das Mittel zweier aufeinanderfolgender Iterationen.

3. Fall: (3.25′) mit $\lambda = +1$: Dieser Fall ist für die Integralgleichung (2.21) von BANIN maßgebend, und wir wissen hier, daß für die gesuchte Lösung $f(s)$ von (3.25′) $\int\limits_0^L f(s)\,ds = 2\pi$ ist. Beginnen wir die Iterationen also mit einer Funktion $f_0(s)$ mit $\int\limits_0^L f_0(s)\,ds = 2\pi$, so erhalten wir aus Satz 3.8

$$|f_n(s) - f(s)| \leq N \cdot \frac{1}{|\lambda_2|^n} \qquad (n = 1, 2, \ldots),$$

mit der oben angegebenen Konstanten N. Nimmt man dagegen ein $f_0(s)$ mit $\int\limits_0^L f_0(s)\,ds = 1$, so wird durch die $f_n(s)$ die natürliche Belegung von C approximiert.

4. Fall: (3.25′) mit $\lambda = -1$: Hierin ordnen sich die Integralgleichungen von WARSCHAWSKI (2.22) und STIEFEL (2.23) ein, und wieder wissen wir von der gesuchten Lösung $f(s)$ von (3.25′) $\int\limits_0^L f(s)\,ds = 2\pi$, bzw. $\int\limits_0^L f(s)\,ds = 0$ (wenn man (2.23) betrachtet). Daher ist es zweckmäßig, die Iterationen mit einer Funktion $f_0(s)$ mit $\int\limits_0^L f_0(s)\,ds = 2\pi$ bzw. $= 0$ zu beginnen, damit $d^* = 0$ wird in (3.27), und wir erhalten dann für die Näherungen von $\theta'(s)$ in (2.22), die wir mit $\tilde{\theta}_n'(s)$ bezeichnen wollen,

$$|\tilde{\theta}_n'(s) - \theta'(s)| \leq N \cdot \frac{1}{|\lambda_2|^n} \qquad (n = 1, 2, \ldots).$$

Diese Abschätzung ergäbe sich auch mit (3.24), denn man stellt leicht fest, daß die Ableitungen der Iterationen $\theta_n(s)$ von (3.10) mit den Iterationen $\tilde{\theta}_n'(s)$ für (2.22) identisch sind, wenn man diese mit $\theta_0'(s)$ beginnt. Beweis durch Differentiation von (3.10) nach dem in 2.7 geschilderten Schema.

Schließlich bemerken wir noch, daß auch hier die $f_n(s)$ zur Approximation der natürlichen Belegung verwendet werden können; vgl. STIEFEL ([399], S. 71). Ist nämlich $d^* \neq 0$, so streben

$$\frac{(-1)^{n+1}}{2d^*}\,[f_{n+1}(s) - f_n(s)] \Rightarrow \mu^*(s)\,,$$

wie aus (3.27) sofort zu entnehmen ist.

3.5. Abschätzungen für $|\lambda_2|$

Unsere Untersuchungen in 3.3 und 3.4 haben gezeigt, daß die Konvergenzgeschwindigkeit der Iterationsverfahren, die zu den Integralgleichungen für unsere konformen Abbildungen gehören, sehr wesentlich von $|\lambda_2|$ abhängt. Für die Beurteilung von $|\lambda_2|$ stehen zweierlei Arten von Abschätzungen zur Verfügung, nämlich einerseits solche, die $|\lambda_2|$ direkt aus geometrischen Annahmen über C beurteilen, und zweitens Vergleichssätze, in denen $|\lambda_2|$ für eine gegebene Kurve C mit dem bekannten $|\lambda_2|$ einer anderen Kurve verglichen wird.

a) Abschätzungen für $|\lambda_2|$ durch geometrische Annahmen. Ist C konvex und stetig gekrümmt, so liefert das Neumannsche Lemma (3.7), auf

$$\psi_2(s) = \lambda_2 \int_0^L K(s, t)\, \psi_2(t)\, dt \quad \text{angewandt, sofort} \quad 1 \leq |\lambda_2| k \quad \text{mit} \quad k \leq 1 -$$

$$- \frac{L}{2\pi \varrho_{\max}}, \text{ da ja osc } \psi_2 \neq 0, \text{ d. h. } \psi_2(s) \text{ nicht konstant ist. } \textit{Es ist also dann}$$

$$\frac{1}{|\lambda_2|} \leq k \quad \textit{mit} \quad k \leq 1 - \frac{L}{2\pi \varrho_{\max}}$$

eine erste einfache Abschätzung für $|\lambda_2|$.

Weiter ist vor allen Dingen folgendes einfache Kriterium von AHLFORS ([2], S. 279) zu nennen:

Satz 3.9. *Es sei C glatt und bezüglich $z = 0$ sternig, und es bezeichne $\varkappa = \varkappa(\varphi)$ den Winkel zwischen $\arg z = \varphi$ und der Tangente an C im Punkt $P = (\varphi,\, r(\varphi))$. Dann gilt*

$$\frac{1}{|\lambda_2|} \leq \max_{0 \leq \varphi \leq 2\pi} |\cos \varkappa|. \tag{3.28}$$

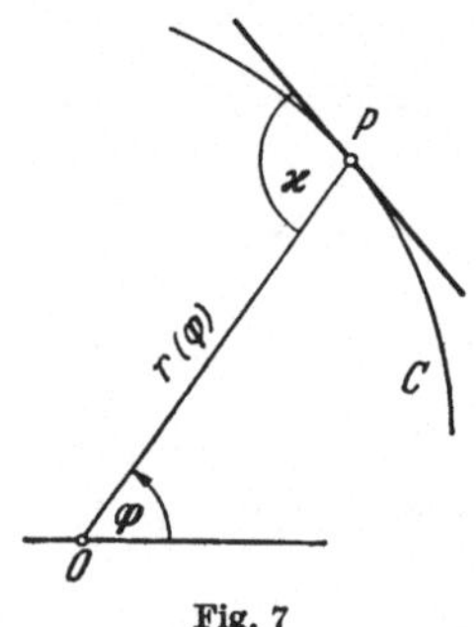

Fig. 7

Beim Beweis wird benützt, daß durch $\zeta(z) = \dfrac{r^2(\varphi)}{\bar z}$ eine quasikonforme Abbildung des Inneren von C auf das Äußere angegeben wird, bei der C punktweise fest bleibt, und deren maximale Exzentrizität $k \leq \max |\cos \varkappa|$ ist. Zuvor ([2], S. 277) wird gezeigt, daß für jede Jordankurve C, für die eine solche quasikonforme Abbildung existiert, $|\lambda_2|^{-1} \leq k$ ist für eine verallgemeinerte Fassung des Neumann-Poincaréschen Problems.

Ist C ein Kreis, so ist $\lambda_2 = \infty$, und man wird erwarten, daß $|\lambda_2|$ für „sehr reguläre Kurven" C groß wird. Dies hat SCHIFFER durch Betrachtung von λ_2 in Abhängigkeit von C mit Hilfe von Variationsmethoden präzisiert:

Satz 3.10 (SCHIFFER [371], S. 1220; [372], S. 110). *Es sei C das Bild von $|z| = 1$ durch eine in $r < |z| < R$ reguläre und schlichte Funktion $h(z)$, wobei $r < 1 < R$ ist. Dann ist*

$$|\lambda_2| \geq \frac{r^2 + R^2}{1 + (rR)^2}. \tag{3.29}$$

Das Gleichheitszeichen wird angenommen, wenn $h(|z| = R)$ der Teil $w^2 \geq 1$ der reellen w-Achse ist, während $h(|z| = r)$ ein Intervall $-w^2 \leq \tau = \tau(r, R)$ der imaginären w-Achse ist.

Als Maß für die Regularität von C geht die Regularität und Schlichtheit von $h(z)$ in $r < |z| < R$ ein. Für eine Ellipse mit den Halbachsen a und b $(a > b)$ ergibt sich aus Satz 3.10, wenn man $R \to \infty$ streben läßt, $|\lambda_2| = \dfrac{a+b}{a-b}$. Überdies sind für eine Ellipse alle Eigenwerte von der Form $\pm \left(\dfrac{a+b}{a-b}\right)^n$ (SCHIFFER [371], S. 1195). SCHIFFER hat weiter gezeigt: α) Die Eigenwerte bleiben invariant, wenn C einer linearen Transformation unterworfen wird ([371], S. 1196); β) Ist C dreimal stetig differenzierbar, und bildet man für die inneren Niveaulinien $C(r)$ $(0 < r < 1)$ die Eigenwerte $\lambda(r)$, so ist $\lambda(r) \searrow$ falls $r \nearrow 1$ ([371], S. 1209).

Schließlich erwähnen wir noch eine Abschätzung für kreisnahe Kurven C.

Satz 3.11 (WARSCHAWSKI [454], S. 26; [456], S. 225). *Es sei $C \in C'_\alpha$ $(\alpha > \tfrac{1}{2})$. Dann ist*

$$\frac{1}{\lambda_2^2} \leq \frac{1}{2} \left\{ \int\limits_0^L K_2(s, s)\, ds - 1 \right\} . \tag{3.30}$$

Wir bemerken dazu, daß der iterierte Kern $K_2(s, s)$ in $\langle 0, L \rangle$ stetig ist, falls $\alpha > \tfrac{1}{2}$. Ist weiter C ein Kreis der Länge L, so wird $K(s, t) = \dfrac{1}{L}$, also $\{ \} = 0$, so daß $\{ \}$ als Maß für die „Kreisnähe" von C gewertet werden kann. Die Abschätzung von $K_2(s, s)$ im konkreten Fall geschieht über $K(s, t)$ mit der Schwarzschen Ungleichung. — Der Beweis von (3.30) knüpft an die Darstellung $\int\limits_0^L K_2(s, s)\, ds = \sum\limits_{i=1}^\infty \lambda_i^{-2}$ an, sofern C hinreichend glatt ist; beim Beweis für eine allgemeine Kurve C wird diese von innen durch ihre Niveaulinien approximiert.

b) Vergleichssätze. Für zwei Kurven C und $\overline{C}$ aus C'_α denken wir uns die Kerne $K(s, t)$ und $\overline{K}(s, t)$ sowie deren Eigenwerte λ_2 und $\overline{\lambda}_2$ gebildet. Man wird erwarten, daß $\lambda_2 \sim \overline{\lambda}_2$ ist, wenn C nahe $\overline{C}$ liegt; beachte jedoch die Bemerkung von SCHIFFER ([371], S. 1216) über das unstetige Verhalten des zweiten Eigenwerts.

In dieser Richtung hat WARSCHAWSKI zwei Sätze angegeben ([454], S. 23/25); [456], S. 224), wovon wir einen anführen.

Satz 3.12. *Es sei $C \in C''_\alpha$, $\overline{C} \in C'_\alpha$ und entweder $\overline{C}$ innerhalb C oder C innerhalb $\overline{C}$. Im ersten Fall sei $F(\zeta)$ eine konforme Abbildung von $|\zeta| < 1$ auf das Innere $I(C)$ von C, $F(0) \in I(\overline{C})$, im zweiten Fall bilde $F(\zeta)$ den $|\zeta| > 1$*

auf das Äußere von C ab mit ∞ als Fixpunkt. Es sei gesetzt

$$q = \frac{\max_{|\zeta|=1} |F'(\zeta)|}{\min_{|\zeta|=1} |F'(\zeta)|}\,, \quad M = \int_0^L \left\|\frac{\partial K(t,s)}{\partial t}\right\|^2 ds\,, \quad d = \max_{P\in\bar{C}} \operatorname{dist}(P,C)\,.$$

Dann gilt

$$\frac{1}{|\lambda_2|} \leqq \frac{1}{|\bar{\lambda}_2|} + \frac{2d\,|\lambda_2|^2\,Mq}{\pi}\,.$$

Für Abschätzungen von $|F'(\zeta)|$ ($|\zeta| = 1$) vergleiche man [382], [447], bei kreisnahen Gebieten insbesondere [391], [449]. — Das zweite Theorem von WARSCHAWSKI läßt auch Überschneiden von C und $\bar{C}$ zu.

Wir weisen ferner auf die theoretisch wichtige Variationsformel hin, die die Veränderung von λ_2 bei Deformation von C in Richtung der Normalen angibt (SCHIFFER [371], S. 1208; [372], S. 109). Wird $|z| < 1$ der Abbildung $z^* = z + \dfrac{\varepsilon}{z - z_0}$ ($|z_0| > 1$) unterworfen, so gilt für den zweiten Eigenwert des Bildgebiets die asymptotische Relation

$$|\lambda_2| = \frac{(|z_0|^2 - 1)^2}{\varepsilon} + O(1) \qquad (\varepsilon \to 0)$$

(vgl. SCHIFFER [371], S. 1211; [372], S. 111), so daß also der Eigenwert $|\lambda_2|$ für kleine ε noch recht groß ist.

3.6. Über die Stieltjes-Integralgleichungen aus 2.8 und 2.9

Wir wollen noch kurz auf die Integralgleichungen (2.26) bis (2.31) eingehen, die entstehen, wenn ein Gebiet abgebildet wird, dessen Rand C Ecken aufweist; es erfülle also C die am Anfang von 2.8 gemachten Voraussetzungen. Man wird sich dabei in erster Linie für die Eigenschaften der linearen Operatoren

$$T_1 f = \frac{1}{\pi} \int_0^L f(t)\, d_t \varphi_s(t)\,, \quad \bar{T}_1 f = \frac{1}{\pi} \int_0^L f(t)\, d_t \bar{\varphi}_s(t)\,, \quad T_2 f = \frac{1}{\pi} \int_0^L f(t)\, d_t \vartheta_s(t)$$

interessieren, die im Raume der in $\langle 0, L \rangle$ stetigen Funktionen f erklärt sind. Diese Operatoren sind im allgemeinen nicht mehr vollstetig, jedoch läßt sich ihr Fredholmscher Radius R angeben. Als solchen bezeichnet man z. B. für T_1 den Reziprokwert der Zahl $\inf \| T_1 - T_1' \|$, wobei T_1' alle ausgearteten Transformationen der Form $T_1' f = \sum_{k=0}^{n} c_k(s) \int_0^L f(t)\, d_t g_k(t)$ durchläuft mit $c_k(s)$ stetig in $\langle 0, L \rangle$, $g_k(t)$ schwankungsbeschränkt in $\langle 0, L \rangle$; vgl. RADON [336], RIESZ-NAGY ([344], S. 191). Da (vgl. 2.8)

$$\bar{T}_1 f = T_1 f + f\,, \quad T_2 f = \bar{T}_1 f - \frac{1}{\pi} \int_0^L f(t)\, d_t \varphi_0(t) \tag{3.31}$$

gilt, haben T_1, $\overline{T}_1$, T_2 denselben Fredholm-Radius, und für $\overline{T}_1$ hatte RADON bereits $R = \dfrac{\pi}{\Delta}$ ermittelt, wobei Δ der Absolutwert des größten Sprungs ist, den die Tangente beim Durchlaufen von C macht ([337], S. 1149); bezüglich T_2 siehe ARBENZ ([14], S. 15/16). Da Spitzen ausgeschlossen sind, ist $\Delta < \pi$, also $R > 1$.

Wichtig ist nun, daß für die Integralgleichungen

$$f = \lambda K f + g \qquad\qquad K = T_1,\ \overline{T}_1,\ T_2$$

die Fredholmsche Alternative gilt, *sofern* $|\lambda| < R$ ist. Man wird so zum Studium der Eigenwerte λ und der Eigenfunktionen dieser Operatoren geführt.

Bezüglich $K = \overline{T}_1$ bewies RADON: α) Alle Eigenwerte λ in $|\lambda| < R$ sind reell und vom Betrage ≥ 1. β) $\lambda = -1$ ist kein Eigenwert; $\lambda = +1$ ist einfacher Eigenwert mit $f = \text{const}$ als Eigenfunktionen. Als Folge davon notieren wir: *Alle Lösungen von* (2.26) *unterscheiden sich um Konstanten; dasselbe gilt für* (2.29) *und* (2.31).

Die Verhältnisse bei $K = T_2$ sind entsprechend. Nach ARBENZ ([14], S. 28) gilt: α) Alle Eigenwerte λ in $|\lambda| < R$ sind reell, vom Betrage > 1, und bezüglich $\lambda = 0$ symmetrisch gelegen. β) Innerhalb $-R < \lambda < +R$ häufen sich die Eigenwerte von T_2 nicht. γ) $\lambda = \pm 1$ sind keine Eigenwerte. Wir notieren als Folge von γ) insbesondere: *Die Integralgleichungen* (2.27) *und* (2.30) *sind eindeutig lösbar.* δ) Die Eigenfunktionen zu T_2 sind (sofern ihre Eigenwerte in $|\lambda| < R$ liegen) in $\langle 0, L \rangle$ schwankungsbeschränkt und stetig mit $f(0) = f(L)$.

Untersuchungen über die iterative Lösung der Stieltjes-Integralgleichungen, Fehlerabschätzungen usw. liegen nicht vor.

§ 4. Numerische Lösung
verschiedener Integralgleichungen von § 2

Wir wollen uns nun mit der praktischen Lösung der Integralgleichungen von § 2 beschäftigen, und zwar behandeln wir vorwiegend den Typ

$$f(s) = \lambda \int_0^L K(s, t)\, f(t)\, dt + g(s) \qquad \lambda = \pm 1\,. \qquad (4.1)$$

Die in 2.7 vorkommenden Integralgleichungen mit adjungiertem Kern sind in mancher Hinsicht nicht so bequem; z. B. fällt für sie die einfache Möglichkeit der Diskretisierung gemäß **4.1,a)** weg.

Zunächst ist (4.1) durch ein diskretes Problem zu ersetzen; dies kann auf zweierlei Weise geschehen. Der bei dieser Diskretisierung begangene Fehler wird in 4.2 abgeschätzt. Für die Lösung des diskreten Problems, eines linearen Gleichungssystems, stehen Eliminations- und Iterationsmethoden zur Verfügung, wobei die Beschleunigung der Konvergenz eine große Rolle spielt. Schließlich berichten wir in 4.4 über die bisher durchgeführten Versuche zur konformen Abbildung mit Hilfe von Integralgleichungen mit Neumannschem Kern. Dabei ergeben sich Hinweise auf die im konkreten Fall anzuwendende Methode.

4.1. Diskretisierung der Integralgleichung

Das Integral in (4.1) können wir als Riemann-Stieltjes- oder als gewöhnliches Riemann-Integral auffassen. Es ergeben sich dementsprechend zweierlei Arten der Diskretisierung.

a) Auffassung als Stieltjes-Integral. Diese erste Art der Diskretisierung ist vor allem dann zu empfehlen, wenn die Kurve C geometrisch, nicht in analytischer Darstellung vorliegt. Außerdem ist bei ihr im Gegensatz zu 4.1,**b)** die Stetigkeit von $K(s, t)$ und damit stetige Krümmung von C nicht erforderlich. Es erfülle demgemäß C die Voraussetzungen von 2.8; endlich viele Ecken sind also zugelassen.

Statt (4.1) behandeln wir allgemeiner

$$\gamma(s) \cdot f(s) = \lambda \cdot \frac{1}{\pi} \int\limits_{0 \,(H)}^{L} f(t) \, d_t \varphi_s(t) + g(s) \qquad\qquad \lambda = \pm 1 . \quad (4.2)$$

Für $\lambda = +1$, $\gamma(s) = \alpha(s)$ (= Innenwinkel$/\pi$) erhält man die Integralgleichung (2.25) und die erste von 2.9, beide für Innengebiete; $\lambda = -1$, $\gamma(s) = 2 - \alpha(s)$ ergibt (2.25') und (2.29') für Außengebiete. Ist C glatt, also $\alpha(s) \equiv 1 \equiv \gamma(s)$, so wird (4.2) $\equiv$ (4.1).

Zur Diskretisierung von (4.2) zerlegen wir $\langle 0, L \rangle$ in N Teilintervalle $\langle t_{k-1}, t_k \rangle$ mit den Zwischenpunkten s_k, $t_{k-1} < s_k < t_k$ $(k = 1, 2, \ldots, N)$. Die Intervalle können verschieden lang sein. Praktisch wird es zweckmäßig sein, an Stellen starker Krümmung oder an Ecken mehr Teilpunkte zu nehmen als in glatten Bereichen von C; vgl. Tab. 1, S. 55. Für $s = s_i$ und mit $\gamma(s_i) = \gamma_i$ erhalten wir aus (4.2)

$$\gamma_i f(s_i) = \frac{\lambda}{\pi} \left[\sum_{k \neq i} \int\limits_{t_{k-1}}^{t_k} f(t) \, d_t \varphi_{s_i}(t) + \int\limits_{t_{i-1}\,(H)}^{t_i} f(t) \, d_t \varphi_{s_i}(t) \right] + g(s_i) . \quad (4.3)$$

Die Lösung $f(s)$ unseres Abbildungsproblems ist in $\langle 0, L \rangle$ stetig, so daß wir $f(t)$ in $\langle t_{k-1}, t_k \rangle$ durch $f(s_k)$ annähern können. Dies ergibt unser diskretes Problem für die Näherungen f_i von $f(s_i)$

$$\gamma_i f_i = \lambda \sum_{k=1}^{N} a_{ik} f_k + g_i \qquad\qquad (i = 1, 2, \ldots, N) , \qquad (4.4)$$

wobei $g_i = g(s_i)$ und

$$a_{ik} = \frac{1}{\pi} \int\limits_{t_{k-1}}^{t_k} d_t \varphi_{s_i}(t) \quad (i \neq k) , \qquad a_{ii} = \frac{1}{\pi} \int\limits_{t_{i-1}\,(H)}^{t_i} d_t \varphi_{s_i}(t) \qquad (4.5)$$

gesetzt ist. Die a_{ik} haben hierbei eine sehr einfache geometrische Bedeutung. Bezeichnet man den Winkel, unter dem man den Bogen $\langle t_{k-1}, t_k \rangle$ von s_i aus sieht, mit $\varphi_i(t_{k-1}, t_k)$ $(i \neq k)$, und mit $\varkappa_i$ den Winkel $\sphericalangle (t_{i-1}, s_i, t_i)$, so wird aus (4.5) (vgl. Fig. 8)

$$a_{ik} = \frac{1}{\pi}\, \varphi_i(t_{k-1}, t_k) \quad (i \neq k)\,, \qquad a_{ii} = \alpha_i \left(1 - \frac{\varkappa_i}{\pi \alpha_i}\right).$$

Wir notieren noch die Zeilensummen unserer Matrix

$$\sum_{k=1}^{N} a_{ik} = \frac{1}{\pi} \int_{0\,(H)}^{L} d_t\, \varphi_{s_i}(t) = \alpha_i\,. \tag{4.6}$$

Wir werden in 4.2 erkennen, daß der Fehler $f(s_i) - f_i$ bei der Diskretisierung gemäß (4.4), (4.5) leichter zu beurteilen ist als bei der nun zu besprechenden zweiten Methode.

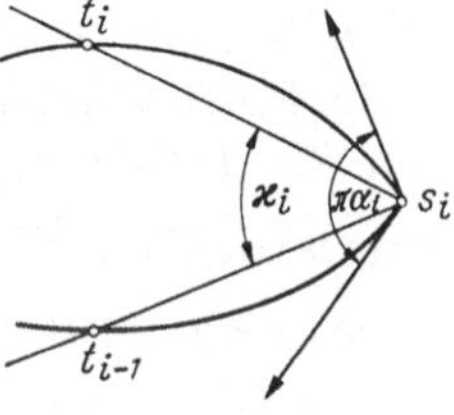

Fig. 8

b) Auffassung als Riemann-Integral. Nun sei C stetig gekrümmt und also $K(s, t)$ in $0 \leq s, t \leq L$ stetig; außerdem ist $K(s, t)$ in s und t mit L periodisch. Ist C in der Form $x = x(s), y = y(s)$ gegeben, so errechnet sich der Kern von (4.1) zu

$$K(s, t) = \frac{1}{\pi} \cdot \frac{[x(t) - x(s)]\, y'(t) - [y(t) - y(s)]\, x'(t)}{[x(t) - x(s)]^2 + [y(t) - y(s)]^2} \quad (t \neq s)\,,$$

$$K(s, s) = \frac{1}{2\pi} \cdot \frac{x'(s)\, y''(s) - y'(s)\, x''(s)}{[x'(s)]^2 + [y'(s)]^2}\,.$$

Diese Formeln gelten offenbar auch dann, wenn s, t nicht die Bogenlänge ist. *Dies wollen wir in* 4.1,**b)** *ausdrücklich zulassen*, weil es oft zweckmäßig ist, gerade einen anderen Parameter einzuführen, um einerseits bei der nachfolgenden Diskretisierung gleichlange t-Intervalle verwenden zu können und andererseits auf Bogen starker Krümmung mehr Teilpunkte zu erhalten als in glatten Bereichen von C. So ergab sich für die Ellipse mit den Halbachsen 3 und 2 bei Verwendung von q: $x = 3\cos q, y = 2\sin q$ an Stelle der Bogenlänge s eine 6—25fache Erhöhung der Genauigkeit (vgl. Tab. 1, S. 55).

Wir bemerken noch: Ist C in *Polarkoordinaten* gegeben mit beliebigem Pol innerhalb C: $r = r(u)$, so errechnet sich der Kern $K(u, v)$ der transformierten Integralgleichung zu

$$K(u, v) = \frac{1}{\pi} \cdot \frac{r(v)\,[r(v) - r(u)\cos(u - v)] + r(u)\sin(u - v)\, r'(v)}{r(u)^2 + r(v)^2 - 2r(u)\, r(v)\cos(u - v)} \quad (u \neq v),$$

$$K(u, u) = \frac{1}{2\pi} \cdot \frac{r(u)^2 + 2r'(u)^2 - r(u)\, r''(u)}{r(u)^2 + r'(u)^2}\,;$$

siehe ANDERSEN ([13], S. 149).

Nun seien in $\langle 0, L \rangle$ die äquidistanten Teilpunkte $0 = t_0 < t_1 <$ $< \cdots < t_N = L$ gewählt. An Stelle von

$$f(s) = \lambda \sum_{k=1}^{N} \int_{t_{k-1}}^{t_k} f(t) \, K(s, t) \, dt + g(s) \tag{4.1}$$

betrachten wir dann das diskrete Problem

$$f_i = \lambda \sum_{k=1}^{N} a_{ik} f_k + g_i \quad \text{mit} \quad g_i = g(t_i), \quad a_{ik} = A_k K(t_i, t_k). \tag{4.7}$$

Die A_k hängen von der Wahl der verwendeten Quadraturformel ab, worauf wir jetzt eingehen wollen.

Zunächst behandeln wir den Fall, daß $f(s)$ mit L periodisch ist; dies trifft für $f(s) = \theta(s) - \varphi(s)$, $\theta'(s)$, $\theta'(s) - \varphi'(s)$ (adjungierter Kern) zu. Dann ist die Trapezformel mit $A_k = \dfrac{L}{N}$ „bestmöglich" in folgendem Sinne.

Satz 4.1 ([40], S. 121). *Gegeben seien die äquidistanten Teilpunkte* $0 = t_0 < t_1 < \cdots < t_N = L$ *(N fest) und die beiden Quadraturformeln* $J(F) = \sum_{k=1}^{N} A_k F(t_k)$ *mit* $\sum_{k=1}^{N} A_k = L$ *und* $J_0(F) = \dfrac{L}{N} \sum_{k=1}^{N} F(t_k)$. *Dann wird für jedes mit L periodische und in $\langle 0, L \rangle$ integrierbare $F(t)$ der maximale Quadraturfehler für $F(t)$ und seine Translationen* $F_j(t) = F(t + t_j)$ *$(j = 1, 2, \ldots, N)$ zum Minimum, wenn $J = J_0$ ist.*

Beweis. Setzt man $I = \int_0^L F(t) \, dt = \int_0^L F_j(t) \, dt$, so wird

$$\frac{1}{N} \sum_{j=1}^{N} [J(F_j) - I] = \frac{1}{N} \sum_{j=1}^{N} \sum_{k=1}^{N} A_k F(t_k + t_j) - I$$

$$= \frac{1}{N} \sum_{k=1}^{N} A_k \sum_{j=1}^{N} F(t_j) - I = \frac{L}{N} \sum_{j=1}^{N} F(t_j) - I = J_0(F_j) - I,$$

also $|J_0(F_j) - I| \leq \max_j |J(F_j) - I|$ für $j = 1, 2, \ldots, N$.

HÄMMERLIN [158] verwendet diese Ungleichung zur Gewinnung einer verbesserten Abschätzung des Quadraturfehlers bei Anwendung der Trapez- (= Rechtsecks-) Formel auf periodische Funktionen.

Ist also $f(s)$ mit L periodisch, so wählen wir in (4.7) die Trapezregel mit $A_k = \dfrac{L}{N}$.

In dem Fall, daß $f(s)$ nicht periodisch ist, kann man zunächst versuchen, eine modifizierte Integralgleichung mit periodischem Integranden herzustellen. Ist z. B. $f(s) = \theta(s)$ [Gerschgorinsche Gleichung (2.9)], so setze man

$$\phi_s(t) = \begin{cases} \varphi_t(s) & (t < s) \\ \varphi_s(s+) & (t = s) = \varphi_s(t) + \begin{cases} -\pi & (t < s) \\ \\ 0 & (t > s) \end{cases} = \bar{\varphi}_s(t) - \pi \\ \varphi_s(t) & (t > s) \end{cases}$$

(vgl. 2.8) und betrachte statt (2.9) nach leichter Umformung

$$\theta(s) = \int_0^L [\theta(t) - 2\,\hat{\varphi}_s(t)]\, K(s, t)\, dt + 2\,\varphi(s) + \pi \,. \qquad (2.9.\text{a})$$

Hier ist der Integrand in $\langle 0, L \rangle$ stetig und mit L periodisch, so daß wir die Trapezregel nehmen können: $\theta_i = \dfrac{L}{N} \sum_{k=1}^{N} K(t_i, t_k)\, \theta_k + \psi_i$ für gewisse ψ_i. BIRKHOFF-YOUNG-ZARANTONELLO ([40], S. 123) haben durch diesen Kunstgriff in einem Beispiel eine 7—20fache Erhöhung der Genauigkeit gegenüber der unveränderten Gerschgorin-Gleichung erzielt (vgl. Tab. 1, S. 55).

Ein periodischer Integrand kann dagegen häufig nicht mehr hergestellt werden, wenn man etwa Symmetrieeigenschaften der Lösung (z. B. $f(-s) = -f(s)$) in (4.1) eingeführt und die Integralgleichung dadurch verändert hat:

$$f(s) = \int_a^b k(s, t)\, f(t)\, dt + g(s) \,. \qquad (4.8)$$

Dann hat man auf andere Quadraturformeln zurückzugreifen, z. B. (mit $x_i - x_{i-1} = h$)

Simpson-Formel:

$$\int_{x_0}^{x_2} F(t)\, dt = \frac{h}{3}\,(F_0 + 4F_1 + F_2) + E \quad \text{mit} \quad |E| \leqq \frac{h^5}{90}\max |F^{(4)}(t)| \,,$$

Weddle-Formel:

$$\int_{x_0}^{x_6} F(t)\, dt = 0{,}3\,h\,(F_0 + 5F_1 + F_2 + 6F_3 + F_4 + 5F_5 + F_6) + E \quad \text{mit}$$

$$|E| \leqq \frac{h^7}{140}\max |F^{(6)}(t)| + \frac{9\,h^9}{1400}\max |F^{(8)}(t)| \,.$$

In (4.7) laufen dann i und k von 0 bis N. Die letzte Regel wurde bei den Experimenten von TODD und WARSCHAWSKI [422] verwendet.

Schließlich weisen wir noch auf die Methode von FOX und GOODWIN [109] hin. Hier handelt es sich um eine iterative Lösung des nach Anwendung einer Quadraturformel aus (4.8) hervorgehenden linearen Gleichungssystems. Wir verwenden eine Quadraturformel der Form

$$\int_a^b F(t)\, dt \sim \frac{b-a}{N}\left(\frac{1}{2}F_0 + F_1 + \cdots + F_{N-1} + \frac{1}{2}F_N\right) + \Delta(F) \,,$$

wobei $\Delta(F)$ eine aus den Differenzen der F_k zu berechnende Korrektur zur Trapezformel ist. Bezeichnet nun $\Delta_i(f)$ diese Korrektur für

$F(t) = k(t_i, t) f(t)$ und jedes feste $i = 0, 1, \ldots, N$, so lautet die Diskretisierung von (4.8)

$$f_i = \frac{b-a}{N} \left[\frac{1}{2} k(t_i, t_0) f_0 + k(t_i, t_1) f_1 + \cdots + \frac{1}{2} k(t_i, t_N) f_N \right] +$$
$$+ \Delta_i(f) + g(t_i) \qquad (i = 0, 1, \ldots, N) \, ,$$

oder in Matrizen geschrieben

$$\mathfrak{f} = \mathfrak{A}\mathfrak{f} + \Delta(\mathfrak{f}) + \mathfrak{g} \tag{4.9}$$

mit $\Delta(\mathfrak{f}) = \{\Delta_i(f)\}$ und $\mathfrak{g} = \{g(t_i)\}$. Da f gesucht ist, ist $\Delta(\mathfrak{f})$ unbekannt. Wir lösen (4.9) iterativ wie folgt. Beim ersten Schritt bestimmen wir die Lösung von $\mathfrak{f}^{(1)} = \mathfrak{A}\mathfrak{f}^{(1)} + \mathfrak{g}$, wenden also die Trapezregel auf (4.8) an, und berechnen dann für jedes feste i die Werte $k(t_i, t_k) f_k^{(1)}$ und deren Differenzen, sodann $\Delta_i(f^{(1)})$ und bilden damit $\Delta(\mathfrak{f}^{(1)})$. Für die zweite Näherung $\mathfrak{f}^{(2)} = \mathfrak{f}^{(1)} + \mathfrak{r}^{(1)}$ haben wir $\mathfrak{r}^{(1)} = \mathfrak{A}\mathfrak{r}^{(1)} + \Delta(\mathfrak{f}^{(1)})$ zu lösen, und allgemein $\mathfrak{r}^{(n)} = \mathfrak{A}\mathfrak{r}^{(n)} + \Delta(\mathfrak{f}^{(n)})$ für $\mathfrak{f}^{(n+1)} = \mathfrak{f}^{(n)} + \mathfrak{r}^{(n)}$. Man beachte, daß *nur der inhomogene Teil des Gleichungssystems verändert wird.* Beispiele ([109], S. 507/508) ergaben schon nach 1 bis 2 Iterationen eine beträchtliche Erhöhung der Genauigkeit gegenüber der Trapezformel. Bei Fox-Goodwin wird die Quadraturformel von Gregory empfohlen, da dort der Integrand nicht über $\langle a, b \rangle$ hinaus bekannt ist. In unseren Fällen sind jedoch Formeln vorzuziehen, die Zentraldifferenzen verwenden; vgl. Hartree ([160], S. 114).

Eine andere Methode zur Lösung von (4.8), die mit der von Fox-Goodwin eine gewisse Verwandtschaft zeigt, indem nämlich verschiedene Quadraturformeln kombiniert werden, wird von Brakhage [47] empfohlen und dort an zwei Beispielen erprobt.

c) Diskretisierung der adjungierten Integralgleichung. Wir erwähnen noch eine Besonderheit bei der Diskretisierung der *adjungierten* Integralgleichung

$$f(s) = \int_0^L K(t, s) f(t) \, dt + g(s) \quad \text{mit} \quad \int_0^L g(s) \, ds = 0 \, ,$$

die z. B. in (2.21) vorkommt. Martensen [268] zeigt an einem Beispiel (inneres Neumann-Problem für eine Ellipse), daß es vorteilhaft ist, die Integralgleichung zunächst in

$$\int_0^L [K(s, t) f(s) - K(t, s) f(t)] \, dt = g(s) \quad \text{mit} \quad \int_0^L g(s) \, ds = 0$$

umzuschreiben und erst dann zu diskretisieren; die Rechtecksformel liefert

$$\frac{L}{N} \sum_{\substack{k=0 \\ k \neq i}}^{N-1} [K(t_i, t_k) f_i - K(t_k, t_i) f_k] = g(t_i) \qquad (i = 0, 1, \ldots, N-1) \, .$$

Summiert man über i, so verschwindet die linke Seite identisch in den f, und jede der N linearen Gleichungen ist daher *exakt* eine Folge der $N - 1$ übrigen, sofern $\sum\limits_{i=0}^{N-1} g(t_i) = 0$ ist, insbesondere also, wenn wie in (2.21) $g(s) \equiv 0$ ist. Eine Gleichung kann also durch eine Vorschrift für $f(s)$ ersetzt werden, etwa $\dfrac{L}{N} \sum\limits_{i=0}^{N-1} f_i = 2\pi$. Diese Art der Diskretisierung hat auch den Vorzug, daß die Berechnung von $K(t_i, t_i)$, wozu $x''(s)$, $y''(s)$ notwendig sind, vermieden wird.

4.2. Abschätzung des Fehlers zwischen diskreter und kontinuierlicher Lösung

Obwohl die Diskretisierung einer Fredholmschen Integralgleichung zu einem linearen Gleichungssystem eine klassische Methode ist, finden sich in der Literatur kaum brauchbare Abschätzungen des hierbei begangenen Fehlers. Die Arbeiten von NYSTRÖM [306] gehen darauf nicht ein; BÜCKNER [50] hat gewisse Limesaussagen, falls λ kein Eigenwert ist; vgl. auch den Bericht [51] von BÜCKNER sowie OSTROWSKI [312]. Für den Fall des inneren Dirichletproblems (Kern $= - K(s, t)$) gibt BRAKHAGE [47] eine Abschätzung an, die für den Fall der Ellipse recht gut ausfällt. Im allgemeinen dürfte aber die Zahl p in $\|(I + K)^{-1}\| \le p$ ([47], S. 189) schwer zu beurteilen sein. In die Abschätzung von KANTOROWITSCH-KRYLOW ([187], S. 100 ff.) gehen die Gleichungsdeterminante und ihre Unterdeterminanten ein; sie dürfte nur für kleine n nützlich sein. Lediglich bei KRYLOW und BOGOLJUBOW ([227]; [187], S. 124 ff.) findet sich eine brauchbare Fehlerabschätzung von einiger Allgemeinheit; immerhin ist auch dort $K_{tt}(s, t)$ beschränkt angenommen.

Im folgenden werden wir diese letztgenannte Methode verbessern und ausbauen. Dabei kommt uns zugute, daß wir bei unseren Abbildungsaufgaben a priori *Schranken für $f'(s)$ angeben können*. Die Kurve C wird durchweg konvex und (abgesehen von der Bemerkung in **d)**) mindestens stetig gekrümmt angenommen, und wir setzen $r = \min\limits_{z \in C} |z|$, $R = \max\limits_{z \in C} |z|$; $\varrho_{\min}$ und $\varrho_{\max}$ bezeichnen den Radius des kleinsten bzw. größten Krümmungskreises von C.

a) Weitere Eigenschaften von $K(s, t)$.

Satz 4.2. *Ist C konvex und stetig gekrümmt, so gilt für alle s und t*

$$\frac{1}{2\pi \varrho_{\max}} \le K(s, t) \le \frac{1}{2\pi \varrho_{\min}}. \tag{4.10}$$

Ist M eine beliebige meßbare Teilmenge von $\langle 0, L \rangle$, so gilt für irgend zwei Werte s_1, s_2

$$\left| \int\limits_{M} [K(s_1, t) - K(s_2, t)] \, dt \right| \le 1 - \frac{L}{2\pi \varrho_{\max}}. \tag{4.11}$$

Beweis (vgl. KANTOROWITSCH-KRYLOW [187], S. 120 ff.). (α) Bezeichnet ϱ_t den Krümmungsradius in t, so folgt aus (1.1) und (1.2)

$$\frac{\partial K(s, t)}{\partial t} = \frac{\cos(\vartheta(t) - \varphi_s(t))}{\pi\, r_{st}^2} \left[\frac{r_{st}}{\varrho_t} - 2\sin(\vartheta(t) - \varphi_s(t))\right] \quad (t \neq s) .$$

Hat also $K(s, t)$ für (s, t), $t \neq s$, ein Extremum, so ist notwendig $[\;] = 0$, also $K(s, t) = \dfrac{1}{2\pi\varrho_t}$, oder aber $\cos(\vartheta(t) - \varphi_s(t)) = 0$ und daher gleichzeitig $K(s, t) = \dfrac{1}{\pi r_{st}}$. Im letzteren Falle ist $2\varrho_{\min} \leqq r_{st} \leqq 2\varrho_{\max}$, da C zwischen den beiden C in t berührenden Kreisen vom Radius $\varrho_{\max}$ und $\varrho_{\min}$ liegt (BLASCHKE [42], S. 116). Ein für $t \neq s$ angenommener Extremwert von $K(s, t)$ liegt daher in $\left\langle \dfrac{1}{2\pi\varrho_{\max}}, \dfrac{1}{2\pi\varrho_{\min}} \right\rangle$, und wegen $K(s, s) = \dfrac{1}{2\pi\varrho_s}$ gilt also (4.10).

(β) Zum Beweis von (4.11) können wir $\int\limits_M \geqq 0$ annehmen, sonst vertausche man s_1 mit s_2. Dann ist

$$\int\limits_M = \int\limits_0^L K(s_1, t)\, dt - \left[\int\limits_{\langle 0,L \rangle - M} K(s_1, t)\, dt + \int\limits_M K(s_2, t)\, dt \right] .$$

Der erste Summand ist 1, die Klammer hingegen wegen (4.10) $\geqq \dfrac{1}{2\pi\varrho_{\max}} [\mu(\langle 0, L \rangle - M) + \mu(M)] = \dfrac{L}{2\pi\varrho_{\max}}$. Daraus folgt übrigens sofort die Schranke für k beim Neumannschen Lemma 3.2.

b) Abschätzungen von $f'(s)$ und $f''(s)$.

Satz 4.3. *Es sei C stetig gekrümmt und konvex. (α) Im Falle $\lambda = +1$ (Abbildung des Innengebiets) gilt*

$$0 \leqq \theta'(s) \leqq \frac{2}{r} - \frac{1}{\varrho_{\max}} \tag{4.12}$$

$$|\theta'(s) - \varphi'(s)| \leqq \max\left\{\frac{1}{r} - \frac{1}{\varrho_{\max}} ; \; \frac{1}{\varrho_{\min}} - \frac{r}{R^2}\right\} \tag{4.13}$$

und

$$|\theta'(s) - \varphi'(s)| \leqq \frac{3}{r} - \frac{1}{\varrho_{\max}} . \tag{4.13'}$$

(β) Im Falle $\lambda = -1$ (Abbildung des Außengebiets) gilt

$$\frac{1}{\varrho_{\max}} \leqq \theta'(s) \leqq \frac{1}{\varrho_{\min}} \tag{4.14}$$

$$|\theta'(s) - \varphi'(s)| \leqq \max\left\{\frac{1}{r} - \frac{1}{\varrho_{\max}} ; \; \frac{1}{\varrho_{\min}} - \frac{r}{R^2}\right\} \tag{4.15}$$

und

$$|\theta'(s) - \varphi'(s)| \leqq \frac{1}{r} + \frac{1}{\varrho_{\min}} . \tag{4.15'}$$

Beweis. Zunächst ist $\dfrac{ds}{d\varphi} = \sqrt{\dot{r}(\varphi)^2 + r(\varphi)^2}$, also $\varphi'(s) \leqq \dfrac{1}{r}$ und

$$\frac{ds}{d\varphi} = \frac{r(\varphi)}{\cos\tau} = \frac{r^2(\varphi)}{r(\varphi)\cos\tau} \leqq \frac{R^2}{r} \; ;$$

beachte die Konvexität von C. Also haben wir

$$\frac{r}{R^2} \leqq \varphi'(s) \leqq \frac{1}{r} \; . \tag{4.16}$$

Zur Abschätzung von $\theta'(s)$ und $\theta'(s) - \varphi'(s)$ ziehen wir die Integralgleichung (2.22)

$$\theta'(s) = 2\,\varphi'(s) - \int_0^L K(t, s)\,\theta'(t)\,dt$$

heran. Beachtet man (4.10), $\int_0^L \theta'(t)\,dt =$

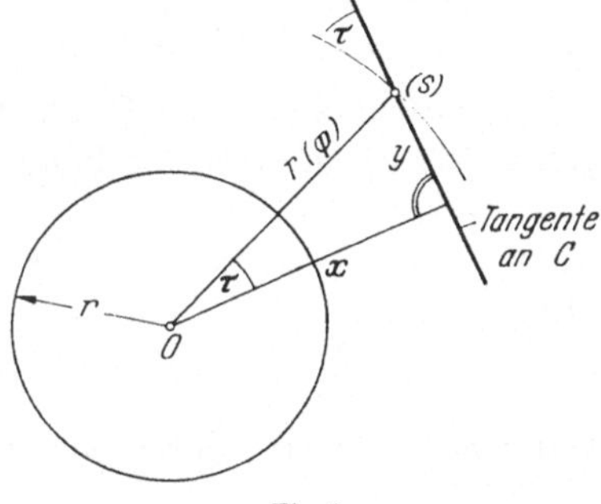

Fig. 9

2π, und $\varrho_{\min} \leqq R$ (der kleinste Krümmungskreis kann ungestört in C abrollen; BLASCHKE [42], S. 116), so folgen (4.12), (4.13), (4.13'). Der Fall (β) erledigt sich analog; statt (2.22) ziehe man (2.21) heran.

Ist C stetig gekrümmt und konvex, so haben wir also für die Lösung $f(s)$ unserer bei den Abbildungsaufgaben auftretenden Integralgleichungen vom Typ (4.1)

$$|f'(s)| \leqq M$$

mit explizit angebbarem $M = M(r, R, \varrho_{\min}, \varrho_{\max})$. Wir bemerken, daß die Schranke im Fall des Kreises um O angenommen wird.

Hat $K(s, t)$ sogar eine stetige partielle Ableitung nach t mit $|K_t(s,t)| \leqq P$, so können wir überdies $f''(s)$ abschätzen. Wir beurteilen zunächst $\varphi''(s)$. Ist $r = r(\varphi)$, so gilt

$$\varphi''(s) = \frac{\dot{r}}{r} \frac{1}{\sqrt{r^2 + \dot{r}^2}} \left[\frac{1}{\varrho} - \frac{2}{\sqrt{r^2 + \dot{r}^2}} \right] .$$

Dabei ist der Faktor vor [ ] mit den Bezeichnungen von Fig. 9

$$\mathrm{tg}\,\tau \cdot \frac{\cos\tau}{r(\varphi)} = \frac{r(\varphi)\sin\tau}{r^2(\varphi)} = \frac{y}{r^2(\varphi)} = \frac{\sqrt{r^2(\varphi) - x^2}}{r^2(\varphi)} \leqq \frac{\sqrt{R^2 - r^2}}{r^2} \; ,$$

während die Klammer selbst grob durch $\dfrac{1}{\varrho_{\min}} + \dfrac{2}{r}$ abgeschätzt wird; *insgesamt also*

$$|\varphi''(s)| \leqq \left(\frac{1}{\varrho_{\min}} + \frac{2}{r} \right) \frac{\sqrt{R^2 - r^2}}{r^2} = M_1 \; .$$

Durch Differentiation von (2.22) bzw. (2.21) nach s erhalten wir somit

Satz 4.4. *Es sei C stetig gekrümmt und konvex, und überdies sei $K(s, t)$ stetig nach t differenzierbar mit $|K_t(s, t)| \leq P$. Dann gilt*

(α) *Fall des Innengebiets:* $|\theta''(s)| \leq 2M_1 + 2\pi P$,

$$|\theta''(s) - \varphi''(s)| \leq M_1 + 2\pi P;$$

(β) *Fall des Außengebiets:* $|\theta''(s)| \leq 2\pi P$,

$$|\theta''(s) - \varphi''(s)| \leq M_1 + 2\pi P.$$

Unter den genannten Voraussetzungen haben wir also für die Lösung $f(s)$ unserer bei den Abbildungsaufgaben auftretenden Integralgleichungen vom Typ (4.1)

$$|f''(s)| \leq Q = Q(r, R, \varrho_{\min}, \varrho_{\max}, P) \, .$$

c) Abschätzung des Quadraturfehlers. Der bei der Diskretisierung gemäß 4.1,a) entstehende Fehler $z_i = f(s_i) - f_i$ genügt offenbar

$$z_i = \lambda \cdot \sum_{k=1}^{N} a_{ik} z_k + r_i \qquad (i = 1, 2, \ldots, N) \qquad (4.17)$$

mit

$$r_i = \lambda \cdot \sum_{k=1}^{N} \int_{t_{k-1}}^{t_k} [f(t) - f(s_k)] K(s_i, t) \, dt \qquad (i = 1, 2, \ldots, N) \, . \qquad (4.18)$$

Wir schätzen r_i ab, wobei wir speziell $s_i = \frac{1}{2}(t_i + t_{i-1})$ und $\Delta_i = t_i - t_{i-1} = \frac{L}{N}$ wählen.

Satz 4.5. (α) *Ist C stetig gekrümmt und konvex, und wird $|f'(s)| \leq M$ gemäß Satz 4.3 abgeschätzt, so ist*

$$|r_i| \leq A \cdot \frac{1}{N} \ mit \ A = \frac{ML}{2} \qquad (i = 1, 2, \ldots, N) \, . \qquad (4.19)$$

(β) *Hat $K(s, t)$ überdies eine stetige partielle Ableitung nach t mit $|K_t(s, t)| \leq P$, und wird $|f''(s)| \leq Q$ gemäß Satz 4.4 abgeschätzt, so ist schärfer*

$$|r_i| \leq B \cdot \frac{1}{N^2} \ mit \ B = \left[\frac{MP}{6} + \frac{Q}{24\pi\varrho_{\min}}\right] L^3 \qquad (i = 1, 2, \ldots, N) \, . \qquad (4.20)$$

Beweis. (α) Es ist $|f(t) - f(s_k)| \leq M \cdot \frac{\Delta_k}{2}$ für $|t - s_k| \leq \frac{\Delta_k}{2}$.

(β) Setzt man $F(t) = [f(t) - f(s_k)] K(s_i, t) = 0 + F'(\tau(t))(t - s_k)$ in $|t - s_k| \leq \frac{\Delta_k}{2}$, mit

$$F'(t) = [f(t) - f(s_k)] K_t(s_i, t) + f'(t) \cdot K(s_i, t) = A(t) + B(t) \, ,$$

so wird

$$\int_{t_{k-1}}^{t_k} F(t) \, dt = \int_{t_{k-1}}^{t_k} A(\tau(t)) \cdot (t - s_k) \, dt + \int_{t_{k-1}}^{t_k} B(\tau(t)) \cdot (t - s_k) \, dt \, ,$$

worin der erste Term wegen $|A(t)| \leq MP |t - s_k|$ durch $MP \frac{\Delta_k^3}{12}$ majorisiert wird. Für den zweiten Term ist $B(t) = B(s_k) + B'(\sigma(t))(t - s_k)$ mit

$$|B'(t)| = |f''(t) K(s_i, t) + f'(t) K_t(s_i, t)| \leq \frac{Q}{2\pi\varrho_{\min}} + MP \, .$$

Wegen $\int\limits_{t_{k-1}}^{t_k} B(s_k)\,(t-s_k)\,dt = 0$ wird dieser Beitrag $\leq \left(MP + \dfrac{Q}{2\pi\varrho_{\min}}\right)\dfrac{\Delta_k^3}{12}$,
und insgesamt erhält man (4.20).

Wir bemerken, daß im Falle einer analytischen Kurve C, wo $f(t)$ und $K(s,t)$ analytisch sind, die Abschätzung des Quadraturfehlers nach DAVIS ([74] und [421], Sect. 13) vorzunehmen wäre.

d) Abschätzung von $|f(s_i) - f_i|$. Zunächst hat die Matrix $\mathfrak{A} = (a_{ik})$ von (4.4) einige zu $K(s,t)$ analoge Eigenschaften.

Satz 4.6. *Es sei C stetig gekrümmt und konvex. (α) Ist $\mathfrak{x}$ ein reeller Vektor, und setzt man $\operatorname{osc}\mathfrak{x} = \max\limits_{i,k}|x_i - x_k|$, so gilt für $\mathfrak{y} = \mathfrak{A}\mathfrak{x}$ stets*

$$\operatorname{osc}\mathfrak{y} \leq k\cdot\operatorname{osc}\mathfrak{x},\qquad wobei\qquad k \leq 1 - \frac{L}{2\pi\varrho_{\max}}.$$

(β) Die Matrix $\mathfrak{A}$ hat $\lambda = 1$ als einfachen Eigenwert. Für alle übrigen reellen Eigenwerte gilt $|\lambda| \leq k$.

Beweis. Ist $x_{i_0} = \min\limits_{k} x_k$, so gilt infolge $\sum\limits_{k=1}^{N} a_{ik} = 1$ für alle i

$$|y_i - y_j| = \Big|\sum_{k=1}^{N}(a_{ik} - a_{jk})(x_k - x_{i_0})\Big| \leq \max_{i,k}|x_i - x_k|\cdot\Big|\sum_{k}{}'(a_{ik} - a_{jk})\Big|,$$

wobei $\sum\limits_{k}{}'$ entweder über alle k mit $a_{ik} - a_{jk} \geq 0$ oder über die mit $a_{ik} - a_{jk} \leq 0$ zu erstrecken ist.

Wegen (4.11) hat man daher die Behauptung (α). Ist nun λ ein reeller Eigenwert von $\mathfrak{A}$, also $\mathfrak{A}\mathfrak{x} = \lambda\mathfrak{x}$ für einen reellen Vektor $\mathfrak{x}$, so erhält man aus (α)

$$|\lambda|\cdot\operatorname{osc}\mathfrak{x} \leq k\cdot\operatorname{osc}\mathfrak{x},$$

und ist $\operatorname{osc}\mathfrak{x} \neq 0$, d. h. $\mathfrak{x}$ nicht konstant, so folgt daraus $|\lambda| \leq k$. — Bemerkung: Die Matrix $\mathfrak{A}$ kann komplexe Eigenwerte haben.

Wir kommen nun zur Abschätzung von $|f(s_i) - f_i|$ und unterscheiden die Fälle $\lambda = \pm 1$.

(α) $\lambda = +1$. Hier ist es zunächst fraglich, ob das diskrete Problem (4.4) überhaupt lösbar ist, da ja das System wegen $\sum\limits_{k=1}^{N} a_{ik} = 1$ singulär ist. Da jedoch das kontinuierliche Problem lösbar ist, nehmen wir an, (4.4) sei wenigstens bis auf ε_i erfüllt. Es sei also $\{f_i^*\}$ irgend ein (z. B. iterativ gewonnener) Vektor mit $f_i^* = \sum\limits_{k=1}^{N} a_{ik}f_k^* + g_i + \varepsilon_i$ und $|\varepsilon_i| \leq \varepsilon$.

Im konkreten Beispiel ist ε ermittelbar. Wir vergleichen $\{f_i^*\}$ zunächst mit einer *beliebigen* Lösung $f(s)$ von (4.1) und setzen $z_i = f(s_i) - f_i^*$. Dann gilt mit der Bezeichnung (4.18)

$$z_i = \sum_{k=1}^{N} a_{ik}z_k + r_i - \varepsilon_i \qquad (i = 1, 2, \ldots, N),$$

also unter Berücksichtigung von Satz 4.6 (α)

$$\max_{i,k} |z_i - z_k| \leq k \max_{i,k} |z_i - z_k| + 2\varepsilon + 2\max_i |r_i| \,,$$

mit der Abschätzung für k also

$$\max_{i,k} |z_i - z_k| \leq \frac{4\pi\varrho_{\max}}{L} \left(\max_i |r_i| + \varepsilon\right). \tag{4.21}$$

Wird nun $\{f_i^*\}$ speziell mit *der* Lösung von (4.1) verglichen, für die $f(s_1) = f_1^*$ ist, so ist $z_1 = 0$ und also nach (4.21)

$$\max_i |f(s_i) - f_i^*| \leq \frac{4\pi\varrho_{\max}}{L} \left(\max_i |r_i| + \varepsilon\right); \tag{4.22}$$

$\max_i |r_i|$ kann aus Satz 4.5 bestimmt werden.

Bemerkung. Schätzt man $|r_i|$ über (4.19) mit (4.12) und (4.13') ab, welche $\varrho_{\min}$ nicht enthalten, so *bleibt* (4.22) *auch dann anwendbar, wenn C konvex und nur stückweise stetig gekrümmt ist.* Dazu bemerken wir zunächst, daß in unserem System (4.4) mit $\lambda = +1$, $\gamma_i = \alpha_i$ die Größen α_i herausfallen, so daß es nur von der Lage der Punkte $z(t_i)$, $z(s_i)$ abhängt. Approximieren wir daher C durch eine Folge stetig gekrümmter, konvexer Kurven C_n, welche durch die festen Punkte $z(t_i)$, $z(s_i)$ gehen, so ergibt sich für $n \to \infty$ wieder (4.22), wobei $\varrho_{\max}$ den größten Krümmungsradius der endlich vielen stetig gekrümmten Teile von C bezeichnet.

Um die Singularität des Systems (4.4) zu umgehen, wird man häufig eine Normierung, etwa $f_1 = f(s_1)$, statt der ersten Gleichung dort einführen. Das kleinere Gleichungssystem wird dadurch regulär. Wäre nämlich das homogene System $f_i = \sum_{k=2}^{N} a_{ik} f_k$ $(i = 2, 3, \ldots, N)$ nichttrivial lösbar und $|f_j| = \max_{k=2,\ldots,N} |f_k| \neq 0$, so hätte man

$$|f_j| \leq \sum_{k=2}^{N} a_{jk} |f_k| \leq |f_j| \sum_{k=2}^{N} a_{jk} < |f_j| \,,$$

wegen $\sum_{k=1}^{N} a_{jk} = 1$ und $a_{j1} > 0$.

Wir fragen auch bei dieser Normierung nach $\max_i |f(s_i) - f_i|$. Hier gilt für $z_i = f(s_i) - f_i$

$$z_i = \sum_{k=2}^{N} a_{ik} z_k + r_i \qquad (i = 2, 3, \ldots, N) \,,$$

und ist $|z_j| = \max_{k=2,\ldots,N} |z_k|$, so folgt

$$|z_j| \leq |z_j| \cdot \sum_{k=2}^{N} a_{jk} + |r_j| \leq |z_j| (1 - a_{j1}) + \max_i |r_i| \,,$$

$$\max_i |f(s_i) - f_i| \leq \frac{\max_i |r_i|}{\min_i a_{i1}} \,. \tag{4.23}$$

Verwendet man (4.20) für den Zähler und $a_{i1} = \int\limits_0^{t_1} K(s_i, t)\, dt \geqq \dfrac{L}{2\pi N \varrho_{max}}$,

so erhält man eine explizite Abschätzung der Form $O\left(\dfrac{1}{N}\right)$.

(β) $\lambda = -1$. Dieser Fall ist weniger kompliziert, da unser diskretes Problem (4.4) für $\lambda = -1$ eine eindeutige Lösung besitzt; vgl. Satz 4.6 (β). Vergleichen wir die eindeutigen Lösungen $\{f_i\}$ und $f(s)$ von (4.4) bzw. (4.1), so ergibt sich analog zu (4.21) $\max\limits_{i,k}|z_i - z_k| \leqq \dfrac{4\pi\varrho_{max}}{L} \cdot \max\limits_i|r_i| = \eta$.

Setzen wir $c = \dfrac{1}{2}\left(\max\limits_k z_k + \min\limits_k z_k\right)$, so ist $z_k = c + \zeta_k$ mit $|\zeta_k| \leqq \dfrac{\eta}{2}$.

In die Fehlergleichung $z_i = -\sum\limits_{k=1}^{N} a_{ik} z_k + r_i$ eingesetzt ergibt sich

$2c = -\sum\limits_{k=1}^{N} a_{ik}\zeta_k - \zeta_i + r_i$, also $|2c| \leqq \eta + |r_i|$ und insgesamt

$$\max\limits_i |f(s_i) - f_i| \leqq \left[\frac{4\pi\varrho_{max}}{L} + \frac{1}{2}\right] \cdot \max\limits_i |r_i| . \tag{4.24}$$

Wir bemerken noch folgendes. Verwendet man die Werte f_i zur Bestimmung einer Näherung

$$\bar{f}(s) = \lambda \sum\limits_{k=1}^{N} f_k \int\limits_{t_{k-1}}^{t_k} K(s, t)\, dt + g(s)$$

für $f(s)$, so ergeben unsere Abschätzungen für $|f(s_i) - f_i|$ eine solche für $|f(s) - \bar{f}(s)|$. Es ist nämlich offenbar

$$|f(s) - \bar{f}(s)| = \Big|\sum\limits_{k=1}^{N} \int\limits_{t_{k-1}}^{t_k} [f(t) - f_k]\, K(s, t)\, dt\Big|$$

und also wegen $f(t) - f_k = [f(t) - f(s_k)] + [f(s_k) - f_k]$, $|t - s_k| \leqq \dfrac{L}{2N}$:

$$|f(s) - \bar{f}(s)| \leqq \frac{ML}{2} \cdot \frac{1}{N} + \max\limits_i |f(s_i) - f_i| .$$

Die Diskretisierung gemäß **4.1,b)** macht größere Schwierigkeiten bei der Fehlerabschätzung, weil im allgemeinen $\sum\limits_{k=1}^{N} a_{ik} = 1 + \eta_i$ ist mit $\eta_i \neq 0$. Betrachtet man $\dfrac{z_i}{1 + \eta_i}$ statt z_i, so kann man für $\lambda = +1$ eine zu (4.22) ähnliche Abschätzung bekommen. Für $\lambda = -1$ versagt die Methode. Eine gewisse Vereinfachung ergibt sich, wenn der Kern symmetrisch ist oder nach einer Parametertransformation symmetrisch wird:

$$K(h(\sigma), h(\tau))\, h'(\tau) = k(\sigma, \tau) = k(\tau, \sigma) .$$

Dies ist jedoch nur in dem Sonderfall möglich, daß C eine Ellipse ist (GAIER [118]).

4.3. Lösung des diskreten Problems; Konvergenzbeschleunigung

a) Direkte Methoden. Weist C Symmetrien auf, und hat man diese in den Gleichungssystemen (4.4) und (4.7) berücksichtigt, so kommen für die Lösung des kleineren Systems Eliminationsmethoden in Betracht; siehe die Quadratabbildung in 4.4. Auch im allgemeinen Fall können direkte Methoden verwendet werden, sofern N nicht zu groß ist. Als Faustregel betrachtet, sollte N dann nicht wesentlich über 50 bis 60 liegen; auf jeden Fall mache man am Schluß der Rechnung die Einsetzprobe.

Im Fall $\lambda = +1$ ist (4.4) singulär. Führt man jedoch die Normierungsbedingung $f_1 = f(s_1)$ ein, so wird das kleinere $(N-1) \times (N-1)$-System regulär. Es hat die Matrixelemente $b_{ik} = a_{ik}$ $(i \neq k)$, $b_{ii} = a_{ii} - 1$ $(i = 2, 3, \ldots, N)$, und wir wollen seine Eigenwerte Λ untersuchen, wenn C stetig gekrümmt und konvex ist und die t_k äquidistant liegen. Es gilt nämlich (z. B. Zurmühl [478], S. 205)

$$\min_{i=2,\ldots,N} \left\{ |b_{ii}| - \sum_{k=2}^{N}{}' |b_{ik}| \right\} \leqq |\Lambda| \leqq \max_{i=2,\ldots,N} \sum_{k=2}^{N} |b_{ik}| \, ;$$

rechts steht $\sum_{k=2}^{N}{}' a_{ik} + 1 - a_{ii} < 2$, während links

$$\{ \} = 1 - \sum_{k=2}^{N} a_{ik} = a_{i1} = \int_{t_0}^{t_1} K(s_i, t) \, dt \geqq \frac{1}{2\pi \varrho_{\max}} \cdot \frac{L}{N}$$

ist. Für das Verhältnis $|\Lambda_{\max}| : |\Lambda_{\min}|$ haben wir also

$$\frac{|\Lambda_{\max}|}{|\Lambda_{\min}|} < \frac{4\pi \varrho_{\max}}{L} \cdot N \, ,$$

so daß den Experimenten von Newman und Todd [301] zufolge Eliminationsmethoden zur Lösung des $(N-1) \times (N-1)$-Systems durchaus in Frage kommen. Wir bemerken, daß im Falle des Kreises $|\Lambda_{\max}| = 1$, $|\Lambda_{\min}| = \frac{1}{N}$ wird, also $|\Lambda_{\max}| : |\Lambda_{\min}| = N$ ist.

Im Fall $\lambda = -1$ ist (4.4) regulär (vgl. Satz 4.6), und auch von (4.7) wird man dies bei hinreichend feiner Unterteilung erwarten dürfen, da $\lambda = -1$ kein Eigenwert von (4.1) ist. Ist C eine Ellipse $x = a \cos t$, $y = b \sin t$, $a > b$, und verwendet man in (4.7) die Trapezregel, so lassen sich die Eigenwerte der Matrix (a_{ik}) nach Wielandt ([461], S. 279; s. a. Todd [420], S. 309) geschlossen angeben. Man findet für sie

$$\Lambda_{\max} = \frac{1 + q^N}{1 - q^N}, \quad \Lambda_{\min} = -q \cdot \frac{1 + q^{N-2}}{1 - q^N} \quad \text{mit } q = \frac{a-b}{a+b} \, ,$$

also ist das Verhältnis zwischen größtem und kleinstem Eigenwert im System (4.7), $\lambda = -1$, für große N etwa $\dfrac{2}{1-q} = 1 + \dfrac{a}{b}$.

b) Iterationsmethoden. Hat man das volle System (4.4) oder (4.7) für große N zu lösen, so sind Iterationsmethoden zu empfehlen (Bemer-

kungen zum Vergleich direkte-iterative Methoden bei TODD [420]).
Wir schreiben (4.4) (C sei jetzt glatt, also $\gamma_i = 1$) und (4.7) in der Form
$\mathfrak{f} = \lambda \mathfrak{A} \mathfrak{f} + \mathfrak{g}$, und iterieren gemäß

$$\mathfrak{f}_{n+1} = \lambda \mathfrak{A} \mathfrak{f}_n + \mathfrak{g} \quad (n = 0, 1, 2, \ldots) , \quad (4.25)$$

häufig mit $\mathfrak{f}_0 = \mathfrak{g}$; beachte jedoch 3.4,c). Über die Konvergenz von $\{\mathfrak{f}_n\}$
liegen kaum exakte Angaben vor, jedoch können wir uns am kontinuierlichen Analogon orientieren (§ 3). Nur in dem Falle, wo C stetig gekrümmt
und konvex ist, und wo das System (4.4) $\mathfrak{f} = \mathfrak{A} \mathfrak{f} + \mathfrak{g}$ durch Einführung
der Normierung $f_1 = f(s_1)$ auf ein $(N - 1) \times (N - 1)$-System verkürzt
wurde, läßt sich sofort eine Abschätzung angeben. Die Zeilensummen der
neuen Matrix sind ja

$$\sum_{k=2}^{N} a_{ik} = 1 - a_{i1} \leq 1 - \frac{L}{2\pi \varrho_{\max} N} = k \quad (i = 2, 3, \ldots, N),$$

und daraus folgt in bekannter Weise für die Iterationen des kleineren
Systems

$$\max_i |f_i^{(n)} - f_i| \leq k \max_i |f_i^{(n-1)} - f_i| \leq \cdots \leq k^n \max_i |f_i^{(0)} - f_i| .$$

Da k für große N nahe an 1 liegt, ist die Geschwindigkeit der Konvergenz
relativ schwach.

Zur *Beschleunigung der Konvergenz* sind drei Methoden erprobt worden.
TODD und WARSCHAWSKI [422] verwenden AITKENs δ^2-Methode. Ist
$\{x_n\}$ eine Zahlenfolge der Form $x_n = x + A \mu^n + B \lambda^n (0 < |\lambda| < |\mu| < 1)$,
so kann man die μ-Komponente wegschaffen, indem man die neue Folge
$\{x_n^{(1)}\}$ betrachtet mit

$$x_{n+2}^{(1)} = x_{n+2} - \frac{(x_{n+2} - x_{n+1})^2}{x_{n+2} - 2x_{n+1} + x_n} . \quad (4.26)$$

Es ergibt sich $x_n^{(1)} - x \cong C \cdot \lambda^n$. Dieser Prozeß (4.26) kann wiederholt
werden, wenn $x_n^{(1)} = x + C \lambda^n + D \nu^n$ wird $(0 < |\nu| < |\lambda|)$, und ergibt dann
$\{x_n^{(2)}\}$ mit $x_n^{(2)} - x \sim \nu^n$. Falls betragsgleiche λ, μ vorliegen, kann das
Aitken-Verfahren modifiziert werden (AITKEN [5], S. 186).

Diese Methode der Konvergenzbeschleunigung wurde bei der Lösung
der Gerschgorinschen Integralgleichung (2.9), also $\lambda = +1$, mit Erfolg
angewandt. Für C wurden Ellipsen mit $\frac{a}{b} = 1,2; 2; 5$ genommen, und die
Symmetrie der Lösung wurde im System $\mathfrak{f} = \mathfrak{A} \mathfrak{f} + \mathfrak{g}$ berücksichtigt. Eine
einfache heuristische Betrachtung lehrt, daß zur Gewinnung von $\mathfrak{f}$ auf p
Dezimalen genau und bei k-facher Wiederholung des Aitken-Verfahrens
etwa

$$n \doteq \frac{p}{(k + 1) \log \lambda_2} \quad \text{mit} \quad \lambda_2 = \frac{a + b}{a - b} \quad (4.27)$$

Iterationen erforderlich sind. Diese Regel hat sich für verschiedene Werte
von p und $k = 0, 1, 2$ gut bestätigt.

Die zweite Methode, die Konvergenz in (4.25) zu beschleunigen, gründet sich auf folgende Überlegungen (LANCZOS [240], STIEFEL [399]). Zur Lösung des Systems $\mathfrak{B}\mathfrak{x} = \mathfrak{k}$ bilde man die Iterationen $\mathfrak{x}_n = \alpha_1 \mathfrak{k} + \alpha_2 \mathfrak{B}\mathfrak{k} + \cdots + \alpha_n \mathfrak{B}^{n-1}\mathfrak{k}$ mit den Resten

$$\mathfrak{r}_n = \mathfrak{k} - \mathfrak{B}\mathfrak{x}_n = \mathfrak{k} - \alpha_1 \mathfrak{B}\mathfrak{k} - \alpha_2 \mathfrak{B}^2\mathfrak{k} - \cdots - \alpha_n \mathfrak{B}^n \mathfrak{k} = R_n(\mathfrak{B})\,\mathfrak{k},$$

wobei $R_n(\lambda) = 1 - \alpha_1 \lambda - \cdots - \alpha_n \lambda^n$ gesetzt ist. Jede Wahl der α_n bestimmt ein Iterationsschema. Sind nun die Eigenwerte λ_j von $\mathfrak{B}$ reell und verschieden, so gilt im Koordinatensystem der Hauptachsen von $\mathfrak{B}$ für den Operator $\mathfrak{B} = \mathrm{diag}\{\lambda_j\}$, also $\mathfrak{r}_n = \mathrm{diag}\{R_n(\lambda_j)\}\mathfrak{k}$, d. h. $\mathfrak{r}_n$ hat die Komponenten

$$r_j^{(n)} = R_n(\lambda_j)\,k_j\,.$$

Um diese möglichst klein zu machen, hat man demnach $R_n(\lambda)$ so zu wählen, daß $\max_{\langle A,B\rangle}|R_n(\lambda)|$ minimal wird, wobei $\langle A, B\rangle$ alle Eigenwerte λ_j von $\mathfrak{B}$ enthält oder wenigstens jene, für die $k_j \neq 0$ ist. Man beachte jedoch stets $R_n(0) = 1$.

STIEFEL ([399], S. 66) nimmt nun für $R_n(\lambda)$ Polynome, die in $\langle A, B\rangle$ orthogonal sind, und erhält so die allgemeine Iterationsvorschrift

$$\Delta \mathfrak{x}_n = \frac{1}{q_n}\,(\mathfrak{r}_n + p_n \Delta \mathfrak{x}_{n-1}) \text{ mit } \Delta \mathfrak{x}_n = \mathfrak{x}_{n+1} - \mathfrak{x}_n\,. \qquad (4.28)$$

Dabei ist $\mathfrak{r}_n = \mathfrak{k} - \mathfrak{B}\mathfrak{x}_n$ der n-te Fehlervektor, und $\{p_n\}$, $\{q_n\}$ sind zwei das Verfahren bestimmende reelle Zahlenfolgen. Dafür werden zwei Beispiele betrachtet.

Liegen die Eigenwerte von $\mathfrak{B}$ in $0 < \lambda < B$, und ist $A \in (0, B)$, so liefern die zu $\langle A, B\rangle$ gehörigen Tschebischeff-Polynome in (4.28)

$$p_n = \frac{1}{4}\,\frac{\mathfrak{Cof}\,(n-1)\,\omega}{\mathfrak{Cof}\,n\omega}\,(B - A)\,, \quad q_n = \frac{1}{4}\,\frac{\mathfrak{Cof}\,(n+1)\,\omega}{\mathfrak{Cof}\,n\omega}\,(B - A)$$

$$\text{mit } \mathfrak{Cof}\,\omega = \frac{B + A}{B - A}\,. \qquad (4.29)$$

Diese Vorschrift berücksichtigt also die in $\langle A, B\rangle$ liegenden Eigenwerte von $\mathfrak{B}$, und da $\max_{\langle A,B\rangle}|R_n(\lambda)| = \dfrac{1}{\mathfrak{Cof}\,n\omega} \cong 2e^{-n\omega}$ ist, werden die betreffenden Reste $r_j^{(n)}$ bei jedem Iterationsschritt auf etwa $e^{-\omega}$ ihres vorigen Wertes vermindert. In einer zweiten Formel wird in (4.28)

$$p_n = \frac{1}{4}\,\frac{2n-1}{2n+1}\,B\,, \qquad q_n = \frac{1}{4}\,\frac{2n+3}{2n+1}\,B$$

genommen. Alle Reste $r_j^{(n)}$, deren λ_j in $\left(\left[\dfrac{4{,}49}{2n+1}\right]^2 B, B\right)$ liegen, werden bei jedem Schritt auf etwa 21 % ihres vorigen Wertes vermindert.

In unserem Fall ist nun $\mathfrak{f} = \pm\mathfrak{A}\mathfrak{f} + \mathfrak{g}$ zu lösen; die Wahl von A, B richtet sich also nach der Lage der Werte $1 \mp \dfrac{1}{\lambda_j}$, wenn $\mathfrak{r}_j = \lambda_j \mathfrak{A}\mathfrak{r}_j$ ist. STIEFEL konnte für seine Integralgleichung (2.23) und eine Ellipse mit $\dfrac{a}{b} = 10$ das Verfahren (4.28), (4.29) mit $A = 1$, $B = 2$ erfolgreich anwenden. Hier ergibt sich eine Reduktion des Fehlers auf etwa 17% pro Schritt, während die gewöhnliche Iteration (4.25) nur eine Reduktion des Fehlers auf etwa $\dfrac{1}{\lambda_2} \doteq 82\%$ pro Schritt gebracht hätte. Daß $A = 1$ gewählt werden kann, rührt daher, daß in diesem Spezialfall $k_j = 0$ ist für die Eigenwerte < 1.

Drittens hat schließlich WYNN ([468], S. 13 ff.) den hauptsächlich von ihm entwickelten ε-Algorithmus zur Konvergenzbeschleunigung verwendet. Wir begnügen uns damit, zu berichten, daß in seinem Fall (Ellipse $a : b = 7{,}5$; $N = 72$) 6 beschleunigte Iterationen statt 54 gewöhnlichen Iterationen genügten, um die Vektorgleichung auf $\frac{1}{2}\,10^{-3}$ zu lösen.

4.4. Bericht über numerische Experimente

In der folgenden Tabelle wurden die Versuche (1) bis (3) von BIRKHOFF-YOUNG-ZARANTONELLO [40], (4) von STIEFEL [399], und (5) von TODD-WARSCHAWSKI [422] (auch [456], S. 227) ausgeführt. Als Kurve C

Tabelle 1

Methode	$\dfrac{a}{b}$	λ	Parameter	N	Genauigkeit
(1) LICHTENSTEIN . .	1,5	$+\,1$	s	16	$0{,}16$ bis $0{,}23 \cdot 10^{-3}$
		$+\,1$	q	16	$0{,}01$ bis $0{,}04 \cdot 10^{-3}$
		$+\,1$	s	32	$0{,}01$ bis $0{,}04 \cdot 10^{-3}$
		$-\,1$	s	16	$0{,}20$ bis $0{,}25 \cdot 10^{-3}$
		$-\,1$	q	16	$0{,}00$ bis $0{,}01 \cdot 10^{-3}$
		$-\,1$	s	32	$0{,}01$ bis $0{,}07 \cdot 10^{-3}$
(2) GERSCHGORIN . .	1,5	$+\,1$	q	16	$0{,}13$ bis $0{,}22 \cdot 10^{-3}$
		$-\,1$	q	16	$0{,}07$ bis $0{,}22 \cdot 10^{-3}$
(3) GERSCHGORIN modifiziert	1,5	$+\,1$	s	16	$0{,}01$ bis $0{,}04 \cdot 10^{-3}$
		$-\,1$	s	16	$0{,}00$ bis $0{,}01 \cdot 10^{-3}$
(4) STIEFEL	1,2	$-\,1$	q	24	$0{,}03 \cdot 10^{-3}$ (2 Iterationen)
(5) GERSCHGORIN . .	1,2	$+\,1$	q	120	10^{-9} (9 Iterationen)
	2	$+\,1$	q	120	10^{-9} (18 Iterationen)
	5	$+\,1$	q	120	10^{-6} (39 Iterationen)
	5	$+\,1$	q	360	10^{-9} (50 Iterationen)
	5	$+\,1$	q	360	10^{-9} (14 Iterationen, zweifaches Aitken-Verfahren)

wurde eine Ellipse genommen, entweder in der Darstellung $x(q) = a \cos q$, $y(q) = b \sin q$, oder mit der Bogenlänge s als Parameter. Die exakte Ränderzuordnung $\theta_i(q)$ für die Abbildung des Innern von C auf $|w| < 1$, mit 0 als Fixpunkt und $\theta_i(0) = 0$, errechnet sich mit einer Darstellung der Abbildungsfunktion $f(z)$ nach SZEGÖ ([414], S. 476) zu

$$\theta_i(q) = \arctg\left\{\frac{\frac{1}{2}(R^2 - 1)^2 - \cos^2 q}{\frac{1}{2}(R^2 + 1)^2 - \sin^2 q} \cdot \tg q\right\} - 2\sum_{n=1}^{\infty}\frac{(-1)^n}{n}R^{-2n}\frac{\sin 2nq}{R^{4n} + 1},$$

wobei $R = a + b$ gesetzt und $a^2 - b^2 = 1$ angenommen ist. Für die äußere Abbildung gilt dann offenbar $\theta_a(q) = q$.

Unter (1) bis (4) sticht die gemäß (2.9.a) in 4.1,b) modifizierte Gerschgorinsche Integralgleichung besonders hervor, obwohl s als Parameter verwendet ist. Dies dürfte auf den periodischen Integranden und die sehr einfache rechte Seite von (2.9.a) zurückzuführen sein. Eine Iteration bewirkte in (1) bis (3) eine Reduktion des Fehlers auf etwa 4%. STIEFEL hebt hervor ([399], S. 71), daß in (2.23) $\int_0^L k(s)\,ds = 0$ und daher in (3.27) $d = 0$ wird, wenn man die Iterationen mit $f_0(s) = k(s)$ beginnt. Die Rechenzeiten (1) bis (3) waren etwa gleich und proportional N^2.

Für den Versuch (5) wurde die Symmetrie der Lösung in der Integralgleichung berücksichtigt und diese sodann mit der Weddleschen Quadraturformel diskretisiert; es ergaben sich also 60 bzw. 180 Unbekannte. Eine Iteration benötigte bei 60 Unbekannten 4 min, bei 180 Unbekannten (und mit neuem Programm) 25 min. Die benutzte Rechenmaschine SEAC hat eine Multiplikationszeit von 3 msec. Die Aitken-Methode wurde in der in 4.3,b) geschilderten Weise angewandt; die verbesserten Vektoren $\mathfrak{f}_n^{(1)}$ und $\mathfrak{f}_n^{(2)}$ wurden also für spätere Iterationen nicht herangezogen. Möglicherweise ergibt sich eine weitere Verbesserung, wenn man das Aitken-Verfahren mit den Iterationen koppelt, d. h. nur wenige Iterationen $\mathfrak{f}_n$ bildet, daraus $\mathfrak{f}_n^{(1)}$ oder $\mathfrak{f}_n^{(2)}$ errechnet, und diese Vektoren als neue Ausgangsvektoren verwendet. Der Erfolg der Konvergenzbeschleunigung nach AITKEN ist aus der letzten Zeile von Tabelle 1 ersichtlich. Weitere ausführliche Zahlentabellen zu (5) in [422] und [456].

Über weitere Versuche zur Integralgleichung von GERSCHGORIN berichtet ANDERSEN ([13], S. 157 ff.). Hier wird C in Polarkoordinaten angenommen, und die in der Formel vor (4.7) erforderlichen Ableitungen r', r'' entweder analytisch oder numerisch ermittelt. Als Quadraturformel dient die Trapezregel mit Korrekturglied, dessen Bedeutung hervorgehoben wird, und es ist $N = 60$. Für C wird genommen: $|z - a| = b$ mit $a : b = 0{,}2$ und $0{,}6$, sowie Ellipsen mit $a : b = 1{,}2$ und 2. Das diskrete Problem wird iterativ (ohne Beschleunigung) gelöst.

Ein numerisches Beispiel zu (2.21) wird von BANIN ([16], S. 134 ff.) behandelt (Umströmung einer an den Seiten durch Halbkreise abgerundeten Platte).

Über die *konforme Abbildung von Gebieten mit Ecken* liegen zwei Versuche vor. ARBENZ [14] legt (2.27) zugrunde und behandelt den Fall, daß C das Einheitsquadrat ist. Die Diskretisierung der Integralgleichung wurde gemäß 4.1,a) vorgenommen ($N = 16$), und $\theta(s)$ ergibt sich mit einer Genauigkeit von etwa $2 \cdot 10^{-3}$.

Ein weiterer Versuch stammt von GAIER, wieder mit dem Einheitsquadrat als Randkurve C. Zur konformen Abbildung des Innern von C auf $|w| < 1$ mit 0 und 1 als Fixpunkten wurden die Integralgleichungen (2.26) und (2.29) verwendet, für das Außengebiet mit ∞ und 1 als Fixpunkten dagegen (2.26') und (2.29'). Die Diskretisierung wurde gemäß 4.1,a) und mit $N = 40$ vorgenommen, so daß also z. B. für (2.26) das System

$$\sum_{k=1}^{40} \frac{1}{\pi} \left[\arg(z(t_k) - z(s_i)) - \arg(z(t_{k-1}) - z(s_i))\right] \theta_k = 2\beta(s_i) ,$$

also

$$\sum_{k=1}^{40} \frac{1}{\pi} \varphi_i(t_{k-1}, t_k) \theta_k = 2\beta(s_i) \quad (i = 1, 2, \ldots, 40) \quad (4.30)$$

zu lösen war; man beachte, daß das Integral in (2.26) nicht als Hauptwert zu nehmen ist. Der Koeffizient von θ_k für $k = i$ ist $-\frac{1}{2}$ für $i = 5$, 15, 25 und 35, sonst -1.

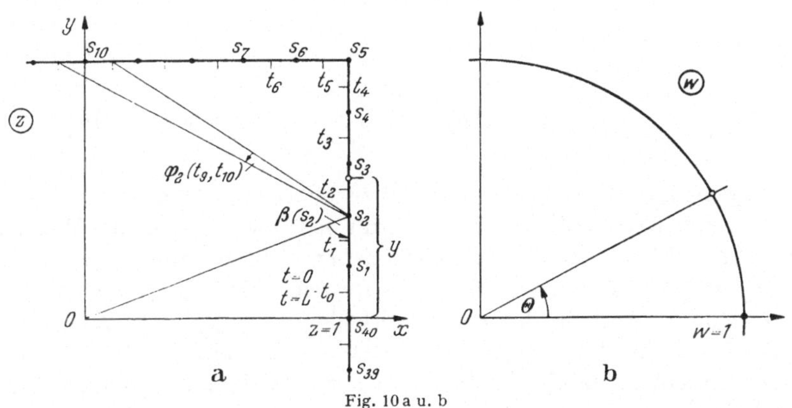

Fig. 10 a u. b

Die Symmetrie von C bezüglich x- und y-Achse und die Symmetrie von $\theta(s)$ $\left(\text{d. h. } \theta_{20+j} = \pi + \theta_j, \ \theta_{10+j} = \frac{\pi}{2} + \theta_j\right)$ wurden in das System

(4.30) eingebaut und dadurch die Zahl der Unbekannten auf neun reduziert. Die Ergebnisse lauten wie folgt:

Tabelle 2. *Abbildung des Quadrats auf den Einheitskreis*

	i	Abbildung des Innern			Abbildung des Äußern		
		(2.26)	(2.29)	exakt	(2.26′)	(2.29′)	exakt
	1	0,256 503	0,256 738	0,256 319	0,122 076	0,118 437	0,120 396
	2	0,480 278	0,481 440	0,479 890	0,248 163	0,239 826	0,244 532
	3	0,648 856	0,654 261	0,648 240	0,384 074	0,367 019	0,377 696
	4	0,751 901	0,789 932	0,751 028	0,543 015	0,489 053	0,531 062
	5	0,785 394	0,785 406	0,785 398	0,785 398	0,785 398	0,785 398
	6	0,818 887	0,780 878	0,819 768	1,027 779	1,081 743	1,039 734
	7	0,921 933	0,916 549	0,922 556	1,186 740	1,203 777	1,193 100
	8	1,090 511	1,089 369	1,090 906	1,322 631	1,330 970	1,326 264
	9	1,314 286	1,314 071	1,314 477	1,448 718	1,452 359	1,450 400
$\sqrt{\dfrac{1}{9}\sum\limits_{1}^{9}[\theta_i-\theta(s_i)]^2}$		0,000 546	0,018 569	—	0,006 658	0,020 574	—

Für die *exakte Ränderzuordnung* wurden folgende Formeln verwendet:

Innere Abbildung:

$$\cos\theta = \mathrm{dn}\,(K \cdot y)\,, \qquad\qquad K = K\left(\frac{1}{\sqrt{2}}\right),$$

und die Smithsonian Tables [392].

Äußere Abbildung:

$$z = \mathrm{Const}\cdot\sum_{n=0}^{\infty} \frac{\binom{\frac{1}{2}}{n}}{4\,n-1}\, w^{-4n+1} \qquad\qquad (|w| \geq 1)$$

und daraus

$$y = -\left\{\sum_{n=0}^{\infty} \frac{\binom{\frac{1}{2}}{n}}{4\,n-1}\sin(4\,n-1)\theta\right\} : \left\{\sum_{n=0}^{\infty} \frac{\binom{\frac{1}{2}}{n}}{4\,n-1}\cos(4\,n-1)\theta\right\} ;$$

bei gegebenem y Einschachtelung des zugehörigen θ-Wertes.

In der dritten Spalte der Tabelle fällt das Überschlagen der Werte θ_i auf, was wohl auf die Kompliziertheit der rechten Seite in (2.29) und (2.29′) zurückzuführen ist. Man beachte auch, daß $\theta_a'(s) = \infty$ wird an Ecken von C, weshalb der Quadraturfehler im Fall des Außengebietes größer ist als für das Innengebiet. Jedenfalls sind (2.26) und (2.26′) den beiden andern Integralgleichungen an Einfachheit und Genauigkeit der Ergebnisse überlegen.

Unser Beispiel zeigte auch, daß bei einer Kurve C, deren Neumannscher Kern $K(s, t)$ nicht einfach geschlossen angebbar ist, der Aufbau des linearen Gleichungssystems mehr Zeit als dessen Lösung beanspruchen kann. Eine Zuse Z 22 (Multiplikationszeit 50 msec) benötigte zum Aufbau des Systems 5 min [bei (2.29) und (2.29′) sogar 10 min], zur Lösung jedoch nur etwa 2 min. Das Programm selbst war wesentlich umfangreicher (450 Befehle im Programm +950 in Unterprogrammen, bei (2.29): 950 + 950) als etwa bei der Ermittlung der Umkehrabbildung nach dem Theodorsen-Verfahren (340 + 260), welches wir in Kapitel II behandeln werden.

§ 5. Verschiedenes

Wir berichten noch kurz über zwei weitere Abbildungsmethoden, für die ebenfalls das Auftreten einer Integralgleichung mit Neumannschem Kern charakteristisch ist.

5.1. Methode der Störungsrechnung

Es sei C eine stetig gekrümmte Jordankurve, und $C(\varepsilon)$ $(0 \leqq \varepsilon \leqq 1)$ eine Schar „benachbarter" Jordankurven stetiger Krümmung, so daß $C(0) = C$ ist. Wir stellen $C(\varepsilon)$ dar durch $z = z(t, \varepsilon)$ $(0 \leqq t \leqq 1)$, und $w = f(z, \varepsilon)$ bilde das Innere von $C(\varepsilon)$ so auf $|w| < 1$ ab, daß ein innerhalb aller $C(\varepsilon)$ gelegener Punkt z_0 nach $w = 0$ und $z(0, \varepsilon)$ nach $w = 1$ falle. Die zugehörige Ränderzuordnung $\theta(t, \varepsilon)$ genügt dann der Integralgleichung

$$\theta(t, \varepsilon) = \int_0^1 K(t, \tau, \varepsilon)\, \theta(\tau, \varepsilon)\, d\tau - 2\,\beta(t, \varepsilon) \qquad (5.1)$$

mit

$$K(t, \tau, \varepsilon) = \mathfrak{J}\left\{ \frac{1}{\pi}\, \frac{\partial}{\partial \tau} \log \frac{z(t, \varepsilon) - z(\tau, \varepsilon)}{t - \tau} \right\}, \qquad \beta(t, \varepsilon) = \mathfrak{J}\left\{ \log \frac{z(t, \varepsilon) - z(0, \varepsilon)}{z(t, \varepsilon) - z_0} \right\},$$

wobei die Normierung durch die Vorschrift

$$\theta(0, \varepsilon) = 0 \qquad (0 \leqq \varepsilon \leqq 1) \qquad (5.2)$$

besorgt wird.

Nun wird *formal* angesetzt

$$\theta(t, \varepsilon) = \sum_{k=0}^{\infty} \theta_k(t)\, \varepsilon^k, \qquad K(t, \tau, \varepsilon) = \sum_{k=0}^{\infty} K_k(t, \tau)\, \varepsilon^k, \qquad \beta(t, \varepsilon) = \sum_{k=0}^{\infty} \beta_k(t)\, \varepsilon^k,$$

dies in (5.1) eingesetzt, und die Potenzen von ε verglichen. Das ergibt die Integralgleichungen (ZEITLIN [476], S. 18)

$$\theta_k(t) = \int_0^1 K_0(t, \tau)\, \theta_k(\tau)\, d\tau + h_k(t) \qquad (k = 0, 1, 2, \ldots) \qquad (5.3)$$

mit

$$h_k(t) = \int_0^1 \sum_{\nu=1}^{k} K_\nu(t, \tau)\, \theta_{k-\nu}(\tau)\, d\tau - 2\,\beta_k(t) \qquad (k = 1, 2, \ldots)$$

und $h_0(t) = -2\,\beta_0(t)$. Man beachte, daß sämtliche Integralgleichungen (5.3) den „ungestörten", d. h. zu $C(0) = C$ gehörigen Kern $K_0(t, \tau)$ haben, und sich daher nur durch das inhomogene Glied unterscheiden. Die $\theta_k(t)$ können rekursiv bestimmt werden. Wegen (5.2) muß $\theta_k(0) = 0$ sein, wodurch die Lösung von (5.3) für jedes $k = 0, 1, 2, \ldots$ eindeutig bestimmt wird. Speziell ist $K_1(t, \tau) = \left(\dfrac{\partial}{\partial \varepsilon} K(t,\tau,\varepsilon)\right)_{\varepsilon=0}$ und $\beta_1(t) = \left(\dfrac{\partial}{\partial \varepsilon} \beta(t, \varepsilon)\right)_{\varepsilon=0}$, somit $h_1(t)$ leicht zu bestimmen, und es ist nach Lösung *zweier* Integralgleichungen mit demselben Kern

$$\theta(t, \varepsilon) = \theta_0(t) + \varepsilon \theta_1(t) + O(\varepsilon^2) \, .$$

Unter gewissen Annahmen über $z(t, \varepsilon)$, die bei WARSCHAWSKI ([456], S. 236—237) angegeben sind, zeigte ZEITLIN in [476], daß die oben formal ausgeführten Operationen legitim sind. Bei ZEITLIN wird ferner die Integralgleichung behandelt, die entsteht, wenn vor dem Integral in (5.1) ein Faktor λ steht, und schließlich studiert er auch die Integralgleichung mit adjungiertem Kern. Als Anwendung seiner Resultate ergibt sich ein neuer Beweis der Hadamardschen Variationsformel.

Im Sonderfall, daß $C(0)$ der Einheitskreis, also $K(t, \tau, 0) \equiv 1$ ist, werden die Integralgleichungen (5.3) besonders einfach:

$$\theta_k(t) = \int_0^1 \theta_k(\tau) \, d\tau + h_k(t) \quad (k = 1, 2, \ldots), \quad \theta_0(t) = 2\pi t \, ;$$

Normierung wieder durch $\theta_k(0) = 0$. Diese Methode zur Abbildung kreisnaher Gebiete ist schon bei ROSENBLATT [349] behandelt. Weitere verwandte Arbeiten desselben Autors: [348], [350], [351]. In der letzten Arbeit wird die konforme Abbildung variabler, kreisnaher Gebiete studiert mit Hilfe von Integralgleichungen, deren Kern einen variablen Parameter enthält.

5.2. Weitere Methode zur Behandlung von Gebieten mit Ecken

In 2.8 und 2.9 haben wir gezeigt, wie durch Umschreibung der Lichtenstein-Gerschgorinschen Integralgleichung in eine Stieltjessche Integralgleichung auch Gebiete mit Ecken auf $|w| < 1$ abgebildet werden können. Ein verwandter Weg hierzu wird durch drei Arbeiten von SUHAREVSKIĬ aufgezeigt ([407], [408], [409]). Dort wird (zur Lösung der Probleme der Potentialtheorie) in der Integralgleichung die Integration nicht über den gesamten Weg C erstreckt, sondern nur über einen Teil C', welcher die angenommene Ecke $\zeta \in C$ nicht enthält. Die modifizierte Integralgleichung hat keine Eigenwerte in $|\lambda| \leq 1$, ist also eindeutig lösbar, und darüber hinaus wird gezeigt, daß ihre Lösung gegen die gesuchte Funktion strebt, wenn die Endpunkte von C' in präziser Weise gegen ζ rücken. Das Vorgehen erinnert an die Methode von CARLEMAN [56]. Genauere Untersuchungen für das entsprechende Abbildungsproblem und Experimente liegen nicht vor.

Kapitel II

Das Verfahren von THEODORSEN zur konformen Abbildung von $|z| < 1$ auf ein Gebiet

Nun soll auch die konforme Abbildung von $|z| < 1$ auf ein vorgegebenes Gebiet durch eine Integralgleichungsmethode ermittelt werden. Ein solches Verfahren ist in den Jahren 1931 bis 1933 von THEODORSEN und GARRICK eingeführt worden und hat sich seither in zahllosen Beispielen der Aerodynamik, aber auch bei vielen mathematischen Experimenten bestens bewährt. Es zeichnet sich, auch im Vergleich mit anderen Methoden, durch größte Einfachheit in Theorie und Praxis aus, und es dürfte das theoretisch bestuntersuchte Verfahren der konformen Abbildung sein. Jedoch ist die Klasse der zugelassenen Gebiete eingeschränkt. Sie müssen bezüglich $w = 0$ sternig sein und überdies „kreisnah" in einem gewissen Sinne. Hierfür wurde das Verfahren ursprünglich auch vorwiegend eingesetzt.

Seine Grundidee besteht darin, das Abbildungsproblem auf die Lösung einer nichtlinearen, singulären Integralgleichung für die Ränderzuordnung von $|z| = 1$ auf C zu reduzieren, welche dann iterativ angegriffen werden muß.

Wir stellen zunächst die theoretischen Untersuchungen über die Ableitung der Integralgleichung und über Konvergenzaussagen bei ihrer iterativen Lösung voran und kommen dann zu der Frage, wie das Verfahren praktisch-numerisch durchzuführen ist und welcher Fehler bei der Ersetzung des kontinuierlichen Problems durch ein diskretes zu erwarten ist. Dabei spielt die numerische Approximation konjugierter Funktionen eine besondere Rolle, weswegen wir dieses Thema in § 2 ausführlich behandeln.

§ 1. Die Theorie des Verfahrens von THEODORSEN

Wie schon bemerkt, wird beim Verfahren von THEODORSEN das Auffinden der gesuchten Abbildungsfunktion auf die Lösung einer Integralgleichung zurückgeführt. In diesem Paragraphen wird zunächst dieselbe abgeleitet und auf Eindeutigkeit der Lösung untersucht, und danach beschäftigen wir uns mit den Konvergenzuntersuchungen und Fehlerabschätzungen bei ihrer iterativen Lösung.

Eine zentrale Rolle spielen dabei im gesamten Kapitel konjugierte Funktionen und ihre Eigenschaften, womit wir einleiten wollen.

1.1. Konjugierte Funktionen

a) Im Einheitskreis konjugierte Funktionen. Real- und Imaginärteil einer in $|z| < 1$ regulären, in $|z| \leqq 1$ stetigen Funktion $f(z)$, genommen auf $|z| = 1$, hängen wie folgt zusammen:

Satz 1.1. *Es sei $f(z) = u(z) + iv(z)$ $(u, v$ reell) in $|z| < 1$ regulär, in $|z| \leqq 1$ stetig. Dann hat $v(e^{i\varphi})$ folgende Integraldarstellung in $u(e^{i\vartheta})$:*

$$v(e^{i\varphi}) = v(0) + \frac{1}{2\pi} \int\limits_{0\ (H)}^{2\pi} u(e^{i\vartheta}) \operatorname{ctg} \frac{\varphi - \vartheta}{2}\, d\vartheta . \qquad (1.1)$$

Das Integral ist bezüglich $\vartheta = \varphi$ als Cauchyscher Hauptwert zu nehmen.

Beweis. Für den gegebenen, festen Punkt $e^{i\varphi}$ sei der geschlossene Weg C_n mit dem Teilbogen γ_n auf $|z - e^{i\varphi}| = \varepsilon_n, \varepsilon_n \to 0\ (n \to \infty)$ gemäß Fig. 11 gezeichnet. Dann gilt für alle n nach dem Residuensatz

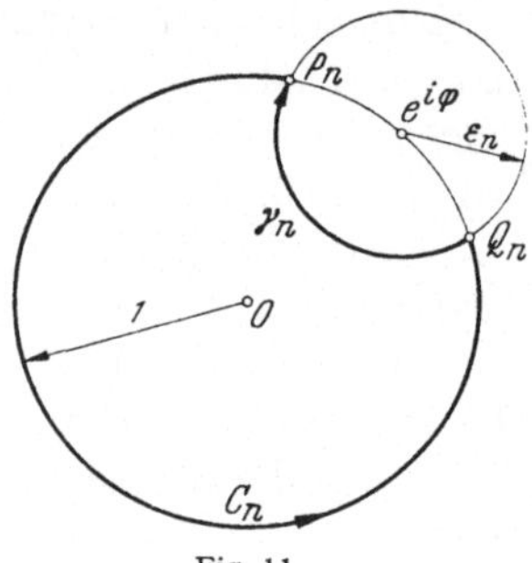

Fig. 11

$$\frac{1}{2\pi i} \int\limits_{C_n} f(z)\, \frac{z + e^{i\varphi}}{z - e^{i\varphi}}\, \frac{dz}{z} = - f(0) .$$

Um den von γ_n herrührenden Beitrag zum Integral zu beurteilen, verwenden wir

$$\frac{f(z)\,(z + e^{i\varphi})}{z} = 2f(e^{i\varphi}) + o(1) \qquad (z \in \gamma_n;\ n \to \infty)$$

so daß

$$\frac{1}{2\pi i} \int\limits_{\gamma_n} = 2f(e^{i\varphi}) \cdot \frac{1}{2\pi i} \int\limits_{\gamma_n} \frac{dz}{z - e^{i\varphi}} + o(1) \int\limits_{\gamma_n} \frac{|dz|}{|z - e^{i\varphi}|}$$

wird. Rechts strebt das erste Integral gegen $-\pi i$ $(n \to \infty)$, während das zweite beschränkt bleibt, und mit $z = e^{i\vartheta}$ und $\dfrac{e^{i\vartheta} + e^{i\varphi}}{e^{i\vartheta} - e^{i\varphi}} = i \operatorname{ctg} \dfrac{\varphi - \vartheta}{2}$ erhalten wir

$$f(e^{i\varphi}) = f(0) + \lim_{n \to \infty} \frac{1}{2\pi i} \int\limits_{P_n}^{Q_n} f(z)\, \frac{z + e^{i\varphi}}{z - e^{i\varphi}}\, \frac{dz}{z}$$

$$= f(0) + \frac{i}{2\pi} \int\limits_{0\ (H)}^{2\pi} f(e^{i\vartheta}) \operatorname{ctg} \frac{\varphi - \vartheta}{2}\, d\vartheta . \qquad (1.2)$$

Der Vergleich der Imaginärteile liefert (1.1).

Manchmal wird (1.1) in anderer Form verwendet:

$$v(e^{i\varphi}) = v(0) - \lim_{\varepsilon \to 0} \frac{1}{2\pi} \int\limits_{\varepsilon}^{\pi} [u(e^{i(\varphi + \vartheta)}) - u(e^{i(\varphi - \vartheta)})] \operatorname{ctg} \frac{\vartheta}{2}\, d\vartheta ;$$

dies ergibt sich durch Zerlegen des Integrals in (1.1) in $\int\limits_{\varphi-\pi}^{\varphi}$ und $\int\limits_{\varphi}^{\varphi+\pi}$.

Häufig auftretende Sonderfälle von (1.2) erhält man für $f(z) = z^n$ $(n = 0, 1, 2, \ldots)$ und in den dazu konjugierten Beziehungen:

$$\frac{1}{2\pi} \int\limits_{0\,(H)}^{2\pi} e^{i\,n\,\vartheta} \operatorname{ctg} \frac{\varphi-\vartheta}{2}\, d\vartheta = \begin{cases} -i\, e^{i n \varphi} & (n = 1, 2, \ldots) \\ 0 & (n = 0) \\ i\, e^{i n \varphi} & (n = -1, -2, \ldots) \end{cases}$$

und reell geschrieben

$$\frac{1}{2\pi} \int\limits_{0\,(H)}^{2\pi} \begin{Bmatrix} \sin n\vartheta \\ \cos n\vartheta \end{Bmatrix} \operatorname{ctg} \frac{\varphi-\vartheta}{2}\, d\vartheta = \begin{cases} -\cos n\,\varphi \\ \sin n\,\varphi \end{cases} \quad (n = 1, 2, \ldots).$$

b) Eigenschaften konjugierter Funktionen. Allgemeiner als in **a)** ist die Konjugierte einer mit 2π periodischen Funktion $f \in L(0, 2\pi)$ durch

$$\bar{f}(\varphi) = \lim_{\varepsilon \to 0} -\frac{1}{2\pi} \int\limits_{\varepsilon}^{\pi} [f(\varphi + \vartheta) - f(\varphi - \vartheta)]\operatorname{ctg}\frac{\vartheta}{2}\, d\vartheta$$

$$= \frac{1}{2\pi} \int\limits_{0\,(H)}^{2\pi} f(\vartheta)\operatorname{ctg}\frac{\varphi-\vartheta}{2}\, d\vartheta \tag{1.3}$$

erklärt; der Grenzwert existiert für fast alle φ (ZYGMUND [479], S. 146). Im folgenden schreiben wir dafür auch

$$\bar{f}(\varphi) = K[f(\varphi)] \quad \text{oder kurz} \quad \bar{f} = K[f]. \tag{1.4}$$

Die Norm einer Funktion $f \in L_p(0, 2\pi)$ ist wie üblich durch

$$\|f\|_p = \left(\frac{1}{2\pi} \int\limits_{0}^{2\pi} |f(\varphi)|^p\, d\varphi\right)^{1/p} \tag{$p > 0$}$$

erklärt; statt $\|f\|_2$ schreiben wir nur $\|f\|$.

Für uns sind nun vor allem folgende *Eigenschaften des Operators K* wichtig.

(i) Ist $f \in L_2(0, 2\pi)$, so ist auch $\bar{f} \in L_2(0, 2\pi)$. Hat f die Fourier-Koeffizienten a_0; a_n, b_n $(n \geq 1)$, so hat $\bar{f}$ die Fourier-Koeffizienten 0; $-b_n$, a_n $(n \geq 1)$; siehe ZYGMUND ([479], S. 76).

(ii) Nach der Parsevalschen Formel ist daher für jedes $f \in L_2(0, 2\pi)$

$$\frac{1}{\pi} \int\limits_{0}^{2\pi} f^2(\varphi)\, d\varphi = \frac{a_0^2}{2} + \sum_{n=1}^{\infty} (a_n^2 + b_n^2) = \frac{a_0^2}{2} + \frac{1}{\pi} \int\limits_{0}^{2\pi} \bar{f}^2(\varphi)\, d\varphi,$$

und wir erhalten somit die im folgenden ausschlaggebende Eigenschaft des Operators K:

Satz 1.2. *Der Operator K ist im Raum $L_2(0, 2\pi)$ normenvermindernd,* *das heißt*:

$$\|K[f]\| \leq \|f\| \qquad \text{für jedes} \qquad f \in L_2(0, 2\pi) \,. \tag{1.5}$$

(iii) Ist f mit 2π periodisch und in $\langle 0, 2\pi \rangle$ absolut stetig, und $f' \in L_2(0, 2\pi)$, so gilt dasselbe für $K[f]$. Überdies ist dann $\{K[f]\}' = K[f']$ fast überall (Seidel [382], S. 223).

1.2. Die Integralgleichung von Theodorsen

a) Ableitung der Integralgleichung. Wir formulieren nun unser Problem der konformen Abbildung und zeigen, wie es auf die Lösung einer Integralgleichung zurückgeführt werden kann.

Vorgelegt sei eine bezüglich $w = 0$ sternige Jordankurve C der w-Ebene, und $\varrho = \varrho(\theta)$ sei ihre Darstellung in Polarkoordinaten. Ihr Inneres heiße G, und es sei die konforme Abbildung $w = f(z)$ von $|z| < 1$ auf G zu bestimmen, die durch $f(0) = 0$, $f'(0) > 0$ normiert ist.

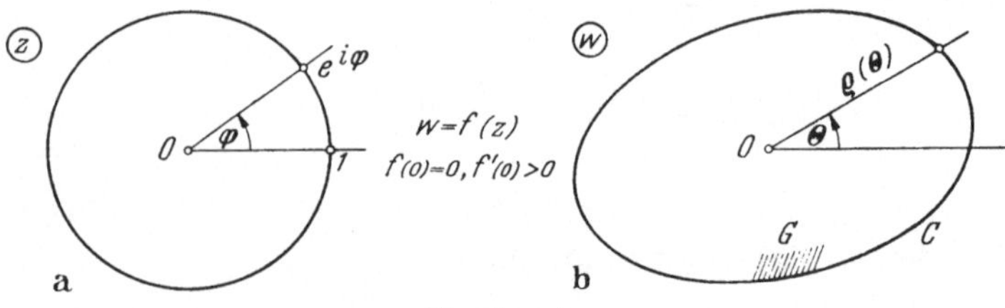

Fig. 12 a u. b

Dieses zweidimensionale Problem reduzieren wir wie in Kapitel I auf ein eindimensionales. Nach den Ergebnissen von Caratheodory und Osgood (siehe Anhang 4) ist $f(z)$ in $|z| \leq 1$ stetig und bildet $|z| \leq 1$ eineindeutig auf das abgeschlossene Gebiet $\overline{G}$ ab. Dem Randpunkt $e^{i\varphi}$ entspricht dabei ein Bildpunkt $\varrho(\theta)e^{i\theta}$ mit $\theta = \theta(\varphi)$ auf C. Ist $\theta = \theta(\varphi)$ bekannt, so ist $f(z)$ auf $|z| = 1$ und daher auch für $|z| < 1$ bekannt, etwa auf Grund der Cauchyschen Integralformel; siehe jedoch auch **b)**. Es ist somit hinreichend, die Ränderzuordnungsfunktion $\theta = \theta(\varphi)$ zu bestimmen: Wir haben ein eindimensionales Problem. Überdies ist man in vielen praktischen Fällen an $f(z)$ für $|z| < 1$ gar nicht interessiert; es genügt vielmehr die Kenntnis von $f(z)$ oder $f'(z)$ auf $|z| = 1$, also von $\theta(\varphi)$ oder $\theta'(\varphi)$.

Diese Funktion $\theta = \theta(\varphi)$ genügt nun einer Integralgleichung. Zu ihrer Ableitung betrachten wir die Hilfsfunktion

$$F(z) = \log \frac{f(z)}{z} = U(z) + iV(z) ; \tag{1.6}$$

sie ist durch die Vorschrift, daß $F(0) = \log f'(0)$ reell sei, eindeutig festgelegt, und sie ist in $|z| < 1$ regulär, in $|z| \leq 1$ stetig, ferner $V(0) = 0$.

Weiter ist

$$U(z) = \log\left|\frac{f(z)}{z}\right|, \quad \text{also} \ \ U(e^{i\varphi}) = \log\varrho\,(\theta\,(\varphi))$$

$$V(z) = \arg\frac{f(z)}{z}, \quad \text{also} \ \ V(e^{i\varphi}) = \theta\,(\varphi) - \varphi,$$

$$(1.7)$$

und (1.1) ergibt daher

$$\theta\,(\varphi) = \varphi + \frac{1}{2\pi}\int\limits_{0\ (H)}^{2\pi}\log\varrho\,(\theta\,(\vartheta))\,\mathrm{ctg}\,\frac{\varphi-\vartheta}{2}\,d\vartheta \qquad (1.8)$$

oder kurz

$$\theta\,(\varphi) = \varphi + K\,[\log\varrho\,(\theta\,(\varphi))]\,.$$

Dies ist die nichtlineare, singuläre Integralgleichung von THEODORSEN ([416], S. 6 und [417], S. 8/9) zur Ermittlung der gesuchten Ränderzuordnungsfunktion $\theta = \theta\,(\varphi)$.

b) Bestimmung von $f(z)$ für $|z| < 1$. Einen formelmäßigen Ausdruck für $f(z)$ bei bekanntem $\theta\,(\varphi)$ erhält man sofort, wenn man die Schwarzsche Formel

$$F(z) = \frac{1}{2\pi}\int\limits_0^{2\pi} U(e^{i\vartheta})\,\frac{e^{i\vartheta}+z}{e^{i\vartheta}-z}\,d\vartheta + iC \qquad (|z| < 1)$$

heranzieht. Man erhält diese, wenn man beachtet, daß $\Re\left(\frac{e^{i\vartheta}+z}{e^{i\vartheta}-z}\right)$ der Poisson-Kern ist, so daß also der Realteil der rechten Seite $U(z)$ ist und somit $\Re\left\{F(z) - \frac{1}{2\pi}\int\limits_0^{2\pi}\ldots d\vartheta\right\} = 0$ in $|z| < 1$, d. h. $\{\} = iC$ mit $C = \Im F(0)$.

Einsetzen von (1.7) ergibt die Darstellung

$$f(z) = z\cdot\exp\left\{\frac{1}{2\pi}\int\limits_0^{2\pi}\log\varrho\,(\theta\,(\vartheta))\,\frac{e^{i\vartheta}+z}{e^{i\vartheta}-z}\,d\vartheta\right\} \quad (|z| < 1)\,. \qquad (1.9)$$

In der Praxis wird man jedoch reell rechnen wollen und daher wie folgt vorgehen. Man entwickelt bei bekanntem $\theta\,(\varphi)$

$$\log\varrho\,(\theta\,(\varphi)) \sim \sum_{k=0}^{\infty}(a_k\cos k\,\varphi + b_k\sin k\,\varphi)\,,$$

und da $U(z)$, $V(z)$ in $|z| \leqq 1$ stetig sind, hat man im Punkte $z = re^{i\varphi}$ $(0 \leqq r < 1)$

$$U(z) = \sum_{k=0}^{\infty}(a_k\cos k\,\varphi + b_k\sin k\,\varphi)\,r^k$$

und

$$V(z) = \sum_{k=1}^{\infty}(a_k\sin k\,\varphi - b_k\cos k\,\varphi)\,r^k\,.$$

Damit ist $\log|f(z)| = \log|z| + U(z)$ und $\arg f(z) = \arg z + V(z)$, und also $f(z)$ für $z = re^{i\varphi}$ $(0 \leq r < 1)$ auf reelle Weise berechenbar. Vgl. auch 3.1,c).

c) Existenz und Eindeutigkeit der Lösung der Theodorsenschen Integralgleichung. Da die Existenz einer Lösung des Abbildungsproblems durch den Riemannschen Abbildungssatz gesichert ist, hat auch (1.8) sicher mindestens eine Lösung $\theta(\varphi)$. Um hingegen zu zeigen, daß diese auch eindeutig bestimmt ist, daß also das gestellte Problem der konformen Abbildung mit dem reduzierten Problem der Integralgleichung völlig äquivalent ist, sind gewisse Zusatzannahmen über die Berandung C oder über die Lösungsklasse notwendig. Dazu verwenden wir die im ganzen Kapitel wiederholt auftretende

Definition. *Die bezüglich $w = 0$ sternige Jordankurve $C : \varrho = \varrho(\theta)$ erfüllt eine ε-Bedingung $(\varepsilon > 0)$, wenn*

$$\text{(i)} \quad \varrho(\theta) \text{ in } \langle 0, 2\pi \rangle \text{ absolut stetig ist, und wenn}$$

$$\text{(ii)} \quad \left|\frac{\varrho'(\theta)}{\varrho(\theta)}\right| \leq \varepsilon \text{ gilt für fast alle } \theta \in \langle 0, 2\pi \rangle . \tag{1.10}$$

Diese Bedingungen sind z. B. dann erfüllt, wenn C mit Ausnahme endlich vieler Punkte eine Tangente besitzt, und wenn in den Punkten mit Tangente für den Winkel $\varkappa(\theta)$ zwischen dem Radiusvektor $\arg w = \theta$ und der Kurvennormalen gilt

$$|\mathrm{tg}\,\varkappa(\theta)| \leq \varepsilon .$$

Insbesondere liegt eine ε-Bedingung mit $\varepsilon < 1$ sicher dann vor, wenn für den genannten Winkel $|\varkappa(\theta)| \leq \varkappa_0 < \frac{\pi}{4}$ gilt, abgesehen von endlich vielen Stellen θ.

Wir bemerken, daß bei Vorliegen einer ε-Bedingung

$$|\log\varrho(\theta_1) - \log\varrho(\theta_2)| = \left|\int_{\theta_1}^{\theta_2} \frac{\varrho'(t)}{\varrho(t)}\,dt\right| \leq \varepsilon|\theta_1 - \theta_2| \tag{1.11}$$

gilt für irgend zwei Werte θ_1, θ_2.

Satz 1.3. *(α) Erfüllt C eine ε-Bedingung mit einem $\varepsilon < 1$, so hat die Integralgleichung (1.8) genau eine stetige Lösung.*

(β) Die Integralgleichung (1.8) hat stets genau eine in $\langle 0, 2\pi \rangle$ stetige und streng monoton wachsende Lösung.

Beweis. (α) Wir nehmen an, es sei $\theta_i(\varphi) = \varphi + K\left[\log\varrho(\theta_i(\varphi))\right]$ $(i = 1, 2)$. Subtraktion liefert $\theta_1(\varphi) - \theta_2(\varphi) = K\left[\log\varrho(\theta_1(\varphi)) - \log\varrho(\theta_2(\varphi))\right]$, und Satz 1.2

$$\|\theta_1(\varphi) - \theta_2(\varphi)\| \leq \|\log\varrho(\theta_1(\varphi)) - \log\varrho(\theta_2(\varphi))\| .$$

Mit (1.11) erhält man $\|\theta_1 - \theta_2\| \leq \varepsilon\|\theta_1 - \theta_2\|$, also wegen $\varepsilon < 1$ und der Stetigkeit der $\theta_i(\varphi)$: $\theta_1(\varphi) \equiv \theta_2(\varphi)$.

(β) Es sei $\theta(\varphi)$ eine in $\langle 0, 2\pi \rangle$ stetige und monoton wachsende Lösung von (1.8); $\theta(\varphi) - \varphi$ ist dann überdies mit 2π periodisch, und folglich sind

$$U(e^{i\varphi}) \doteq \log \varrho(\theta(\varphi)) \quad \text{und} \quad V(e^{i\varphi}) \doteq \theta(\varphi) - \varphi$$

auf $|z| = 1$ stetig. Wir bilden die harmonischen Funktionen $U(z)$, $V(z)$ ($|z| < 1$) mit den Randwerten $U(e^{i\varphi})$, $V(e^{i\varphi})$, die wegen (1.8) zueinander konjugiert sind, so daß $U(z) + iV(z)$ in $|z| < 1$ regulär und in $|z| \leqq 1$ stetig ist. Daher ist auch

$$f(z) = z \cdot e^{U(z) + iV(z)}$$

in $|z| < 1$ regulär, in $|z| \leqq 1$ stetig. Für $z = e^{i\varphi}$ erhalten wir

$$|f(e^{i\varphi})| = \varrho(\theta(\varphi)) \quad \text{und} \quad \arg f(e^{i\varphi}) = \varphi + V(e^{i\varphi}) = \theta(\varphi) \,,$$

also ist $f(e^{i\varphi})$ auf C gelegen, mit dem Argument $\theta(\varphi)$. Dieses wächst nach Annahme stetig und monoton, und es wächst um 2π, wenn φ um 2π zunimmt. Es ist also $|z| = 1$ topologisch auf C abgebildet, wobei der Umlaufsinn erhalten bleibt. Daher (vgl. z. B. LITTLEWOOD [261], S. 121) bildet $w = f(z)$ den Kreis $|z| < 1$ konform auf das Innere von C ab, mit der Normierung $f(0) = 0$, $f'(0) > 0$ wegen $V(0) = \dfrac{1}{2\pi} \displaystyle\int_0^{2\pi} V(e^{i\varphi}) \, d\varphi = 0$, vgl. 1.1,b (i).

Zwei unsere Voraussetzungen erfüllende Lösungen $\theta_i(\varphi)$ von (1.8) führen somit zu demselben $f(z)$, also unterscheidet sich ihr $V(z)$ höchstens um ein Vielfaches von 2π: $V_1(e^{i\varphi}) = V_2(e^{i\varphi}) + K \cdot 2\pi$, und das hieße $\theta_1(\varphi) = \theta_2(\varphi) + K \cdot 2\pi$. Zwei sich um $K \cdot 2\pi$ unterscheidende Lösungen von (1.8) gibt es aber nur für $K = 0$.

Damit ist nun geklärt, für welche Kurven C das Abbildungsproblem mit der Lösung von (1.8) äquivalent ist, bzw. welche Lösungen von (1.8) stets auf die Abbildungsfunktion $w = f(z)$ führen.

1.3. Iterative Lösung der Integralgleichung von THEODORSEN

Wir versuchen nun, die nichtlineare Integralgleichung (1.8) durch das Iterationsverfahren

$$\theta_{n+1}(\varphi) = \varphi + \frac{1}{2\pi} \int\limits_{0 \, (H)}^{2\pi} \log \varrho(\theta_n(\vartheta)) \operatorname{ctg} \frac{\varphi - \vartheta}{2} \, d\vartheta \qquad (n = 0, 1, 2, \ldots) \quad (1.12)$$

zu lösen, wobei von der Ausgangsfunktion $\theta_0(\varphi)$ angenommen sei:

$$\theta_0(\varphi) \text{ ist in } \langle 0, 2\pi \rangle \text{ absolut stetig, und } \theta_0' \in L_2(0, 2\pi) \,,$$

$$\theta_0(\varphi) - \varphi \text{ ist mit } 2\pi \text{ periodisch;} \tag{1.13}$$

praktisch wird man oft $\theta_0(\varphi) \equiv \varphi$ nehmen. Die Lösung der Integralgleichung wird also durch *sukzessive Konjugiertenbildung* angestrebt.

Mit der Frage der Konvergenz der Folge $\{\theta_n(\varphi)\}$ haben sich zahlreiche Mathematiker beschäftigt. Die ersten Untersuchungen hierzu scheint Gebelein ([131], S. 221) angestellt zu haben. Bei ihm wird für die Fourier-Koeffizienten a_n, b_n von $\log \varrho(\theta)$ gefordert: $|a_n| + |b_n| \leq \dfrac{A}{(n+1)^p}$ für ein $p > 2$ und $A > 0$. Dann folgen in den Jahren zwischen 1943 und 1950 Arbeiten von Lammel [239], Opitz [308], Warschawski [448] und Wittich [465], [466], welche zum Teil wegen der Kriegsereignisse verzögert publiziert wurden.

Sämtliche Autoren führen den Konvergenzbeweis in zwei Schritten. Zunächst wird gezeigt, daß unter gewissen Annahmen über die Kurve C, die bei Warschawski am schwächsten sind, die Folge $\{\theta_n(\varphi)\}$ im Raum L_2 konvergiert. Im zweiten Schritt wird dann auf die gewöhnliche Konvergenz zurückgeschlossen. Hierzu benützen alle Autoren außer Warschawski die gleichgradige Stetigkeit der $\theta_n(\varphi)$ und das Auswahlprinzip. Warschawski hingegen findet dafür einen präziseren Zusammenhang und ist daher auch in der Lage, eine genaueAbschätzung von $|\theta_n(\varphi) - \theta(\varphi)|$ anzugeben. Das Vorgehen bei Warschawski wird weiter ausgebaut bei Ostrowski ([313], S. 149 ff.), wo eine leichte Verallgemeinerung der Integralgleichung (1.8) behandelt wird.

a) Die Ungleichung von Warschawski. Zur Untersuchung der Konvergenz der $\theta_n(\varphi)$ ist noch eine Vorbemerkung notwendig. Wir bezeichnen mit

$\Re$: Klasse aller mit 2π periodischen, in $\langle 0, 2\pi \rangle$ absolut stetigen Funktionen $f(x)$ mit $f' \in L_2(0, 2\pi)$.

Satz 1.4 (Warschawski [448], S. 18). *Ist $f \in \Re$, so gilt für irgend zwei Werte x, y*

$$|f^2(x) - f^2(y)| \leq 2\pi \|f\| \|f'\| . \tag{1.14}$$

Dieser Satz ist der Schlüssel für den Konvergenzbeweis; er gestattet den Rückschluß von $\|f\|$ auf f selbst. Ist insbesondere f eine Konjugierte, also $\int\limits_0^{2\pi} f(x)\, dx = 0$, so gibt es ein y mit $f(y) = 0$, und (1.14) wird zu

$$|f(x)|^2 \leq 2\pi \|f\| \|f'\| . \tag{1.15}$$

Beweis. Wir können $x, y \in \langle 0, 2\pi \rangle$ und $y < x$ annehmen. Da auch $f^2(x)$ absolut stetig ist, haben wir

$$f^2(x) - f^2(y) = 2 \int\limits_y^x f(t)\, f'(t)\, dt = -2 \int\limits_x^{y+2\pi} f(t)\, f'(t)\, dt .$$

Daraus folgt

$$|f^2(x) - f^2(y)| \leq 2 \int\limits_y^x |f|\, |f'|\, dt \quad \text{und} \quad |f^2(x) - f^2(y)| \leq 2 \int\limits_x^{y+2\pi} |f|\, |f'|\, dt,$$

also mit Hilfe der Schwarzschen Ungleichung

$$|f^2(x) - f^2(y)| \leq \frac{1}{2} \left\{ 2 \int\limits_y^x |f|\,|f'|\,dt + 2 \int\limits_x^{y+2\pi} |f|\,|f'|\,dt \right\}$$

$$= \int\limits_0^{2\pi} |f|\,|f'|\,dt \leq 2\pi \|f\|\,\|f'\| \; .$$

Dieselbe Beweismethode ergibt folgende Verallgemeinerung von (1.15). Sei $f(x)$ mit 2π periodisch, absolut stetig in $\langle 0, 2\pi \rangle$, $f' \in L_q$ $(q > 1)$ und $f(y) = 0$ für ein $y \in \langle 0, 2\pi \rangle$; ferner $p^{-1} + q^{-1} = 1$ und $\alpha > 1$ beliebig. *Dann gilt für alle* x

$$|f(x)|^\alpha \leq \alpha\pi \left[\|f\|_{(\alpha-1)p} \right]^{\alpha-1} \cdot \|f'\|_q \; . \tag{1.16}$$

Für $\alpha = p = q = 2$ erhält man (1.15).

Die Konstante 2π in (1.15) kann durch keine kleinere ersetzt werden. Dazu betrachte man etwa in $\langle -\pi, +\pi \rangle$

$$f(x) = e^{-c|x|} - C \quad \text{mit} \quad C = \frac{1}{\pi c} (1 - e^{-\pi c})$$

und lasse $c \to \infty$ rücken.

b) Der Konvergenzbeweis von WARSCHAWSKI. Nunmehr sind wir in der Lage, die Konvergenz des Iterationsverfahrens (1.12) zu beweisen.

S a t z 1.5. *Die Kurve C erfülle eine ε-Bedingung für ein $\varepsilon < 1$, so daß nach Satz 1.3 die Integralgleichung (1.8) genau eine stetige Lösung $\theta(\varphi)$ hat, und es sei außerdem* $\dfrac{a}{1+\varepsilon} \leq \varrho(\theta) \leq a(1+\varepsilon)$ *für ein $a > 0$. Für die Ausgangsfunktion $\theta_0(\varphi)$ in (1.12) sei $\theta_0(\varphi) - \varphi \in \Re$. Dann gilt für die Iterationen $\theta_n(\varphi)$*

$$|\theta_n(\varphi) - \theta(\varphi)| \leq \left(\frac{2\pi\varepsilon}{\sqrt{1-\varepsilon^2}} \right)^{1/2} \left[(\varepsilon + \|\theta_0 - \varphi\|)(1 + \|\theta_0'\|) \right]^{1/2} \cdot \varepsilon^{\frac{n}{2}} \tag{1.17}$$

$$(n = 1, 2, \ldots) \; .$$

Ist speziell $\theta_0(\varphi) \equiv \varphi$ gewählt, so ergibt sich

$$|\theta_n(\varphi) - \theta(\varphi)| \leq 2 \left(\frac{\pi}{\sqrt{1-\varepsilon^2}} \right)^{1/2} \cdot \varepsilon^{\frac{n}{2}+1} \qquad (n = 1, 2, \ldots) \; . \tag{1.18}$$

B e w e i s. Zunächst bemerken wir, daß alle $\theta_n(\varphi)$ gebildet werden können. Mit $\theta_0(\varphi) - \varphi \in \Re$ sind sogar alle $\theta_n(\varphi) - \varphi \in \Re$. Denn wenn $\theta_n(\varphi) - \varphi \in \Re$ ist, folgt mit (1.10) und (1.11) zunächst $\log \varrho(\theta_n(\varphi)) \in \Re$ und daher nach 1.1,**b** (iii) auch $\theta_{n+1}(\varphi) - \varphi \in \Re$.

Der Beweis verläuft nun in drei Schritten.

α) Beurteilung von $\|\theta_n - \theta\|$.

β) Abschätzung von $\|\theta_n' - \theta'\|$.

γ) Schluß auf $|\theta_n - \theta|$ mit der Ungleichung von WARSCHAWSKI.

α) Aus (1.8) und (1.12) ergibt sich

$$\theta_{n+1}(\varphi) - \theta(\varphi) = K\left[\log\varrho(\theta_n(\varphi)) - \log\varrho(\theta(\varphi))\right],$$

also mit Satz 1.2 und (1.11)

$$\|\theta_{n+1} - \theta\| \leq \|[\ ]\| \leq \varepsilon\|\theta_n - \theta\|,$$

insgesamt $\|\theta_n - \theta\| \leq \varepsilon^n\|\theta_0 - \theta\|$. Dabei ist

$$\|\theta_0 - \theta\| \leq \|\theta_0 - \varphi\| + \|\theta - \varphi\| = \|\theta_0 - \varphi\| + \left\|K\left[\log\frac{\varrho(\theta(\varphi))}{a}\right]\right\|$$

$$\leq \|\theta_0 - \varphi\| + \varepsilon$$

(beachte, daß $K[\text{Const}] = 0$ ist), also

$$\|\theta_n - \theta\| \leq (\varepsilon + \|\theta_0 - \varphi\|)\,\varepsilon^n \qquad (n = 1, 2, \ldots). \qquad (1.19)$$

β) Für $\|\theta_n' - \theta'\| \leq \|\theta_n' - 1\| + \|\theta' - 1\|$ schätzen wir zuerst $\|\theta_n' - 1\|$ ab. Da $\theta_n = \varphi + K[\log\varrho(\theta_{n-1})]$ ist, folgt nach dem Seidelschen Lemma 1.1,b (iii)

$$\theta_n' - 1 = K\left[\frac{\varrho'}{\varrho}(\theta_{n-1})\cdot\theta_{n-1}'\right],$$

also wieder mit Satz 1.2

$$\|\theta_n' - 1\| \leq \varepsilon\|\theta_{n-1}'\|.$$

Nun ist aber $\|\theta_n' - 1\|^2 = \|\theta_n'\|^2 - 1$, da $\theta_n(\varphi) - \varphi$ mit 2π periodisch ist, und wir erhalten

$$\|\theta_n' - 1\|^2 \leq \varepsilon^2 + \varepsilon^2\|\theta_{n-1}' - 1\|^2 \leq \cdots \leq \varepsilon^2 + \varepsilon^4 + \cdots + \varepsilon^{2n}\|\theta_0' - 1\|^2,$$

mithin

$$\|\theta_n' - 1\|^2 < \frac{\varepsilon^2}{1 - \varepsilon^2}(1 + \|\theta_0' - 1\|^2) = \frac{\varepsilon^2}{1 - \varepsilon^2}\|\theta_0'\|^2 \qquad (n = 1, 2, \ldots).$$

Um eine entsprechende Ungleichung für $\|\theta' - 1\|$ zu gewinnen, schreiben wir für ein $h \neq 0$

$$\theta(\varphi) - \varphi = K[\log\varrho(\theta(\varphi))],$$

$$\theta(\varphi + h) - (\varphi + h) = K[\log\varrho(\theta(\varphi + h))],$$

also mit Satz 1.2 und (1.11)

$$\left\|\frac{\theta(\varphi + h) - \theta(\varphi)}{h} - 1\right\| \leq \left\|\frac{\log\varrho(\theta(\varphi + h)) - \log\varrho(\theta(\varphi))}{h}\right\|$$

$$\leq \varepsilon\left\|\frac{\theta(\varphi + h) - \theta(\varphi)}{h}\right\|.$$

Entsprechend zu oben stellt man nun fest, daß

$$\left\|\frac{\theta(\varphi + h) - \theta(\varphi)}{h} - 1\right\|^2 = \left\|\frac{\theta(\varphi + h) - \theta(\varphi)}{h}\right\|^2 - 1$$

ist, also gilt

$$\left\|\frac{\theta(\varphi+h)-\theta(\varphi)}{h}-1\right\|^2 \leq \frac{\varepsilon^2}{1-\varepsilon^2} \qquad \text{für jedes } h \neq 0 \,.$$

Nach einem Satz von F. Riesz ([343], S. 95; Zygmund [479], S. 157 ff.) ist $\theta(\varphi)$ fast überall differenzierbar, weil C natürlich rektifizierbar ist, und eine Anwendung des Fatouschen Lemmas liefert damit

$$\|\theta'-1\|^2 \leq \frac{\varepsilon^2}{1-\varepsilon^2} \,.$$

Diese Abschätzung von $\|\theta'-1\|$ ist übrigens bestmöglich, wie die Kurve $C : \varrho(\theta) = e^{\varepsilon|\theta|}$ ($|\theta| \leq \pi$) zeigt; siehe hierzu Gaier ([119], S. 157).

Insgesamt erhalten wir

$$\|\theta_n'-\theta'\| \leq \frac{\varepsilon}{\sqrt{1-\varepsilon^2}}(1+\|\theta_0'\|) \qquad (n=1,2,\ldots) \,. \tag{1.20}$$

γ) Nunmehr ist, da $\theta_n(\varphi)-\theta(\varphi)$ eine Konjugierte ist, die Warschawskische Ungleichung in der Form (1.15) anwendbar, und wir erhalten aus (1.19) und (1.20) sofort die behaupteten Abschätzungen (1.17) und (1.18); letztere findet sich bei Warschawski ([448], S. 14).

1.4. Zusätzliche Ergebnisse zum Theodorsen-Verfahren

a) Verbesserung der Konvergenzgeschwindigkeit. Die Abschätzung $|\theta_n-\theta| = O(\varepsilon^{\frac{n}{2}})$ von Satz 1.5 kann auf zweierlei Weise verbessert werden.

Einmal ist es möglich, die Warschawskische Methode für hinreichend kleine ε auf (1.16) statt auf (1.15) zu gründen. Man hat dabei in $\|\theta_n'-\theta'\|_q \leq \|\theta_n'\|_q + \|\theta'\|_q$ die Normen $\|\theta_n'\|_q$ und $\|\theta'\|_q$ abzuschätzen, was entsprechend wie oben unter Benutzung der M. Rieszschen Ungleichung $\|\tilde{f}\|_q \leq A_q \|f\|_q$ geschieht und für $\theta_0(\varphi) \equiv \varphi$

$$\|\theta_n'-\theta'\|_q \leq \frac{2}{1-\varepsilon A_q}$$

liefert, sofern $\varepsilon A_q < 1$ ist. Wählt man nun ein α in (1.16) mit $(\alpha-1)p = 2$, so ergibt sich

$$|\theta_n-\theta| = O\left(\varepsilon^{n\left(1-\frac{1}{\alpha}\right)}\right) \,;$$

für $\alpha = 2$ erhält man die Größenordnung von (1.18). Der Exponent von ε ist wegen $p > 1$ jedoch stets $< \frac{2}{3}n$.

Weiter kann man die Konvergenzaussagen durch zusätzliche Annahmen über $p(\theta) = \log\varrho(\theta)$ verbessern (Warschawski [448], S. 14; Ostrowski [313], S. 157).

Satz 1.6. *Die Voraussetzungen von Satz 1.5 seien erfüllt, und es sei* $p''(\theta)$ *überall existent und beschränkt. Dann gilt für die Iterationen* $\theta_n(\varphi)$

$$|\theta_n(\varphi)-\theta(\varphi)| = O(n\varepsilon^n) \qquad (n \to \infty) \,.$$

b) Konvergenz der Ableitungen. Auch die Konvergenz der ersten und höheren Ableitungen von $\theta_n(\varphi)$ gegen die entsprechenden von $\theta(\varphi)$ läßt sich unter Zusatzannahmen über $p(\theta)$ beweisen (WARSCHAWSKI [448], S. 15; OSTROWSKI [313], S. 160).

Satz 1.7. *Für eine natürliche Zahl $m \geq 1$ seien die Ableitungen $p^{(k)}(\theta)$ ($k = 1, 2, \ldots, m$) überall existent und beschränkt, dabei $|p'(\theta)| \leq \varepsilon < 1$. Für die Ausgangsfunktion $\theta_0(\varphi)$ sei $\theta_0(\varphi) - \varphi$ mit 2π periodisch, ferner $\theta_0^{(m-1)}(\varphi)$ absolut stetig und $\theta_0^{(m)} \in L_2$. Dann hat $\theta(\varphi)$ eine absolut stetige $(m-1)$-te Ableitung, und es gilt für $n \to \infty$:*

$$|\theta_n^{(\mu)}(\varphi) - \theta^{(\mu)}(\varphi)| = O\left(n^{\mu + \frac{1}{2}} \varepsilon^n\right) \qquad (\mu = 0, 1, \ldots, m-2)$$

und

$$|\theta_n^{(m-1)}(\varphi) - \theta^{(m-1)}(\varphi)| = O\left(n^{\frac{m-1}{2}} \varepsilon^{\frac{n}{2}}\right).$$

Ob sich die hierbei für $\mu = 0$ entstehende, von m *unabhängige* Abschätzung $|\theta_n - \theta| = O(n^{\frac{1}{2}} \varepsilon^n)$ noch verschärfen läßt, scheint nicht untersucht zu sein.

c) Abschätzung von $|f_n(z) - f(z)|$. Aus einer Näherung $\theta_n(\varphi)$ für $\theta(\varphi)$ kann man nach der in 1.2,**b)** angegebenen Vorschrift eine Näherung $f_{n+1}(z)$ für $f(z)$ herstellen. Man entwickelt $\log\varrho(\theta_n(\varphi))$, bildet $U_n(z)$ und $V_n(z)$ und damit $F_{n+1}(z) = U_n(z) + iV_n(z)$ mit der Randfunktion

$$F_{n+1}(e^{i\varphi}) = \log\varrho(\theta_n(\varphi)) + i(\theta_{n+1}(\varphi) - \varphi),$$

und hat in $f_{n+1}(z) = z e^{F_{n+1}(z)}$ die Näherung für die Abbildungsfunktion $f(z)$. Für den Fehler $|f_n(z) - f(z)|$ haben wir nun mit den Bezeichnungen von Satz 1.5 für $n = 1, 2, \ldots$

$$\max_{|z| \leq 1} |f_n(z) - f(z)| \leq a(1 + \varepsilon) \left[\varepsilon^2 \max |\theta_{n-1}(\varphi) - \theta(\varphi)|^2 + \right. \tag{1.21}$$
$$\left. + \max |\theta_n(\varphi) - \theta(\varphi)|^2\right]^{1/2},$$

so daß (1.17), (1.18) oder **a)** zur Beurteilung von $|f_n(z) - f(z)|$ herangezogen werden kann.

Für das $F(z)$ von (1.6) und (1.7) ist nämlich zunächst auf $|z| = 1$

$$|F_n(z) - F(z)|^2 = |\log\varrho(\theta_{n-1}(\varphi)) - \log\varrho(\theta(\varphi))|^2 + |\theta_n(\varphi) - \theta(\varphi)|^2$$

$$\leq \varepsilon^2 \cdot \max |\theta_{n-1}(\varphi) - \theta(\varphi)|^2 + \max |\theta_n(\varphi) - \theta(\varphi)|^2,$$

wegen

$$|f_n(z) - f(z)| \leq |F_n(z) - F(z)| \cdot e^{\max\{\Re F_n(z), \Re F(z)\}}$$

und $U_n(e^{i\varphi}) \leq \log[a(1 + \varepsilon)]$, $U(e^{i\varphi}) \leq \log[a(1 + \varepsilon)]$ also gerade (1.21) für $|z| = 1$, und somit auch für $|z| \leq 1$.

d) Sternigkeit der Kurven C_n. WARSCHAWSKI ([448], S. 23—24) und LAMMEL ([239], S. 265—267) behandeln die Frage, wann $\theta_n'(\varphi) > 0$ ist. Dies zieht nach sich, daß das Bild C_n von $|z| = 1$ unter $w = f_n(z)$ eine bezüglich $w = 0$ sternige Jordankurve ist, insbesondere also, daß $f_n(z)$ in $|z| < 1$ schlicht ist.

Satz 1.8. *Ist $\theta_0(\varphi) \equiv \varphi$ genommen und zusätzlich zu den Annahmen von Satz 1.5 noch*

$$\left| \frac{\varrho'}{\varrho}(\theta_1) - \frac{\varrho'}{\varrho}(\theta_2) \right| \leq \varepsilon \left| \theta_1 - \theta_2 \right|$$

erfüllt, so sind alle C_n ($n \geq 1$) sternig bezüglich $w = 0$, wenn $\varepsilon \leq 0{,}295$ ist.

e) Die Bedingung $\varepsilon < 1$. Entscheidend für die Konvergenzsätze in 1.3 war stets, daß die Kurve C einer ε-Bedingung genügte, wobei $\varepsilon < 1$ verlangt war. Ob sich diese Forderung abschwächen läßt, ist noch unbekannt, jedoch hat SCHAUER [367] folgendes gefunden.

Ist C zur reellen Achse symmetrisch, also $\theta(\varphi)$ ungerade und $\log \varrho(\theta(\varphi))$ gerade, so schreibt sich die Theodorsensche Integralgleichung in äquivalenter Form als

$$\theta(\varphi) = \varphi + K_+\left[\log \varrho(\theta(\varphi))\right] \qquad (0 \leq \varphi \leq \pi) \qquad (1.22)$$

mit dem Operator

$$K_+[g] = \frac{1}{\pi} \int\limits_0^\pi {}_{(H)} \frac{\sin \varphi}{\cos t - \cos \varphi} g(t)\, dt \; .$$

Ist C speziell durch $\varrho(\theta) = e^{\varepsilon |\theta|}$ ($|\theta| \leq \pi$) gegeben mit einem $\varepsilon > 0$, so erfüllt C eine ε-Bedingung, und weiter wird (1.22) zu der *linearen, singulären* Integralgleichung

$$\theta(\varphi) = \varphi + \varepsilon K_+[\theta(\varphi)] \qquad (0 \leq \varphi \leq \pi) \, ,$$

die durch Ansatz der Iterationen

$$\theta_{n+1}^*(\varphi) = \varphi + \varepsilon K_+[\theta_n^*(\varphi)] \qquad \text{mit } \theta_0^*(\varphi) \equiv \varphi$$

zu lösen versucht wird. SCHAUER zeigt nun

Satz 1.9. (i) *Für $0 < \varepsilon \leq 1$ konvergieren die $\theta_n^*(\varphi)$ gegen die Ränderzuordnungsfunktion $\theta(\varphi)$.*

(ii) *Für $\varepsilon > 1$ und jedes feste $\varphi \neq 0, \pi$ divergiert die Folge $\{\theta_n^*(\varphi)\}$.*

Zum Beweis ist der funktionentheoretische Charakter von $\theta(\varphi) = \theta(\varphi; \varepsilon)$ als Funktion der komplexen Variablen ε (bei festem φ) zu studieren; auf $|\varepsilon| = 1$ liegen die Singularitäten $\varepsilon = \pm i$. Im allgemeinen ist $\theta_n(\varphi) \neq \theta_n^*(\varphi)$, doch läßt Satz 1.9 vermuten, daß die Bedingung $\varepsilon < 1$ im Konvergenzsatz von WARSCHAWSKI scharf ist.

§ 2. Über die Berechnung konjugierter Funktionen

Für die numerische Durchführung des auf sukzessiver Konjugiertenbildung beruhenden Theodorsen-Verfahrens (1.12) ist das Hauptproblem die Approximation des Konjugiertenoperators K. Dieses Problem ist auch wichtig in verschiedenen anderen Zusammenhängen. So führt neben dem direkten Problem der Aerodynamik (gegeben Profil, gesucht Umströmung, Druckverteilung usw.) auch das indirekte Problem (gegeben Druckverteilung am Profil, gesucht Profil) auf die numerische Auswertung der Operation K. Literatur hierzu: ALLEN [8], GLAUERT [137], GOLDSTEIN [139], GOLDSTEIN-JERISON [138], LIGHTHILL [259] und [260], MANGLER [264], sowie der ausführliche Bericht von TIMMAN [419].

Außerdem lassen sich verschiedene singuläre Integraltransformationen auf die Operation K umschreiben. Dies gilt z. B. für

$$g(x) = \frac{1}{\pi} \int\limits_{0 \ (H)}^{\pi} \frac{f(t)}{\cos x - \cos t}\, dt \qquad (0 < x < \pi)\,.$$

Setzt man nämlich $f(t)$ als gerade Funktion in $\langle -\pi, +\pi \rangle$ fort, so wird

$$\sin x\, g(x) = \frac{1}{2\pi} \int\limits_{-\pi \ (H)}^{+\pi} f(t)\, \frac{\sin x + \sin t}{\cos x - \cos t}\, dt = -\frac{1}{2\pi} \int\limits_{-\pi \ (H)}^{+\pi} f(t)\, \mathrm{ctg}\, \frac{x - t}{2}\, dt\,,$$

also $\sin x\, g(x) = K\,[-f(x)]$. Beim Kern $K(x, t) = \dfrac{1}{x - t}$ führt die Substitution $x = \cos y$, $t = \cos \tau$ auf die oben betrachtete Transformation.

Wir beschäftigen uns daher mit dem Problem, K zu bestimmen, ausführlich. Zunächst werden die Methoden dargelegt, bei denen die Quadraturformel für K äquidistante Knoten enthält. Sodann werden auch inäquidistante Knoten zugelassen, was vorteilhaft ist, wenn die Funktion, deren Konjugierte gebildet werden soll, starke Schwankungen aufweist. Auf halbgraphische Verfahren (MANGLER-WALZ [265]) und mechanische Verfahren (KAPICA [188]) gehen wir nicht näher ein.

2.1. Die Methode von WITTICH

Die zunächst zu besprechende und wichtigste Methode, K zu approximieren, beruht auf trigonometrischer Interpolation und geht auf WITTICH ([464], 1941) zurück. Sie wurde später unabhängig entwickelt von GERMAIN ([133], 1945), NAIMAN ([289], 1945), WATSON ([458], 1945), SALTZER ([363], 1949) und OPITZ ([309], 1950); siehe ferner BIRKHOFF-YOUNG-ZARANTONELLO ([40], S. 126—128), GARRICK ([128], S. 140—142) und vor allem OSTROWSKI ([314], S. 165 ff.).

a) Ableitung der Formel. Gegeben sei eine mit 2π periodische, reelle Funktion $f(x)$. Gesucht wird eine Näherung für

$$\bar{f}(x) = \frac{1}{2\pi} \int\limits_{-\pi\ (H)}^{+\pi} f(t)\ \mathrm{ctg}\ \frac{x-t}{2}\ dt\ . \tag{2.1}$$

Dazu wird $\langle -\pi, +\pi \rangle$ in n Teilintervalle der Länge $\dfrac{2\pi}{n} = q$ zerlegt, wobei wir uns auf den praktisch wichtigeren Fall $n = 2N$ beschränken wollen, also $q = \dfrac{\pi}{N}$. Wir setzen

$$t_k = k \cdot q\ , \quad f_k = f(t_k)\ , \quad \bar{f}_k = \bar{f}(t_k) \quad (k = 0, \pm 1, \pm 2, \ldots)\ .$$

Die Approximation von $\bar{f}(x)$ vollzieht sich nun in 3 Schritten:

1. Ermittlung des normierten trigonometrischen Polynoms $T(x)$ vom Grade N mit der Eigenschaft: $T(t_k) = f_k$.

2. Bestimmung von $\bar{T}(x)$.

3. Herstellung eines expliziten Zusammenhangs zwischen den Werten $\bar{T}(t_k)$ und f_k.

Die Konjugierte zu f wird also durch die Konjugierte des f interpolierenden trigonometrischen Polynoms ersetzt, und $\bar{f}_k$ durch $\bar{T}(t_k)$ approximiert. Über die Güte dieser Approximation siehe unten.

Im 1. Schritt bedeutet „normiert", daß $T(x)$ ohne $\sin Nx$-Term ist; vgl. ZYGMUND ([480], S. 8 ff.). Um dieses $T(x)$ zu erhalten, setzen wir fürs folgende $\displaystyle\sum_\nu = \sum_{\nu=-N+1}^{N}$ und bemerken:

Ist $F(t) = \displaystyle\sum_\nu A_\nu e^{i\nu t}$ *mit* $A_\nu = \dfrac{1}{2N} \displaystyle\sum_\mu f_\mu e^{-i\nu\mu q}$, *so gilt*

$$F(t_k) = f_k \quad (k = 0, \pm 1, \ldots, \pm N)\ . \tag{2.2}$$

Beweis durch Einsetzen und leichte Rechnung. Es ist also $F(t)$ ein *komplexes* Interpolationspolynom, wobei überdies $A_N = \dfrac{1}{2N} \displaystyle\sum_\mu (-1)^\mu f_\mu$ reell ist, so daß $T(t) = \Re F(t)$ unsere Interpolationsaufgabe löst.

Für den 2. Schritt können wir sofort

$$\bar{T}(x) = \Re \left\{ \frac{1}{2\pi} \int\limits_{-\pi\ (H)}^{+\pi} F(t)\ \mathrm{ctg}\ \frac{x-t}{2}\ dt \right\}$$

$$= \Re \left\{ \sum_\nu A_\nu \frac{1}{2\pi} \int\limits_{-\pi\ (H)}^{+\pi} e^{i\nu t}\mathrm{ctg}\ \frac{x-t}{2}\ dt \right\}$$

angeben. Verwendet man die am Schluß von **1.1,a)** genannten Formeln, so kommt

$$\bar{T}(x) = \Im \left\{ {\sum_\nu}' A_\nu \,\mathrm{sign}\,\nu \cdot e^{i\nu x} \right\}\ ,$$

wobei in $\displaystyle{\sum_\nu}'$ über $\nu \neq 0$ summiert ist.

Für den 3. Schritt bemerken wir vorweg, daß mit $p = e^{imq}$ gilt:

$$\Im\left\{\sum_v{}' \operatorname{sign}v \cdot p^v\right\} = \begin{cases} 0 & \text{falls } m \text{ gerade,} \\ 2\operatorname{ctg}\dfrac{mq}{2} & \text{falls } m \text{ ungerade.} \end{cases} \tag{2.3}$$

a) *m gerade*: Ist $p = 1$, so ist (2.3) klar. Ist $p \neq 1$, so ist sicher $p^N = 1$,

und $\displaystyle\sum_v{}' \operatorname{sign}v \cdot p^v = p\,\frac{p^N-1}{p-1} - p^{-N+1}\,\frac{p^{N-1}-1}{p-1} = -\frac{1-p}{p-1} = 1$.

b) *m ungerade*: Jetzt ist $p \neq 1$, $p^N = -1$, und $\displaystyle\sum_v{}' \operatorname{sign}v \cdot p^v = \frac{1+3p}{1-p}$

mit dem Imaginärteil $2\operatorname{ctg}\dfrac{mq}{2}$.

Damit ergibt sich mit den A_v aus (2.2)

$$\overline{T}(t_k) = \Im\left\{\frac{1}{2N}\sum_\mu f_\mu \sum_v{}' \operatorname{sign}v \cdot p^v\right\} \quad \text{mit} \quad p = e^{imq}, \quad m = k - \mu ,$$

so daß wir schließlich erhalten

$$\overline{T}(t_k) = \frac{1}{N}\sum_\mu{}^* f_\mu \cdot \operatorname{ctg}\frac{(k-\mu)q}{2} , \tag{2.4}$$

wobei in $\displaystyle\sum_\mu{}^*$ über die μ summiert wird, für die $k - \mu$ ungerade ist. Diese Formel liefert die Näherungswerte $\overline{T}(t_k)$ für $\bar{f}(t_k)$ direkt aus den f_k. Wir fassen zusammen:

Satz 2.1. *Ist $T(x)$ das zu $f(x)$ und den Stellen $x = t_k$ gehörige normierte trigonometrische Interpolationspolynom vom Grade N, und $\overline{T} = K[T]$, so gilt für $k = -N + 1, \ldots, -1, 0, 1, \ldots, N$*

$$\overline{T}(t_k) = \sum_{\mu=-N+1}^{N} a_{k\mu}f_\mu \ \ \textit{mit} \ \ a_{k\mu} = \begin{cases} 0 & \textit{falls } k-\mu \textit{ gerade,} \\ \dfrac{1}{N}\operatorname{ctg}\dfrac{(k-\mu)q}{2} & \textit{falls } k-\mu \textit{ ungerade.} \end{cases} \tag{2.5}$$

Bemerkungen. 1. Unterteilt man $\langle -\pi, +\pi\rangle$ in $2N + 1$ Intervalle, so kommt man zu einer entsprechenden Formel (Ostrowski [314], S. 166), doch verschwindet bei ihr nur ein Element in jeder Zeile der Transformationsmatrix, so daß die Rechenarbeit gegenüber (2.5) etwa verdoppelt ist.

2. Vergleicht man (2.5) und (2.1), etwa für $k = 0$ bzw. $x = 0$, so sieht man, daß (2.5) als Anwendung der Rechtecksformel

$$\int_a^b F(t)\,dt \sim (b-a)\,F\left(\frac{a+b}{2}\right)$$

auf (2.1) interpretiert werden kann.

3. Bezüglich der Güte der Approximation von $\bar{f}$ durch $\overline{T}$ können wir zwei Ergebnisse von Czipszer-Freud ([71], S. 35) und Stečkin ([398];

siehe auch Timan [418], S. 332) kombinieren. Danach ist erstens

$$\max_x |\bar{f}(x) - \bar{P}_N(x)| \leqq 3a\varepsilon \log 2N + 4E_N(\bar{f}),$$

wenn P_N ein beliebiges trigonometrisches Polynom vom Grad N mit $\max\limits_x |f(x) - P_N(x)| \leqq \varepsilon$ ist, wobei a durch $\max\limits_x |\bar{P}_N(x)| \leqq a \log(N+1)$ $\max\limits_x |P_N(x)|$ bestimmt ist (Szegö [413]). Die Größe $E_N(\bar{f})$ kann zweitens nach Stečkin durch $E_N(\bar{f}) \leqq C\ [E_N(f) + \sum\limits_{v>N} v^{-1}E_v(f)]$ mit konstantem C abgeschätzt werden. Ist z. B. $|f'(x)| \leqq M$, so findet man auf diesem Wege für eine absolute Konstante Q

$$\max_x |\bar{f}(x) - \bar{T}(x)| \leqq QM \cdot \frac{(\log N)^2}{N} \qquad (N = 2, 3, \ldots).$$

Hat f eine absolut konvergente Fourierreihe, $f(x) = \sum\limits_{m=-\infty}^{+\infty} \gamma_m e^{imx}$, so findet man außerdem entsprechend den Überlegungen von Zygmund ([480], S. 50) für unser Interpolationspolynom $T(x)$

$$\max_x |\bar{f}(x) - \bar{T}(x)| \leqq 2 \cdot \sum_{|v| \geqq N} |\gamma_v|.$$

Bevor wir nun die für später wichtigen Eigenschaften der Matrix $(a_{k\mu})$ untersuchen, bringen wir (2.5) in eine für die numerische Rechnung bequemere Form. Da $\{f_k\}$ mit $2N$ periodisch ist, haben wir statt (2.4) auch

$$\bar{T}(t_k) = -\frac{1}{N} \sum_{\tau=-N+1}^{N} f_{k+\tau}\, \text{ctg}\, \frac{\tau q}{2} \qquad \tau = \mu - k \text{ ungerade},$$

wobei der (für ungerades N vorhandene) Summand für $\tau = N$ verschwindet, und es ergibt sich die *endgültige Formel*

$$\bar{f}_k \sim \bar{T}(t_k) = -\frac{1}{N} \sum_{\substack{\mu=1 \\ \mu \text{ ungerade}}}^{N-1} (f_{k+\mu} - f_{k-\mu})\, \text{ctg}\, \frac{\mu q}{2}, \qquad (2.6)$$

gültig für $k = 0, \pm 1, \ldots, \pm N$. Sie ist besonders fürs elektronische Rechnen geeignet, weil bei einer Erhöhung von k um 1 der Rechenprozeß erhalten bleibt, mit einem um 1 erhöhten Index; dies läßt sich leicht durch Adressensubstitution realisieren.

Bei Wittich [464] ist die Umformung von (2.5) auf die Handrechnung zugeschnitten. Sind aus $f_0, f_1, \ldots, f_{2N}$ die Werte $\bar{T}_0, \bar{T}_1, \ldots, \bar{T}_{2N}$ zu berechnen, so bilde man zunächst

$$s_\mu = f_\mu + f_{2N-\mu}, \quad d_\mu = f_\mu - f_{2N-\mu} \quad (\mu = 1, 2, \ldots, N-1);$$

$$s_0 = d_0 = f_0, \quad s_N = d_N = f_N,$$

und man erhält dann

$$\overline{T}_k = \sum_{\mu=0}^{N} \alpha_{k\mu} s_\mu - \sum_{\mu=0}^{N} \beta_{k\mu} d_\mu = S_k - D_k, \quad \overline{T}_{2N-k} = -S_k - D_k \quad (k = 0, 1, \ldots, N)$$

mit Hilfe zweier leicht angebbarer Matrizen $(\alpha_{k\mu})$, $(\beta_{k\mu})$, die bei WITTICH ([464], S. I56) für $N = 18$ fünfstellig tabelliert sind. WITTICH drückt weiter die Ableitung $\overline{T}'(x)$ für $x = t_k$ durch die Werte s_μ, d_μ aus:

$$\overline{T}'_k = \sum_{\mu=0}^{N} \alpha'_{k\mu} s_\mu + \sum_{\mu=0}^{N} \beta'_{k\mu} d_\mu = S'_k + D'_k, \quad \overline{T}'_{2N-k} = S'_k - D'_k \quad (k = 0, 1, \ldots, N)$$

mit expliziten Matrizen $(\alpha'_{k\mu})$, $(\beta'_{k\mu})$. Es wird jedoch bemerkt, daß häufig die numerische Differentiation der Werte $\overline{T}_k$ bessere Resultate liefert. Siehe hierzu auch OPITZ ([309], S. 339—341); Schiebestreifenmethode.

b) Eigenschaften der Matrix $\mathfrak{W}$. Für die in § 3 erfolgende Diskussion des zur Theodorsenschen Integralgleichung analogen Problems ist es von grundlegender Bedeutung, daß die $2N$-reihige Transformationsmatrix $\mathfrak{W} = (a_{k\mu})$ von (2.5) mit

$$a_{k\mu} = \begin{cases} 0 & \text{falls } k-\mu \text{ gerade} \\ \dfrac{1}{N}\operatorname{ctg}\dfrac{(k-\mu)q}{2} & \text{falls } k-\mu \text{ ungerade} \end{cases} \quad (k, \mu = -N+1, \ldots, N) \quad (2.7)$$

gewisse zum Operator K analoge Eigenschaften besitzt. Um sie zu formulieren, betrachten wir reelle Vektoren $\mathfrak{x}$ mit den Komponenten x_ν $(\nu = -N+1, \ldots, N)$ und der Norm $\|\mathfrak{x}\| = \left(\dfrac{1}{2N} \sum_\nu |x_\nu|^2\right)^{1/2}$; $\sum_\nu$ heißt wieder $\sum_{\nu=-N+1}^{N}$.

Satz 2.2. (α) *Für jeden reellen Vektor $\mathfrak{x}$ gilt $\|\mathfrak{W}\mathfrak{x}\| \leq \|\mathfrak{x}\|$.*

(β) *Genauer ist $\|\mathfrak{W}\mathfrak{x}\|^2 = \|\mathfrak{x}\|^2 - a_0^2 - a_N^2$ mit*

$$a_0 = \frac{1}{2N} \sum_\nu x_\nu, \quad a_N = \frac{1}{2N} \sum_\nu (-1)^\nu x_\nu.$$

Das Ergebnis (β) wurde gleichzeitig von OPITZ ([309], S. 341) und OSTROWSKI ([314], S. 170) bewiesen, die schwächere Aussage (α) außerdem von SALTZER ([363], S. 9). Für den Fall von $2N + 1$ Teilintervallen hat (β) ein Analogon, in dem der Term a_N^2 fehlt ([314], S. 169). Wir geben zwei Beweise.

Beweis I. Es sei $\omega(t)$ eine Stufenfunktion $(-\infty < t < \infty)$, welche ihre Sprungstellen genau für $t = t_k = k \cdot q \left(q = \dfrac{\pi}{N}, k = 0, \pm 1, \ldots\right)$ habe; die Sprunghöhe sei jeweils $\dfrac{\pi}{N}$, und stets gelte etwa $\omega(t_k) = \omega(t_k+)$. Dann gilt, wie man leicht durch Summation bestätigt,

$$\int_{-\pi}^{+\pi} e^{imt} d\omega(t) = \int_{-\pi}^{+\pi} \cos mt \, d\omega(t) + i \int_{-\pi}^{+\pi} \sin mt \, d\omega(t) = \begin{cases} 2\pi & (m=0) \\ 0 & (0 < m < 2N). \end{cases}$$

Für jedes trigonometrische Polynom $T(t)$ vom Grad $<2N$ ist daher

$$\int\limits_{-\pi}^{+\pi} T(t)\, d\omega(t) = 2\pi a_0 = \int\limits_{-\pi}^{+\pi} T(t)\, dt\,. \tag{2.8}$$

Nun sei

$$T(t) = a_0 + \sum_{v=1}^{N-1} (a_v \cos vt + b_v \sin vt) + a_N \cos Nt = T^*(t) + a_N \cos Nt$$

das zu $\mathfrak{x}$ gehörige normierte Interpolationspolynom:

$$T(t_k) = x_k;\quad \overline{T}(t_k) = y_k = \overline{T^*}(t_k) \qquad (k = -N+1, \ldots, N);$$

dabei haben wir $\mathfrak{y} = \mathfrak{W}\mathfrak{x}$ gesetzt. Dann ist mit (2.8) und der Beziehung

$$\|K[F]\|^2 = \|F\|^2 - \left(\frac{1}{2\pi} \int\limits_{-\pi}^{+\pi} F\right)^2 \text{ (vgl. 1.1,a (ii))}$$

$$\|\mathfrak{y}\|^2 = \frac{1}{2\pi} \int\limits_{-\pi}^{+\pi} \overline{T}^2(t)\, d\omega(t) = \frac{1}{2\pi} \int\limits_{-\pi}^{+\pi} \overline{T^*}^2(t)\, d\omega(t) = \frac{1}{2\pi} \int\limits_{-\pi}^{+\pi} \overline{T^*}^2(t)\, dt$$

$$= \frac{1}{2\pi} \int\limits_{-\pi}^{+\pi} T^{*\,2}(t)\, dt - a_0^2 = \frac{1}{2\pi} \int\limits_{-\pi}^{+\pi} T^{*\,2}(t)\, d\omega(t) - a_0^2\,.$$

Nun ist aber

$$\frac{1}{2\pi} \int\limits_{-\pi}^{+\pi} T^2(t)\, d\omega(t) = \frac{1}{2\pi} \int\limits_{-\pi}^{+\pi} T^{*\,2}(t)\, d\omega(t) + \frac{a_N^2}{2\pi} \int\limits_{-\pi}^{+\pi} \cos^2 Nt\, d\omega(t) +$$

$$+ \frac{a_N}{\pi} \int\limits_{-\pi}^{+\pi} T^*(t)\, \cos Nt\, d\omega(t)\,.$$

worin der letzte Term gleich

$$\frac{a_N}{\pi} \int\limits_{-\pi}^{+\pi} T^*(t)\, \cos Nt\, dt = 0$$

ist, während wegen $\cos^2 Nt_k = 1$ das vorletzte Integral $=2\pi$ ist. Wir erhalten daher

$$\|\mathfrak{y}\|^2 = \frac{1}{2\pi} \int\limits_{-\pi}^{+\pi} T^2(t)\, d\omega(t) - a_0^2 - a_N^2 = \|\mathfrak{x}\|^2 - a_0^2 - a_N^2\,.$$

Diese Beweismethode gestattet auch die Ableitung einer „M. Rieszschen Ungleichung für konjugierte Vektoren". Setzen wir $\|\mathfrak{x}\|_\alpha = \left(\frac{1}{2N} \sum_v |x_v|^\alpha\right)^{1/\alpha}$ $(1 < \alpha < \infty)$, *so gilt mit einer nur von α abhängigen Konstanten $C(\alpha)$*

$$\|\mathfrak{W}\mathfrak{x}\|_\alpha \leqq C(\alpha)\, \|\mathfrak{x}\|_\alpha. \tag{2.9}$$

Denn es ist mit den obigen Bezeichnungen

$$2\pi\,(\|\mathfrak{v}\|_\alpha)^\alpha = \int\limits_{-\pi}^{+\pi} |\overline{T}(t)|^\alpha d\,\omega\,(t) \le A_\alpha \int\limits_{-\pi}^{+\pi} |\overline{T}(t)|^\alpha dt \le A_\alpha B_\alpha \int\limits_{-\pi}^{+\pi} |T(t)|^\alpha dt$$

$$\le A_\alpha B_\alpha C_\alpha \int\limits_{-\pi}^{+\pi} |T(t)|^\alpha d\,\omega(t) = 2\pi\,A_\alpha B_\alpha C_\alpha\cdot(\|\mathfrak{r}\|_\alpha)^\alpha\,;$$

für die erste und letzte Ungleichung verwenden wir Satz 7.5 in ZYGMUND ([480], S. 28; Zusatz S. 30), für die mittlere hingegen die M. Rieszsche Ungleichung für konjugierte Funktionen.

Beweis II. Hier gewinnen wir nur (α); dabei verwenden wir:

(i) $\mathfrak{W}$ ist schiefsymmetrisch: $\mathfrak{W}' = -\mathfrak{W}$;

(ii) die Eigenwerte von $\mathfrak{W}$ sind betraglich ≤ 1.

Bekanntlich folgt daraus $\|\mathfrak{W}\mathfrak{r}\| \le \|\mathfrak{r}\|$ sogar für komplexe Vektoren $\mathfrak{r}$. Um (ii) zu sehen, bemerken wir, daß $\mathfrak{W}$ von zyklischer Bauart ist (ZURMÜHL [478], S. 224), mit den Elementen der ersten Zeile

$$a_k = \begin{cases} 0 & k = 0, 2, \ldots, 2N - 2 \\ -\dfrac{1}{N}\operatorname{ctg}\dfrac{k\cdot q}{2} & k = 1, 3, \ldots, 2N - 1\,. \end{cases}$$

Ihre sämtlichen Eigenwerte sind daher angebbar und von der Form

$$\lambda_j = \sum_{k=0}^{2N-1} a_k \zeta^k \quad \text{mit} \quad \zeta = e^{i\frac{\pi}{N}\cdot j} \quad (j = 0, 1, \ldots, 2N - 1)\,,$$

also mit der Formel (2.5) $\lambda_j = \overline{T}(0)$, wobei $T(x)$ das zu $f(x) = e^{ijx}$ gebildete Interpolationspolynom ist. Für $0 \le j < N$ ist $T(x) = f(x)$, also $\overline{T}(x) = \overline{f}(x)$, während für $j = N + m$ $(0 \le m < N)$ $\lambda_j = -\lambda_m$ gilt. Die Eigenwerte von $\mathfrak{W}$ sind daher

$$\lambda_0 = 0,\ \lambda_1 = \cdots = \lambda_{N-1} = -i,\ \lambda_N = 0,\ \lambda_{N+1} = \cdots = \lambda_{2N-1} = i\,;$$

OSTROWSKI ([314], S. 173) bewies dies auf anderem Wege.

2.2. Andere Methoden mit äquidistanten Knoten

Obwohl wir für die weiteren theoretischen und numerischen Betrachtungen in § 3 die in 2.1 beschriebene Approximation des Operators K beibehalten werden, gehen wir kurz auf die weiteren Möglichkeiten ein.

a) Die Methode von THEODORSEN. Bei der ältesten Methode (THEODORSEN [416], THEODORSEN-GARRICK [417]) zur Approximation von

$$\overline{f}(0) = -\frac{1}{2\pi} \int\limits_{-\pi\,(H)}^{+\pi} f(t)\,\operatorname{ctg}\frac{t}{2}\,dt \tag{2.10}$$

setzen wir $t_k = k \cdot \dfrac{\pi}{N}$ $(k = 0, \pm 1, \ldots, \pm N)$ und zerlegen $\langle -\pi, +\pi \rangle$ in die Teilintervalle

$$I_k: \left\langle t_k - \frac{\pi}{2N}, t_k + \frac{\pi}{2N} \right\rangle \qquad (k = 0, \pm 1, \ldots, \pm(N-1))$$

und

$$I_N: \left\langle t_N - \frac{\pi}{2N}, t_N \right\rangle, \; I_{-N}: \left\langle t_{-N}, t_{-N} + \frac{\pi}{2N} \right\rangle.$$

In den Intervallen I_k $(k \neq 0)$ wird $f(t)$ durch $f_k = f(t_k)$ ersetzt:

$$\int\limits_{I_k} f(t) \, \mathrm{ctg}\, \frac{t}{2}\, dt \sim f_k \int\limits_{I_k} \mathrm{ctg}\, \frac{t}{2}\, dt \qquad (k \neq 0),$$

während in I_0 dagegen $f(t) \sim f_0 + t f'(0)$, $t\,\mathrm{ctg}\,\dfrac{t}{2} \sim 2$ gesetzt wird, also

$$\int\limits_{I_0} f(t) \, \mathrm{ctg}\, \frac{t}{2}\, dt \sim f'(0) \cdot \frac{2\pi}{N}.$$

Insgesamt ergibt sich so

$$\bar{f}(0) \sim - \left[\frac{f'(0)}{N} + \frac{1}{\pi} \sum_{k=1}^{N} a_k (f_k - f_{-k}) \right]; \qquad (2.11)$$

$f'(0)$ wird durch numerische Differentiation gewonnen, und die Konstanten $a_k = \dfrac{1}{2} \displaystyle\int\limits_{I_k} \mathrm{ctg}\, \dfrac{t}{2}\, dt$ sind tabelliert für $N = 5$ in [416], für $N = 10$ in [417], und für $N = 20$ in [288]; vgl. Tab. 3, Spalte 2.

Tabelle 3. *Zur Berechnung konjugierter Funktionen*

k	a_k in (2.11)	A_k in (2.12)	α_k in (2.13)
1	1,09 656	0,52 827	0,501 786
2	0,50 671	0,14 824	0,146 940
3	0,33 028	0,07 614	0,103 222
4	0,24 303	0,10 259	0,076 224
5	0,19 028	0,04 024	0,059 540
6	0,15 453	0,06 542	0,048 100
7	0,12 841	0,02 720	0,039 666
8	0,10 826	0,04 588	0,033 102
9	0,09 207	0,01 951	0,027 776
10	0,07 862	0,03 333	0,023 308
11	0,06 714	0,01 423	0,019 450
12	0,05 711	0,02 422	0,016 038
13	0,04 816	0,01 021	0,012 952
14	0,04 004	0,01 698	0,010 110
15	0,03 255	0,00 690	0,007 442
16	0,02 553	0,01 083	0,004 898
17	0,01 887	0,00 400	0,002 430
18	0,01 245	0,00 528	0
19	0,00 618	0,00 066	
20	0	0	

b) Die Methode von NAIMAN. Von den durch die Punkte t_k von oben begrenzten Intervallen wird $J_0 = \langle t_{-1}, t_{+1}\rangle$ gesondert behandelt, während für die übrigen $2N - 2$ Intervalle, d. h. $N - 1$ Doppelintervalle, die Simpson-Formel angewandt wird. In J_0 dagegen wird $f(t)$ bis t^3 entwickelt und $\operatorname{ctg}\frac{t}{2} \sim \frac{2}{t} - \frac{t}{6}$ gesetzt, und in $f(t)\operatorname{ctg}\frac{t}{2}$ die Potenzen bis t^2 berücksichtigt. Drückt man $f'(0)$, $f'''(0)$ durch höhere Differenzen aus, so ergibt sich

$$\bar{f}(0) \sim - \sum_{k=1}^{N} A_k (f_k - f_{-k}) , \tag{2.12}$$

mit den für $N = 20$ bei NAIMAN ([288], S. 9) angegebenen Werten A_k; vgl. Tab. 3, Spalte 3.

c) Die Methode von TIMMAN. Hier wird zur Darstellung von f eine Interpolationsformel von SCHOENBERG ([377], [378]) herangezogen. Ist F gegeben für $p = -2, -1, 0, 1, 2$, so lautet diese

$$F(p) = \sum_{v=-2}^{+2} F_v A_v(p) \quad \text{mit} \quad A_{-2}(p) = \frac{p^3}{8} - \frac{p^2}{8} + \frac{p}{32} = A_2(-p),$$

$$A_{-1}(p) = \frac{-p^3}{4} + p^2 - \frac{9p}{16} = A_1(-p),\ A_0 = 1 - \frac{7p^2}{4} ;$$

sie wird verwendet für $|p| \leq \frac{1}{2}$. Dazu sei wieder $t_k = k \cdot \frac{\pi}{N}$, I_k: $\left\langle t_k - \frac{\pi}{2N}, t_k + \frac{\pi}{2N}\right\rangle$, $k = 0, \pm 1, \ldots, \pm N$, und das Integral in (2.10) werde zerlegt gemäß

$$\bar{f}(0) = - \frac{1}{2\pi} \sum_{k=-N+1}^{N} \int_{I_k} f(t)\operatorname{ctg}\frac{t}{2}\, dt ,$$

wobei in jedem Intervall I_k: $t = t_k + p \cdot \frac{\pi}{N}$, $|p| \leq \frac{1}{2}$, die obige Interpolationsformel auf $f(t)$ angewandt wird. Die dann auftretenden Integrale der Form $\displaystyle\int_{-1/2}^{+1/2} p^\varrho \operatorname{ctg}\frac{(k + p)\pi}{2N}\, dp\ (\varrho = 0, 1, 2, 3)$ werden approximiert. Man erhält so

$$\bar{f}(0) \sim - \sum_{k=1}^{N} \alpha_k (f_k - f_{-k}) \tag{2.13}$$

mit den für $N = 18$ bei TIMMAN [419] angegebenen Werten α_k; vgl. Tab. 3, letzte Spalte.

Um $\bar{f}\left(m \cdot \frac{\pi}{N}\right) = \bar{f}_m$ zu erhalten, wird man beim elektronischen Rechnen

$$\bar{f}_m \sim - \sum_{k=1}^{N} \alpha_k (f_{m+k} - f_{m-k})$$

und Adressensubstitution verwenden; analog bei (2.11) und (2.12).

TIMMAN ([419], S. 18) spaltet analog zu WITTICH in 2.1,**a)** auf:

$$\bar{f}_m \sim \sum_{k=0}^{N} \alpha_{mk}\, s_k - \sum_{k=0}^{N} \beta_{mk}\, d_k = S_m - D_m, \quad \bar{f}_{-m} \sim -S_m - D_m$$

$$(m = 0, 1, \ldots, N),$$

mit Matrizen (α_{mk}), (β_{mk}), die für $N = 18$ tabelliert sind, und gibt auch eine Formel für die Ableitungen $\bar{f}'(t)$ an $t = t_m$.

d) Die Methode von MULTHOPP. Hier betrachten wir für eine Funktion $f(t)$ mit $f(0) = f(\pi) = 0$ die Transformation

$$g(x) = \frac{1}{2\pi} \int_{0\ (H)}^{\pi} \frac{df(t)}{dt}\, \frac{dt}{\cos t - \cos x}, \tag{2.14}$$

die sich auf die Operation K zurückführen ließe, wie wir am Anfang des Paragraphen sahen, die aber nach MULTHOPP [285] folgendermaßen direkt angegriffen wird. Wir markieren die Punkte $t_k = k \cdot \dfrac{\pi}{N}$ $(k = 0, 1, \ldots, N)$ und bestimmen das eindeutige Sinus-Polynom $T(t) = \sum_{\nu=1}^{N-1} B_\nu \sin \nu t$ mit $T(t_k) = f(t_k) = f_k$. (Das Interpolationspolynom für die gemäß $f(-t) = -f(t)$ nach $(-\pi, 0)$ fortgesetzte Funktion hat keine Kosinus-Glieder.) Ersetzt man f durch T in (2.14), so erhält man für $g(t_k) = g_k$ eine Approximation

$$g_k \sim \sum_{\mu=1}^{N-1} A_{k\mu} f_\mu \qquad (k = 1, 2, \ldots, N-1),$$

und die Matrix $(A_{k\mu})$ ist tabelliert für $N = 8, 16, 32$ bei MULTHOPP [285], für $N = 64$ bei FLÜGGE-LOTZ ([106], S. 33—34).

e) Vergleich der Methoden. Ein systematischer Vergleich der Verfahren W, Th, N, T, M (WITTICH usw.) liegt nicht vor. Bei Anwendung auf trigonometrische Polynome vom Grad ≤ 5 ist der Relativfehler von N_{40} etwa $\dfrac{1}{10}$ dessen von Th_{40} (Index = Anzahl der Teilpunkte in $\langle -\pi, +\pi \rangle$); vgl. NAIMAN [288]. W_{40} ist für „glattes" f besser als N_{40} und erfordert halbe Rechenarbeit ([288], S. 7). Bei FLÜGGE-LOTZ [106] werden $M_{32}, M_{64}, M_{128}, N_{20}, N_{40}, N_{80}, N_{160}, T_{36}$ auf ein festes Beispiel angewandt und mit der exakten Transformation verglichen. Formeln, die gleich viele Teilintervalle verwenden, zeigen sich *grob gesprochen* gleich gut, allenfalls M fällt schlechter aus. Jedoch ist die Methode der ungleichen Intervalle (s. u.) bei diesem Beispiel, wo f stark schwankt, allen anderen Methoden überlegen.

Um zu einer numerisch gesicherten Approximation von $\bar{f}$ zu kommen, wird man etwa W für variables N programmieren und dann etwa für $N = 18, 36, 72, \ldots$ anwenden.

6*

2.3. Verwendung nicht äquidistanter Knoten

In der Tragflügeltheorie treten bisweilen lokal stark schwankende Funktionen f auf. Um ihre Transformierte zu bestimmen, verwendet man zweckmäßig nicht äquidistante Knoten, die man dann auf die schlechten Stellen von f konzentrieren kann.

a) Die Formeln von FLÜGGE-LOTZ. Gegeben sei $f(x)$ in $(0, 1)$, gesucht eine Näherung für

$$g(y) = -\frac{1}{\pi} \int_{0 \ (H)}^{1} \frac{f(x)}{x - y}\, dx \qquad y \in (0, 1) . \qquad (2.15)$$

Dazu sei (siehe FLÜGGE-LOTZ [106], S. 12—18) $0 = x_0 < x_1 < \cdots < x_m <$ $< y < x_{m+1} < \cdots < x_M = 1$ gewählt und $f(x)$ in jedem dieser Intervalle linear interpoliert:

$$f(x) \sim f_k + \frac{f_{k+1} - f_k}{\Delta_k} (x - x_k), \quad x_k \leq x \leq x_{k+1}; \quad \Delta_k = x_{k+1} - x_k; \quad f_k = f(x_k) .$$

Geht man in (2.15) ein, so erhält man nach Integration

$$g(y) \sim -\frac{1}{\pi} \left[\sum_{k=0}^{M-1} j_{k\nu} f_k + \sum_{k=0}^{M-1} j_{k\nu}^{*} (f_{k+1} - f_k) \right]$$

mit den Konstanten

$$j_{k\nu} = \log \left| 1 + \frac{\Delta_k}{x_k - y} \right|, \quad j_{k\nu}^{*} = 1 + \frac{y - x_k}{\Delta_k} \cdot j_{k\nu},$$

welche nur von $\dfrac{x_k - y}{\Delta_k} = z$ abhängen. Für die Handrechnung ist es bequem, daß diese in [106], S. 35—53, vierstellig tabelliert sind für $z = -189\,(1)$ $-90\,(0,5) - 40\,(0,1) - 20\,(0,01)\ 0\,(0,01)\ 20\,(0,1)\ 40\,(0,5)\ 90\,(1)\ 189$ sowie für $z = -1\,(0,001)\ 0$.

An Beispielen mit stark schwankendem f wird die Überlegenheit über die mit äquidistanten Knoten arbeitenden Formeln gezeigt.

b) Die Formeln von MUGGIA. Um auch zur Berechnung von

$$\bar{f}(0) = -\frac{1}{2\pi} \int_{-\pi \ (H)}^{+\pi} f(t)\, \mathrm{ctg}\, \frac{t}{2}\, dt \quad \text{nicht äquidistante Knoten zu verwenden,}$$

kann man zunächst $\sin \dfrac{t}{2} = 2x - 1$ substituieren, was auf die Form (2.15) führt, jedoch sind direkte Formeln bequemer. Sind Knoten $t_k \neq 0$ mit $-\pi = t_0 < \cdots < t_M = \pi$ gewählt, und wird $f(t)$ in jedem der Intervalle $\langle t_k, t_{k+1} \rangle$ linear interpoliert, so erhalten wir wie oben

$$\bar{f}(0) \sim -\frac{1}{2\pi} \left[\sum_{k=0}^{M-1} \left(f_k - \frac{f_{k+1} - f_k}{\Delta_k} t_k \right) \int_{t_k}^{t_{k+1}} \mathrm{ctg}\, \frac{t}{2}\, dt + \right.$$

$$\left. + \sum_{k=0}^{M-1} \frac{f_{k+1} - f_k}{\Delta_k} \int_{t_k}^{t_{k+1}} t\, \mathrm{ctg}\, \frac{t}{2}\, dt \right] .$$

Die Integrale sind $A(t_{k+1}) - A(t_k)$ und $B(t_{k+1}) - B(t_k)$, wobei

$$A(t) = \int\limits_{-\pi\,(H)}^{t} \operatorname{ctg} \frac{t}{2}\, dt = 2\log\left|\sin\frac{t}{2}\right| \quad \text{und} \quad B(t) = \int\limits_{-\pi}^{t} t \operatorname{ctg} \frac{t}{2}\, dt$$

für $t = -\pi\,(0{,}04)\,4{,}60$ tabelliert sind; vgl. MUGGIA ([284], S. 121—126). Dort finden sich auch Formeln, die $\bar{f}'$ durch die Werte f_k an nicht äquidistanten Stellen zu approximieren gestatten.

§ 3. Numerische Lösung der Integralgleichung
von THEODORSEN

Wir vollziehen nun die Lösung der Theodorsenschen Integralgleichung

$$\theta(\varphi) = \varphi + \frac{1}{2\pi} \int\limits_{-\pi\,(H)}^{+\pi} \log\varrho(\theta(\vartheta)) \operatorname{ctg} \frac{\varphi - \vartheta}{2}\, d\vartheta$$

$$\theta(\varphi) = \varphi + K[\log\varrho(\theta(\varphi))] \tag{3.1}$$

in den folgenden drei Schritten.

1. Ersetzung der Integralgleichung durch eine nichtlineare Vektorgleichung (diskretes Problem);

2. Iterative Lösung des diskreten Problems nach dem Gesamtschritt- oder Einzelschritt-Verfahren, oder nach dem Newtonschen Verfahren;

3. Abschätzung des Fehlers zwischen der Lösung der Vektorgleichung und der Lösung der Integralgleichung.

Die für die Diskretisierung notwendige Approximation des Operators K könnte dabei nach irgend einem Verfahren von § 2 vorgenommen werden. Wir beschränken uns jedoch in § 3 und § 4 durchweg auf die Methode von WITTICH, einmal, weil sie die wichtigste ist (für stark schwankende Funktionen, siehe 2.3, ist die Lösung durch Iteration ohnehin fraglich), und zum andern, weil wir nur für sie die in Satz 2.2 ausgedrückten Eigenschaften der Transformationsmatrix $\mathfrak{W}$ zur Verfügung haben. Für die oben angeführten Teilprobleme (1) bis (3) werden sich brauchbare Resultate ergeben, sofern die abzubildende Kurve C einer ε-Bedingung (vgl. (1.10)) genügt für ein $\varepsilon < 1$.

3.1. Diskretisierung der Integralgleichung

a) Ableitung der Vektorgleichung. Als erstes ersetzen wir den Operator K in (3.1) durch den Operator K_N. Dieser ordnet jeder stetigen, mit 2π periodischen Funktion f die Konjugierte des zu f gehörigen, normierten trigonometrischen Interpolationspolynoms vom Grade N zu; Interpolation in den Stellen $t_k = k \cdot \frac{\pi}{N}$ $(k = 0, \pm 1, \ldots, \pm N)$, N eine beliebige natürliche Zahl. Damit wird (3.1) approximiert durch die

Operatorgleichung

$$\tilde{\theta}(\varphi) = \varphi + K_N[\log \varrho(\tilde{\theta}(\varphi))] , \tag{3.2}$$

auf deren Lösung wir sofort eingehen werden. Betrachten wir (3.2) speziell an den Stellen $\varphi_k = k \cdot \dfrac{\pi}{N}$, so liefert Satz 2.1 das nichtlineare Gleichungssystem

$$x_k = \varphi_k + \sum_{\mu=-N+1}^{N} a_{k\mu} \log \varrho(x_\mu) \quad (k = -N + 1, \ldots, N) \tag{3.3}$$

mit den Unbekannten x_k, die als Näherungen für $\theta(\varphi_k)$ zu betrachten sind, und den Elementen $a_{k\mu}$ der Wittich-Matrix $\mathfrak{W}$ (2.7). Bezeichnen wir den Vektor mit den Komponenten $\log \varrho(x_\mu)$ mit $\log \varrho(\mathfrak{x})$, und setzen $\mathfrak{a} = \{\varphi_k\}$, so lautet (3.3) vektoriell

$$\mathfrak{x} = \mathfrak{a} + \mathfrak{W} \log \varrho(\mathfrak{x}) . \tag{3.4}$$

Diese Vektorgleichung ist als Diskretisierung von (3.1) aufzufassen; ihre Lösung behandeln wir in 3.2 und 3.3.

b) Die Operatorgleichung (3.2). Wir nehmen vorweg (Satz 3.2), daß die Vektorgleichung (3.4) eine eindeutig bestimmte Lösung $\mathfrak{x}$ mit Komponenten x_k hat, sofern C eine ε-Bedingung erfüllt für ein $\varepsilon < 1$. Es sei ferner das Polynom

$$T(\varphi) = \sum_{n=0}^{N} (A_n \cos n\varphi + B_n \sin n\varphi) \qquad (B_0 = B_N = 0) \tag{3.5}$$

gebildet, welches die Interpolationsbedingungen $T(\varphi_k) = \log \varrho(x_k)$ erfüllt, $\varphi_k = k \cdot \dfrac{\pi}{N}$, $k = 0, \pm 1, \ldots, \pm N$. Dann gilt

Satz 3.1. *Die Kurve C genüge einer ε-Bedingung für ein $\varepsilon < 1$, d. h. es sei $\varrho(\theta)$ in $\langle 0, 2\pi \rangle$ absolut stetig und $\left| \dfrac{\varrho'}{\varrho}(\theta) \right| \leq \varepsilon < 1$ für fast alle $\theta \in \langle 0, 2\pi \rangle$. Dann hat (3.2) eine eindeutig bestimmte Lösung, die durch*

$$\tilde{\theta}(\varphi) = \varphi + \overline{T}(\varphi) \tag{3.6}$$

angegeben wird.

Beweis. Es sei $\tilde{\theta}(\varphi)$ eine Lösung von (3.2). Dann ist $\tilde{\theta}(\varphi) - \varphi$ notwendig ein trigonometrisches Polynom vom Grad N. Für $\varphi = \varphi_k$ reduziert sich (3.2) auf $\mathfrak{x} = \mathfrak{a} + \mathfrak{W} \log \varrho(\mathfrak{x})$ mit eindeutigem $\mathfrak{x}$, also gilt notwendig $\tilde{\theta}(\varphi_k) = x_k$. Daher ist $K_N[\log \varrho(\tilde{\theta}(\varphi))] = \overline{T}(\varphi)$, also gilt (3.6). Umgekehrt erfüllt die Funktion $\tilde{\theta}(\varphi)$ von (3.6) die Gleichung (3.2)

$$\overline{T}(\varphi) = K_N[\log \varrho(\varphi + \overline{T}(\varphi))] ,$$

denn rechts steht die Konjugierte des Interpolationspolynoms zu den Werten

$$\log \varrho(\varphi_k + \overline{T}(\varphi_k)) = \log \varrho(\varphi_k + \{\mathfrak{W} \log \varrho(\mathfrak{x})\}_k) = \log \varrho(x_k) ,$$

also steht rechts $K[T(\varphi)] = \overline{T}(\varphi)$.

c) Geometrische Deutung von $\tilde{\theta}(\varphi)$. In der praktischen Rechnung werden wir nun zunächst den Lösungsvektor $\mathfrak{x}$ von (3.4) nach den in 3.2 und 3.3 zu schildernden Methoden (approximativ) bestimmen. Sodann ermitteln wir durch Fourier-Analyse das Polynom (3.5) und bestimmen die Näherung $\tilde{f}(z)$ für die Abbildung von $|z| < 1$ auf das Innere von C nach

$$\log|\tilde{f}(z)| = \log|z| + \sum_{n=0}^{N} (A_n \cos n\,\varphi + B_n \sin n\,\varphi)\,r^n$$
$$\arg \tilde{f}(z) = \arg z + \sum_{n=1}^{N} (A_n \sin n\,\varphi - B_n \cos n\,\varphi)\,r^n, \qquad z = r\,e^{i\varphi} \quad (3.7)$$

also

$$\tilde{f}(z) = z \exp \left\{ \sum_{n=0}^{N} (A_n - iB_n)\,z^n \right\}; \qquad (3.7')$$

vgl. 1.2,**b)**. Diese ganze, in $z = 0$ richtig normierte Funktion hat die Eigenschaft (OPITZ [309], S. 337):

Die Punkte $\tilde{f}(e^{i\varphi_k})$ mit $\varphi_k = k \cdot \dfrac{\pi}{N}$, $k = 0, \pm 1, \ldots, \pm N$ $\left.\rule{0pt}{24pt}\right\}$ (3.8)
haben die Argumente $\tilde{\theta}(\varphi_k)$ und liegen auf C.

Denn es ist

$$\log|\tilde{f}(e^{i\varphi_k})| = \sum_{n=0}^{N} (A_n \cos n\,\varphi_k + B_n \sin n\,\varphi_k) = T(\varphi_k) = \log \varrho\,(x_k),$$

und andererseits

$$\arg \tilde{f}(e^{i\varphi_k}) = \varphi_k + \overline{T}(\varphi_k) = \varphi_k + \{\mathfrak{W} \log \varrho\,(\mathfrak{x})\}_k = x_k = \tilde{\theta}(\varphi_k);$$

dies ergibt $\tilde{f}(e^{i\varphi_k}) \in C$. Bei OPITZ wird umgekehrt (3.8) zur Erklärung des Näherungsverfahrens benutzt.

3.2. Lösung des diskreten Problems
nach dem Gesamtschritt- und Einzelschrittverfahren

a) Gesamtschrittverfahren. Über die Lösung der Vektorgleichung (3.4) $\mathfrak{x} = \mathfrak{a} + \mathfrak{W} \log \varrho\,(\mathfrak{x})$ beweisen wir in Analogie zu Satz 1.5 den folgenden

Satz 3.2. *Die Kurve C genüge einer ε-Bedingung für ein $\varepsilon < 1$. Dann gilt:*

(α) Die Vektorgleichung (3.4) hat genau eine Lösung $\mathfrak{x}$.

(β) Diese kann bei beliebigem Ausgangsvektor $\mathfrak{x}_0$ durch die Iteration in Gesamtschritten: $\mathfrak{x}_{n+1} = \mathfrak{a} + \mathfrak{W} \log \varrho\,(\mathfrak{x}_n)$ $(n = 0, 1, \ldots)$ gewonnen werden, und es gilt dann:

$$\|\mathfrak{x}_n - \mathfrak{x}\| \leqq \frac{\varepsilon^n}{1-\varepsilon} \|\mathfrak{x}_1 - \mathfrak{x}_0\| \qquad (n = 1, 2, \ldots). \quad (3.9)$$

Ist überdies $\dfrac{a}{1+\varepsilon} \leqq \varrho\,(\theta) \leqq a(1+\varepsilon)$ für ein $a > 0$, so gilt

$$\|\mathfrak{x}_n - \mathfrak{x}\| \leqq (\varepsilon + \|\mathfrak{x}_0 - \mathfrak{a}\|)\,\varepsilon^n \qquad (n = 1, 2, \ldots), \quad (3.10)$$

für $\mathfrak{x}_0 = \mathfrak{a}$ also

$$\|\mathfrak{x}_n - \mathfrak{x}\| \leqq \varepsilon^{n+1} \qquad (n = 1, 2, \ldots). \quad (3.11)$$

Dabei ist, wie auch im folgenden, $\|x\| = \left(\dfrac{1}{2N} \sum_i |x_i|^2\right)^{1/2}$ gesetzt.

Satz 3.2 wurde gleichzeitig von OPITZ ([309], S. 342—343), OSTROWSKI ([314], S. 170—171) und SALTZER [363] bewiesen.

Beweis. Zunächst hat (3.4) höchstens eine Lösung. Denn für zwei Lösungen $\mathfrak{x}$, $\mathfrak{x}^*$ ist $\mathfrak{x} - \mathfrak{x}^* = \mathfrak{W}\,[\log\varrho\,(\mathfrak{x}) - \log\varrho\,(\mathfrak{x}^*)]$, also wegen der Eigenschaft $\|\mathfrak{W}\mathfrak{y}\| \leqq \|\mathfrak{y}\|$ (Satz 2.2), die nun fortwährend verwendet wird,

$$\|\mathfrak{x} - \mathfrak{x}^*\| \leqq \|\log\varrho\,(\mathfrak{x}) - \log\varrho\,(\mathfrak{x}^*)\| \leqq \varepsilon\|\mathfrak{x} - \mathfrak{x}^*\|\;.$$

Wegen $\varepsilon < 1$ folgt $\mathfrak{x} = \mathfrak{x}^*$.

Weiter ist $\mathfrak{x}_{n+1} - \mathfrak{x}_n = \mathfrak{W}\,[\log\varrho\,(\mathfrak{x}_n) - \log\varrho\,(\mathfrak{x}_{n-1})]$, also

$$\|\mathfrak{x}_{n+1} - \mathfrak{x}_n\| \leqq \varepsilon\|\mathfrak{x}_n - \mathfrak{x}_{n-1}\| \leqq \cdots \leqq \varepsilon^n\|\mathfrak{x}_1 - \mathfrak{x}_0\| \qquad (n = 1, 2, \ldots)\,.$$

Daher konvergiert die Vektorreihe $\sum\limits_{k=0}^{\infty} (\mathfrak{x}_k - \mathfrak{x}_{k-1})$ (mit $\mathfrak{x}_{-1} = \mathfrak{o}$) absolut gegen einen Vektor $\mathfrak{x}$, und dieser ist wegen $\mathfrak{x}_n \to \mathfrak{x}$ Lösung von (3.4). Außerdem haben wir

$$\|\mathfrak{x}_n - \mathfrak{x}\| = \Big\| \sum\limits_{k=n+1}^{\infty} (\mathfrak{x}_k - \mathfrak{x}_{k-1})\Big\| \leqq \|\mathfrak{x}_1 - \mathfrak{x}_0\| \cdot \sum\limits_{k=n+1}^{\infty} \varepsilon^{k-1}\,,$$

was (3.9) ergibt.

Für (3.10) erhalten wir entsprechend

$$\|\mathfrak{x}_n - \mathfrak{x}\| \leqq \varepsilon\|\mathfrak{x}_{n-1} - \mathfrak{x}\| \leqq \cdots \leqq \varepsilon^n\,(\|\mathfrak{x}_0 - \mathfrak{a}\| + \|\mathfrak{a} - \mathfrak{x}\|)\,,$$

wobei

$$\|\mathfrak{x} - \mathfrak{a}\| = \|\mathfrak{W} \log\varrho\,(\mathfrak{x})\| = \Big\|\mathfrak{W} \log\frac{\varrho\,(\mathfrak{x})}{a}\Big\| \leqq \Big\|\log\frac{\varrho\,(\mathfrak{x})}{a}\Big\| \leqq \varepsilon$$

ist; Satz 3.2 ist bewiesen.

Auch über die *Komponenten* von $\mathfrak{x}_n - \mathfrak{x}$ lassen sich Aussagen machen. Einmal folgt wegen $|y_k| \leqq \sqrt{2N} \cdot \|\mathfrak{y}\|$ z. B. aus (3.11)

$$|x_k^{(n)} - x_k| \leqq \sqrt{2N}\,\varepsilon^{n+1} \qquad (n = 1, 2, \ldots;\text{alle}\,k)\;; \tag{3.12}$$

vgl. SALTZER ([363], S. 6). Weiter kann man eine von N unabhängige Abschätzung von $|x_k^{(n)} - x_k|$ erhalten, wenn man entsprechend zum Beweis von Satz 1.5 vorgeht und dabei eine ,,Warschawskische Ungleichung für Vektoren'' verwendet. Diese Methode ergibt wie dort

$$|x_k^{(n)} - x_k| \leqq 2 \left(\frac{\pi}{\sqrt{1-\varepsilon^2}}\right)^{1/2} \cdot \varepsilon^{\frac{n}{2}+1} \qquad (n = 1, 2, \ldots;\text{alle}\,k)\,, \tag{3.13}$$

wenn $\mathfrak{x}_0 = \mathfrak{a}$ ist und $\dfrac{a}{1+\varepsilon} \leqq \varrho\,(\theta) \leqq a\,(1+\varepsilon)$ neben der ε-Bedingung gilt (SALTZER [363], S. 6).

Praktisch wichtig sind noch zwei weitere Abschätzungen. Erstens ist wegen $\mathfrak{r}_{n+1} - \mathfrak{r} = \mathfrak{W} [\log \varrho (\mathfrak{r}_n) - \log \varrho (\mathfrak{r})]$

$$\| \mathfrak{r}_{n+1} - \mathfrak{r} \| \leqq \varepsilon \| \mathfrak{r}_n - \mathfrak{r} \| \qquad (n = 1, 2, \ldots) , \qquad (3.14)$$

d. h. für $\varepsilon < 1$ fällt der Fehler $\| \mathfrak{r}_n - \mathfrak{r} \|$ *monoton*. Aus (3.14) folgt weiter

$$\| \mathfrak{r}_{n+1} - \mathfrak{r} \| \leqq \varepsilon [\| \mathfrak{r}_n - \mathfrak{r}_{n+1} \| + \| \mathfrak{r}_{n+1} - \mathfrak{r} \|] ,$$

also

$$\| \mathfrak{r}_{n+1} - \mathfrak{r} \| \leqq \frac{\varepsilon}{1 - \varepsilon} \| \mathfrak{r}_{n+1} - \mathfrak{r}_n \| .$$

Die rechte Seite ist bei der Rechnung beobachtbar, also ist $\| \mathfrak{r}_{n+1} - \mathfrak{r} \|$ abschätzbar. Für die Komponenten gilt dann

$$|x_k^{(n+1)} - x_k| \leqq \sqrt{2N} \cdot \frac{\varepsilon}{1 - \varepsilon} \| \mathfrak{r}_{n+1} - \mathfrak{r}_n \| \quad (n = 1, 2, \ldots; \text{ alle } k) .$$

b) Einzelschrittverfahren. Entsprechend dem Vorgehen bei der Lösung linearer Gleichungssysteme kann (3.3) auch nach der Iterationsvorschrift

$$x_k^{(n+1)} = \varphi_k + \sum_{\mu=-N+1}^{k-1} a_{k\mu} \log \varrho (x_\mu^{(n+1)}) + \sum_{\mu=k}^{N} a_{k\mu} \log \varrho (x_\mu^{(n)}) \qquad (3.15)$$

gelöst werden, so daß also bei der Berechnung jeder neuen Komponente sämtliche neuen Informationen verwendet werden. Konvergenzaussagen liegen nicht vor, doch hat sich das Verfahren sehr bewährt; vgl. 3.5.

c) Mittelung beim Gesamtschritt- und Einzelschrittverfahren. Versuche zeigten, daß sich hauptsächlich bei Kurven mit großem ε die Vektoren $\mathfrak{r}_n$ alternierend auf die Lösung $\mathfrak{r}$ einpendelten. Dies legt den Gedanken nahe, zur Beschleunigung der Konvergenz ein Mittelungsverfahren zu verwenden. Das arithmetische Mittel $\dfrac{1}{n+1} (\mathfrak{r}_0 + \mathfrak{r}_1 + \cdots + \mathfrak{r}_n)$ ist ungeeignet, da sich die ersten $\mathfrak{r}_k$ schlecht auf das Mittel auswirken. Wir nehmen daher besser

$$\mathfrak{r}_{n+1} = \alpha \mathfrak{r}_n + \beta (\mathfrak{a} + \mathfrak{W} \log \varrho (\mathfrak{r}_n)) \text{ mit } 0 \leqq \alpha, \beta \leqq 1, \ \alpha + \beta = 1 . \quad (3.16)$$

Falls C einer ε-Bedingung genügt mit $\varepsilon < 1$, so konvergiert die Folge $\{\mathfrak{r}_n\}$. Denn wieder ist

$$\mathfrak{r}_{n+1} - \mathfrak{r}_n = \alpha (\mathfrak{r}_n - \mathfrak{r}_{n-1}) + \beta \mathfrak{W} [\log \varrho (\mathfrak{r}_n) - \log \varrho (\mathfrak{r}_{n-1})] ,$$

also

$$\| \mathfrak{r}_{n+1} - \mathfrak{r}_n \| \leqq (\alpha + \beta \varepsilon) \| \mathfrak{r}_n - \mathfrak{r}_{n-1} \| ,$$

wobei $\alpha + \beta \varepsilon < 1$ ist. Entsprechend bildet man beim Einzelschrittverfahren zuerst (3.15) und dann

$$(x_k^{(n+1)})^* = \alpha x_k^{(n)} + \beta x_k^{(n+1)} \quad \text{mit} \quad 0 \leqq \alpha, \beta \leqq 1, \alpha + \beta = 1 , \quad (3.17)$$

und verwendet danach $(x_k^{(n+1)})^*$ statt $x_k^{(n+1)}$. Dieses Mittelungsverfahren (für $\alpha = \beta = \frac{1}{2}$) war besonders für große ε-Werte erfolgreich; vgl. 3.5,**b)**.

3.3. Lösung des diskreten Problems nach dem Newton-Verfahren

Nichtlineare Gleichungssysteme können auch nach dem Newton-Verfahren angegriffen werden; vgl. OSTROWSKI ([311], [315]), WILLERS ([462], S. 269). Diese Möglichkeit zur Lösung von (3.4) $\mathfrak{x} = \mathfrak{a} + \mathfrak{W} \log \varrho (\mathfrak{x})$ kommt vor allem dann in Frage, *wenn neben* $\varrho (\theta)$ *auch* $\varrho' (\theta)$ *explizit gegeben ist.*

a) Durchführung eines Newton-Schrittes. Für einen Testvektor $\mathfrak{x}$ berechnen wir zunächst den Restvektor $\mathfrak{r}$ gemäß

$$\mathfrak{x} - \mathfrak{W} \log \varrho (\mathfrak{x}) - \mathfrak{a} = \mathfrak{r} \tag{3.18}$$

und versuchen dann, (3.4) durch den verbesserten Vektor $\mathfrak{x} + \mathfrak{h}$ zu lösen:

$$\mathfrak{x} + \mathfrak{h} - \mathfrak{W} \log \varrho (\mathfrak{x} + \mathfrak{h}) - \mathfrak{a} = \mathfrak{o} \,,$$

das heißt

$$\mathfrak{x} + \mathfrak{h} - \mathfrak{W} [\log \varrho (\mathfrak{x}) + \mathfrak{D} (\mathfrak{x}) \mathfrak{h}] + O (h^2) - \mathfrak{a} = \mathfrak{o} \,,$$

wobei $\mathfrak{D} (\mathfrak{x}) = \operatorname{diag} \left\{ \dfrac{\varrho'}{\varrho} (x_i) \right\}$ und $h = \max\limits_{i} |h_i|$ ist. Vernachlässigt man den O-Term, so kommt mit (3.18)

$$(\mathfrak{E} - \mathfrak{W} \mathfrak{D} (\mathfrak{x})) \mathfrak{h} = - \mathfrak{r} \,. \tag{3.19}$$

Um also aus $\mathfrak{x}$ den verbesserten Vektor $\mathfrak{x} + \mathfrak{h}$ zu erhalten, hat man das *lineare* Gleichungssystem (3.19) zu lösen. Dies kann auf dreierlei Weise geschehen.

1. Ist $\dfrac{\varrho'}{\varrho}$ so klein, daß man $\mathfrak{D} (\mathfrak{x})$ vernachlässigen kann, so heißt (3.19) einfach $\mathfrak{h} = - \mathfrak{r}$, also ist $\mathfrak{x} + \mathfrak{h} = \mathfrak{x} - \mathfrak{r} = \mathfrak{a} + \mathfrak{W} \log \varrho (\mathfrak{x})$. Die Vernachlässigung von $\mathfrak{D}$ führt zum Gesamtschrittverfahren 3.2,a).

2. Wir berücksichtigen nur die größten Elemente der Matrix $\mathfrak{W}$. Sie hat die Diagonalelemente 0, während $a_{i, i \pm 1}$ die größten Elemente der i-ten Zeile sind, so daß man auf das „amputierte Gleichungssystem‟

$$-\frac{1}{N} \operatorname{ctg} \frac{\pi}{2N} \frac{\varrho'}{\varrho} (x_{i-1}) h_{i-1} + h_i + \frac{1}{N} \operatorname{ctg} \frac{\pi}{2N} \frac{\varrho'}{\varrho} (x_{i+1}) h_{i+1} = - r_i \tag{3.20}$$

mit Bandmatrix geführt wird, welches sehr schnell lösbar ist (ZURMÜHL [478], S. 323).

3. Schließlich kann das volle System (3.19) direkt oder iterativ gelöst werden. *Es ist sicher dann nicht singulär, wenn die Kurve C einer ε-Bedingung genügt mit einem $\varepsilon < 1$.* Wäre nämlich $(\mathfrak{E} - \mathfrak{W} \mathfrak{D} (\mathfrak{x})) \mathfrak{y} = \mathfrak{o}$ für ein $\mathfrak{y} \neq \mathfrak{o}$, so wäre $\mathfrak{y} = \mathfrak{W} \mathfrak{D} (\mathfrak{x}) \mathfrak{y}$, also

$$\|\mathfrak{y}\| \leqq \|\mathfrak{D} (\mathfrak{x}) \mathfrak{y}\| \leqq \varepsilon \|\mathfrak{y}\| \,;$$

dies ist für $\varepsilon < 1, \mathfrak{y} \neq \mathfrak{o}$ unmöglich. Die iterative Lösung von (3.19) kann gemäß

$$\mathfrak{h}_{n+1} = -\mathfrak{r} + \mathfrak{W}\mathfrak{D}(\mathfrak{x})\,\mathfrak{h}_n$$

vollzogen werden, sofern wieder C einer ε-Bedingung genügt ($\varepsilon < 1$). Denn mit $\mathfrak{h} = -\mathfrak{r} + \mathfrak{W}\mathfrak{D}(\mathfrak{x})\,\mathfrak{h}$ ergibt sich

$$\mathfrak{h} - \mathfrak{h}_{n+1} = \mathfrak{W}\mathfrak{D}(\mathfrak{x})\,(\mathfrak{h} - \mathfrak{h}_n)\,, \quad \text{also} \quad \|\mathfrak{h} - \mathfrak{h}_{n+1}\| \leqq \varepsilon\|\mathfrak{h} - \mathfrak{h}_n\|\,.$$

b) Konvergenz des Newton-Verfahrens. Ist $\mathfrak{h}$ die Lösung des (vollen) Systems (3.19), und setzt man $\mathfrak{x} = \mathfrak{x}_n$, $\mathfrak{x} + \mathfrak{h} = \mathfrak{x}_{n+1}$, so genügen die Iterationen der Gleichung

$$\mathfrak{x}_{n+1} = \mathfrak{a} + \mathfrak{W}\log\varrho(\mathfrak{x}_n) + \mathfrak{W}\mathfrak{D}(\mathfrak{x}_n)\,(\mathfrak{x}_{n+1} - \mathfrak{x}_n)\,. \tag{3.21}$$

Wir untersuchen die Konvergenz von $\{\mathfrak{x}_n\}$, die ersichtlich nur gegen eine Lösung von (3.4) stattfinden kann, zunächst unter der alleinigen Annahme, daß C einer ε-Bedingung genügt für ein $\varepsilon < 1$. An den Stellen θ, wo die für $\mathfrak{D}(\mathfrak{x}_n)$ benötigte Größe $\dfrac{\varrho'}{\varrho}(\theta)$ nicht existiert, ersetzen wir sie durch irgendeine Zahl vom Betrag $\leqq \varepsilon$, also etwa durch 0 oder durch $\dfrac{1}{2}\left[\dfrac{\varrho'}{\varrho}(\theta +) + \dfrac{\varrho'}{\varrho}(\theta -)\right]$, falls diese Grenzwerte existieren.

Satz 3.3. *Die Kurve C genüge einer ε-Bedingung für ein $\varepsilon < 1$, so daß (3.4) genau eine Lösung $\mathfrak{x}$ hat. Dann gilt für die Iterationen $\mathfrak{x}_n$ nach dem Newton-Verfahren:*

(α) $\|\mathfrak{x}_n - \mathfrak{x}\| \leqq \left(\dfrac{2\varepsilon}{1-\varepsilon}\right)^n\|\mathfrak{x}_0 - \mathfrak{x}\|$, *insbesondere* $\mathfrak{x}_n \to \mathfrak{x}$ *falls* $\varepsilon < \dfrac{1}{3}$;

(β) $\|\mathfrak{x}_{n+1} - \mathfrak{x}\| \leqq \dfrac{2\varepsilon}{1-\varepsilon}\|\mathfrak{x}_{n+1} - \mathfrak{x}_n\|$ $\quad (n = 0, 1, \ldots)$.

Die Ungleichung (β) erlaubt wieder, den Fehler $\|\mathfrak{x}_{n+1} - \mathfrak{x}\|$ gegenüber der exakten Lösung $\mathfrak{x}$ durch den beobachtbaren Fehler $\|\mathfrak{x}_{n+1} - \mathfrak{x}_n\|$ abzuschätzen.

Beweis. Subtrahiert man (3.4) von (3.21), so kommt

$$\mathfrak{x}_{n+1} - \mathfrak{x} = \mathfrak{W}\,[\log\varrho(\mathfrak{x}_n) - \log\varrho(\mathfrak{x})] + \mathfrak{W}\mathfrak{D}(\mathfrak{x}_n)\,(\mathfrak{x}_{n+1} - \mathfrak{x}_n)\,, \tag{3.22}$$

also

$$\|\mathfrak{x}_{n+1} - \mathfrak{x}\| \leqq \varepsilon\|\mathfrak{x}_n - \mathfrak{x}\| + \varepsilon\|\mathfrak{x}_{n+1} - \mathfrak{x}_n\|\,.$$

Schaltet man $\mathfrak{x}$ dazwischen, so erhält man

$$\|\mathfrak{x}_{n+1} - \mathfrak{x}\| \leqq \varepsilon\,[\|\mathfrak{x}_n - \mathfrak{x}\| + \|\mathfrak{x}_{n+1} - \mathfrak{x}\| + \|\mathfrak{x} - \mathfrak{x}_n\|]\,,$$

also

$$\|\mathfrak{x}_{n+1} - \mathfrak{x}\| \leqq \dfrac{2\varepsilon}{1-\varepsilon}\|\mathfrak{x}_n - \mathfrak{x}\|\,,$$

was (α) ergibt. Schaltet man $\mathfrak{x}_{n+1}$ dazwischen, so ergibt sich entsprechend (β).

Unter stärkeren Annahmen über C verbessert sich die Konvergenz von $\{\mathfrak{x}_n\}$ beträchtlich.

Satz 3.4. *Die Kurve C genüge einer ε-Bedingung für ein $\varepsilon < 1$, und es sei überdies $\frac{\varrho'}{\varrho}(\theta)$ differenzierbar mit $\left|\frac{d}{d\theta}\frac{\varrho'}{\varrho}(\theta)\right| \leq M$ für alle θ. Dann gilt*

(α) $\|\mathfrak{x}_{n+1} - \mathfrak{x}\| \leq \dfrac{M}{2(1-\varepsilon)} \max_i |x_i^{(n)} - x_i| \cdot \|\mathfrak{x}_n - \mathfrak{x}\| \quad (n = 0, 1, \ldots).$

(β) *Setzt man* $L = \dfrac{M\sqrt{2N}}{2(1-\varepsilon)}$ *und* $\delta_n = L\|\mathfrak{x}_n - \mathfrak{x}\|$, *so wird*

$$\delta_{n+1} \leq \delta_n^2 \qquad\qquad (n = 0, 1, \ldots).$$

Falls also $\{\mathfrak{x}_n\}$ überhaupt konvergiert, so ist die Konvergenz sehr rasch; nach (α) ist dann $\|\mathfrak{x}_n - \mathfrak{x}\| = O(q^n)$ für jedes noch so kleine $q > 0$, und nach (β) findet genauer „quadratische Konvergenz" statt. Für jedes $n_0 \geq 0$ und $k \geq 0$ ist $\delta_{n_0+k} \leq \delta_{n_0}^{2^k}$. Wir haben insbesondere dann Konvergenz, wenn $\delta_0 < 1$, also $\|\mathfrak{x}_0 - \mathfrak{x}\| < L^{-1}$ ist, falls also der Startvektor $\mathfrak{x}_0$ hinreichend gut war.

Beweis. Statt (3.22) schreiben wir

$$\mathfrak{x}_{n+1} - \mathfrak{x} = \mathfrak{W}\left[\log\varrho\,(\mathfrak{x}_n) - \log\varrho\,(\mathfrak{x}) + \mathfrak{D}\,(\mathfrak{x}_n)\,(\mathfrak{x} - \mathfrak{x}_n)\right] +$$
$$+ \mathfrak{W}\mathfrak{D}\,(\mathfrak{x}_n)\,(\mathfrak{x}_{n+1} - \mathfrak{x}) .$$

Für die i-te Komponente von [ ] haben wir nach dem Taylorschen Satz

$$\left|\log\varrho\,(x_i^{(n)}) - \log\varrho\,(x_i) + \frac{\varrho'}{\varrho}(x_i^{(n)})\,(x_i - x_i^{(n)})\right| \leq \frac{M}{2}\,|x_i^{(n)} - x_i|^2 ,$$

so daß

$$\|\mathfrak{x}_{n+1} - \mathfrak{x}\| \leq \frac{M}{2}\sqrt{\frac{1}{2N}\sum_i |x_i^{(n)} - x_i|^4} + \varepsilon\|\mathfrak{x}_{n+1} - \mathfrak{x}\| ,$$

also

$$\|\mathfrak{x}_{n+1} - \mathfrak{x}\| \leq \frac{M}{2(1-\varepsilon)}\sqrt{\frac{1}{2N}\sum_i |x_i^{(n)} - x_i|^4}$$

wird; dies ergibt (α). Mit $\max_i |x_i^{(n)} - x_i| \leq \sqrt{2N}\|\mathfrak{x}_n - \mathfrak{x}\|$ erhält man weiter sofort (β).

Wir erwähnen noch, daß sich die Sätze 3.3 und 3.4 für $\varepsilon < \dfrac{1}{3}$ koppeln lassen.

3.4. Abschätzung des Fehlers
zwischen diskreter und kontinuierlicher Lösung

Da bei der Ableitung der Vektorgleichung (3.4) $\mathfrak{x} = \mathfrak{a} + \mathfrak{W}\log\varrho\,(\mathfrak{x})$ der Operator K durch K_N approximiert wurde, ist durch $\mathfrak{x}$ auch nur eine Approximation des Vektors $\mathfrak{y} = \{\theta(\varphi_i)\}$ gegeben. Wir untersuchen $\mathfrak{z} = \mathfrak{y} - \mathfrak{x}$, den Fehler zwischen exakter Lösung der Integralgleichung an den Stellen φ_i und exakter Lösung der Vektorgleichung, und danach den Fehler zwischen $\theta(\varphi)$ und $\bar{\theta}(\varphi)$, der Lösung von (3.2).

a) Vorbemerkungen. Zunächst sei aus einer 2π-periodischen Funktion $f(\varphi)$ der Vektor $\mathfrak{f} = \{f(\varphi_k)\}$ gebildet, wobei $\varphi_k = kq$, $q = \dfrac{\pi}{N}$, $k = -N + 1, \ldots, N$ sei. Wir vergleichen die L_2-Norm $\|f\|$ mit der Vektornorm $\|\mathfrak{f}\|$.

Hilfssatz 3.1. *Ist $f(\varphi)$ mit 2π periodisch, absolut stetig, und $f' \in L_2$, so gilt*

$$\left| \|f\|^2 - \|\mathfrak{f}\|^2 \right| \leq q \, \|f\| \, \|f'\| \, . \tag{3.23}$$

Bei festem q kann rechts kein Faktor < 1 angebracht werden; man betrachte dazu etwa für große n die Funktion

$$f(\varphi) = \begin{cases} (1 - n\,|\varphi|)^n & \text{für } |\varphi| \leq \dfrac{1}{n} \\[2mm] 0 & \text{sonst.} \end{cases}$$

Beweis. Setzen wir $F(\varphi) = f(\varphi)^2$ und $q' = \dfrac{q}{2}$, so ist

$$\frac{1}{2\pi} \int_{-\pi}^{+\pi} F(\varphi) \, d\varphi - \frac{1}{2N} \sum_{k=-N+1}^{N} F(\varphi_k) = \frac{1}{2\pi} \sum_{k=-N+1}^{N} \int_{\varphi_k-q'}^{\varphi_k+q'} [F(\varphi) - F(\varphi_k)]\,d\varphi$$

$$= \frac{1}{2\pi} \sum_{k=-N+1}^{N} \left(\int_{\varphi_k-q'}^{\varphi_k} + \int_{\varphi_k}^{\varphi_k+q'} \right) [F(\varphi) - F(\varphi_k)]\,d\varphi \, .$$

Für das erste Integral ist dabei

$$|F(\varphi) - F(\varphi_k)| \leq \int_{\varphi_k-q'}^{\varphi_k} |F'(\varphi)| \, d\varphi \, ,$$

also

$$\left| \int_{\varphi_k-q'}^{\varphi_k} [\,\,] \, d\varphi \right| \leq \frac{q}{2} \int_{\varphi_k-q'}^{\varphi_k} |F'(\varphi)|\,d\varphi \, .$$

Entsprechendes gilt für das zweite Integral, und wir erhalten

$$\left| \|f\|^2 - \|\mathfrak{f}\|^2 \right| \leq \frac{q}{2} \cdot \frac{1}{2\pi} \int_{-\pi}^{+\pi} |F'(\varphi)| \, d\varphi = q \cdot \frac{1}{2\pi} \int_{-\pi}^{+\pi} |f'(\varphi) \cdot f(\varphi)|\,d\varphi \, .$$

Die Schwarzsche Ungleichung liefert (3.23).

Weiter benötigen wir, daß für $\theta = \theta(\varphi)$

$$\|\theta'\| \leq (1 - \varepsilon^2)^{-1/4} \tag{3.24}$$

gilt, sofern die Kurve C einer ε-Bedingung genügt ($\varepsilon < 1$); man beachte

$\|\theta'\|^2 - 1 = \|\theta' - 1\|^2 \leq \varepsilon^2/(1 - \varepsilon^2)$ nach **1.3,b)**. Darüber hinaus gilt

Hilfssatz 3.2. *Die Kurve C genüge einer ε-Bedingung ($\varepsilon < 1$), und ferner sei*

$$\left| \frac{\varrho'}{\varrho}(\theta_1) - \frac{\varrho'}{\varrho}(\theta_2) \right| \leq M |\theta_1 - \theta_2| \qquad (3.25)$$

für alle θ_1, θ_2 und eine Konstante M. Dann ist $\theta'(\varphi)$ absolut stetig, $\theta'' \in L_2$, und

$$\|\theta''\| \leq \frac{M}{(1 - \varepsilon)(1 - \varepsilon^2)^{1/2}} \left[1 + \frac{2\pi M}{(1 - \varepsilon)(1 - \varepsilon^2)} \right]. \qquad (3.26)$$

Eine (für $\varepsilon \to 1$ sogar beschränkte) Abschätzung von der Form (3.26) findet sich bei WARSCHAWSKI ([449], S. 571) unter etwas stärkeren Annahmen; insbesondere ist dort $M = \varepsilon$ verlangt.

Beweis. Von WARSCHAWSKI entlehnen wir, daß $\theta'(\varphi)$ absolut stetig ist. Differentiation von $\theta(\varphi) = \varphi + K[\log \varrho(\theta(\varphi))]$ liefert mit **1.1,b** (iii)

$$\theta'(\varphi + h) - \theta'(\varphi) = K \left[\left(\frac{\varrho'}{\varrho}(\theta(\varphi + h)) - \frac{\varrho'}{\varrho}(\theta(\varphi)) \right) \theta'(\varphi + h) + \right.$$
$$\left. + \frac{\varrho'}{\varrho}(\theta(\varphi))(\theta'(\varphi + h) - \theta'(\varphi)) \right],$$

also unter Berücksichtigung der Voraussetzungen

$$\left\| \frac{\theta'(\varphi + h) - \theta'(\varphi)}{h} \right\| \leq \frac{M}{1 - \varepsilon} \left\| \frac{\theta(\varphi + h) - \theta(\varphi)}{h} \cdot \theta'(\varphi + h) \right\|$$

für jedes $h \neq 0$. Die rechte Seite ist für $h \to 0$ beschränkt, und das Fatousche Lemma ergibt

$$\theta'' \in L_2 \quad \text{und} \quad \|\theta''\| \leq \frac{M}{1 - \varepsilon} \|\theta'^2\|. \qquad (3.27)$$

Einen Faktor $|\theta'|$ in $\|\theta'^2\|$ schätzen wir nun mit der Warschawskischen Ungleichung (1.14) ab. Da $\dfrac{1}{2\pi} \displaystyle\int_{-\pi}^{+\pi} \theta'(\varphi)\,d\varphi = 1$ ist, gibt es ein φ_0 mit $|\theta'(\varphi_0)| \leq 1$, so daß aus (1.14) sofort $|\theta'(\varphi)| \leq (1 + 2\pi\|\theta'\|\,\|\theta''\|)^{1/2}$ folgt und damit

$$\|\theta''\| \leq A(1 + 2\pi\|\theta'\|\,\|\theta''\|)^{1/2} \quad \text{mit} \quad A = \frac{M\|\theta'\|}{1 - \varepsilon}.$$

Falls nun $\|\theta''\| \leq A$ ist, so ist (3.26) sicher richtig; beachte (3.24). Ist dagegen $1 < \dfrac{\|\theta''\|}{A}$, so erhalten wir

$$\|\theta''\| \leq \|\theta''\|^{1/2} A^{1/2} (1 + 2\pi\|\theta'\|A)^{1/2}, \quad \text{also } \|\theta''\| \leq A(1 + 2\pi A\|\theta'\|),$$

mit (3.24) also wieder (3.26), womit der Hilfssatz bewiesen ist.

Die Abschätzungen (3.24) und (3.26) bedeuten für $g(\varphi) = \log \varrho\,(\theta\,(\varphi))$, daß

$$\|g'\| = \left\|\frac{\varrho'}{\varrho}\,(\theta\,(\varphi)) \cdot \theta'\,(\varphi)\right\| \leq \frac{\varepsilon}{\sqrt{1-\varepsilon^2}} \qquad (3.28)$$

gilt, bzw. für eine Konstante $P(M, \varepsilon)$, die sich mit (3.26) errechnet,

$$\|g''\| \leq \varepsilon\|\theta''\| + M\|\theta'^2\|$$
$$\leq \varepsilon\|\theta''\| + M\|\theta'\|\,(1 + 2\pi\|\theta'\|\,\|\theta''\|)^{1/2} \leq P(M, \varepsilon)\,. \qquad (3.29)$$

b) Abschätzungen des Fehlervektors $\mathfrak{z}$. Es sei nun $\mathfrak{x}$ der Lösungsvektor von (3.4), und mit $\mathfrak{y} = \{\theta\,(\varphi_i)\}$ der Fehlervektor $\mathfrak{z} = \mathfrak{y} - \mathfrak{x}$ gebildet.

Satz 3.5. *Die Kurve C genüge einer ε-Bedingung für ein $\varepsilon < 1$.*
(α) Dann gilt stets

$$\|\mathfrak{z}\| \leq \frac{A\,(\varepsilon)}{N} \quad (N = 1, 2, \ldots) \quad \text{mit } A\,(\varepsilon) = \frac{2\varepsilon}{1-\varepsilon} \sqrt{\frac{1+\pi}{1-\varepsilon^2}}\,. \qquad (3.30)$$

(β) Genügt C außerdem der Bedingung (3.25), so gilt schärfer

$$\|\mathfrak{z}\| \leq \frac{B\,(M, \varepsilon)}{N^2}\,(N = 1, 2, \ldots)\,\text{ mit } B\,(M, \varepsilon) = \frac{2\sqrt{1+\pi}}{1-\varepsilon}\,P(M, \varepsilon)\,, \qquad (3.31)$$

wo $P(M, \varepsilon)$ aus (3.29) zu entnehmen ist.

(γ) Ist C außerdem eine analytische Kurve, so daß die Abbildungsfunktion $w = f(z)$ für ein $R > 1$ in $|z| < R$ regulär und schlicht ist, so gilt

$$\|\mathfrak{z}\| \leq \frac{C\,(R, \varepsilon)}{R^N} \quad (N = 2, 3, \ldots) \quad \text{mit } C\,(R, \varepsilon) = \frac{16\sqrt{R}}{\left(1 - \dfrac{1}{R}\right)(1-\varepsilon)}\,. \qquad (3.32)$$

Wegen $|z_i| \leq \sqrt{2N}\,\|\mathfrak{z}\|$ sind darin auch Abschätzungen für die Komponenten von $\mathfrak{z}$ enthalten. SALTZER ([363], S. 6—7) erhält im Fall (α) $\|\mathfrak{z}\| = O(N^{-1/2})$ und mit einer „Warschawskischen Ungleichung für Vektoren" daraus $|z_i| = O(N^{-1/4})$, im Fall (β) $|z_i| = O(N^{-3/2})$. Auch bei OPITZ ([309], S. 345) findet sich ein Ansatz zur Behandlung von $\|\mathfrak{z}\|$. Ferner studiert BRAKHAGE [48] den Fehler bei der Diskretisierung allgemeiner linearer singulärer Integralgleichungen, bei denen Kern und inhomogenes Glied analytisch sind. — Satz 3.5 wird bei GAIER [120] angekündigt.

Beweis. Im folgenden sei $T_N(\varphi; g)$ das zu g und den $2N$ Stellen φ_k gehörige, normierte Interpolationspolynom vom Grad N und $S_N(\varphi; g)$ die N-te Teilsumme der Fourierreihe von g. Ferner bedeute $K_i[g] = \bar{g}\,(\varphi_i)$.

Zunächst erfülle C nur die ε-Bedingung. Setzen wir in die Integralgleichung (1.8) $\varphi = \varphi_i$ ein, so erhalten wir

$$\mathfrak{y} = \mathfrak{a} + \{K_i[g]\} = \mathfrak{a} + \{K_i[g - T_N(\varphi; g)]\} + \{K_i[T_N(\varphi; g)]\}\,;$$

dabei ist jetzt $g(\varphi) = \log \varrho(\theta(\varphi))$ und also $\bar{g}(\varphi) = \theta(\varphi) - \varphi$. Nach Konstruktion der Matrix $\mathfrak{W}$ (vgl. 2.1) ist der letzte Vektor $\mathfrak{W} \log \varrho(\mathfrak{y})$, da $\{g(\varphi_i)\} = \log \varrho(\mathfrak{y})$ ist. Subtraktion von (3.4) liefert

$$\mathfrak{z} = \mathfrak{W}[\log \varrho(\mathfrak{y}) - \log \varrho(\mathfrak{x})] + \{K_i[g - T_N(\varphi; g)]\},$$

also nach bekanntem Muster

$$\|\mathfrak{z}\| \leqq \frac{\|\mathfrak{R}\|}{1 - \varepsilon}, \text{ wo } \mathfrak{R} = \{K_i[g - T_N(\varphi; g)]\}. \tag{3.33}$$

Es folgt nun die Abschätzung der Norm von $\mathfrak{R}$. Dieser Vektor hat, bei Einschaltung der Teilsummen der Fourierreihe von g, die Komponenten

$$\bar{g}(\varphi_i) - \bar{T}_N(\varphi_i; g) = [\bar{g}(\varphi_i) - \bar{S}_{N-1}(\varphi_i; g)] +$$
$$+ [\bar{S}_{N-1}(\varphi_i; g) - \bar{T}_N(\varphi_i; g)],$$

wobei der letzte Summand $K_i[T_N(\varphi; S_{N-1} - g)]$ ist, also den Vektor $\mathfrak{W}\{S_{N-1}(\varphi_i; g) - g(\varphi_i)\}$ liefert. Daher wird

$$\|\mathfrak{R}\| \leqq \|\{\bar{g}(\varphi_i) - \bar{S}_{N-1}(\varphi_i; g)\}\| + \|\{S_{N-1}(\varphi_i; g) - g(\varphi_i)\}\| = a + b.$$

Diese Vektornormen können mit Hilfssatz 3.1 durch L_2-Normen abgeschätzt werden. Beachtet man wieder 1.1,b (iii) (SEIDEL), so erhält man

$$a^2 \leqq \|\bar{g} - \bar{S}_{N-1}\|^2 + q\|\bar{g} - \bar{S}_{N-1}\| \|\bar{g}' - \bar{S}'_{N-1}\|$$
$$\leqq \|g - S_{N-1}\|^2 + q\|g - S_{N-1}\| \|g' - S'_{N-1}\|,$$
$$b^2 \leqq \|g - S_{N-1}\|^2 + q\|g - S_{N-1}\| \|g' - S'_{N-1}\|.$$

(α) Hier können wir nur (3.28) verwenden. Mit der Parsevalschen Gleichung ist

$$\|g - S_{N-1}\|^2 = \frac{1}{2} \sum_{n \geqq N} (a_n^2 + b_n^2) \leqq \frac{1}{N^2} \cdot \frac{1}{2} \sum_{n \geqq N} n^2 (a_n^2 + b_n^2) = \frac{1}{N^2} \|g' - S'_{N-1}\|^2$$

und

$$\|g' - S'_{N-1}\|^2 \leqq \|g'\|^2,$$

insgesamt

$$a^2 \leqq (1 + \pi) \frac{\|g'\|^2}{N^2}, \quad b^2 \leqq (1 + \pi) \frac{\|g'\|^2}{N^2}.$$

Zusammen mit (3.28) erhalten wir

$$\|\mathfrak{R}\| \leqq 2\varepsilon \sqrt{\frac{1 + \pi}{1 - \varepsilon^2}} \cdot \frac{1}{N},$$

mit (3.33) also die Behauptung (3.30).

(β) In diesem Fall ist $\|g''\| \leqq P(M, \varepsilon)$ verwendbar. Wir haben entsprechend zu oben

$$\|g - S_{N-1}\|^2 \leqq \frac{1}{N^4} \|g'' - S''_{N-1}\|^2 \leqq \frac{\|g''\|^2}{N^4},$$

$$\|g' - S'_{N-1}\|^2 \leqq \frac{1}{N^2} \|g'' - S''_{N-1}\|^2 \leqq \frac{\|g''\|^2}{N^2},$$

also

$$a^2 \leq (1 + \pi)\,\frac{\|g''\|^2}{N^4}, \qquad b^2 \leq (1 + \pi)\,\frac{\|g''\|^2}{N^4}\,;$$

daraus folgt (3.31).

(γ) Unser erstes Ziel ist es, die Fourier-Koeffizienten a_n, b_n von g abzuschätzen. Zunächst stellt man leicht fest, daß $g'(\varphi) = -\,\Im\left(\dfrac{z f'(z)}{f(z)}\right)$ ($z = e^{i\varphi}$) ist, so daß $n\,(a_n^2 + b_n^2)^{1/2} = |A_n|$ ($n \geq 1$) gilt, wobei

$$G(z) = \frac{z f'(z)}{f(z)} = \sum_{n=0}^{\infty} A_n z^n \qquad (|z| < R)\,.$$

Um $|A_n|$ zu beurteilen, bemerken wir, daß $\max\limits_{|z|=r} |G(z)| \leq \dfrac{R + r}{R - r}$ ist ($r < R$);

siehe z. B. NEHARI ([295], S. 224). Daher erhalten wir $|A_n| \leq \dfrac{R + r}{R - r}\,r^{-n}$ für jedes $n \geq 0$ und $0 < r < R$. Setzt man speziell $r = R\left(1 - \dfrac{1}{n+1}\right)$ ($n \geq 1$), so ergibt sich

$$|A_n| = n\,(a_n^2 + b_n^2)^{1/2} < \frac{(2n+1)e}{R^n} \qquad (n \geq 1)\,.$$

Nun schätzen wir wieder $\|g - S_{N-1}\|$ und $\|g' - S'_{N-1}\|$ ab. Zunächst ist

$$\|g' - S'_{N-1}\|^2 = \frac{1}{2}\sum_{n \geq N} n^2\,(a_n^2 + b_n^2) < \frac{e^2}{2}\sum_{n \geq N}\frac{(2n+2)^2}{R^{2n}} < 2e^2 R^2 \sum_{n \geq N}\frac{n^2}{R^{2n}}\,;$$

die letzte Summe ist $\leq N^2\left(1 - \dfrac{1}{R^2}\right)^{-3} R^{-2N}$ ($N \geq 2$). Dies ergibt für $N \geq 2$

$$\|g' - S'_{N-1}\|^2 < \frac{2 e^2 R^2 N^2}{\left(1 - \dfrac{1}{R}\right)^3} \cdot \frac{1}{R^{2N}}$$

und analog

$$\|g - S_{N-1}\|^2 < \frac{25 e^2}{8\left(1 - \dfrac{1}{R}\right)} \cdot \frac{1}{R^{2N}}\,,$$

also mit den Bezeichnungen von oben

$$a^2 \leq \frac{R}{\left(1 - \dfrac{1}{R}\right)^2}\left[\frac{25 e^2}{8} \cdot \frac{1}{R}\left(1 - \frac{1}{R}\right) + \frac{5 \pi e^2}{2}\right] \cdot \frac{1}{R^{2N}}\,;$$

dieselbe Abschätzung gilt für b^2. Die eckige Klammer ist < 64 ($R > 1$), und (3.32) folgt aus $\|\mathfrak{z}\| \leq \dfrac{a + b}{1 - \varepsilon}$. Satz 3.5 ist damit bewiesen.

c) **Abschätzung von $\boldsymbol{\theta}(\varphi) - \tilde{\boldsymbol{\theta}}(\varphi)$.** Wir verwenden folgenden

Hilfssatz 3.3. *Es sei g mit 2π periodisch, $\mathfrak{g} = \{g(\varphi_i)\}$, und $T_N(\varphi)$ das zu g und den $2N$ Stellen φ_i gehörige, normierte Interpolationspolynom*

N-ten Grades. Dann gilt $\|T_N(\varphi)\| \leq \|\mathfrak{g}\|$, *genauer*

$$\|T_N(\varphi)\|^2 = \|\mathfrak{g}\|^2 - \frac{a_N^2}{2}, \tag{3.34}$$

wobei a_N der Koeffizient von $\cos N\,\varphi$ in $T_N(\varphi)$ ist.

Der Beweis erfolgt nach dem Muster von Beweis I zu Satz 2.2, insbesondere mit Hilfe von (2.8).

Nun vergleichen wir die Lösung $\theta(\varphi)$ von (1.8) $\theta(\varphi) = \varphi + K[\log \varrho(\theta(\varphi))]$ mit derjenigen $\tilde{\theta}(\varphi)$ von (3.2) $\tilde{\theta}(\varphi) = \varphi + K_N[\log \varrho(\tilde{\theta}(\varphi))]$; ihre praktische Konstruktion wird durch (3.6) und (3.7) angegeben. Der Operator K_N ist gleich KT_N, so daß

$$\theta - \tilde{\theta} = K[\log \varrho(\theta) - T_N[\log \varrho(\theta)]] + KT_N[\log \varrho(\theta) - \log \varrho(\tilde{\theta})]$$

und damit mit (1.5) und (3.34)

$$\|\theta - \tilde{\theta}\| \leq \|\log \varrho(\theta) - T_N[\log \varrho(\theta)]\| + \|\{\log \varrho(\theta(\varphi_i)) - \log \varrho(\tilde{\theta}(\varphi_i))\}\|$$

wird. Erfüllt nun die Kurve C eine ε-Bedingung, so ist der letzte Summand $\leq \varepsilon\|\{\theta(\varphi_i) - \tilde{\theta}(\varphi_i)\}\| = \varepsilon\|\mathfrak{z}\|$ mit dem bereits in **b)** abgeschätzten Vektor $\mathfrak{z}$. Für den ersten Summanden schalten wir die Teilsummen der Fourierreihe von $g(\varphi) = \log \varrho(\theta(\varphi))$ ein:

$$\|g - T_N[g]\| \leq \|g - S_{N-1}[g]\| + \|T_N[S_{N-1}[g] - g]\|\,.$$

Mit (3.34) ist der letzte Term $\leq \|\{S_{N-1}(\varphi_i; g) - g(\varphi_i)\}\| = b$ mit der Bezeichnung von oben. Insgesamt erhalten wir

$$\|\theta - \tilde{\theta}\| \leq \|g - S_{N-1}[g]\| + b + \varepsilon\|\mathfrak{z}\|\,.$$

Die einzelnen Summanden sind schon in Teil **b)** untersucht worden, und unter Verzicht auf die Angabe genauer Konstanten erhalten wir somit

Satz 3.6. *Unter den Annahmen von Satz 3.5 ist*

$$im\,Fall\,(\alpha): \|\theta - \tilde{\theta}\| = O\left(\frac{1}{N}\right),\ im\,Fall\,(\beta): \|\theta - \tilde{\theta}\| = O\left(\frac{1}{N^2}\right),$$

$$im\,Fall\,(\gamma): \|\theta - \tilde{\theta}\| = O\left(\frac{1}{R^N}\right)\quad (N \to \infty)\,.$$

d) Abschätzung von $\log \varrho(\theta(\varphi)) - T(\varphi)$. Schließlich fragen wir uns, wie gut die Approximation von $g(\varphi) = \log \varrho(\theta(\varphi))$ durch das Interpolationspolynom $T(\varphi)$ von (3.5) ist. Wir erhalten mit den obigen Bezeichnungen

$$\|g - T\| \leq \|g - S_{N-1}[g]\| + \|S_{N-1}[g] - T\|\,,$$

wobei der letzte Term

$$\|T(\varphi; \log \varrho(x_i)) - S_{N-1}(\varphi; g)\| = \|T(\varphi; \log \varrho(x_i) - S_{N-1}(\varphi_i; g))\|$$

$$\leq \|\{\log \varrho(x_i) - S_{N-1}(\varphi_i; g)\}\|$$

$$\leq \|\{\log \varrho(x_i) - g(\varphi_i)\}\| + \|\{g(\varphi_i) - S_{N-1}(\varphi_i; g)\}\| \leq \varepsilon\|\mathfrak{z}\| + b$$

ist. *Also ergibt sich für $\|g - T\|$ dieselbe Schranke wie für $\|\theta - \tilde{\theta}\|$ in* **c)**.

3.5. Bericht über numerische Experimente

a) Durchführung der Rechnung. Wir rekapitulieren nochmals das Vorgehen beim Theodorsen-Verfahren.

1. Da $\log \varrho(\theta)$ für beliebige Werte θ benötigt wird, muß für die Kurve C eine analytische Darstellung von $\log \varrho(\theta)$ vorliegen. Ist $\log \varrho(\theta_k)$ nur für äquidistante θ_k bekannt (etwa aus der Zeichnung entnommen), so bestimme man das interpolierende Polynom durch Fourier-Analyse. Ist z. B. $\theta_k = k \cdot \alpha$ ($\alpha = \operatorname{arc} 10°$, $k = 0, 1, \ldots, 35$) und $y_k = \log \varrho(\theta_k)$ gegeben, so errechnen sich die Koeffizienten dieses trigonometrischen Polynoms zu

$$a_n = \frac{1}{18} \sum_{k=0}^{18} \tau_k \cos [k(n\alpha)] \qquad \tau_k = \begin{cases} y_0 & (k=0) \\ y_k + y_{36-k} & (k=1,\ldots,17) \\ y_{18} & (k=18) \end{cases}$$

$$(n = 1, 2, \ldots, 17) \quad \text{mit} \tag{3.35}$$

$$b_n = \frac{1}{18} \sum_{k=0}^{18} \sigma_k \sin [k(n\alpha)] \qquad \sigma_k = \begin{cases} y_0 & (k=0) \\ y_k - y_{36-k} & (k=1,\ldots,17) \\ y_{18} & (k=18) . \end{cases}$$

Für a_0 und a_{18} ist noch zu halbieren; b_0 und b_{18} sind $=0$.

2. Weiter brauchen wir ein Unterprogramm, das aus einem Vektor $\mathfrak{f}$ den Vektor $\mathfrak{W}\mathfrak{f} = \bar{\mathfrak{f}}$ herstellt, wobei am besten Formel (2.6) benutzt wird. Die benötigten ctg-Werte werden einmalig der Tafel entnommen.

3. Die Lösung des nichtlinearen Systems (3.4) $\mathfrak{x} = \mathfrak{a} + \mathfrak{W} \log \varrho(\mathfrak{x})$ kann nun geschehen

a) nach dem Gesamtschrittverfahren G: $\mathfrak{x}_{n+1} = \mathfrak{a} + \mathfrak{W} \log \varrho(\mathfrak{x}_n)$, vgl. 3.2,a);

b) nach dem Einzelschrittverfahren E, Formel (3.15);

c) mit Heranziehung von Mittelungen zu G und E: GM und EM, vgl. Formeln (3.16) und (3.17) für $\alpha = \beta = \frac{1}{2}$;

d) nach dem Newton-Verfahren N, Einzelschritt mit Formel (3.19);

e) nach dem „amputierten" Newton-Verfahren N_{amp}, Einzelschritt mit Formel (3.20).

Als Startvektor nehmen wir $\mathfrak{x}_0 = \mathfrak{a}$, falls nichts Besseres bekannt ist.

4. Ist nun die Lösung $\mathfrak{x} = \{x_k\}$ von (3.4) ermittelt, so ist damit $\theta(\varphi_k)$ durch x_k approximiert. Sucht man die Abbildungsfunktion $w = f(z)$ für $|z| < 1$, so mache man Fourier-Analyse gemäß (3.35) mit den Werten $y_k = \log \varrho(x_k)$, was A_n, B_n liefert in (3.5) ($n = 0, 1, \ldots, N$; oben $N = 18$). Sodann ist $\arg f(z)$ und $\log |f(z)|$ approximativ aus (3.7) zu entnehmen, insbesondere ist im Ansatz

$$f(z) = z e^{h(z)} \quad h(z) \sim P(z) = \sum_{n=0}^{N} (A_n - i B_n) z^n \text{ und } f'(0) \sim e^{A_0} . \tag{3.36}$$

Beides kann im Experiment zur Kontrolle verwendet werden. Über die Güte der Approximation von $h(z)$ durch $P(z)$, jedenfalls in der Norm, geben 3.4,c) und d) Auskunft. Es ist ja

$$\|h(e^{i\varphi}) - P(e^{i\varphi})\| \leq \|\log \varrho(\theta(\varphi)) - T(\varphi)\| + \|\theta(\varphi) - \tilde{\theta}(\varphi)\| .$$

Wichtig ist die Berücksichtigung der Symmetrie, falls C eine solche aufweist. Ist C bezüglich x- und y-Achse symmetrisch, so gilt $a_n = 0$ (n ungerade) und $b_n = 0$ (alle n), und (3.35) vereinfacht sich zu

$$a_n = \frac{1}{9} \sum_{k=0}^{9} \tau_k \cos[k(n\alpha)] \ (n=2,4,\ldots,16) \ \text{mit} \ \tau_k = \begin{cases} y_0 & (k=0) \\ 2y_k & (k=1,\ldots,8) \\ y_9 & (k=9) . \end{cases} \quad (3.35')$$

Für a_0 und a_{18} ist noch zu halbieren. — Auch beim 2. Schritt sind dann natürlich weniger Komponenten $\tilde{f}_k$ auszurechnen; jedoch muß $\tilde{f}$ bei jedem Iterationsschritt vollends aufgefüllt werden, damit (2.6) anwendbar bleibt.

Anmerkung. Hat C mehrere Symmetrieachsen, so daß der Vektor $\mathfrak{f}$ [$= \log \varrho(\mathfrak{x})$] in $\tilde{\mathfrak{f}} = \mathfrak{W}\mathfrak{f}$ mehrere gleiche Komponenten hat, so kann es vorteilhafter sein (sicher für die Handrechnung), diese Beziehung nicht nach Formel (2.6) auszuwerten, sondern gleiche Elemente f_k rechts zusammenzufassen. Hat C etwa die Symmetrieachsen $0°$, $45°$, $90°$, und wählt man $N = 24$, so ist die Beziehung $\tilde{\mathfrak{f}} = \mathfrak{W}\mathfrak{f}$ gleichwertig mit

$$\tilde{f}_0 = 0$$

$$6\tilde{f}_1 = (2 + \sqrt{3})f_0 - (1 + \sqrt{3})f_2 - (\sqrt{3} - 1)f_4 - (2 - \sqrt{3})f_6$$

$$6\tilde{f}_2 = (3 + \sqrt{3})f_1 - 2\sqrt{3}f_3 - (3 - \sqrt{3})f_5$$

$$6\tilde{f}_3 = f_0 + 4f_2 - 4f_4 - f_6$$

$$6\tilde{f}_4 = (3 - \sqrt{3})f_1 + 2\sqrt{3}f_3 - (3 + \sqrt{3})f_5$$

$$6\tilde{f}_5 = (2 - \sqrt{3})f_0 + (\sqrt{3} - 1)f_2 + (1 + \sqrt{3})f_4 - (2 + \sqrt{3})f_6$$

$$\tilde{f}_6 = 0 ;$$

vgl. KANTOROWITSCH-KRYLOW ([187], S. 435—436).

b) Eine Versuchsreihe. Als Kurve wählen wir

$$C: \qquad \varrho = \varrho(\theta) = \sqrt{1 - (1 - p^2)\cos^2\theta} \qquad p \ \text{Parameter} \ (0 < p < 1).$$

Sie entsteht durch Spiegelung der Ellipse mit den Halbachsen $\frac{1}{p}$ und 1 am Einheitskreis und ist konvex, falls $p \geq \frac{1}{\sqrt{2}}$ ist. Es ist:

Exakte (normierte) Abbildung $w = f(z)$ von $|z| < 1$ auf Inneres von C:

$$w = \frac{2pz}{(1 + p) + (1 - p)z^2} .$$

Exakte Ränderzuordnung $\theta = \theta(\varphi)$: $\theta = \operatorname{arctg}(p \operatorname{tg}\varphi)$.

„Kreisnähe": $\quad \varepsilon = \max_{\theta} \left| \frac{\varrho'}{\varrho}(\theta) \right| = \frac{1 - p^2}{2p} = \varepsilon(p)$, dabei $\varepsilon(p) < 1$ für

$p > \sqrt{2} - 1 = 0{,}414$;

$$M = \max_{\theta} \left| \left(\frac{\varrho'}{\varrho} \right)' \right| = \frac{1 - p^2}{p^2}\,.$$

Für die Diskretisierung wurde stets $N = 18$ genommen, also liegen 36 Punkte auf $|z| = 1$; wegen der Symmetrie von C bezüglich x- und y-Achse enthält (3.4) daher effektiv 8 Unbekannte.

(α) *Für die Verfahren E, EM, G* und die Parameter $p = 0{,}9$ (0,1) 0,6 (0,05) 0,3 wurden jeweils 10 Iterationen gerechnet. Für $p = 0{,}6$ sind die Ergebnisse in Tab. 4 auszugsweise wiedergegeben. Die Fourier-Koeffizienten A_n ($n = 0{,}2, \ldots, 18$) für (3.36) stimmen mit den Koeffizienten des exakten $h(z) = \log \frac{3}{4} - \log \left(1 + \frac{z^2}{4} \right)$ auf mindestens 6 Dezimalen überein.

In Tab. 5 sind die Verfahren E, EM, G verglichen; z. B. sind für $p = 0{,}45$ hier 3 bis 4 Iterationen des E-Verfahrens notwendig, bis 2 Ziffern des Vektors $\mathfrak{r}_n$ stabil sind. Allgemein ergeben sich aus dem Versuch die *Folgerungen*:

G hat gegenüber E keine Vorzüge; es konvergiert stets langsamer. E hat gegenüber EM den Vorzug, im allgemeinen, insbesondere bei großen p, schneller zu konvergieren, während für kleinere p (etwa $p = 0{,}3$) EM noch gute Werte liefert, wogegen E ganz unbrauchbar wird.

Die Rechenzeit (Zuse Z 22, Multiplikationszeit 50 msec) war für die Verfahren E, EM, G etwa 40 sec pro Iteration; muß jedoch $\log \varrho(\theta)$ durch ein trigonometrisches Polynom dargestellt werden, so verdoppelt sich die Rechenzeit. Die Symmetrie von C bezüglich x- und y-Achse war bei den Versuchen berücksichtigt. Belegt waren 340 Zellen für das Programm zuzüglich 260 Zellen für die Unterprogramme $\sin x|\cos x$, $\log x$.

(β) *Die Verfahren N und* N_{amp} zur Lösung des diskreten Problems (3.4) wurden für die Parameter $p = 0{,}8$; 0,65; 0,45 (0,05) 0,15 angewandt. Für $p = 0{,}65$ und $p = 0{,}25$ sind die Ergebnisse in Tab. 6 auszugsweise wiedergegeben, für $p = 0{,}65$ waren nach 3 bzw. 5 Iterationen 8 Dezimalen stabil. Der Tab. 7 ist zu entnehmen, daß z. B. für $p = 0{,}3$ hier 5 Iterationen von N notwendig waren, um $\mathfrak{r}_n$ auf 7 Dezimalen genau zu erhalten. Allgemein ergeben sich die *Folgerungen*:

Wenn N oder N_{amp} überhaupt konvergiert, dann sehr rasch. Dasselbe gilt für Divergenz. Diese Eigenschaft ist äußerst angenehm; man weiß bald, woran man ist. N_{amp} braucht etwa doppelt so viele Iterationen wie N, um eine bestimmte Genauigkeit zu erreichen.

Tabelle 4. *Anwendung der Verfahren E, EM, G bei gespiegelter Ellipse; Parameter $p = 0,6$*

Iterationen	10°	20°	30°	40°	50°	60°	70°	80°
E-Verfahren 2	0,105 056	0,213 493	0,331 594	0,467 825	0,629 432	0,821 286	1,045 227	1,298 572
4	0,105 407	0,215 013	0,333 481	0,466 358	0,620 525	0,804 440	1,025 780	1,285 488
6	0,105 404	0,215 007	0,333 473	0,466 413	0,620 759	0,804 637	1,025 513	1,284 957
8	0,105 404	0,215 007	0,333 473	0,466 412	0,620 757	0,804 634	1,025 526	1,284 965
10	0,105 404	0,215 007	0,333 473	0,466 412	0,620 757	0,804 634	1,025 526	1,284 965
EM-Verfahren 2	0,104 973	0,215 589	0,338 594	0,481 261	0,649 178	0,844 821	1,067 266	1,312 220
4	0,105 672	0,215 582	0,333 955	0,466 256	0,620 582	0,806 458	1,030 171	1,289 422
6	0,105 433	0,215 089	0,333 680	0,466 708	0,620 850	0,804 388	1,025 443	1,285 268
8	0,105 406	0,215 013	0,333 483	0,466 443	0,620 831	0,804 688	1,025 489	1,284 944
10	0,105 404	0,215 007	0,333 475	0,466 413	0,620 757	0,804 645	1,025 537	1,284 963
G-Verfahren 2	0,113 109	0,218 814	0,320 672	0,437 808	0,591 912	0,791 013	1.028 965	1,293 362
4	0,104 381	0,213 132	0,334 305	0,472 129	0,626 626	0,805 684	1,023 707	1,283 939
6	0,105 545	0,215 428	0,333 569	0,465 145	0,619 450	0,804 683	1,025 941	1,285 107
8	0,105 380	0,214 921	0,333 404	0,466 706	0,621 062	0,804 575	1,025 440	1,284 941
10	0,105 409	0,215 024	0,333 498	0,466 341	0,620 684	0,804 656	1,025 543	1,284 970
Exaktes $\theta(\varphi)$	0,105 404	0,215 007	0,333 473	0,466 412	0,620 757	0,804 634	1,025 526	1,284 965

Fourier-Koeff. A_n aus (3.5) mit E

$A_0 = -0,2876\,8207$	$A_2 = -0,2499\,9999$	$A_4 = 0,0312\,4999$	$A_6 = -0,0052\,0833$	$A_8 = 0,0009\,7656$
$A_{10} = -0,0001\,9530$	$A_{12} = 0,0000\,4070$	$A_{14} = -0,0000\,0870$	$A_{16} = 0,0000\,0199$	$A_{18} = -0,0000\,0046$

$e^{A_0} = 0,7500\,0000 = f'(0)$ exakt

Tabelle 5. *Vergleich der Verfahren E, EM, G; 10 Iterationen berücksichtigt*

Ziffern stabil	$p = 0,8$			$p = 0,6$			$p = 0,45$			$p = 0,4$			$p = 0,35$			$p = 0,3$		
	E	EM	G	E	EM	G	E	EM	G	E	EM	G	E	EM	G	E	EM	G
1	1	1	1	2	2	2	2—3	2—3	3—5	2—3	2—3	5—10	—	2—4	—	—	2—4	—
2	1—2	1—2	1—2	1—3	2—4	4—5	3—4	4—5	7—10	3—4	4—6	>10	—	5—7	—	—	7—9	—
3	2—3	2—4	2—3	2—4	4—6	5—7	4—6	5—8	—	—	7—9	—	—	7—10	—	—	—	—
4	2—3	4—5	4—5	3—5	5—8	7—10	—	—	—	—	—	—	—	—	—	—	—	—

Tabelle 6. *Anwendung der Verfahren N und N_{amp} bei gespiegelter Ellipse; Parameter $p = 0,65$ und $0,25$*

	Iterationen	10°	20°	30°	40°	50°	60°	70°	80°
Parameter $p = 0,65$									
Verfahren N	1	0,115 896	0,232 500	0,354 449	0,490 491	0,650 294	0,840 511	1,062 045	1,309 221
	2	0,114 115	0,232 310	0,359 019	0,499 311	0,659 076	0,844 521	1,060 340	1,305 899
	3	0,114 115	0,232 309	0,359 014	0,499 316	0,659 085	0,844 521	1,060 343	1,305 899
Verfahren N_{amp}	1	0,113 333	0,227 802	0,349 215	0,487 772	0,653 118	0,849 306	1,073 302	1,317 084
	2	0,114 230	0,232 167	0,358 343	0,498 344	0,658 220	0,843 579	1,058 848	1,304 479
	3	0,114 165	0,232 374	0,359 078	0,499 402	0,659 169	0,844 550	1,060 354	1,305 935
	4	0,114 114	0,232 307	0,359 014	0,499 318	0,659 087	0,844 525	1,060 348	1,305 905
	5	0,114 114	0,232 309	0,359 014	0,499 316	0,659 084	0,844 521	1,060 343	1,305 899
Exaktes $\theta(\varphi)$		0,114 115	0,232 309	0,359 014	0,499 316	0,659 085	0,844 521	1,060 343	1,305 899
Parameter $p = 0,25$									
Verfahren N	1	0,057 629	0,048 233	0,007 413	0,002 088	0,088 901	0,299 196	0,636 040	1,074 999
	2	0,051 907	0,179 941	0,343 794	0,271 419	0,231 696	0,344 027	0,531 444	0,898 237
	3	0,050 030	0,095 332	0,135 508	0,206 106	0,288 333	0,404 687	0,599 418	0,955 615
	4	0,045 104	0,089 738	0,144 332	0,205 824	0,290 386	0,407 688	0,602 748	0,955 690
	5	0,045 029	0,089 708	0,144 303	0,205 909	0,290 440	0,407 753	0,602 808	0,955 741
	6	0,045 029	0,089 708	0,144 303	0,205 909	0,290 440	0,407 753	0,602 808	0,955 741
Exaktes $\theta(\varphi)$		0,044 053	0,090 743	0,143 348	0,206 777	0,289 564	0,408 638	0,601 859	0,956 517

Tabelle 7. *Vergleich der Verfahren N und N_{amp}*

$p \rightarrow$	0,8	0,65	0,45	0,4	0,35	0,3	0,25	0,2	0,15
N 7 Dez. . .	2	3	4	4	4	5	5	unbrauchbar	
N_{amp} 6 Dez. .	4	5	7	8	9	9—10	9 (5 Dez)	unbrauchbar	

Die Rechenzeit (Zuse Z 22) war für N etwa $2^{1}/_{2}$ min pro Iteration, für N_{amp} etwa 1 min. N und N_{amp} brauchen also, grob gesprochen, etwa gleich lange, um eine bestimmte Genauigkeit zu erreichen. Allerdings dürfte sich bei stärkerer Diskretisierung der Vorteil zu N_{amp} hin verschieben, da das für N zu lösende lineare Gleichungssystem (3.19) dann verhältnismäßig mehr Zeit beanspruchen wird.

Auch bei diesen Versuchen wurde im Programm die Symmetrie von C berücksichtigt. Für (3.19) bedeutet dies, daß $h_0 = h_9 = 0$ und $h_{-k} = -h_k$, $h_{9-k} = -h_{9+k}$, also

$$\frac{\varrho'}{\varrho}(x_{-k})\,h_{-k} = \frac{\varrho'}{\varrho}(x_k)\,h_k, \quad \frac{\varrho'}{\varrho}(x_{9-k})\,h_{9-k} = \frac{\varrho'}{\varrho}(x_{9+k})\,h_{9+k}$$

gilt, so daß sich (3.19) auf ein 8×8-System reduzieren läßt. Man überlegt sich leicht, daß sich dessen Koeffizientenmatrix in folgenden Schritten aufbauen läßt:

Tabelle 8. *Zur Besetzung der Koeffizientenmatrix* (3.19) *bei symmetrischem C*

$$a_{21} = -14{,}806\ 665\ 255$$
$$a_{41} = -\ 5{,}142\ 300\ 878$$
$$a_{61} = -\ 2{,}406\ 139\ 731$$
$$a_{81} = -\ 0{,}727\ 940\ 468$$

$$a_{12} = +\ 7{,}878\ 462\ 025$$
$$a_{32} = -13{,}020\ 762\ 902$$
$$a_{52} = -\ 4{,}192\ 042\ 083$$
$$a_{72} = -\ 1{,}678\ 199\ 262$$

$$a_{23} = +\ 9{,}664\ 364\ 377$$
$$a_{43} = -12{,}070\ 504\ 109$$
$$a_{63} = -\ 3{,}464\ 101\ 615$$
$$a_{83} = -\ 0{,}950\ 258\ 793$$

$$a_{14} = +\ 1{,}785\ 902\ 354$$
$$a_{34} = +10{,}614\ 623\ 171$$
$$a_{54} = -11{,}342\ 563\ 640$$
$$a_{74} = -\ 2{,}736\ 161\ 145$$

1. Besetzung mit lauter Nullen;

2. Eintragen der Zahlen von Tab. 8;

3. Auffüllung der rechten Hälfte der Matrix nach der Vorschrift $a_{ik} = -a_{9-i,\,9-k}$ für die a_{ik} von Tab. 8. Bis jetzt ist die Matrix antizentrosymmetrisch; vgl. Aitken ([4], S. 124—125);

4. Multiplikation der k-ten Spalte mit $\dfrac{\varrho'}{\varrho}(x_k) : 18$ $(k = 1, 2, \ldots, 8)$;

5. Besetzung der Hauptdiagonale mit Einsen.

c) **Weitere Experimente.** Schließlich wurde das G-Verfahren noch zur konformen Abbildung von $|z| < 1$ auf das Einheitsquadrat (Seitenlänge 2) angewendet, und der gewonnene Vektor $\mathfrak{x}$ mit der exakten Ränderzuordnung verglichen, die sich aus

$$\theta(\varphi) = \arctan\left\{\frac{F(\arcsin[\sqrt{2}\,\sin\varphi];\,k)}{K(k)}\right\} \quad \text{mit } k = 1/\sqrt{2}$$

bestimmt. Die Ergebnisse sind in Tab. 9 auszugsweise wiedergegeben, wobei man beachte, daß beim G-Verfahren die Symmetrie bezüglich 45^0

auch bei den einzelnen Iterationen besteht. Man sieht, daß sich das Auftreten der Ecken weniger in einer Verlangsamung der Konvergenz der Iterationen äußert als in einem größeren Fehlervektor $\mathfrak{z} = \{\theta(\varphi_i)\} - \mathfrak{r}$. Außerdem zeigt sich beim Vergleich von e^{A_0} mit $f'(0)$ die allgemeine Tatsache, daß sich der durch die Diskretisierung bedingte Fehler in $|z| < 1$ weniger auswirkt als auf $|z| = 1$ selbst.

Tabelle 9. *Anwendung des G-Verfahrens zur Abbildung von $|z| < 1$ auf das Einheitsquadrat*

Iterationen	10°	20°	30°	40°
2	0,137 617	0,280 596	0,409 088	0,615 147
4	0,132 034	0,273 494	0,411 116	0,620 636
6	0,132 420	0,274 663	0,411 804	0,620 354
8	0,132 410	0,274 553	0,411 646	0,620 322
10	0,132 406	0,274 556	0,411 664	0,620 333
Exaktes $\theta(\varphi)$	0,133 706	0,271 258	0,419 118	0,597 982
Fourier-Koeff. A_n aus (3.5)	$A_0 = 0{,}075\ 642$	$A_4 = 0{,}099\ 558$	$A_8 = 0{,}035\ 546$	$e^{A_0} = 1{,}07\ 858$
	$A_{12} = -0{,}017\ 481$	$A_{16} = 0{,}005\ 851$	andere $A_n = 0$	$f'(0) = 1{,}07\ 871$

Weitere Versuche zum Theodorsen-Verfahren stammen von Birkhoff-Young-Zarantonello ([40], S. 125; G-Verfahren auf Ellipse $a:b = 2:3$ mit $N = 9$ angewandt) und Ostrowski ([316], S. 4—5; E- und N-Verfahren auf Ellipse $a:b = 5:6$ mit $N = 10$ angewandt). Es wäre interessant zu untersuchen, ob sich die Methode der Überrelaxation, die sich bei der iterativen Lösung linearer Gleichungssysteme so bewährt hat (Young [471]; Varga [438], [439]), auch für die Lösung des nichtlinearen Systems (3.4) einsetzen läßt.

§ 4. Verschiedene mit dem Theodorsen-Verfahren verwandte Abbildungsmethoden

Hier stellen wir noch einige Verfahren zusammen, die insofern mit dem in den letzten Paragraphen behandelten Theodorsen-Verfahren eng verwandt sind, als auch sie auf einer Funktionalgleichung beruhen, in die der Konjugiertenoperator K eingeht. Für alle diese Verfahren liegen bis jetzt keine Konvergenzbetrachtungen vor, doch sind sie in der Praxis erprobt und bewährt.

4.1. Das Verfahren von Matthieu, Nehari und v. Kármán-Trefftz

Gegeben sei wieder eine bezüglich $w = 0$ sternige Jordankurve C: $\varrho = \varrho(\theta)$, und $w = f(z)$ bilde $|z| < 1$ konform und durch $f(0) = 0$, $f'(0) > 0$ normiert auf das Innere von C ab. Die Zuordnung von $z = e^{i\varphi}$ nach C sei wieder durch $\theta = \theta(\varphi)$ beschrieben.

a) Ableitung der Funktionalgleichung. Wir betrachten jetzt die Hilfsfunktion

$$F(z) = \frac{f(z)}{z} \text{ mit } F(e^{i\varphi}) = \varrho(\theta(\varphi)) \cos(\theta(\varphi) - \varphi) + i\varrho(\theta(\varphi)) \sin(\theta(\varphi) - \varphi).$$

Für $z = 0$ ist $\mathfrak{J} F(0) = 0$, so daß sich mit (1.1) schon die gesuchte Funktionalgleichung ergibt

$$\operatorname{tg}(\theta(\varphi) - \varphi) = \frac{K\left[\varrho(\theta(\varphi)) \cos(\theta(\varphi) - \varphi)\right]}{\varrho(\theta(\varphi)) \cos(\theta(\varphi) - \varphi)}, \tag{4.1}$$

in der K wieder den Konjugiertenoperator von 1.1 bezeichnet. Auf ihre iterative Lösung gehen wir in 4.2 ein, bemerken aber schon jetzt, daß die Lösung nicht eindeutig bestimmt ist: Mit $\theta(\varphi)$ ist auch $\theta(\varphi + \pi)$ Lösung von (4.1). Ursache dafür ist, daß die Normierung $f'(0) > 0$ nicht voll verwertet wurde, sondern nur $f'(0)$ reell.

b) Die erste Näherung. Setzt man $\theta_0(\varphi) \equiv \varphi$, so führt die erste Näherung auf das in der Überschrift genannte Verfahren. Ist nämlich analog zu 1.4,c) die Approximation $F_n(e^{i\varphi})$ von $F(e^{i\varphi})$ durch die Forderung $\mathfrak{R} F_n(e^{i\varphi}) = \varrho(\theta_{n-1}(\varphi)) \cos(\theta_{n-1}(\varphi) - \varphi)$ bestimmt, so bekommen wir für $n = 1$ nach der Schwarzschen Formel (vgl. 1.2,b))

$$F_1(z) = \frac{f_1(z)}{z} = \frac{1}{2\pi} \int_0^{2\pi} \frac{e^{i\varphi} + z}{e^{i\varphi} - z} \varrho(\varphi) \, d\varphi,$$

also (nach Matthieu)

$$f_1(z) = z + z \cdot \frac{1}{2\pi} \int_0^{2\pi} \frac{e^{i\varphi} + z}{e^{i\varphi} - z} (\varrho(\varphi) - 1) \, d\varphi \quad (|z| < 1); \tag{4.2}$$

vgl. Bieberbach ([38], S. 196). Bei Nehari ([295], S. 265) ist diese Näherungsformel aus der Hadamardschen Variationsformel abgeleitet, und es wird dort gezeigt, daß $f(z) = f_1(z) + o(\varepsilon)$ ist für festes z in $|z| < 1$ und $\varepsilon \to 0$, wenn $\varrho(\theta) = 1 + \varepsilon p(\theta)$ ist, also C wenig vom Einheitskreis abweicht.

Unter dieser Annahme läßt sich aus (4.2) auch eine Näherung für die *Umkehrfunktion* $z = g(w)$ von $w = f(z)$ gewinnen. Geht man mit dem Ansatz $z = w + w k(w)$ in $w = f_1(z) + o(\varepsilon)$ ein, so kommt sofort

$$k(w) = -\frac{1}{2\pi} \int_0^{2\pi} \frac{e^{i\varphi} + w}{e^{i\varphi} - w} (\varrho(\varphi) - 1) \, d\varphi + o(\varepsilon) \quad (|w| < 1, \varepsilon \to 0),$$

also ist

$$g_1(w) = w - w \cdot \frac{1}{2\pi} \int_0^{2\pi} \frac{e^{i\varphi} + w}{e^{i\varphi} - w} (\varrho(\varphi) - 1) \, d\varphi \tag{4.3}$$

eine Näherung für $g(w)$ mit $g(w) = g_1(w) + o(\varepsilon)$ $(|w| < 1, \varepsilon \to 0)$; vgl. Nehari ([295], S. 264).

Für die praktische Rechnung wird $\varrho(\theta) - 1$ entwickelt:

$$\varrho(\theta) - 1 \sim \sum_{n=0}^{\infty} (a_n \cos n\theta + b_n \sin n\theta)\,,$$

und aus (4.2) und (4.3) wird dann

$$f_1(z) = z + z \sum_{n=0}^{\infty} (a_n - i b_n)\, z^n \quad \text{und} \quad g_1(w) = w - w \sum_{n=0}^{\infty} (a_n - i b_n)\, w^n. \quad (4.4)$$

Diese einfachen Formeln liegen dem Verfahren von v. Kármán und Trefftz ([189], S. 116) zugrunde, welches in den Anfängen der Praxis der konformen Abbildung häufig zum Studium umströmter Tragflügel verwendet worden ist; siehe dazu auch Lösch ([262], S. 25), Durand ([81], S. 81) und Ferrari [93]. Die dort angegebenen Formeln beziehen sich auf die konforme Abbildung von $|z| > 1$ auf das Äußere von C. Eventuell sind einige Schritte von (4.4) nacheinander auszuführen, wenn das Bild von C unter $z = g_1(w)$ mit $|z| = 1$ noch nicht hinreichend übereinstimmt.

4.2. Das Verfahren von Kulisch und Melentjew

a) Iterative Lösung von (4.1). Zunächst sei $F(z) = U(z) + i\, V(z)$ in $|z| < 1$ regulär, in $|z| \leqq 1$ stetig. Dann ist

$$F(z) = \sum_{k=0}^{\infty} a_k z^k \quad (|z| < 1) \quad \text{mit} \quad a_k = \frac{1}{2\pi} \int_0^{2\pi} F(e^{i\varphi})\, e^{-ik\varphi}\, d\varphi \quad (k = 0, 1, 2, \ldots).$$

Will man die Koeffizienten durch $U(z)$ allein ausdrücken, so zieht man die Schwarzsche Formel heran und bekommt nach leichter Rechnung

$$F(z) = \frac{c_0}{2} + \sum_{k=1}^{\infty} c_k z^k + i\,\Im F(0) \qquad (|z| < 1)$$

mit

$$c_k = \frac{1}{\pi} \int_0^{2\pi} U(e^{i\varphi})\, e^{-ik\varphi}\, d\varphi \qquad (k = 0, 1, 2, \ldots).$$

Auf das $F(z) = \dfrac{f(z)}{z}$ von 4.1 angewandt ergibt sich, auch auf $|z| = 1$ gültig (Fejér),

$$\frac{f(z)}{z} = \frac{c_0}{2} + \sum_{k=1}^{\infty} c_k z^k \qquad (4.5)$$

mit

$$c_k = \alpha_k - i\,\beta_k = \frac{1}{\pi} \int_0^{2\pi} \varrho(\theta(\varphi)) \cos(\theta(\varphi) - \varphi)\, e^{-ik\varphi}\, d\varphi \qquad (k = 0, 1, 2, \ldots),$$

also ferner

$$U(e^{i\varphi}) = \varrho(\theta(\varphi))\cos(\theta(\varphi) - \varphi) = \frac{\alpha_0}{2} + \sum_{k=1}^{\infty}(\alpha_k\cos k\varphi + \beta_k\sin k\varphi)$$

$$V(e^{i\varphi}) = \varrho(\theta(\varphi))\sin(\theta(\varphi) - \varphi) = \sum_{k=1}^{\infty}(\alpha_k\sin k\varphi - \beta_k\cos k\varphi)\;.$$

Nun greifen wir (4.1) iterativ an:

$$\mathrm{tg}(\theta_{n+1}(\varphi) - \varphi) = \frac{K\,[\varrho(\theta_n(\varphi))\cos(\theta_n(\varphi) - \varphi)]}{\varrho(\theta_n(\varphi))\cos(\theta_n(\varphi) - \varphi)} \qquad (n = 0, 1, 2, \ldots)\,, \quad (4.6)$$

meist mit $\theta_0(\varphi) \equiv \varphi$. Konvergenzaussagen liegen nicht vor, und es ist zu erwarten, daß im Falle der Konvergenz $\theta_n(\varphi) \Rightarrow \theta(\varphi)$ die Grenzfunktion $\theta(\varphi)$ auch von der Wahl von $\theta_0(\varphi)$ abhängt, da ja (4.1) keine eindeutige Lösung hat. Insofern sind hier die Verhältnisse nicht so einfach wie beim Theodorsen-Verfahren.

Die Ausführung der Iterationen (4.6) wird am besten mit Hilfe der Matrix $\mathfrak{W}$ von (2.7) geschehen, so daß man die Iterationen

$$\mathrm{tg}(\mathfrak{r}_{n+1} - \mathfrak{a}) = \frac{\mathfrak{W}\,[\varrho(\mathfrak{r}_n)\cos(\mathfrak{r}_n - \mathfrak{a})]}{\varrho(\mathfrak{r}_n)\cos(\mathfrak{r}_n - \mathfrak{a})}$$

erhält (komponentenweise Multiplikation und Division). KULISCH ([232], [234]) schlägt vor,

$$U_n(e^{i\varphi}) \doteq \varrho(\theta_n(\varphi))\cos(\theta_n(\varphi) - \varphi) \sim \frac{\alpha_0^{(n)}}{2} + \sum_{k=1}^{\infty}(\alpha_k^{(n)}\cos k\varphi + \beta_k^{(n)}\sin k\varphi)$$

zu entwickeln (praktisch: trigonometrisches Interpolationspolynom), daraus

$$V_n(e^{i\varphi}) \doteq K\,[\varrho(\theta_n(\varphi))\cos(\theta_n(\varphi) - \varphi)] \sim \sum_{k=1}^{\infty}(\alpha_k^{(n)}\sin k\varphi - \beta_k^{(n)}\cos k\varphi)$$

zu errechnen, und sodann durch

$$\theta_{n+1}(\varphi) - \varphi = \mathrm{arc\,tg}\,\frac{V_n(e^{i\varphi})}{U_n(e^{i\varphi})}$$

die neue Iteration zu bestimmen. Dieses Vorgehen hat den Vorzug, daß man gleichzeitig mit $\theta_n(\varphi)$ in den Fourier-Koeffizienten $\alpha_k^{(n)}$, $\beta_k^{(n)}$ Näherungen für die α_k, β_k gewinnt und damit Näherungen für die Koeffizienten der Potenzreihe von $f(z)$; vgl. (4.5).

Einige Beispiele sind von KULISCH auf der PERM durchgerechnet worden, so der Fall, daß C eine Ellipse mit $a = \dfrac{5}{4}$, $b = 1$ ist. Die Ergebnisse sind sehr befriedigend, wenn auch im vorliegenden Fall nicht ganz so genau wie die mit dem Theodorsen-Verfahren gewonnenen Resultate. Das Verfahren läßt sich auch mit Hilfe eines Analogrechners durchführen [234].

Wir bemerken noch folgendes. Sind die Vektoriterationen stabil geworden, gilt also

$$\varrho(\mathfrak{r}) \sin(\mathfrak{r} - \mathfrak{a}) = \mathfrak{W}[\varrho(\mathfrak{r}) \cos(\mathfrak{r} - \mathfrak{a})] \,, \tag{4.7}$$

und bildet man zum Vektor $\varrho(\mathfrak{r}) \cos(\mathfrak{r} - \mathfrak{a})$ das Interpolationspolynom

$$T_N(\varphi) = \sum_{k=0}^{N} (A_k \cos k\varphi + B_k \sin k\varphi) \qquad (B_0 = B_N = 0) \,,$$

das also $T_N(\varphi_j) = \varrho(x_j) \cos(x_j - \varphi_j)$ erfüllt $(\varphi_j = j \cdot \frac{\pi}{N}$; $j = -N + 1$, $\ldots, N)$, so *hat das Polynom*

$$f_N(z) = \sum_{k=0}^{N} (A_k - iB_k) z^{k+1}$$

die Eigenschaft, daß $f_N(e^{i\varphi_j})$ *auf* C *liegt* $(j = 0, \pm 1, \ldots, \pm N)$, ganz in Analogie zu 3.1,**c)** beim Theodorsen-Verfahren. Es ist ja

$$\mathfrak{R}\{f_N(e^{i\varphi_j}) e^{-i\varphi_j}\} = T_N(\varphi_j) \,,$$

$$\mathfrak{I}\{f_N(e^{i\varphi_j}) e^{-i\varphi_j}\} = K T_N(\varphi_j) = (\mathfrak{W}[\varrho(\mathfrak{r}) \cos(\mathfrak{r} - \mathfrak{a})])_j \,,$$

also wegen (4.7)

$$f_N(e^{i\varphi_j}) e^{-i\varphi_j} = \varrho(x_j) e^{i(x_j - \varphi_j)} \qquad (j = 0, \pm 1, \ldots, \pm N) \,,$$

was die Behauptung ergibt.

Das oben geschilderte Vorgehen liegt im wesentlichen bereits bei MELENTJEW vor; siehe den Artikel von MELENTJEW in ([144], Kap. V) und KANTOROWITSCH [186], ferner KANTOROWITSCH-KRYLOW ([187], S. 415—439). Die Abbildungsfunktion ist durch $f(1) > 0$ lediglich anders normiert, und das Verfahren arbeitet graphisch-numerisch, wobei die Verwendung von Schablonen für die Handrechnung hervorgehoben wird. Besondere Beachtung findet der Fall, daß C mehrfach symmetrisch ist.

b) Das Verfahren von BERGSTRÖM. Hier wird weder $\log \frac{f(z)}{z}$ (THEODORSEN) noch $\frac{f(z)}{z}$ (siehe **a)**) betrachtet, sondern direkt

$$f(z) = \sum_{k=1}^{\infty} a_k z^k \text{ mit } (*) \ a_k = \frac{1}{2\pi} \int_0^{2\pi} \varrho(\theta(\varphi)) e^{i(\theta(\varphi) - k\varphi)} d\varphi \qquad (k = 1, 2, \ldots) \,,$$

und wie folgt iteriert:

(i) Bei gegebenem $\theta_n(\varphi)$ errechne man $a_k^{(n+1)}$ gemäß (*);

(ii) sodann bestimme man $\theta_{n+1}(\varphi) = \arg f_{n+1}(e^{i\varphi})$, wobei $f_{n+1}(z)$ $= \sum_{k=1}^{\infty} a_k^{(n+1)} z^k$ ist. Meist ist $\theta_0(\varphi) \equiv \varphi$.

Diese Methode ist bei BERGSTRÖM [32] für den analogen Fall der Abbildung von $|z| > 1$ auf das Äußere von C behandelt und an drei Beispielen erläutert, die relativ gute Näherungen für die Abbildungsfunktion zeigen.

Jedoch ist zu bemerken, daß im Falle $\varrho(\theta) = 1 + \varepsilon \cos\theta$ ($\varepsilon > 0$, klein) die Methode von BERGSTRÖM die erste Näherung $f_1(z) = z + \dfrac{\varepsilon}{2} z^2$ liefert, während nach der Hadamardschen Variationsformel $f(z) = z + \varepsilon z^2 + o(\varepsilon)$ ist (NEHARI [295], S. 265) und das Verfahren von **a)** $f_1(z) = z + \varepsilon z^2$ erbringt. Die erste Näherung nach der Methode von BERGSTRÖM ist demnach nicht so gut wie die von **a)**.

4.3. Spezielle Verfahren zur Profilabbildung

Das Studium der Umströmung eines Tragflügelprofils führt bekanntlich auf die Aufgabe, $|z| > 1$ auf das gesamte Äußere des Profils konform abzubilden. Im Prinzip eignen sich dazu — eventuell nach einer geeigneten Hilfsabbildung — alle Methoden der konformen Abbildung und insbesondere das Theodorsen-Verfahren von § 1 bis § 3, jedoch gibt es auch einige Verfahren, die speziell auf die genannte Aufgabe zugeschnitten sind. Dabei spielen konjugierte Funktionen wieder eine wichtige Rolle.

Ist $f(z) = u(z) + iv(z)$ *in* $|z| > R$ *einschließlich* $z = \infty$ *regulär, in* $|z| \geqq R$ *stetig, so gilt mit dem Konjugiertenoperator* K *von* 1.1

$$u(Re^{i\varphi}) = u(\infty) + K\left[v(Re^{i\varphi})\right]. \tag{4.8}$$

Beweis durch Anwendung von (1.1) auf $g(z) = if\left(\dfrac{R}{z}\right)$.

a) Das Verfahren von TIMMAN. Der Einfachheit halber nehmen wir an, die Profilkontur C sei bezüglich der ξ-Achse ($w = \xi + i\eta$) symmetrisch, und der Tangentenwinkel ϑ genüge als Funktion der Bogenlänge einer Lipschitzbedingung. Gesucht ist die Abbildung $w = f(z)$ von $|z| > R$ auf das Äußere von C, mit der Normierung durch $f(\infty) = \infty$ und $f'(\infty) = 1$; es ist dann $f(R) = 0$.

Dieses zweidimensionale Problem wird wieder auf die Bestimmung der Zuordnung von $z = Re^{i\varphi}$ auf C zurückgeführt, in diesem Falle auf $\xi = \xi(\varphi)$. Wir leiten eine Funktionalgleichung für $\xi(\varphi)$ ab. Dazu betrachten wir die in $|z| > R$ reguläre, in $|z| \geqq R$ stetige Hilfsfunktion $F(z) = \log f'(z)$ mit $F(\infty) = 0$, welche für $z = Re^{i\varphi}$ die Gestalt

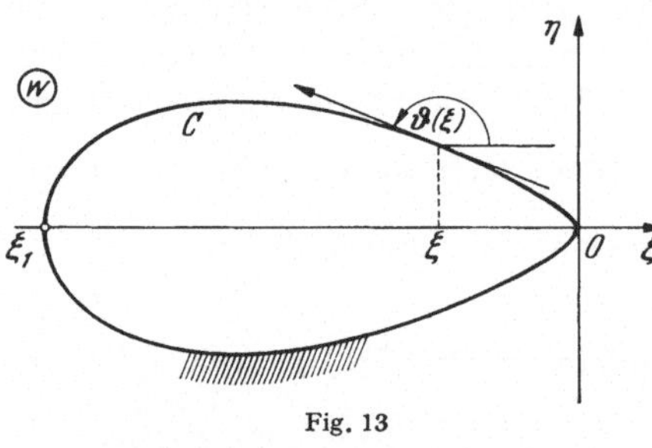

Fig. 13

$$\log f'(Re^{i\varphi}) = \log|f'(Re^{i\varphi})| + i\arg f'(Re^{i\varphi}) = \sigma(\varphi) + i\tau(\varphi)$$

annimmt, wobei nach (4.8)

$$\sigma(\varphi) = K[\tau(\varphi)] \quad \text{und} \quad \tau(\varphi) = \vartheta(\xi(\varphi)) - \varphi - \frac{\pi}{2}$$

ist mit bekannter Funktion $\vartheta(\xi)$. Schließlich nehmen wir noch in

$$f(Re^{i\varphi}) = iR \int\limits_0^\varphi f'(Re^{i\psi}) e^{i\psi} d\psi = iR \int\limits_0^\varphi e^{\sigma(\psi) + i(\tau(\psi) + \psi)} d\psi$$

den Realteil und erhalten die Beziehung

$$\xi(\varphi) = R \int\limits_0^\varphi e^{\sigma(\psi)} \cos\vartheta(\xi(\psi)) \, d\psi \quad \text{mit} \quad \sigma(\varphi) = K[\vartheta(\xi(\varphi)) - \varphi] \qquad (4.9)$$

für die gesuchte Funktion $\xi(\varphi)$; vgl. TIMMAN ([419], S. 10).

Bei der iterativen Lösung von (4.9) muß bei jedem Schritt auch das unbekannte R approximiert werden, am besten durch die Vorschrift $\xi(\pi) = \xi_1$. Die Iterationen liefern gleichzeitig Approximationen von $\sigma(\varphi), \tau(\varphi)$, also von $f'(Re^{i\varphi})$. Für die Auswertung des Operators K wird die Methode von **2.2,c)** empfohlen. Konvergenzbetrachtungen für das Iterationsverfahren scheinen vorzuliegen (TIMMAN [419], S. 11), sind aber nicht veröffentlicht.

Der Fall, daß C unsymmetrisch ist, bringt keine wesentlichen Komplikationen. Eine eventuell bei $w = 0$ vorliegende Ecke von C (Profilende) ist durch eine Hilfsabbildung wegzuschaffen.

b) Das Verfahren von RIEGELS und WITTICH. Die Profilkurve C wird hier nicht mehr glatt und symmetrisch angenommen; sie habe die Darstellung $\eta = P(\xi)$ mit zweiwertiger Funktion P. Gesucht ist die Abbildung $w = f(z)$ von $|z| > 1$ auf das Äußere von C, mit der Normierung durch $f(\infty) = \infty$, $f'(\infty) = \dfrac{k}{2} > 0$; es gilt also

$$f(z) = \frac{k}{2} z + a_0 + \frac{a_1}{z} + \cdots \quad (|z| > 1).$$

Das Verfahren beruht auf dem Ansatz

$$f(z) = k\left[\frac{1}{2}\left(z + \frac{1}{z}\right) + g(z)\right] \qquad (4.10)$$

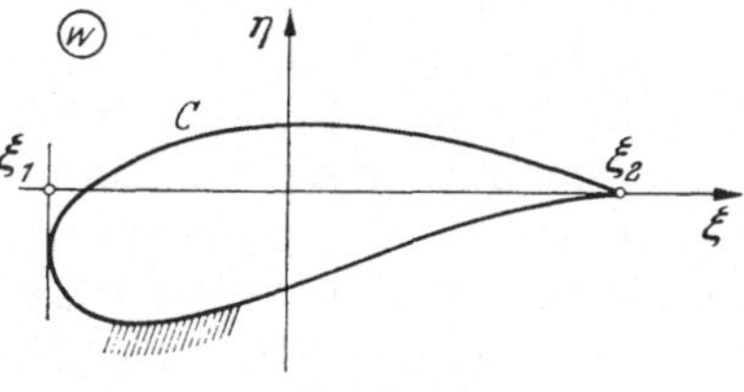

Fig. 14

mit einer in $|z| > 1$ einschließlich ∞ regulären, in $|z| \geq 1$ stetigen Korrekturfunktion $g(z)$; dabei sei $g(\infty) = -c - id$ gesetzt. Für $z = e^{i\varphi}$ haben wir

$$\xi(\varphi) = k(\cos\varphi + \Re g(e^{i\varphi})), \qquad \eta(\varphi) = k\Im g(e^{i\varphi}),$$

und (4.8) liefert für die Funktion $G(\varphi) = -\Re g(e^{i\varphi})$ die Funktionalgleichung

$$G(\varphi) = c - K\left[\frac{1}{k} P\{k(\cos\varphi - G(\varphi))\}\right],$$

in der auch noch c und k unbekannt sind. Die Iterationen werden gemäß

$$G_{n+1}(\varphi) = c_{n+1} - K\left[\frac{1}{k_n}\,P\{k_n(\cos\varphi - G_n(\varphi))\}\right]$$
$$= c_{n+1} + I_n(\varphi) \qquad\qquad (n = 0, 1, \ldots) \tag{4.11}$$

angesetzt. Dabei muß durch die Wahl von c_n und k_n dafür gesorgt werden, daß das Argument $\{\ \}$ von P gerade das Intervall $\langle\xi_1, \xi_2\rangle$ durchläuft, also

$$k_n \max_\varphi (\cos\varphi - G_n(\varphi)) = \xi_2,$$
$$k_n \min_\varphi (\cos\varphi - G_n(\varphi)) = \xi_1, \qquad (n = 0, 1, \ldots) \tag{4.12}$$

d. h. mit Berücksichtigung von (4.11)

$$k_n\left[\max_\varphi(\cos\varphi - I_{n-1}(\varphi)) - c_n\right] = \xi_2,$$
$$k_n\left[\min_\varphi(\cos\varphi - I_{n-1}(\varphi)) - c_n\right] = \xi_1. \qquad (n = 1, 2, \ldots) \tag{4.13}$$

Daraus sind die c_n und k_n zu bestimmen. Die Ermittlung des max und min in (4.13) geschieht praktisch, da ja diskret gerechnet werden muß, durch Verwendung einer Interpolationsparabel.

Als Ausgangsnäherung nimmt man $G_0(\varphi) = C$ konstant, und um (4.12) zu befriedigen, muß $k_0(1 - C) = \xi_2$ und $k_0(-1 - C) = \xi_1$ sein, also

$$k_0 = \frac{\xi_2 - \xi_1}{2} \quad \text{und} \quad C = G_0(\varphi) = \frac{\xi_1 + \xi_2}{\xi_1 - \xi_2}.$$

Sodann ist $I_0(\varphi)$ auszurechnen, k_1 und c_1 aus (4.13) zu entnehmen, und die weiteren Iterationen verlaufen gemäß (4.11). Weitere Schilderung des Verfahrens und Literatur bei BETZ ([33], S. 265 ff.).

Die Durchführung der Operation K in (4.11) kann entweder mit der Matrix $\mathfrak{W}$ von (2.7) oder durch Fourier-Analyse von [ ] geschehen. Diese letztere Methode hat den Vorzug, daß man gleichzeitig mit $G_{n+1}(\varphi)$ auch dessen Fourier-Koeffizienten erhält und damit eine Näherung für die Koeffizienten der Potenzreihe von $g(z)$ in (4.10). Auf diesen Punkt legt die Arbeit von RINGLEB [346] besonderen Wert; an einem Beispiel wird die schnelle Konvergenz der Näherungen der Koeffizienten vorgeführt. Dasselbe Vorgehen wie bei RINGLEB findet sich bei NUZHIN ([305], S. 56—60). Die dortige Konvergenzbetrachtung erscheint jedoch nicht zuverlässig.

Schließlich unterscheidet sich das Verfahren zur Profilabbildung bei IMAI, KAJI und UMEDA [175] von dem geschilderten von RIEGELS und WITTICH nur durch die Normierung der Abbildungsfunktion. Es werden 32 NACA-Profile berechnet und tabelliert; für die Diskretisierung wird $|z| = 1$ in 40 und 80 gleich große Teilintervalle zerlegt und die Operation K nach der Methode von 2.2,a) berechnet.

4.4. Das Verfahren von Friberg

Bei diesem Verfahren wird von der Kurve C verlangt, daß sie glatt sei, und daß der Tangentenwinkel $\vartheta = \vartheta(s)$ einer Lipschitzbedingung genüge. Die $|z| < 1$ auf das Innere von C abbildende Funktion $w = f(z)$, durch $f(0) = 0$, $f'(0) > 0$ normiert, hat dann eine in $|z| \leqq 1$ stetige Ableitung $\neq 0$ (siehe Anhang 4). Ferner sei $\varkappa = \varkappa(\theta)$ wieder der Winkel zwischen dem Radiusvektor $\arg w = \theta$ und der äußeren Kurvennormalen im Punkt $(\theta, \varrho(\theta))$.

Zur Ableitung einer Funktionalgleichung betrachten wir die in $|z| < 1$ reguläre, in $|z| \leqq 1$ stetige Hilfsfunktion $F(z) = -i \log \dfrac{z f'(z)}{f(z)}$ mit $F(0) = 0$. Da $f(e^{i\varphi}) = \varrho(\theta(\varphi)) e^{i\theta(\varphi)}$ ist, findet man nach leichter Rechnung $(\varphi + \arg f' = \theta + \varkappa(\theta))$

$$F(e^{i\varphi}) = \varkappa(\theta(\varphi)) - i \log \frac{\theta'(\varphi)}{\cos\varkappa(\theta(\varphi))},$$

woraus sich mit (1.1) die Integro-Differentialgleichung für $\theta(\varphi)$ ergibt:

$$\log\theta'(\varphi) = \log\cos\varkappa(\theta(\varphi)) - K[\varkappa(\theta(\varphi))]; \qquad (4.14)$$

vgl. Friberg [110] und Warschawski ([456], S. 229). Die Normierung $f'(0) > 0$ impliziert $\int\limits_{-\pi}^{+\pi} (\theta(\varphi) - \varphi)\,d\varphi = 0$, also ist

$$\int\limits_{-\pi}^{+\pi} \theta(\varphi)\,d\varphi = 0. \qquad (4.15)$$

Die Funktionalgleichung (4.14) wird nun nach der Vorschrift

$$\log\theta'_{n+1}(\varphi) = \log\cos\varkappa(\theta_n(\varphi)) - K[\varkappa(\theta_n(\varphi))] \quad (n = 0, 1, \ldots) \qquad (4.16)$$

gelöst, etwa mit $\theta_0(\varphi) \equiv \varphi$, wobei nach der Ermittlung von $\theta'_{n+1}(\varphi)$

$$\theta_{n+1}(\varphi) = \int\limits_0^\varphi \theta'_{n+1}(t)\,dt + c_n \qquad (|\varphi| \leqq \pi)$$

gebildet wird mit einem c_n, für das der Normierung $\int\limits_{-\pi}^{+\pi} \theta_{n+1}(\varphi)\,d\varphi = 0$ genügt ist.

Wir bemerken, daß $\theta_n(\varphi) - \varphi$ im allgemeinen *nicht* mit 2π periodisch ist. Der von Friberg [110] stammende und bei Warschawski ([456], S. 229) zitierte Konvergenzsatz erscheint aus diesem Grunde fraglich, da nämlich für $g(\varphi) = \varkappa(\theta_n(\varphi))$ nicht notwendig $g(\pi) = g(-\pi)$ ist und daher $K[g]$ nicht beschränkt zu sein braucht.

Die Diskretisierung von (4.14) ergibt wieder eine Vektorgleichung, bei der die Operation K durch die Matrix $\mathfrak{W}$ von (2.7) ersetzt ist. Für die Differenz zwischen $\{\theta_n(\varphi_k)\}$ $\left(\varphi_k = k \cdot \dfrac{\pi}{N}; \; k = -N+1, \ldots, N\right)$ und der n-ten Iteration der Vektorgleichung gibt Friberg eine Abschätzung an

([456], S. 231), welche jedoch von n abhängt. Die von FRIBERG durchgeführten Versuche lassen vermuten, daß das Verfahren hinsichtlich Einfachheit, Konvergenzgeschwindigkeit und Güte der Approximation von $\theta(\varphi)$ dem Theodorsen-Verfahren unterlegen ist. Ein Vorteil des Verfahrens könnte jedoch darin liegen, daß bei den Iterationen gleichzeitig Approximationen für $\theta'(\varphi)$ mitgeliefert werden.

4.5. Störungsmethode von YOSHIKAWA

Wir betrachten eine Schar von Kurven $C(\varepsilon)$, die in der Form $\varrho(\theta) = 1 + \varepsilon p(\theta)$ gegeben seien, wobei $p(\theta)$ mit 2π periodisch und beliebig oft differenzierbar und $-1 < \varepsilon < +1$ sei. Die Aufgabe ist, $|z| < 1$ auf das Innere einer dieser Kurven, etwa $C(\varepsilon_0)$, konform abzubilden, mit der Normierung durch $f(0) = 0$, $f'(0) > 0$.

Ist $f(z; \varepsilon)$ die ebenso normierte Abbildungsfunktion von $|z| < 1$ auf das Innere von $C(\varepsilon)$, so läßt sich nach YOSHIKAWA ([470], S. 182) die Funktion $F(z; \varepsilon) = \log \dfrac{f(z; \varepsilon)}{z}$ darstellen in der Form

$$F(z; \varepsilon) = \sum_{n=1}^{\infty} F_n(z)\, \varepsilon^n, \qquad (4.17)$$

wobei die Koeffizienten $F_n(z) = u_n(z) + i v_n(z)$ von ε unabhängig sind. Sie sind außerdem in $|z| < 1$ regulär, in $|z| \leq 1$ stetig, und es gilt $v_n(0) = 0$, so daß $v_n(e^{i\varphi}) = K[u_n(e^{i\varphi})]$ ist. Für $z = e^{i\varphi}$ ist nun $\Re F(z; \varepsilon) = \log \varrho(\theta(\varphi))$, $\Im F(z; \varepsilon) = \theta(\varphi) - \varphi$, also

$$\Re F(z; \varepsilon) = \log[1 + \varepsilon p(\varphi + \Im F(z; \varepsilon))] \qquad (z = e^{i\varphi}) .$$

Setzt man die Reihe für $F(z; \varepsilon)$ ein, so ergibt sich

$$\sum_{n=1}^{\infty} u_n(e^{i\varphi})\, \varepsilon^n = \log[1 + \varepsilon p(\varphi + \sum_{n=1}^{\infty} v_n(e^{i\varphi}) \varepsilon^n)] , \qquad (4.18)$$

wobei also

$$v_n(e^{i\varphi}) = K[u_n(e^{i\varphi})]$$

ist. Entwickelt man (4.18) nach Potenzen von ε, so liefert der Koeffizientenvergleich eine Folge von Gleichungen zur sukzessiven Bestimmung der u_n, v_n:

$$u_1(e^{i\varphi}) = p(\varphi) ; \quad u_2(e^{i\varphi}) = p'(\varphi)\, v_1(e^{i\varphi}) - \frac{1}{2}\, p^2(\varphi) ; \; \dots$$

Sind einige u_n, v_n ermittelt, so setzt man diese und $\varepsilon = \varepsilon_0$ in (4.17) ein und erhält eine Näherung für $f(z) = f(z; \varepsilon_0)$.

Ist p ein trigonometrisches Polynom, so werden alle u_n, v_n trigonometrische Polynome. Für eine Ellipse kleiner Exzentrizität ergaben sich schnell gute Näherungen. Es wird auch der Fall betrachtet, daß $p(\theta)$ nur n-mal differenzierbar ist, oder daß $\varrho(\theta)$ in der allgemeineren Form $\varrho = p(\theta; \varepsilon)$ vorliegt.

4.6. Weitere Zitate

GOUSSEINOFF [147] untersucht allgemeine nichtlineare Integralgleichungen auf Existenz und Eindeutigkeit der Lösung, sowie ihre Lösbarkeit durch sukzessive Approximation. Für die Integralgleichung (1.8) von THEODORSEN ergeben sich schwächere Resultate als die von 1.2,c) und 1.3.

Bei VERTGEĬM [440] wird versucht, die Methode von THEODORSEN auf nichtsternige Bereiche auszudehnen. Es ergibt sich wieder eine nichtlineare Integralgleichung mit dem Operator K, die durch sukzessive Approximation lösbar ist, falls die Ausgangsnäherung hinreichend gut ist. Vergleiche dazu auch BATYREV [20].

Eine zum Theodorsen-Verfahren verwandte Methode studiert weiter ZAKARIN [473]. Die der Theodorsenschen analogen Integralgleichungen für die Abbildung auf eine Halbebene oder auf einen Parallelstreifen finden sich (ohne weitere Diskussion über ihre Lösung) bei SIRYK [385].

Kapitel III

Approximation konformer Abbildungen durch Polynome mit Extremaleigenschaften

Nachdem wir in den ersten beiden Kapiteln die konforme Abbildung eines Gebietes durch Reduktion auf eine Integralgleichung für die Ränderzuordnung ermittelt haben, stützen wir uns jetzt auf eine Charakterisierung der konformen Abbildung durch ein Extremalproblem innerhalb einer Klasse analytischer Funktionen. Zu seiner Lösung wird ein Ritzscher Polynomansatz gemacht, die konforme Abbildung also durch Polynome approximiert. Die theoretischen Grundlagen des Verfahrens und die Verwendung orthogonaler Polynome sind seit den Jahren um 1920 wohl bekannt. Da jedoch die numerischen Rechnungen umfangreicher sind als bei den Integralgleichungsverfahren, waren bis etwa 1955 numerische Experimente spärlich. Erst durch die elektronischen Rechenanlagen haben diese Methoden einige Bedeutung erlangt.

Wir behandeln zunächst die erwähnten Extremalprobleme und die mit dem Ritz-Ansatz zusammenhängenden Fragen der Vollständigkeit des Systems der Polynome in einer Funktionenklasse, sowie Fehlerabschätzungen. Danach soll in § 2 die Verwendung orthogonaler Polynome diskutiert werden. In § 3 gehen wir auf die praktische Durchführung der Verfahren und bisherige Versuchsergebnisse ein.

§ 1. Zwei Minimalprobleme und ihre Lösung durch Ritz-Ansatz

Im folgenden ist durchweg G ein einfach zusammenhängendes, beschränktes Gebiet der z-Ebene, ζ ein beliebiger, fester Punkt aus G, und $w = f(z)$ die durch $f(\zeta) = 0$, $f'(\zeta) = 1$ normierte konforme Abbildung von G auf $|w| < R$; $R = R(\zeta)$ heißt Abbildungsradius. Es ist wohl bekannt, daß sich $f(z)$ durch vielerlei Extremaleigenschaften charakterisieren läßt, bei denen unter den obigen Normierungsvorschriften eine gewisse Norm zum Minimum zu machen ist. So wird z. B. in der Klasse aller in G regulären Funktionen $F(z)$ mit $F(\zeta) = 0$, $F'(\zeta) = 1$ das $\sup_{z \in G} |F(z)|$ minimal, wenn $F(z) = f(z)$ ist (JULIA [180], S. 53; GOLUSIN [143], S. 23); auch die Verwendung von L_p-Normen führt, wenn auch nicht direkt, auf $f(z)$ (JULIA [180], Kap. VI). Diese Probleme lassen sich durch Ritz-Ansatz, also Beschränkung der Konkurrenzfunktionen auf Polynome, approximativ lösen (für das $\sup |F(z)|$-Problem siehe JULIA [179]), doch ist diese Methode von praktischer Bedeutung nur dann, wenn eine L_2-Norm minimal zu machen ist. Darauf wollen wir uns im folgenden beschränken; die Integration ist über G oder über dessen Rand C zu erstrecken, so daß zwei Minimalprobleme zu betrachten sind.

1.1. Vorbereitungen

a) Die Räume $L_2(G)$ und $L_2(C)$. Ist $F(z)$ in G regulär, so sagen wir, es sei $F \in L_2(G)$, wenn das im Lebesgueschen Sinn genommene* Integral $\iint\limits_G |F(z)|^2 d b_z$ endlich ist, und wir erklären dann durch

$$\|F\|^2 = \iint\limits_G |F(z)|^2 d b_z$$

die (Flächen-) Norm $\|F\|$ von $F(z)$. Sind zwei Funktionen F, $G \in L_2(G)$, so existiert wegen der Schwarzschen Ungleichung ihr inneres Produkt

$$(F, G) = \iint\limits_G F(z) \, \overline{G(z)} \, d b_z. \tag{1.1}$$

Zur Erklärung von $L_2(C)$ sei der Rand C von G als rektifizierbare Jordankurve der Länge L vorausgesetzt, und C_r seien die inneren Niveaulinien von G, also die Bilder von $|w| = r$ unter $z = g(w) = f^{-1}(w)$, $0 < r < R$. Ist $F(z)$ in G regulär, so ist

$$\int\limits_{C_r} |F(z)|^2 d s_z = r \int\limits_{\varphi=0}^{2\pi} |F(g(w)) \sqrt{g'(w)}|^2 d\varphi \qquad (w = r e^{i\varphi})$$

eine mit r monoton wachsende Funktion $(0 < r < R)$, und $F(z)$ heißt aus

---

* Das Integral kann auch durch einen Ausschöpfungsprozeß erklärt werden; Näheres hierzu z. B. bei Behnke-Sommer ([21a], S. 270 ff.).

$L_2(C)$, wenn diese Integrale für $r \to R$ beschränkt bleiben. Solche Funktionen haben auf C fast überall nichttangentiale Grenzwerte, und es gilt

$$\lim_{r \to R} \int_{C_r} |F(z)|^2 ds_z = \int_C |F(z)|^2 ds_z,$$

was wir $\|F\|^2$ setzen (Liniennorm von F). An Stelle der Kurven C_r kann man äquivalent eine beliebige Schar rektifizierbarer Kurven in G nehmen, deren Inneres G ausschöpft (KELDYCH-LAVRENTIEFF [194], S. 28; GOLUSIN [143], S. 386), so daß die Erklärung von $L_2(C)$ nicht von $f(z)$ abhängig ist. Für irgend zwei Funktionen F, G aus $L_2(C)$ erklären wir ihr inneres Produkt durch

$$(F, G) = \int_C F(z) \, \overline{G(z)} \, ds_z. \tag{1.2}$$

Hilfssatz 1.1. *Liegt* $|z - z_0| < r$ *in* G, *so ist*

$$|F(z_0)|^2 \leq \frac{1}{\pi r^2} \int\int_G |F(z)|^2 db_z, \quad falls \ F \in L_2(G), \tag{1.3}$$

und

$$|F(z_0)|^2 \leq \frac{1}{2\pi r} \int_C |F(z)|^2 ds_z, \quad falls \ F \in L_2(C). \tag{1.4}$$

Beweis. Multipliziert man

$$|F(z_0)| \leq \frac{1}{2\pi} \int_0^{2\pi} |F(z_0 + \varrho e^{i\varphi})| \, d\varphi \qquad (0 < \varrho < r)$$

mit ϱ und integriert nach ϱ, so kommt

$$|F(z_0)| \leq \frac{1}{\pi r^2} \int\int_{|z-z_0|<r} |F(z)| \, db_z;$$

die Schwarzsche Ungleichung liefert (1.3). Zum Beweis von (1.4) wende man die Cauchysche Formel auf $F^2(z)$ an.

Die Klassen $L_2(G)$ *und* $L_2(C)$ *bilden bei Verwendung der inneren Produkte* (1.1) *und* (1.2) *Hilbert-Räume*, d. h. es gilt:

a) Die Räume sind linear;

b) das innere Produkt genügt

$$(\alpha F, G) = \alpha(F, G) \ (\alpha \ \text{konstant}), \quad (F + G, H) = (F, H) + (G, H),$$

$$(F, G) = \overline{(G, F)}, \quad (F, F) > 0 \ \text{falls} \ F \neq 0;$$

c) die Räume sind vollständig, d. h. jede Cauchy-Folge $\{F_n\}$ von Elementen des Raumes konvergiert gegen ein Element F_0 des Raumes.

Um c) einzusehen, seien etwa $F_n \in L_2(G)$ und $\|F_n - F_m\| \to 0$ $(n, m \to \infty)$. Die Normen $\|F_n\|$ sind daher beschränkt, $\|F_n\| \leq M$, und die $F_n(z)$ nach (1.3) in G lokal gleichmäßig beschränkt, so daß es eine Teilfolge $\{F_{n_k}\}$

gibt mit $F_{n_k}(z) \Rightarrow F_0(z)$ in jedem abgeschlossenen Teil $B \subset G$. Wegen

$$\iint\limits_{B} |F_0(z)|^2 d b_z = \lim_{n_k \to \infty} \iint\limits_{B} |F_{n_k}(z)|^2 d b_z \leqq M^2 \text{ ist } \iint\limits_{G} |F_0(z)|^2 d b_z \leqq M^2,$$

also $F_0 \in L_2(G)$. Ist nun etwa $\|F_n - F_m\|^2 \leqq \varepsilon$ für n, $m > N(\varepsilon)$, so ist erst recht

$$\iint\limits_{B} |F_n(z) - F_m(z)|^2 d b_z \leqq \varepsilon \qquad \text{für } n, m > N(\varepsilon) .$$

Setzt man $m = n_k \to \infty$, so kommt $\iint\limits_{B} |F_n(z) - F_0(z)|^2 d b_z \leqq \varepsilon$ $(n > N(\varepsilon))$,

unabhängig von B, also $\iint\limits_{G} |F_n(z) - F_0(z)|^2 d b_z \leqq \varepsilon$ $(n > N(\varepsilon))$, d. h.

$\|F_n - F_0\| \to 0$ $(n \to \infty)$. Beweis für $L_2(C)$ analog.

b) Die Greensche Formel. Diese Formel leistet die Umwandlung eines Flächenintegrals in ein Linienintegral.

Das Gebiet G habe einen stückweise glatten Rand C, und $F(z)$, $G(z)$ seien in G regulär, $F'(z)$, $G'(z)$ in $\overline{G}$ stetig. Dann gilt

$$\iint\limits_{G} F(z)\, \overline{G'(z)}\, d b_z = \frac{1}{2i} \int\limits_{C} F(z)\, \overline{G(z)}\, d z . \tag{1.5}$$

Die Formel gilt auch für mehrfach zusammenhängende Gebiete; die Integration längs C ist so vorzunehmen, daß G links liegt; vgl. NEHARI ([295], S. 6 und S. 241). Als Anwendung zeigen wir

Hilfssatz 1.2. *Ist $F \in L_2(C)$, so ist $F \in L_2(G)$, und es gilt*

$$\iint\limits_{G} |F(z)|^2 d b_z \leqq \frac{L}{2} \int\limits_{C} |F(z)|^2 d s_z . \tag{1.6}$$

Beweis. Wendet man (1.5) zunächst auf die Niveaulinie C_r und ihr Inneres B_r an, so kommt (z_r auf C_r)

$$\iint\limits_{B_r} F(z)\, \overline{F(z)}\, d b_z = \frac{1}{2i} \int\limits_{C_r} F(z) \left[\int\limits_{z_r}^{z} F(t)\, d t \right]^{-} d z ,$$

also

$$\iint\limits_{B_r} |F(z)|^2 d b_z \leqq \frac{1}{2} \left[\int\limits_{C_r} |F(z)|\, d s_z \right]^2 ,$$

wobei

$$[\ ]^2 \leqq \int\limits_{C_r} 1\, d s_z \cdot \int\limits_{C_r} |F(z)|^2 d s_z \leqq \int\limits_{C} 1\, d s_z \cdot \int\limits_{C} |F(z)|^2 d s_z$$

ist; dies ergibt (1.6).

1.2. Erstes Minimalproblem

Wieder sei ζ ein beliebiger, festgehaltener Punkt aus G, und $w = f(z)$ die durch $f(\zeta) = 0$, $f'(\zeta) = 1$ normierte konforme Abbildung von G auf $|w| < R$, ferner $g = f^{-1}$. Weiter sei

$\Re:$ *Klasse aller Funktionen $F \in L_2(G)$ mit $F(\zeta) = 1$.*

Wir behandeln zunächst das

Problem I. *In der Klasse $\Re$ soll $\iint\limits_{G} |F(z)|^2 db_z$ zum Minimum gemacht werden.*

Satz 1.1. *Das Problem I hat eine eindeutig bestimmte Lösung $F_0(z)$, und es ist $F_0(z) = f'(z)$. Das Minimum ist πR^2.*

Äquivalent hierzu ist offenbar, daß in der Klasse aller in G regulären Funktionen $\varphi(z)$ mit $\varphi(\zeta) = 0$, $\varphi'(\zeta) = 1$ das Integral

$$\iint\limits_{G} |\varphi'(z)|^2 db_z \tag{1.7}$$

genau dann minimal wird, wenn $\varphi(z) = f(z)$ ist. Dies ist das von BIEBERBACH ([34], S. 100; [38], S. 189) aufgestellte *Prinzip des kleinsten Flächeninhalts.*

Beweis. Für jede unserer zugelassenen Funktionen ist

$$\iint\limits_{G} |F(z)|^2 db_z = \iint\limits_{|w|<R} |F(g(w))\, g'(w)|^2 db_w = \lim_{r \to R} \int_0^r \int_0^{2\pi} |H(\varrho e^{i\varphi})|^2 \varrho\, d\varphi\, d\varrho,$$

wobei $H(w) = F(g(w))\, g'(w)$, also $H(0) = 1$ ist. Entwickelt man $H(w) = \sum\limits_{n=0}^{\infty} a_n w^n\,(a_0 = 1)$ und beachtet $\int_0^{2\pi} e^{i\,(n-m)\,\varphi} d\varphi = 0\;(n \neq m)$, $= 2\pi\,(n=m)$, so wird

$$\int_0^r \int_0^{2\pi} \sum_{n=0}^{\infty} a_n \varrho^n e^{i\,n\varphi} \sum_{m=0}^{\infty} \bar{a}_m \varrho^m e^{-i\,m\varphi} \varrho\, d\varphi\, d\varrho = \pi \sum_{n=0}^{\infty} |a_n|^2 \frac{r^{2n+2}}{n+1},$$

für $r \to R$ also

$$\iint\limits_{G} |F(z)|^2 db_z = \pi \sum_{n=0}^{\infty} |a_n|^2 \frac{R^{2n+2}}{n+1} \geqq \pi R^2,$$

wobei Gleichheit genau dann eintritt, wenn $a_n = 0\;(n > 0)$ ist, wenn also $H(w) \equiv 1$ und damit $F(z) \equiv f'(z)$ ist.

Um die Abbildung von G auf $|w| < R$ herzustellen, hat man somit das Problem I zu lösen; nachfolgende Integration liefert

$$f(z) = \int_{\zeta}^{z} F_0(v)\, dv \qquad\qquad (z \in G).$$

Bevor Problem I durch Ritz-Ansatz gelöst wird, beschäftigen wir uns mit der Minimalfunktion $F_0(z)$ noch näher.

Die Funktion $F_0(z)$ ist zu jeder Funktion $G \in L_2(G)$ mit $G(\zeta) = 0$ orthogonal, d. h. es gilt

$$(F_0, G) = \iint\limits_{G} F_0(z)\, \overline{G(z)}\, db_z = 0\,. \tag{1.8}$$

Für jedes $\varepsilon > 0$ und $0 \leq \vartheta < 2\pi$ ist nämlich $F_0(z) + \varepsilon e^{i\vartheta} G(z) \in \Re$, also

$$\iint\limits_G |F_0(z)|^2 db_z \leq \iint\limits_G |F_0(z) + \varepsilon e^{i\vartheta} G(z)|^2 db_z ,$$

und rechts steht

$$\iint\limits_G |F_0(z)|^2 db_z + 2\varepsilon \Re\{e^{-i\vartheta} \iint\limits_G F_0(z) \overline{G(z)}\, db_z\} + \varepsilon^2 \iint\limits_G |G(z)|^2 db_z .$$

Division durch $\varepsilon > 0$ ergibt

$$2\Re\{e^{-i\vartheta} \iint\limits_G F_0(z) \overline{G(z)}\, db_z\} + \varepsilon \iint\limits_G |G(z)|^2 db_z \geq 0 .$$

Wäre (1.8) falsch, so könnte man die linke Seite für geeignetes ϑ und hinreichend kleines $\varepsilon > 0$ negativ machen.

Ist nun $F(z)$ eine *beliebige* Funktion aus $L_2(G)$, so ist (1.8) auf $G(z) = F(z) - F(\zeta)$ anwendbar:

$$\iint\limits_G F_0(z)\, \overline{F(z)}\, db_z = \overline{F(\zeta)} \iint\limits_G F_0(z)\, db_z ,$$

speziell für $F = F_0$

$$\iint\limits_G |F_0(z)|^2 db_z = \iint\limits_G F_0(z)\, db_z .$$

Satz 1.2. *Setzt man mit der Minimalfunktion $F_0(z)$ von Problem I*

$$K(z, \zeta) = \frac{F_0(z)}{\iint\limits_G |F_0(z)|^2 db_z} , \tag{1.9}$$

so gilt für jede Funktion $F \in L_2(G)$

$$\iint\limits_G \overline{K(z, \zeta)} F(z)\, db_z = F(\zeta) . \tag{1.10}$$

$K(z, \zeta)$ heißt *Bergmansche Kernfunktion*, (1.10) ihre *reproduzierende Eigenschaft*. Dies letztere kann auch so gedeutet werden, daß jede Funktion $F \in L_2(G)$ Eigenfunktion der Integralgleichung (1.10) zum Eigenwert $\lambda = 1$ ist. Wir bemerken noch

(a) $\quad K(\zeta, \zeta) = \iint\limits_G |K(z, \zeta)|^2 db_z , \qquad$ (b) $\quad F_0(z) = \frac{K(z, \zeta)}{K(\zeta, \zeta)} . \tag{1.11}$

Dies folgt aus (1.10) für $F(z) = K(z, \zeta)$, bzw. aus (1.9) wegen $F_0(\zeta) = 1$. Auf die Möglichkeiten zur Gewinnung von $K(z, \zeta)$ gehen wir in § 2 ein.

1.3. Ritz-Ansatz zur Lösung von Problem I

Es sei

$\Re_n$:   *Klasse aller Polynome $P(z)$ vom Grad $\leq n$ mit $P(\zeta) = 1$.*

Wir ersetzen Problem I durch

Problem I_n. *In der Klasse $\Re_n$ soll $\iint\limits_G |P(z)|^2 db_z$ zum Minimum gemacht werden.*

Folgende Fragen sind zu untersuchen:

a) Existenz und Eindeutigkeit eines Minimalpolynoms $P_n(z)$;

b) Gewinnung desselben;

c) Approximation von $F_0(z)$ durch die Minimalpolynome $P_n(z)$ bzw. von $f(z)$ durch $\int_\zeta^z P_n(v)\, dv$.

a) Existenz und Eindeutigkeit des Minimalpolynoms $P_n(z)$. Für ein festes n sei

$$\inf_{P \in \Re_n} \iint_G |P(z)|^2 d b_z = \mu$$

gesetzt, wobei es genügt, nur solche Polynome $P(z) = 1 + \alpha_1(z - \zeta) + \cdots + \alpha_n(z - \zeta)^n$ zu betrachten, für die $\iint_G |P|^2$ die Fläche von G nicht übersteigt, da $P(z) \equiv 1$ in $\Re_n$ liegt. Solche Polynome sind nach (1.3) in G lokal gleichmäßig beschränkt, z. B. in einer Kreisscheibe um $z = \zeta$, so daß die Koeffizienten α_k ihrer Entwicklung um ζ unter einer festen Schranke liegen. Wir können daher eine Auswahlfolge von Polynomen $P^{(m)}(z) = 1 + \alpha_1^{(m)}(z - \zeta) + \cdots + \alpha_n^{(m)}(z - \zeta)^n$ finden, so daß $\iint_G |P^{(m)}(z)|^2 d b_z \to \mu$ strebt $(m \to \infty)$ und außerdem die Koeffizienten $\alpha_k^{(m)}$ gegen gewisse Werte a_k konvergieren $(m \to \infty, k$ fest$)$. Dann ist aber

$$\lim_{m \to \infty} \iint_G |P^{(m)}(z)|^2 d b_z = \iint_G \left| \sum_{k=0}^n a_k(z - \zeta)^k \right|^2 d b_z = \mu \,,$$

d. h. $P_n(z) = 1 + a_1(z - \zeta) + \cdots + a_n(z - \zeta)^n$ ist ein Minimalpolynom für Problem I_n.

Es ist eindeutig bestimmt. Dazu bemerken wir zunächst: *Das Minimalpolynom $P_n(z)$ ist zu jedem Polynom $Q(z)$ vom Grad $\leq n$ mit $Q(\zeta) = 0$ orthogonal, d. h. es gilt*

$$(P_n, Q) = \iint_G P_n(z)\, \overline{Q(z)}\, d b_z = 0 \,. \tag{1.12}$$

Der Beweis ist analog zu dem von (1.8). Umgekehrt: *Hat $P_n \in \Re_n$ die Eigenschaft (1.12), so ist $\iint_G |R|^2 > \iint_G |P_n|^2$ für jedes andere Polynom $R \in \Re_n$.* Denn es ist nach (1.12) $(P_n, R - P_n) = 0$ und also

$$(R, R) = (P_n + [R - P_n], P_n + [R - P_n])$$

$$= (P_n, P_n) + (R - P_n, R - P_n) > (P_n, P_n) \,,$$

sofern nicht $R = P_n$ ist.

Damit ist gezeigt, daß das Minimalpolynom $P_n(z)$ eindeutig bestimmt ist, und daß es durch die Eigenschaft (1.12) vollständig charakterisiert wird.

Bei BIEBERBACH ([34], S. 107) wird $\iint\limits_G |\varphi'(z)|^2 db_z$ in der Klasse der Polynome $P(z)$ vom Grad $\leq n$ mit $P(\zeta) = 0$, $P'(\zeta) = 1$ minimal gemacht. Das zu diesem Problem gehörige sog. *Bieberbachsche Polynom* $\pi_n(z)$ vom Grad n ist offenbar

$$\pi_n(z) = \int\limits_\zeta^z P_{n-1}(v)\, dv\,. \tag{1.13}$$

b) Gewinnung des Minimalpolynoms. Die Ermittlung der Koeffizienten a_k des Minimalpolynoms $P_n(z) = 1 + a_1(z - \zeta) + \cdots + a_n(z - \zeta)^n$ führt auf ein lineares Gleichungssystem, zu dessen Ableitung wir die Charakterisierung von $P_n(z)$ durch (1.12) verwenden. Äquivalent zu (1.12) sind die n Bedingungen

$$\iint\limits_G \left(\sum_{k=0}^n a_k(z - \zeta)^k\right) \overline{(z - \zeta)^i} db_z = 0 \qquad (i = 1, 2, \ldots, n),$$

d. h. wenn

$$\alpha_{ik} = \iint\limits_G (z - \zeta)^k \overline{(z - \zeta)^i} db_z \qquad (i, k = 0, 1, \ldots) \tag{1.14}$$

gesetzt wird, das lineare Gleichungssystem

$$\sum_{k=0}^n \alpha_{ik} a_k = 0 \quad \text{mit} \quad a_0 = 1 \qquad (i = 1, 2, \ldots, n)\,. \tag{1.15}$$

Wir können zusammenfassen:

Satz 1.3. *Das Problem I_n hat eine eindeutig bestimmte Lösung. Die Koeffizienten des Minimalpolynoms $P_n(z) = 1 + a_1(z - \zeta) + \cdots + a_n(z - \zeta)^n$ bestimmen sich mit (1.14) aus dem linearen Gleichungssystem (1.15).*

Da (1.15) mit der Charakterisierung von $P_n(z)$ durch (1.12) äquivalent ist, ist (1.15) *eindeutig* lösbar. Die Koeffizientenmatrix (α_{ik}) ist Hermitesch, $\alpha_{ik} = \overline{\alpha_{ki}}$. Die praktische Auswertung der Integrale (1.14) besprechen wir in 3.1.

c) Approximation von $F_0(z)$ durch die Polynome $P_n(z)$. Zunächst ist $P_n(z)$ durch eine weitere Minimaleigenschaft ausgezeichnet.

Satz 1.4. *In der Klasse $\Re_n$ wird*

$$\|F_0 - P\|^2 = \iint\limits_G |F_0(z) - P(z)|^2 db_z \qquad (P \in \Re_n)$$

genau dann minimal, wenn $P(z) = P_n(z)$ ist.

Beweis. Wegen (1.8) ist $(F_0, P) = (F_0, P - F_0) + (F_0, F_0) = (F_0, F_0)$, also

$$(F_0 - P, F_0 - P) = (F_0, F_0) - 2(F_0, F_0) + (P, P) = \|P\|^2 - \|F_0\|^2,$$

und da $\|P\|^2$ für $P = P_n$ minimal wird, folgt die Behauptung.

Von allen $P \in \Re_n$ liefert also P_n eine minimale Norm $\|F_0 - P_n\|$, und da $\Re_{n+1}$ Oberklasse von $\Re_n$ ist, gilt jedenfalls stets

$$\|F_0 - P_n\| \searrow \qquad\qquad (n = 1, 2, \ldots) \,.$$

Darüber hinaus *gilt* $\|F_0 - P_n\| \searrow 0$ *sicher dann, wenn das System aller Polynome im Hilbert-Raum $L_2(G)$ vollständig ist.*

Definition. *Das System aller Polynome heißt in $L_2(G)$ vollständig, wenn es für jede Funktion $F \in L_2(G)$ und zu jedem $\varepsilon > 0$ ein Polynom P gibt mit $\|F - P\| < \varepsilon$.*

Für uns ist wichtig, daß es dann auch ein solches P gibt, das der *Zusatzbedingung* $P(\zeta) = F(\zeta)$ genügt: Ist nämlich $\|F - Q\| < \varepsilon$ und damit nach (1.3) auch $|F(\zeta) - Q(\zeta)| \leqq \dfrac{\|F - Q\|}{\sqrt{\pi r^2}}$, wenn $|z - \zeta| < r$ in G liegt, so haben wir für das Polynom $P(z) = Q(z) + (F(\zeta) - Q(\zeta))$

$$\|F - P\| \leqq \|F - Q\| + |F(\zeta) - Q(\zeta)| \cdot \|1\| < \left(1 + \frac{\|1\|}{\sqrt{\pi r^2}}\right) \varepsilon \,,$$

und $P(z)$ erfüllt die Nebenbedingung $P(\zeta) = F(\zeta)$. — Auf $F = F_0$ angewandt, ergibt sich die obige Behauptung.

Die Polynome sind nun in $L_2(G)$ nicht immer vollständig. Ist z. B. G der von $\frac{1}{2}$ nach 1 aufgeschlitzte Einheitskreis und $\zeta = 0$, so werden alle Minimalpolynome $P_n(z) \equiv 1$, da sich der Schlitz bei der Berechnung von $\iint\limits_G |P|^2$ nicht auswirkt. Hingegen ist $F_0(z) = f'(z) \not\equiv 1$, $\|F_0 - P\|$ ist nicht beliebig klein zu machen.

Es entsteht daher die Frage, unter welchen zusätzlichen Annahmen über G die Polynome in $L_2(G)$ ein vollständiges Funktionensystem bilden. Dann ist also $\|F_0 - P_n\| \searrow 0$ gesichert und wegen (1.3) auch

$$P_n(z) \Rightarrow F_0(z) \qquad\qquad (B \subset G) \quad (1.16)$$

(B stets abgeschlossene Teilmenge von G), außerdem natürlich

$$\pi_n(z) = \int\limits_{\zeta}^{z} P_{n-1}(v)\,dv \Rightarrow f(z) \qquad\qquad (B \subset G)\,. \quad (1.17)$$

Satz 1.5 (Farrell [88], S. 707; Walsh [443], S. 45). *Ist der Rand von G auch Rand eines unendlichen Gebiets, so bilden die Polynome ein in $L_2(G)$ vollständiges Funktionensystem.*

Alle Jordangebiete fallen in diese Gebietsklasse, aber auch z. B. eine *um* einen Kreis unendlich oft gewundene Schlange, dagegen nicht eine Schlange, die sich *von innen* an den Kreis heranwindet. Erfüllt G (wie im letzten Beispiel) die Voraussetzung des Satzes nicht, so ist die Klasse der Polynome zu erweitern; vgl. dazu Kegejan [189a].

Beweis. Wesentlich für den Beweis ist, daß es zu G eine Folge einfach zusammenhängender Gebiete G_n mit $G \subset G_n$, $\bar{G}_n \subset G_{n-1}$ und $G_n \to G$ gibt (CARATHÉODORY [54], S. 133); die G_n können z. B. von Niveaulinien des im Satze genannten unendlichen Gebiets berandet sein. Bildet $h_n(z)$ das Gebiet G_n konform auf G ab, $h_n(\zeta) = \zeta$, $h_n'(\zeta) > 0$, so ist dann

$$h_n(z) \Rightarrow z, \qquad h_n'(z) \Rightarrow 1 \qquad (z \in B \subset G) \qquad (1.18)$$

(CARATHÉODORY [54]; GOLUSIN [143], S. 46; WALSH [443], S. 35).

Nun sei $F \in L_2(G)$, also $\iint\limits_G |F(z)|^2 db_z = M < \infty$. Wir betrachten die Funktionen $F_n(z) = F(h_n(z)) h_n'(z)$ $(z \in G_n)$ und notieren wegen (1.18)

$$F_n(z) \Rightarrow F(z) \qquad (z \in B \subset G; n \to \infty),$$

außerdem, da G durch die Gebiete $h_n(G)$ ausgeschöpft wird,

$$\iint\limits_G |F_n(z)|^2 db_z = \iint\limits_{h_n(G)} |F(z)|^2 db_z \to \iint\limits_G |F(z)|^2 db_z = M \qquad (n \to \infty).$$

Daher gilt für jeden abgeschlossenen Bereich $B \subset G$

$$\iint\limits_{G-B} |F_n(z)|^2 db_z \to \iint\limits_{G-B} |F(z)|^2 db_z \qquad (n \to \infty).$$

Zu $\varepsilon > 0$ sei nun B so gewählt, daß $\iint\limits_{G-B} |F(z)|^2 db_z < \varepsilon$ ist, hernach n so, daß

$$\iint\limits_{G-B} |F_n(z)|^2 db_z < 2\varepsilon \qquad \text{und} \qquad \iint\limits_B |F_n(z) - F(z)|^2 db_z < \varepsilon$$

wird. Dann ist für dieses feste n

$$\iint\limits_G |F_n(z) - F(z)|^2 db_z = \iint\limits_B + \iint\limits_{G-B}$$

$$< \varepsilon + 2\left(\iint\limits_{G-B} |F_n(z)|^2 db_z + \iint\limits_{G-B} |F(z)|^2 db_z\right) < 7\varepsilon = \varepsilon_1.$$

Es ist aber $F_n(z)$ in der abgeschlossenen Hülle $\bar{G}$ von G regulär, so daß es nach dem Satz von RUNGE ein Polynom $P(z)$ gibt mit $|F_n(z) - P(z)| < \varepsilon$ $(z \in \bar{G})$, also erst recht

$$\iint\limits_G |F_n(z) - P(z)|^2 db_z < \varepsilon^2 \cdot (\text{Fläche von } G) = \varepsilon_2.$$

Die Behauptung des Satzes folgt nun nach Anwendung der Minkowskischen Ungleichung

$$\|F - P\| \leqq \|F - F_n\| + \|F_n - P\| < \sqrt{\varepsilon_1} + \sqrt{\varepsilon_2}.$$

Bei Schlitzgebieten können Polynome in $\sqrt{z-a}$ ein in $L_2(G)$ vollständiges System liefern (KANTOROWITSCH-KRYLOW [187], S. 345), doch wird man hier besser eine Hilfsabbildung vorschalten. Bei Verwendung einer geeigneten *bewichteten* Norm sind die Polynome stets in $L_2(G)$ vollständig (KELDYCH [191], [192]). Die Vollständigkeit der Polynome in $L_2(G)$ bei unbeschränktem G untersucht ŠAG'INJAN [361]. Weitere Untersuchungen dieses Verfassers zu diesem Thema in [362].

Über genauere Fehlerabschätzungen von $|F_0(z) - P_n(z)|$ oder $|f(z) - \pi_n(z)|$ in $\overline{G}$ ist nicht viel bekannt. Ist der Rand C von G eine *analytische Jordankurve*, $F_0(z)$ $(= f'(z))$ und $f(z)$ also innerhalb einer äußeren Niveaulinie C_ϱ $(\varrho > 1)$ regulär, so konvergieren $P_n(z)$ und $\pi_n(z)$ in $\overline{G}$ maximal gegen $F_0(z)$ bzw. $f(z)$, d. h. es gilt für $z \in \overline{G}$ und jedes $\varrho_1 < \varrho$

$$|F_0(z) - P_n(z)| = O(\varrho_1^{-n}) \quad \text{und} \quad |f(z) - \pi_n(z)| = O(\varrho_1^{-n}) \quad (n \to \infty); \quad (1.19)$$

siehe WALSH ([443], S. 95 und S. 315, ferner S. 324). Umgekehrt kann nur dann die Konvergenz gemäß (1.19) stattfinden, wenn $f(z)$ innerhalb C_ϱ regulär ist (WALSH [443], S. 78). Dann besteht C notwendig aus endlich vielen analytischen Teilbögen, die Innenwinkel $\dfrac{\pi}{q}$ $(q = 2, 3, \ldots)$ einschließen.

Für *nichtanalytischen Rand C* gilt

Satz 1.6. (a) *Ist C eine glatte Jordankurve von beschränkter Krümmung, so gilt für die Bieberbach-Polynome $\pi_n(z)$*

$$\max_{z \in \overline{G}} |f(z) - \pi_n(z)| \leqq \frac{M}{n^{1-\varepsilon}} \qquad (n \geqq 1), \qquad (1.20)$$

wobei M von $\varepsilon > 0$ und G abhängt.

(b) *Ist C eine glatte Jordankurve, so gilt*

$$\max_{z \in \overline{G}} |f(z) - \pi_n(z)| \leqq \frac{N}{n^{\frac{1}{2} - \varepsilon}} \qquad (n \geqq 1), \qquad (1.21)$$

wobei N von $\varepsilon > 0$ und G abhängt.

Teil (a) stammt von KELDYCH ([190], S. 392), Teil (b) von MERGELYAN ([273], S. 89). Dort wird auch angegeben, daß für (1.21) hinreicht, daß C stückweise glatt ist, und es wird vermutet, daß sich der Exponent $\dfrac{1}{2} - \varepsilon$ durch $1 - \varepsilon$ ersetzen läßt. Es gibt nämlich Polynome $R_n(z)$ vom Grad n, für die (1.21) mit $1 - \varepsilon$ richtig ist (MERGELYAN [273], S. 84); dies hängt im wesentlichen daran, daß $f(z)$ bei glattem Rand C in $\overline{G}$ einer Lipschitzbedingung Lip α genügt, für jedes $\alpha < 1$ (Anhang 4). Siehe ferner MERGELYAN [272]. Bei KELDYCH ([190], S. 395) wird schließlich eine sternige Jordankurve konstruiert, die mit Ausnahme eines Punktes A analytisch ist, und für die die Bieberbach-Polynome für $z = A$ nicht beschränkt bleiben. Alle diese Untersuchungen sind so tiefliegend, daß wir nicht näher darauf eingehen können. — Über das Verhalten von $\|F_0 - P_n\|$ siehe auch ROSENBLOOM-WARSCHAWSKI ([355], S. 301).

1.4. Zweites Minimalproblem

Nach der in 1.2 und 1.3 behandelten Minimaleigenschaft der konformen Abbildung $f(z)$ von G auf $|w| < R$ betrachten wir nun eine zweite Charakterisierung von $f(z)$. Dabei sind die Flächenintegrale $\displaystyle\iint_G$ durch

Randintegrale $\int\limits_C$ zu ersetzen, so daß die Überlegungen weitgehend parallel verlaufen. Nur die Vollständigkeit des Systems der Polynome sowie Approximationssätze bedürfen einer genaueren Untersuchung.

Der Rand C von G sei also eine rektifizierbare Jordankurve und $L_2(C)$ sei der in 1.1,a) eingeführte Hilbert-Raum. Weiter sei

$\mathfrak{L}$:   *Klasse aller Funktionen* $F \in L_2(C)$ *mit* $F(\zeta) = 1$.

Problem II. *In der Klasse* $\mathfrak{L}$ *soll* $\int\limits_C |F(z)|^2 ds_z$ *zum Minimum gemacht werden.*

Satz 1.7 (JULIA [180], S. 110). *Das Problem II hat eine eindeutig bestimmte Lösung* $F_0(z)$, *und es ist* $F_0(z) = \sqrt{f'(z)}$. *Das Minimum ist* $2\pi R$.

Dieser Satz impliziert die Tatsache, daß in der Klasse aller konformen Abbildungen $w = \varphi(z)$ von G mit $\varphi(\zeta) = 0$, $\varphi'(\zeta) = 1$ das Integral

$$\int\limits_C |\varphi'(z)|\, ds_z$$

genau dann minimal wird, wenn $\varphi(z) = f(z)$ ist *(Prinzip des kleinsten Bildrandes)*.

Beweis. Für jede zulässige Funktion ist

$$\int\limits_C |F(z)|^2 ds_z = \lim_{r \to R} \int\limits_{C_r} |F(z)|^2 ds_z$$

$$= \lim_{r \to R} \int\limits_{|w|=r} |F(g(w))\sqrt{g'(w)}|^2 ds_w = \lim_{r \to R} r \int\limits_0^{2\pi} |H(r e^{i\varphi})|^2 d\varphi,$$

wobei $H(w) = F(g(w))\sqrt{g'(w)}$ und $H(0) = 1$ ist. Entwickelt man $H(w) = \sum\limits_{n=0}^{\infty} a_n w^n$ $(a_0 = 1)$, so kommt

$$\int\limits_C |F(z)|^2 ds_z = 2\pi \sum\limits_{n=0}^{\infty} |a_n|^2 R^{2n+1} \geqq 2\pi R,$$

wobei Gleichheit genau dann auftritt, wenn $a_n = 0$ $(n > 0)$ ist, wenn also $H(w) \equiv 1$ und damit $F(z) \equiv \sqrt{f'(z)}$ ist.

Die durch $f(\zeta) = 0$, $f'(\zeta) = 1$ normierte konforme Abbildung von G auf $|w| < R$ wird also durch

$$f(z) = \int\limits_\zeta^z [F_0(v)]^2 dv$$

geliefert; ihre Gewinnung ist auf die Lösung von Problem II reduziert. Wie (1.8) zeigt man nun:

Die Funktion $F_0(z)$ *ist zu jeder Funktion* $G \in L_2(C)$ *mit* $G(\zeta) = 0$ *orthogonal, d. h. es gilt*

$$(F_0, G) = \int\limits_C F_0(z)\, \overline{G(z)}\, ds_z = 0\,. \tag{1.22}$$

Ist $F \in L_2(C)$ *beliebig*, und wendet man (1.22) auf $F(z) - F(\zeta)$ an, so ergibt sich $\int\limits_C F_0(z)\, \overline{F(z)}\, ds_z = \overline{F(\zeta)} \int\limits_C F_0(z)\, ds_z$ und für $F = F_0$ $\int\limits_C |F_0(z)|^2 ds_z = \int\limits_C F_0(z)\, ds_z$, und wir erhalten

Satz 1.8. *Setzt man mit der Minimalfunktion* $F_0(z)$ *von Problem II*

$$\hat{K}(z, \zeta) = \frac{F_0(z)}{\int\limits_C |F_0(z)|^2 ds_z}\,, \tag{1.23}$$

so gilt für jede Funktion $F \in L_2(C)$

$$\int\limits_C \overline{\hat{K}(z, \zeta)}\, F(z)\, ds_z = F(\zeta)\,. \tag{1.24}$$

$\hat{K}(z, \zeta)$ heißt *Szegösche Kernfunktion*, (1.24) ihre *reproduzierende Eigenschaft*. Es gelten

$$\text{(a)} \quad \hat{K}(\zeta, \zeta) = \int\limits_C |\hat{K}(z, \zeta)|^2 ds_z \quad \text{und} \quad \text{(b)} \quad F_0(z) = \frac{\hat{K}(z, \zeta)}{\hat{K}(\zeta, \zeta)}\,; \tag{1.25}$$

die Sätze 1.1 und 1.7, zusammen mit den Definitionen (1.9) und (1.23), liefern ferner den Zusammenhang zwischen den Kernfunktionen $K(z, \zeta)$ und $\hat{K}(z, \zeta)$:

$$\text{(c)} \qquad K(z, \zeta) = 4\pi\, [\hat{K}(z, \zeta)]^2. \tag{1.25}$$

Möglichkeiten zur Gewinnung von $\hat{K}(z, \zeta)$ behandeln wir in § 2.

1.5. Ritz-Ansatz zur Lösung von Problem II

Es sei

$\mathfrak{L}_n$:   *Klasse aller Polynome* $P(z)$ *vom Grad* $\leq n$ *mit* $P(\zeta) = 1$.

Wir ersetzen Problem II durch

Problem II$_n$. *In der Klasse* $\mathfrak{L}_n$ *soll* $\int\limits_C |P(z)|^2 ds_z$ *zum Minimum gemacht werden.*

Diese Aufgabe wird auch bei AHLFORS ([3], S. 46—48) kurz gestreift. — Wieder sind die Fragen zu untersuchen:

a) Existenz und Eindeutigkeit eines Minimalpolynoms $P_n(z)$;

b) Gewinnung desselben;

c) Approximation von $F_0(z)$ durch die Minimalpolynome $P_n(z)$ bzw.

von $f(z)$ durch $\int\limits_\zeta^z [P_n(v)]^2 dv$.

a) Existenz und Eindeutigkeit des Minimalpolynoms $P_n(\zeta)$. Wie in 1.3,a) zeigt man, daß ein Minimalpolynom $P_n(z)$ für das Problem II$_n$ existiert, daß es eindeutig bestimmt ist, und daß es dadurch charakterisiert ist, daß

$$(P_n, Q) = \int\limits_C P_n(z)\, \overline{Q(z)}\, ds_z = 0 \tag{1.26}$$

wird für jedes Polynom $Q(z)$ vom Grad $\leq n$ mit $Q(\zeta) = 0$.

b) Gewinnung des Minimalpolynoms. Für die Koeffizienten des Minimalpolynoms $P_n(z) = 1 + a_1(z - \zeta) + \cdots + a_n(z - \zeta)^n$ ist nach (1.26) charakteristisch, daß

$$\int\limits_C \left(\sum_{k=0}^{n} a_k(z - \zeta)^k \right) \overline{(z - \zeta)^i} \, ds_z = 0 \qquad (i = 1, 2, \ldots, n)$$

gilt $(a_0 = 1)$. Setzen wir also

$$\beta_{ik} = \int\limits_C (z - \zeta)^k \overline{(z - \zeta)^i} \, ds_z \quad (i, k = 0, 1, \ldots), \quad (1.27)$$

so werden die *unbekannten Koeffizienten des Minimalpolynoms durch das lineare Gleichungssystem*

$$\sum_{k=0}^{n} \beta_{ik} a_k = 0 \quad \textit{mit} \quad a_0 = 1 \quad (i = 1, 2, \ldots, n) \quad (1.28)$$

bestimmt. Dieses besitzt wieder eine eindeutige Lösung.

c) Approximation von $F_0(z)$ durch die Polynome $P_n(z)$. Infolge (1.22) ist für ein beliebiges Polynom $P \in \mathfrak{L}_n$ $(F_0, P) = (F_0, P - F_0) + (F_0, F_0) = (F_0, F_0)$ und also

$$\|F_0 - P\|^2 = \|P\|^2 - \|F_0\|^2, \qquad (1.29)$$

so daß $P_n(z)$ noch die weitere Minimaleigenschaft hat:

$$\int\limits_C |F_0(z) - P(z)|^2 ds_z \quad \textit{wird für} \quad P(z) = P_n(z) \quad \textit{minimal in } \mathfrak{L}_n. \quad (1.30)$$

Wegen $\mathfrak{L}_{n+1} \supset \mathfrak{L}_n$ ist daher sicher $\|F_0 - P_n\| \searrow$ für $n = 1, 2, \ldots$, und die Frage, wann $\|F_0 - P_n\| \searrow 0$ strebt $(n \to \infty)$, führt wieder auf das Problem, unter welchen Annahmen über G das System aller Polynome im Hilbert-Raum $L_2(C)$ vollständig ist. Wir nennen ohne Beweis

Satz 1.9 (SMIRNOW [386], S. 166; GOLUSIN [143], S. 396). *Genau dann ist das System der Polynome in $L_2(C)$ vollständig, wenn sich die in $|w| < R$ harmonische Funktion $\log|g'(w)|$ durch ihr Poisson-Lebesgue-Integral über $|w| = R$ darstellen läßt, d. h. es gilt für $r < R$*

$$\log|g'(r\, e^{i\varphi})| = \frac{1}{2\pi} \int\limits_0^{2\pi} \log|g'(R\, e^{i\vartheta})| \frac{R^2 - r^2}{R^2 + r^2 - 2Rr\cos(\vartheta - \varphi)} \, d\vartheta. \quad (1.31)$$

Für Normen mit Gewichten, $\int\limits_C n(s) |F(z)|^2 ds_z$, wird die Vollständig-keitsfrage von KOROVKIN [225] untersucht, für andere Exponenten als $p = 2$ siehe AL'PER [9]. — Die Bedingung (1.31) hängt nicht von der durch die Wahl von ζ bedingten Normierung von $g(w)$ ab, sondern nur von G selbst (PRIWALOW [335], S. 160). Zu (1.31) ist die für $w = 0$ entstehende Forderung

$$0 = \frac{1}{2\pi} \int\limits_0^{2\pi} \log|g'(R\, e^{i\vartheta})| \, d\vartheta \qquad (1.32)$$

äquivalent (GOLUSIN [143], S. 391). Gebiete G, deren Abbildungsfunktion (1.31) genügt, heißen zur *Smirnow-Klasse S* gehörig. Es gibt Gebiete mit rektifizierbarem Rand C, die nicht zu S gehören (KELDYCH-LAVREN-TIEFF [194], S. 25; PRIWALOW [335], S. 166). Hinreichend für $G \in S$ ist (neben der Rektifizierbarkeit von C) eine der folgenden Bedingungen:

a) G ist konvex, oder sternig bezüglich eines Punktes in G;

b) C ist stückweise glatt, und die glatten Teilbögen stoßen mit Innen-winkeln $\neq 0$ zusammen;

c) für jeden Teilbogen c von C ist das Verhältnis seiner Länge zur Länge seiner Sehne unter einer festen Schranke.

Siehe KELDYCH-LAVRENTIEFF ([194], S. 13, und [193]) und GOLUSIN ([143], S. 391). Eine weitere hinreichende Bedingung für $G \in S$ gibt neuerdings TUMARKIN [432] an.

Auch wenn $G \notin S$ ist, kennt man das Verhalten von $\|P_n\|^2$ und damit von $\|F_0 - P_n\|^2 = \|P_n\|^2 - \|F_0\|^2$. *Für beliebiges G (mit rektifizierbarer Randkurve) gilt*

$$\int\limits_C |P_n(z)|^2 d s_z \searrow 2\pi R \cdot D \quad mit \quad D = \exp\left\{\frac{1}{2\pi} \int\limits_0^{2\pi} \log|g'(R e^{i\varphi})| \, d\varphi\right\};$$

KELDYCH-LAVRENTIEFF ([194], S. 13), GOLUSIN ([143], S. 392).

Unter den Annahmen a), b) oder c) hat man also $\|F_0 - P_n\| \searrow 0$ gesichert und wegen (1.4) auch

$$P_n(z) \Rightarrow F_0(z) \qquad (z \in B \subset G; n \to \infty),$$

und daraus folgt für die (von den Bieberbachschen zu unterscheidenden) Polynome

$$\pi_{2n+1}(z) = \int\limits_\zeta^z [P_n(v)]^2 dv \Rightarrow f(z) \qquad (z \in B \subset G; n \to \infty). \quad (1.33)$$

Genauere Fehlerabschätzungen sind nur wenige vorhanden. Ist C eine *analytische Jordankurve*, $F_0(z) = \sqrt{f'(z)}$ also innerhalb einer äußeren Niveaulinie C_ϱ ($\varrho > 1$) regulär, so konvergieren die $P_n(z)$ in $\overline{G}$ maximal gegen $F_0(z)$, d. h. es gilt für $z \in \overline{G}$ und jedes $\varrho_1 < \varrho$

$$|F_0(z) - P_n(z)| = O(\varrho_1^{-n}) \qquad (n \to \infty); \quad (1.34)$$

siehe WALSH ([443], S. 91 und S. 315), auch SPITZBART ([393], S. 344). Für die Polynome $\pi_{2n+1}(z)$ folgt daraus $|f(z) - \pi_{2n+1}(z)| = O(\varrho_1^{-n})$ ($z \in \overline{G}, n \to \infty$). Umgekehrt gilt (1.34) nur dann, wenn $F_0(z) = \sqrt{f'(z)}$ in $\overline{G}$ regulär ist; dann besteht C notwendig aus endlich vielen analytischen Teilbögen, die Innenwinkel $\frac{\pi}{q}$ ($q = 3, 5, \ldots$) einschließen.

Bei *nichtanalytischem Rand C* kann ein neueres Ergebnis von SUETIN [405] angewandt werden. Unter gewissen Annahmen über die Abbildung $z = \psi(w)$ von $|w| > 1$ auf das Äußere von C gilt hiernach

$$|F_0(z) - P_n(z)| \leq M E_n(F_0) \cdot \log n \qquad (z \in \overline{G}; n \geq 2),$$

wobei $E_n(F_0)$ der Minimalfehler bei gleichmäßiger Approximation von $F_0(z)$ in $\overline{G}$ durch Polynome vom Grad $\leq n$ ist. Zur Beurteilung von $E_n(F_0)$ kann dann auf MERGELYAN [272] zurückgegriffen werden.

Bemerkenswert ist, daß $\max\limits_{z \in \overline{G}} |f(z) - \pi_{2n+1}(z)|$ durch $\|F_0 - P_n\|$ abgeschätzt werden kann (WARSCHAWSKI [456], S. 235). Wir verwenden dazu den

Hilfssatz 1.3. *Es sei $F \in L_1(C)$, d. h. die Integrale $\int\limits_{C_r} |F(z)|\, ds_z$ seien in $0 < r < R$ beschränkt. Dann ist für jedes $z \in G$*

$$\left| \int\limits_{\zeta}^{z} F(v)\, dv \right| \leqq \frac{1}{2} \int\limits_{C} |F(z)|\, ds_z. \tag{1.35}$$

Beweis. Der Integrationsweg für $\int\limits_{\zeta}^{z}$ kann so gewählt werden, daß sein Bild in der w-Ebene die Strecke $0 \ldots w$ wird ($w = f(z)$). Dann ist

$$\left| \int\limits_{\zeta}^{z} F(v)\, dv \right| = \left| \int\limits_{0}^{w} F(g(u))\, g'(u)\, du \right| \leqq \int\limits_{0}^{w} |F(g(u))\, g'(u)|\, d|u|$$

$$\leqq \frac{1}{2} \int\limits_{|u|=|w|} |F(g(u))\, g'(u)|\, |du| = \frac{1}{2} \int\limits_{C_{|w|}} |F(z)|\, ds_z$$

$$\leqq \frac{1}{2} \int\limits_{C} |F(z)|\, ds_z\, ;$$

dabei wurde die Ungleichung von FEJÉR-RIESZ ([90], S. 307) verwendet und die Tatsache, daß $\int\limits_{C_r} |F(z)|\, ds_z$ mit r monoton wächst.

Unter Verwendung von (1.35) ist nun für beliebiges $z \in G$

$$|f(z) - \pi_{2n+1}(z)| = \left| \int\limits_{\zeta}^{z} [f'(v) - P_n^2(v)]\, dv \right| \leqq \frac{1}{2} \int\limits_{C} |f'(z) - P_n^2(z)|\, ds_z.$$

Das letzte Integral ist

$$\int\limits_{C} |\sqrt{f'} - P_n|\, |\sqrt{f'} + P_n|\, ds_z$$

$$\leqq \left(\int\limits_{C} |\sqrt{f'} - P_n|^2 ds_z \right)^{1/2} \left(\int\limits_{C} |\sqrt{f'} + P_n|^2 ds_z \right)^{1/2} = \|F_0 - P_n\|\, \|F_0 + P_n\|,$$

wobei mit (1.29) und (1.22)

$$\|F_0 + P_n\|^2 = 4\|F_0\|^2 + \|F_0 - P_n\|^2 \leqq 4L + \|F_0 - P_n\|^2$$

ist ($L = $ Länge von C), also

$$\|F_0 + P_n\| \leqq 2\sqrt{L} + \|F_0 - P_n\|\, .$$

Satz 1.10. *Für die durch* (1.33) *erklärten Polynome* $\pi_{2n+1}(z)$ *gilt stets*

$$\max_{z \in \overline{G}} |f(z) - \pi_{2n+1}(z)| \leqq \sqrt{L}\, \|F_0 - P_n\| + \frac{1}{2}\, \|F_0 - P_n\|^2.$$

Wünschenswert sind daher Abschätzungen für $\|F_0 - P_n\|$. In dieser Richtung gibt es zwei Möglichkeiten. Rosenbloom und Warschawski ([355], S. 293) zeigen, daß sich für eine gewisse Kurvenklasse $\|F_0 - P_n\|$ asymptotisch verhält wie die Norm der Differenz zwischen der Funktion $F_0(\psi(w)) \cdot \sqrt{\psi'(w)}$ und den Teilsummen ihrer Fourierreihe auf $|w| = 1$; hierbei ist $\psi(w)$ die durch $\psi(\infty) = \infty$, $\psi'(\infty) > 0$ normierte Abbildung von $|w| > 1$ auf das Äußere von C. Zu der Kurvenklasse gehören alle glatten Jordankurven, deren Tangentenwinkelfunktion $\vartheta(s) \in \mathrm{Lip}\,\alpha$ ist, $\alpha > \dfrac{1}{2}$. Ist $\vartheta^{(p)}(s) \in \mathrm{Lip}\,\alpha$, $0 < \alpha < 1$, $\alpha + p > \dfrac{1}{2}$, so ergibt sich damit

$$\max_{z \in \overline{G}} |f(z) - \pi_{2n+1}(z)| = O(1) \cdot n^{-p-\alpha+\frac{1}{2}}.$$

Eine zweite Möglichkeit benützt die durch (2.1.b) erklärten ON-Polynome $p_n(z)$. Warschawski ([456], S. 234) beweist auf einfache Weise

$$\|F_0 - P_n\| \leqq 2\sqrt{L} \cdot \big(\sum_{\nu > n} |p_\nu(\zeta)|^2\big)^{1/2},$$

so daß 2.3,**a)** zur Abschätzung von $\|F_0 - P_n\|$ herangezogen werden könnte.

Lokale Aussagen z. B. über die Konvergenz von $\pi_{2n+1}(z)$ auf einem analytischen Teilstück von C liegen nicht vor.

§ 2. Die Verwendung orthogonaler Polynome zur konformen Abbildung

In einem Gebiet G oder auf seinem Rand C orthogonale Polynome $p_n(z)$ haben für die Praxis der konformen Abbildung aus zweierlei Gründen Bedeutung.

Erstens lassen sich mit ihrer Hilfe die Minimalpolynome $P_n(z)$ von 1.3 und 1.5 sofort angeben, die durch (1.17) und (1.33) mit der Abbildung von G zusammenhängen, *ohne* daß die linearen Gleichungssysteme (1.15) bzw. (1.28) für die Koeffizienten von $P_n(z)$ zu lösen wären. Einschränkend ist hier zu bemerken, daß es nach neueren Versuchen (§ 3) nicht vorteilhaft zu sein scheint, Polynome $P_n(z)$ von einem Grad $n \gg 15$ oder $n \gg 20$ zu verwenden. Für die Gewinnung der $P_n(z)$ ($n \leqq 20$) bereitet aber die Lösung der Systeme (1.15) und (1.28) keine Schwierigkeiten.

Zweitens besteht jedoch gleichzeitig eine Beziehung der $p_n(z)$ zur normierten konformen Abbildung $w = \varphi(z)$ des *Äußeren* von C auf $|w| > 1$. Für den Fall, daß C eine analytische Jordankurve ist, gilt $p_{n+1}(z)/p_n(z) \to \varphi(z)$ $(n \to \infty)$ außerhalb C. Auch der transfinite Durchmesser von C kann leicht bestimmt werden.

2.1. Gewinnung der orthogonalen Polynome

Wir suchen zunächst Polynome $p_n(z)$ vom Grad n so, daß $(p_n, p_m) = \delta_{nm}$ gilt $(n, m = 0, 1, 2, \ldots)$, wobei das innere Produkt entweder durch

$$(p_n, p_m) = \iint_G p_n(z)\, \overline{p_m(z)}\, db_z \tag{2.1.a}$$

oder durch

$$(p_n, p_m) = \int_C p_n(z)\, \overline{p_m(z)}\, ds_z \tag{2.1.b}$$

erklärt ist („ON-Polynome"). Dafür braucht G vorläufig nur beschränkt bzw. C eine rektifizierbare Jordankurve zu sein.

Die zu (2.1.a) gehörigen ON-Polynome hat zuerst CARLEMAN ([58], S. 20—30) ausführlich studiert. Bei BERGMAN [22] und BOCHNER [44] werden allgemeine in G orthonormale Funktionensysteme und ihre Kernfunktion eingeführt und die Entwickelbarkeit einer gegebenen analytischen Funktion studiert; siehe hierzu vor allem das Buch von BERGMAN [25]. Die mit (2.1.b) normierten Polynome führte SZEGÖ [411] ein; siehe hierzu sein Buch [412], Kap. XVI. Dort wird für die Erklärung des inneren Produkts sogar eine Gewichtsfunktion zugelassen.

Zur Gewinnung der Polynome stehen zweierlei Methoden, eine rekursive und eine direkte, zur Verfügung.

a) Orthogonalisierungsverfahren von E. SCHMIDT. Bei diesem Prozeß soll allgemein aus einem System linear unabhängiger Funktionen $u_m (m = 1, 2, \ldots)$ ein System orthonormierter Funktionen v_n $(n = 1, 2, \ldots)$ hergestellt werden.

1. Schritt. Wir bilden

$$\text{a)}\ \ v_1^* = u_1, \qquad \text{b)}\ \ D_1 = (v_1^*, v_1^*)^{1/2}, \qquad \text{c)}\ \ v_1 = \frac{v_1^*}{D_1}.$$

n. Schritt. Bekannt seien $v_1, v_2, \ldots, v_{n-1}$, welche untereinander orthonormal seien. Dann bilden wir

$$\text{a)}\ \ v_n^* = u_n - [(u_n, v_1)\, v_1 + (u_n, v_2)\, v_2 + \cdots + (u_n, v_{n-1})\, v_{n-1}],$$

$$\text{b)}\ \ D_n = (v_n^*, v_n^*)^{1/2},$$

$$\text{c)}\ \ v_n = \frac{v_n^*}{D_n}.$$

Sodann sind die $v_1, v_2, \ldots, v_n$ orthonormal.

Auf die praktische Durchführung dieses Prozesses unter Verwendung von Matrizenoperationen gehen wir in 3.2 ein.

Wählt man speziell $u_m = z^{m-1}$ $(m = 1, 2, \ldots)$, so erhält man mit $v_n = p_{n-1}(z)$ die gesuchten Polynome. Der höchste Koeffizient von $p_n(z)$ ist $k_n = D_{n+1}^{-1} > 0$.

b) Gewinnung der $p_n(z)$ mit Hilfe von Determinanten. Diese zweite Methode knüpft direkt an die inneren Produkte $a_{ik} = (z^i, z^k)$ $(i, k = 0, 1, 2, \ldots)$ an. Wir bilden die Determinanten

$$A_n = \begin{vmatrix} a_{00} & a_{01} & \cdots & a_{0n} \\ \cdot\cdot & \cdot\cdot & \cdot\cdot & \cdot\cdot \\ a_{n0} & a_{n1} & \cdots & a_{nn} \end{vmatrix} \quad \text{und} \quad p_n^*(z) = \begin{vmatrix} a_{00} & a_{01} & \cdots & a_{0,n-1} & 1 \\ a_{10} & a_{11} & \cdots & a_{1,n-1} & z \\ \cdot\cdot & \cdot\cdot & \cdot\cdot & \cdot\cdot & \cdot \\ a_{n0} & a_{n1} & \cdots & a_{n,n-1} & z^n \end{vmatrix}.$$

Dann ist

$$(p_n^*(z), z^k) = \begin{vmatrix} a_{00} & a_{01} & \cdots & a_{0,n-1} & a_{0,k} \\ a_{10} & a_{11} & \cdots & a_{1,n-1} & a_{1,k} \\ \cdot\cdot & \cdot\cdot & \cdot\cdot & \cdot\cdot & \cdot\cdot \\ a_{n0} & a_{n1} & \cdots & a_{n,n-1} & a_{n,k} \end{vmatrix} = \begin{matrix} 0 \quad (k = 0, 1, \ldots, n-1) \\ A_n \ (k = n), \end{matrix}$$

wobei $A_n \neq 0$ ist. Wäre nämlich $A_n = 0$, so wäre $(p_n^*, p_n^*) = 0$, also $p_n^*(z) \equiv 0$, und somit der höchste Koeffizient A_{n-1} von $p_n^*(z)$ ebenfalls Null. Daraus folgte schließlich $A_0 = a_{00} = 0$, was unmöglich ist. Es ist sogar $A_n > 0$, denn $(p_n^*, p_n^*) = \overline{A}_{n-1} A_n > 0$, woraus wegen $A_0 > 0$ die Aussage induktiv folgt. Die Polynome

$$p_n(z) = \frac{p_n^*(z)}{\sqrt{A_{n-1} A_n}} \tag{2.2}$$

mit den höchsten Koeffizienten

$$k_n = \sqrt{\frac{A_{n-1}}{A_n}}$$

sind also orthonormal; für $n = 0$ ist hierbei $A_{-1} = 1$, $p_0^*(z) = 1$ zu setzen.

2.2. Darstellung der Minimalpolynome $P_n(z)$ und der Kernfunktionen

Die Minimalpolynome $P_n(z)$ * von 1.3 und 1.5 sind durch die Forderung $(P, P) = \text{Min}!$ charakterisiert, wobei zur Konkurrenz alle Polynome $P(z)$ vom Grad $\leq n$ zugelassen sind, die $P(\zeta) = 1$ genügen, $\zeta \in G$ fest. Sie lassen sich leicht durch die $p_n(z)$ von 2.1 darstellen.

Satz 2.1. *Die Minimalpolynome $P_n(z)$ von 1.3 und 1.5 haben die Form*

$$P_n(z) = \frac{\sum\limits_{\nu=0}^{n} \overline{p_\nu(\zeta)}\, p_\nu(z)}{\sum\limits_{\nu=0}^{n} |p_\nu(\zeta)|^2}. \tag{2.3}$$

Das von $P_n(z)$ gelieferte Minimum ist $(P_n, P_n) = \left(\sum\limits_{\nu=0}^{n} |p_\nu(\zeta)|^2 \right)^{-1}$. Dabei sind $p_\nu(z)$ die zum entsprechenden inneren Produkt (2.1) gehörigen ON-Polynome.

Beweis. Schreibt man $P(z) = \sum\limits_{\nu=0}^{n} c_\nu p_\nu(z)$, so wird $(P, P) = \sum\limits_{\nu=0}^{n} |c_\nu|^2$. Wegen $P(\zeta) = 1$ ist

$$1 = \left| \sum_{\nu=0}^{n} c_\nu p_\nu(\zeta) \right| \leq \sum_{\nu=0}^{n} |c_\nu|\, |p_\nu(\zeta)| \leq \left(\sum_{\nu=0}^{n} |c_\nu|^2 \right)^{1/2} \cdot \left(\sum_{\nu=0}^{n} |p_\nu(\zeta)|^2 \right)^{1/2},$$

---

* Wir verwenden für die zur Flächen- oder Liniennorm gehörigen Minimalpolynome dieselben Bezeichnungen; das gleiche gilt für die ON-Polynome $p_n(z)$ und die Lösungen $F_0(z)$ der Extremalprobleme I und II.

damit also

$$(P, P) \geqq \Big(\sum_{\nu=0}^{n} |p_\nu(\zeta)|^2 \Big)^{-1}.$$

Gleichheit besteht genau dann, wenn $c_\nu = A \cdot \overline{p_\nu(\zeta)}$ gilt für ein $A > 0$. Dies ergibt Satz 2.1.

Der Zusammenhang zwischen $P_n(z)$ und der konformen Abbildung $w = f(z)$ von G auf $|w| < R$ ($f(\zeta) = 0$, $f'(\zeta) = 1$) wird durch (1.17) und (1.33) hergestellt.

Auch die durch (1.9) und (1.23) erklärten Kernfunktionen $K(z, \zeta)$ und $\hat{K}(z, \zeta)$ gestatten eine einfache Darstellung durch die ON-Polynome $p_n(z)$ von 2.1. Dies ist insofern wichtig, als nach 1.2 und 1.4

$$F_0(z) = f'(z) = \frac{K(z, \zeta)}{K(\zeta, \zeta)} \quad \text{bzw.} \quad F_0^2(z) = f'(z) = \Big(\frac{\hat{K}(z, \zeta)}{\hat{K}(\zeta, \zeta)} \Big)^2$$

gilt. Wir ergänzen hier: *Ist $w = f_1(z)$ die durch $f_1(\zeta) = 0$, $f_1'(\zeta) > 0$ normierte konforme Abbildung von G auf $|w| < 1$, so gelten*

$$f_1'(z) = \sqrt{\frac{\pi}{K(\zeta, \zeta)}}\, K(z, \zeta)\,, \quad d.\,h. \quad K(z, \zeta) = \frac{1}{\pi} f_1'(z)\, \overline{f_1'(\zeta)} \qquad (2.4)$$

und

$$f_1'(z) = \frac{2\pi}{\hat{K}(\zeta, \zeta)} (\hat{K}(z, \zeta))^2, \quad d.\,h. \quad \hat{K}(z, \zeta) = \frac{1}{2\pi} (f_1'(z)\, \overline{f_1'(\zeta)})^{1/2}. \quad (2.5)$$

Satz 2.2. *Die Bilinearreihe $\sum\limits_{\nu=0}^{\infty} \overline{p_\nu(\zeta)}\, p_\nu(z)$ konvergiert bei festem $\zeta \in G$ absolut und gleichmäßig in jedem abgeschlossenen Teil $B \subset G$. Ist darüber hinaus das System aller Polynome in $L_2(G)$ bzw. $L_2(C)$ vollständig, so stellt diese Reihe die Bergmansche bzw. Szegösche Kernfunktion dar*

$$K(z, \zeta) = \sum_{\nu=0}^{\infty} \overline{p_\nu(\zeta)}\, p_\nu(z) \quad \text{bzw.} \quad \hat{K}(z, \zeta) = \sum_{\nu=0}^{\infty} \overline{p_\nu(\zeta)}\, p_\nu(z)\,, \quad (2.6)$$

je nachdem die $p_\nu(z)$ gemäß (2.1.a) oder (2.1.b) orthonormiert sind.

Beweis. Die reproduzierende Eigenschaft von $K(z, \zeta)$ und $\hat{K}(z, \zeta)$

$$(K(z, \zeta), p_\nu(z)) = \overline{p_\nu(\zeta)} \quad \text{bzw.} \quad (\hat{K}(z, \zeta), p_\nu(z)) = \overline{p_\nu(\zeta)}$$

zeigt, daß (2.6) jedenfalls im Sinne einer Fourierentwicklung gilt. Nach der Besselschen Ungleichung ist weiter

$$\sum_{\nu=0}^{\infty} |p_\nu(\zeta)|^2 \leqq \|K(z, \zeta)\|^2 = K(\zeta, \zeta) \quad \text{bzw.} \quad \sum_{\nu=0}^{\infty} |p_\nu(\zeta)|^2 \leqq \|\hat{K}(z, \zeta)\|^2 = \hat{K}(\zeta, \zeta);$$

siehe (1.11.a) und (1.25.a). Daraus entnehmen wir

$$\Big| \sum_{\nu=m}^{n} \overline{p_\nu(\zeta)}\, p_\nu(z) \Big| \leqq \Big(\sum_{\nu=m}^{n} |p_\nu(\zeta)|^2 \Big)^{1/2} \cdot \Big(\sum_{\nu=0}^{\infty} |p_\nu(z)|^2 \Big)^{1/2}$$

$$\leqq (K(z, z))^{1/2} \cdot \Big(\sum_{\nu=m}^{n} |p_\nu(\zeta)|^2 \Big)^{1/2},$$

und da wir mit Hilfssatz 1.1

$$K(z, z) \leqq \frac{1}{\pi r^2} \quad \text{und} \quad \hat{K}(z, z) \leqq \frac{1}{2\pi r} \qquad r = \text{dist}(z, C)$$

abschätzen können, ergibt sich die Konvergenzaussage von Satz 2.2. Wenn außerdem die Polynome in $L_2(G)$ bzw. $L_2(C)$ vollständig sind, wofür wir in Satz 1.5 und Satz 1.9 Bedingungen besitzen, so gilt für $n \to \infty$

$$\left\| K(z, \zeta) - \sum_{v=0}^{n} \overline{p_v(\zeta)}\, p_v(z) \right\| \to 0 \text{ bzw. } \left\| \hat{K}(z, \zeta) - \sum_{v=0}^{n} \overline{p_v(\zeta)}\, p_v(z) \right\| \to 0,$$

da die Teilsummen der Fourierentwicklung im Quadratmittel am besten approximieren von allen Polynomen vom Grad n. Die Konvergenz findet daher gegen $K(z, \zeta)$ bzw. $\hat{K}(z, \zeta)$ statt.

Der Beweis zeigt überdies, daß Satz 2.2 richtig bleibt, wenn die $p_v(z)$ *irgend* ein in $L_2(G)$ bzw. $L_2(C)$ vollständiges ON-System bedeuten. Einige weitere Eigenschaften der Kernfunktionen stellen wir in 2.4 zusammen.

Bezüglich der Konvergenzgeschwindigkeit der Reihen in (2.6) ist wegen

$$\left\| K(z, \zeta) - \sum_{v=0}^{n} \overline{p_v(\zeta)}\, p_v(z) \right\|^2 = \sum_{v>n} |p_v(\zeta)|^2$$

bzw.

$$\left\| \hat{K}(z, \zeta) - \sum_{v=0}^{n} \overline{p_v(\zeta)}\, p_v(z) \right\|^2 = \sum_{v>n} |p_v(\zeta)|^2$$

(falls die Polynome in $L_2(G)$ bzw. $L_2(C)$ vollständig sind) sofort zu sagen, daß $\sum_{v>n} |p_v(\zeta)|^2 = O(\varepsilon^n)$ ($\varepsilon < 1$, $n \to \infty$) genau dann gilt, wenn $K(z, \zeta)$ bzw. $\hat{K}(z, \zeta)$ und damit $f'(z)$ bzw. $\sqrt{f'(z)}$ in $\overline{G}$ regulär ist. Im ersten Fall ist C notwendig aus endlich vielen analytischen Stücken zusammengesetzt, die Innenwinkel $\frac{\pi}{q}$ einschließen ($q = 2, 3, \ldots$); im zweiten Fall müssen die Innenwinkel $\frac{\pi}{q}$ ($q = 3, 5, \ldots$) sein. Bei nichtanalytischem C wird also (2.6) selbst innerhalb G, etwa für $z = \zeta$, verhältnismäßig langsam konvergieren.

Eine Abschätzung des Reihenrestes $\sum_{v>n} \overline{p_v(\zeta)}\, p_v(z)$ ($z \in G$, $\zeta \in G$) in der Entwicklung von $\hat{K}(z, \zeta)$ findet sich auch bei NEHARI ([294], S. 372; [295], S. 392; [296], S. 143). Allerdings handelt es sich um keine a priori-Abschätzung, die gestatten würde, den Reihenrest etwa aus geometrischen Annahmen über C im voraus zu bestimmen, und sie wird für z, ζ in der Nähe des Randes von G unbrauchbar.

Schließlich bemerken wir noch, daß (P, P) für alle Polynome $P(z)$ vom Grad n, deren höchster Koeffizient 1 ist, genau dann minimal wird, wenn

$$P(z) = \frac{p_n(z)}{k_n} \tag{2.7}$$

ist ($p_n(z) = k_n z^n + \cdots$). Das Minimum ist k_n^{-2}. Beweis durch Darstellung

$$P(z) = \sum_{\nu=0}^{n} c_\nu p_\nu(z).$$

2.3. Das asymptotische Verhalten der $p_n(z)$

a) Verhalten innerhalb C. Ist C eine analytische Jordankurve, so gilt für die ON-Polynome $p_n(z)$ von 2.1

$$|p_n(z)| = O(\varepsilon^n) \qquad (\varepsilon < 1, n \to \infty),$$

gleichmäßig in jedem abgeschlossenen Teil $B \subset G$. Im Fall eines allgemeineren Randes C ergibt sich $|p_n(z)| = O(n^{-k})$, wobei k von der Glattheit von C abhängt; siehe SUETIN [402], [403], [405].

b) Verhalten auf und außerhalb C. Hier bestehen wichtige Beziehungen zu der konformen Abbildung des Äußeren von C auf $|w| > 1$. Es bilde

$$z = \psi(w) = cw + c_0 + \frac{c_1}{w} + \cdots \qquad (c > 0) \qquad (2.8)$$

$|w| > 1$ konform auf das Äußere von C ab; c heißt transfiniter Durchmesser oder Kapazität von C. Ferner sei $w = \varphi(z)$ die Umkehrfunktion von $z = \psi(w)$.

S a t z 2.3. *Es sei C eine analytische Jordankurve, so daß $z = \psi(w)$ für ein $\varrho_1 < 1$ in $|w| > \varrho_1$ regulär und schlicht ist.*

(α) Sind $p_n(z)$ die gemäß (2.1.a) in G orthonormalen Polynome, so gilt gleichmäßig für alle z auf und außerhalb C

$$p_n(z) = \sqrt{\frac{n+1}{\pi}} \, \varphi'(z) \, [\varphi(z)]^n \, [1 + O(\sqrt{n}\,\varrho_1^n)] \quad (n \to \infty). \quad (2.9)$$

Der höchste Koeffizient k_n von $p_n(z)$ genügt

$$k_n = \sqrt{\frac{n+1}{\pi}} \, c^{-n-1}(1 + O(\varrho_1^{2n})) \quad (n \to \infty). \quad (2.10)$$

(β) Sind $p_n(z)$ die gemäß (2.1.b) auf C orthonormalen Polynome, so gilt für jedes ϱ mit $\varrho_1 < \varrho < 1$ und gleichmäßig für alle z auf und außerhalb C

$$p_n(z) = \frac{1}{\sqrt{2\pi}} \sqrt{\varphi'(z)} \, [\varphi(z)]^n \, [1 + O(\varrho^{n/2})] \quad (n \to \infty). \quad (2.11)$$

Der höchste Koeffizient k_n von $p_n(z)$ genügt in diesem Falle

$$k_n = \frac{1}{\sqrt{2\pi}} \, c^{-n-1/2}(1 + O(\varrho^{n/2})) \quad (n \to \infty). \quad (2.12)$$

Das Ergebnis (α) stammt von CARLEMAN ([58], S. 30), während sich (β) bei SZEGÖ ([411], S. 260; [412], S. 368—373) findet. Aussagen bei nichtanalytischer Kurve C machen ROSENBLOOM-WARSCHAWSKI ([355], S. 293—299), KOROVKIN [225] und SUETIN [402], [404]. Die Kenntnis des Verhaltens von $\{p_n(z)\}$ auf C erlaubt es, Sätze über Potenzreihen auf Polynomreihen $\Sigma\, a_n p_n(z)$ zu übertragen; siehe KUZ'MINA [235].

Beweis zu Satz 2.3 (α). Es sei $q_n(z)$ irgend ein Polynom vom Grad n mit höchstem Koeffizienten 1, und $q_n(z) = r'_{n+1}(z)$. Dann ist nach der Greenschen Formel

$$I = \iint\limits_{G} |q_n(z)|^2 \, db_z = \frac{1}{2i} \int\limits_{C} q_n(z) \, \overline{r_{n+1}(z)} \, dz = \frac{1}{2i} \int\limits_{|w|=1} F'(w) \, \overline{F(w)} \, dw,$$

wobei wir in $|w| > \varrho_1$

$$F(w) = r_{n+1}(\psi(w)) = c^{n+1} \left[\frac{w^{n+1}}{n+1} + A_0 + A_1 w + \cdots + A_n w^n + \sum_{r=1}^{\infty} a_r w^{-r} \right]$$

gesetzt haben. Rechnet man damit I aus, so folgt

$$I = \pi c^{2n+2} \left(\frac{1}{n+1} + \sum_{v=1}^{n} v |A_v|^2 - \sum_{v=1}^{\infty} v |a_v|^2 \right).$$

Durch geeignete Wahl von $q_n(z)$ kann man aber alle A_v ($v = 1, 2, \ldots, n$) zum Verschwinden bringen, so daß für das Minimalpolynom unter den $q_n(z)$ (vgl. (2.7))

$$k_n^{-2} \leqq \frac{\pi c^{2n+2}}{n+1} \tag{2.13}$$

gilt.

Weiter sei G' ein von C und C_ϱ: $\psi(|w| = \varrho)$ mit $\varrho_1 < \varrho < 1$ begrenztes Ringgebiet. Dann liefert die obige Rechnung

$$I' = \iint\limits_{G'} |q_n(z)|^2 \, db_z$$

$$= \pi c^{2n+2} \left[\frac{1 - \varrho^{2n+2}}{n+1} + \sum_{v=1}^{n} v |A_v|^2 (1 - \varrho^{2v}) - \sum_{r=1}^{\infty} v |a_v|^2 (1 - \varrho^{-2v}) \right],$$

somit

$$I \geqq I' \geqq \frac{\pi c^{2n+2}}{n+1} (1 - \varrho^{2n+2})$$

für jedes $q_n(z)$ und jedes zulässige ϱ. Also ist stets $I \geqq \frac{\pi c^{2n+2}}{n+1} (1 - \varrho_1^{2n+2})$, und für das Minimalpolynom ergibt dies

$$k_n^{-2} \geqq \frac{\pi c^{2n+2}}{n+1} (1 - \varrho_1^{2n+2}). \tag{2.14}$$

Zusammen mit (2.13) folgt (2.10).

Ist nun $q_n(z)$ speziell das Minimalpolynom, so gilt für dieses $I' \leqq I \leqq \frac{\pi c^{2n+2}}{n+1}$, also erhalten wir für seine A_v, a_v

$$\sum_{v=1}^{n} v |A_v|^2 (1 - \varrho^{2v}) - \sum_{v=1}^{\infty} v |a_v|^2 (1 - \varrho^{-2v}) \leqq \frac{\varrho^{2n+2}}{n+1},$$

wegen $1 - \varrho^{2\nu} \geqq 1 - \varrho^2$ und $\varrho^{-2\nu} - 1 \geqq \varrho^{-2\nu}(1 - \varrho^2)$ also

$$\sum_{\nu=1}^{n} \nu |A_\nu|^2 + \sum_{\nu=1}^{\infty} \nu |a_\nu|^2 \varrho^{-2\nu} \leqq \frac{\varrho^{2n+2}}{(1-\varrho^2)(n+1)} \, . \qquad (2.15)$$

Nun setzen wir

$$q_n(z) = \varphi'(z) \, F'(\varphi(z)) = c^{n+1} \varphi'(z) \, [\varphi(z)]^n \, [1 + \omega(z)]$$

an, wobei

$$\omega(z) = \frac{A_1 + \cdots + n A_n w^{n-1}}{w^n} - \sum_{\nu=1}^{\infty} \nu a_\nu w^{-n-\nu-1}$$

ist, für $|w| \geq 1$ also

$$|\omega(z)| \leqq \sum_{\nu=1}^{n} \nu |A_\nu| + \sum_{\nu=1}^{\infty} \nu |a_\nu|$$

$$\leqq \left(\sum_{\nu=1}^{n} \nu \cdot \sum_{\nu=1}^{n} \nu |A_\nu|^2 \right)^{1/2} + \left(\sum_{\nu=1}^{\infty} \nu \varrho^{2\nu} \cdot \sum_{\nu=1}^{\infty} \nu \varrho^{-2\nu} |a_\nu|^2 \right)^{1/2} .$$

Zusammen mit (2.15) ergibt sich, da ϱ in $\varrho_1 < \varrho < 1$ beliebig sein konnte, $|\omega(z)| = O(\sqrt{n} \, \varrho_1^n)$, und da $p_n(z) = k_n q_n(z)$ ist (vgl. (2.7)), erhalten wir unter Verwendung der schon bewiesenen Beziehung (2.10) die Aussage (2.9).

Der Beweis zu (β) knüpft am besten an die Polynomanteile der Entwicklung von $\dfrac{1}{\sqrt{2\pi}} \sqrt{\varphi'(z)} \, [\varphi(z)]^n$ um $z = \infty$ („vom Faberschen Typ") an. Im einzelnen siehe SZEGÖ ([412], S. 371—373).

Zusatz zu Satz 2.3. *Unter den Annahmen von Satz 2.3 gilt*:

(α)

$$\left(\frac{n+1}{n+2} \right)^{1/2} \frac{p_{n+1}(z)}{p_n(z)} = \varphi(z) \, (1 + O(\sqrt{n} \, \varrho_1^n)) \quad (n \to \infty) \quad (2.16)$$

und

$$\left(\frac{n+1}{n+2} \right)^{1/2} \frac{k_{n+1}}{k_n} = c^{-1}(1 + O(\varrho_1^{2n})) \qquad (n \to \infty) ; \, (2.17)$$

(β)

$$\frac{p_{n+1}(z)}{p_n(z)} = \varphi(z) \, (1 + O(\varrho^{n/2})) \qquad (n \to \infty) \quad (2.18)$$

und

$$\frac{k_{n+1}}{k_n} = c^{-1} (1 + O(\varrho^{n/2})) \qquad (n \to \infty) . \, (2.19)$$

Nach SZEGÖ ([412], S. 369) gilt im Falle (β)

$$\frac{p_{n+1}(z)}{p_n(z)} \to \varphi(z) \qquad\qquad (n \to \infty)$$

außerhalb C sogar dann, wenn C nur rektifizierbar angenommen ist.

Eine weitere Folgerung aus (2.9) und (2.11) ist, daß sich unter den dortigen Annahmen die Wurzeln der $p_n(z)$ außerhalb C nicht häufen. Nach SZEGÖ ([411], S. 237) und FEJÉR ([89], S. 46) liegen ferner alle Wurzeln in der konvexen Hülle von C. Über die Anzahl der außerhalb C liegenden Wurzeln siehe ROSENBLOOM-WARSCHAWSKI ([355], S. 295). Auch über die Wurzeln der Teilsummen in der Bilinearentwicklung der Kernfunktion liegen Ergebnisse vor (SZEGÖ [411], S. 241—244).

2.4. Einige weitere Eigenschaften der Kernfunktionen

Wir berichten noch über einige im Zusammenhang mit der Konstruktion konformer Abbildungen nützliche Tatsachen über $K(z, \zeta)$ und $\hat{K}(z, \zeta)$. Nicht eingehen können wir auf ihre vielfältigen Anwendungen auf dem Gebiet der partiellen Differentialgleichungen (BERGMAN-SCHIFFER [31], BERGMAN [26]) und der Funktionentheorie mehrerer Veränderlicher (BERGMAN [24]). Bezüglich der konformen Abbildung mehrfach zusammenhängender Gebiete verweisen wir auf Kapitel V, § 5.1.

Zunächst steht neben den seither behandelten zwei Methoden, $K(z, \zeta)$ oder $\hat{K}(z, \zeta)$ zu bestimmen (nämlich über die Minimalpolynome $P_n(z)$ oder über die Entwicklung nach einem vollständigen ON-System), noch eine dritte Methode zur Gewinnung von $K(z, \zeta)$ zur Verfügung. Es genügt nämlich $K(z, \zeta)$ der inhomogenen Integralgleichung

$$K(z, \zeta) = \iint_G K(t, \zeta)\, \Delta(z, t)\, db_t + \Gamma(z, \zeta) \qquad (z, \zeta \in G),$$

wobei

$$\Gamma(z, \zeta) = \frac{1}{\pi^2} \iint_{G_\infty} \frac{1}{(t - z)^2} \cdot \frac{1}{(\bar{t} - \bar{\zeta})^2}\, db_t \qquad (z, \zeta \in G;\ G_\infty = \mathrm{compl}(G))$$

und

$$\Delta(z, t) = K(z, t) - \Gamma(z, t)$$

ist (BERGMAN-SCHIFFER [29], S. 235; [30], S. 203; BERGMAN [25], S. 104); dies folgt unmittelbar aus der reproduzierenden Eigenschaft von $K(z, \zeta)$. Im Gegensatz zu (1.10), wo $\lambda = 1$ ∞-facher Eigenwert war, sind hier alle Eigenwerte > 1, und die Neumannsche Reihe konvergiert geometrisch. Bei diesem Verfahren ist die sukzessive Berechnung der Integrale

$$\Gamma^{(n+1)}(z, w) = \iint_G \Gamma^{(n)}(z, t)\, \Gamma(t, w)\, db_t \qquad (n = 1, 2, \ldots)$$

erforderlich.

Weiter bestehen direkte Beziehungen zur Greenschen Funktion $G(z, \zeta)$ und zur Neumannschen Funktion $N(z, \zeta)$ des Gebiets G. So gilt z. B.

$$K(z, \zeta) = -\frac{2}{\pi}\, \frac{\partial^2 G(z, \zeta)}{\partial z\, \partial \bar{\zeta}}$$

(SCHIFFER [368]; BERGMAN [25], S. 52—53). Die zur *bewichteten* Norm

$\iint\limits_{G} |F(z)|^2 \, \varrho(z) \, db_z$ gehörige Kernfunktion $K_\varrho(z, \zeta)$ steht in einer entsprechenden Beziehung zur Greenschen Funktion $G_\varrho(z, \zeta)$ der Differentialgleichung $\dfrac{\partial}{\partial z} \left[\dfrac{1}{\varrho(z)} \dfrac{\partial u}{\partial \bar{z}} \right] = 0$ (GARABEDIAN [123]).

Über die Variation der Kernfunktion bei veränderlichem Gebiet G siehe BERGMAN ([25], Kap. VII) und NEHARI-SINGH [299]. Der Zusammenhang von Kernfunktionen $K_{\varrho_1}(z, \zeta)$, $K_{\varrho_2}(z, \zeta)$, die zu verschiedenen Gewichtsfunktionen $\varrho_1(z)$, $\varrho_2(z)$ gehören, wird bei NEHARI [296] untersucht.

Schließlich ist das Randverhalten von $K(z, z)$ oder $\hat{K}(z, z)$ untersucht bei BERGMAN ([25], S. 38), NAGURA [287], DAVIS und POLLAK [75] und OZAWA [317]; vgl. auch NEHARI ([295], S. 392).

§ 3. Numerische Gewinnung der Näherungspolynome

Wir kommen nun zum Problem der praktischen Bestimmung der Minimalpolynome $P_n(z)$ von 1.3 und 1.5, welche mit der konformen Abbildung $w = f(z)$ ($f(\zeta) = 0$, $f'(\zeta) = 1$) des Gebiets G mit Rand C auf $|w| < R$ durch die Beziehungen

$$\text{(a)} \quad \int_{\zeta}^{z} P_n(v) \, dv \Rightarrow f(z) \quad \text{bzw.} \quad \text{(b)} \quad \int_{\zeta}^{z} [P_n(v)]^2 dv \Rightarrow f(z) \qquad (3.1)$$

$$(z \in B \subset G; \, n \to \infty)$$

zusammenhängen; vgl. (1.17) und (1.33). Diese Polynome können entweder direkt auf Grund ihrer Charakterisierung als Minimalpolynome durch Lösung eines linearen Gleichungssystems gewonnen werden oder über die zu G bzw. C gehörigen orthonormalen Polynome $p_n(z)$. Wir besprechen beide Möglichkeiten in 3.1 und 3.2, während in 3.3 über bisherige Versuche und daraus zu ziehende Folgerungen berichtet wird.

3.1. Direkte Gewinnung der Minimalpolynome

Wie in 1.3,b) und 1.5,b) dargelegt, genügen die Koeffizienten der Minimalpolynome $P_n(z) = 1 + a_1 z + \cdots + a_n z^n$ * den eindeutig lösbaren linearen Gleichungssystemen

$$\text{(a)} \quad \sum_{q=0}^{n} \alpha_{pq} a_q = 0 \quad \text{bzw.} \quad \text{(b)} \quad \sum_{q=0}^{n} \beta_{pq} a_q = 0 \quad \text{mit } a_0 = 1 \qquad (3.2)$$

$$(p = 1, 2, \ldots, n);$$

im ersten Fall sind die Matrixelemente durch

$$\alpha_{pq} = (z^q, z^p) = \iint\limits_{G} z^q \overline{z^p} \, db_z \qquad (p, q = 0, 1, \ldots)$$

---

* Der Einfachheit halber sei jetzt $\zeta = 0$ angenommen. Die Koeffizienten a_k hängen natürlich auch noch von n ab.

erklärt, im zweiten Fall durch

$$\beta_{pq} = (z^q, z^p) = \int_C z^q \overline{z^p} \, ds_z \qquad (p, q = 0, 1, \ldots).$$

Numerisch sind also zwei Operationen erforderlich:

(i) Ermittlung der inneren Produkte α_{pq} bzw. β_{pq};

(ii) Auflösung des linearen Gleichungssystems (3.2.a) bzw. (3.2.b).

Da nach den bisher gewonnenen Erfahrungen $n \gg 15$ oder $n \gg 20$ unzweckmäßig ist, bereitet (ii) auch nach Verwandlung des eventuell komplexen Systems in ein doppelt so großes reelles System keinerlei Schwierigkeiten; wir beschäftigen uns daher nur mit Problem (i).

Zur *Berechnung der* α_{pq} stehen zwei Möglichkeiten offen, die beide das Doppelintegral in ein einfaches verwandeln. Ist $O \in G$ und etwa G sternig bezüglich O, so kann man Polarkoordinaten einführen:

$$\alpha_{pq} = \int\limits_0^{2\pi} \int\limits_0^{r(\varphi)} r^{p+q+1} e^{i\varphi(q-p)} \, dr \, d\varphi$$

$$= \frac{1}{p+q+2} \int\limits_0^{2\pi} [r(\varphi)]^{p+q+2} e^{i\varphi(q-p)} \, d\varphi\,;$$

siehe BERGMAN ([23], S. 73) und BERGMAN-HERRIOT ([27], S. 11 und [28], S. 212). Zur Auswertung des einfachen Integrals ist eine möglichst genaue Quadraturformel zu verwenden. Dabei kann wegen des Faktors $[r(\varphi)]^{p+q+2}$ die Rechnung mit doppelter Genauigkeit erforderlich sein. Etwaige Symmetrien von C sind einzuarbeiten. Ist z. B. C zur x-Achse symmetrisch, so werden alle α_{pq} reell:

$$\alpha_{pq} = \frac{1}{p+q+2} \int\limits_0^{2\pi} [r(\varphi)]^{p+q+2} \cos[\varphi(q-p)] \, d\varphi\,.$$

Um nicht für jedes p, q einen andern Faktor von $e^{i\varphi(q-p)}$ zu haben, setzt HÖHNDORF ([172], S. 275) im Falle eines kreisnahen Gebiets $r(\varphi) = 1 + \gamma(\varphi)$ und entwickelt

$$[r(\varphi)]^{p+q+2} \approx 1 + (p+q+2)\,\gamma(\varphi) + \binom{p+q+2}{2} \gamma^2(\varphi)\,,$$

so daß im wesentlichen die Fourier-Koeffizienten von $\gamma(\varphi)$ und $\gamma^2(\varphi)$ eingehen. Dies dürfte nur für grobe Rechnung und kleine p, q zulässig sein.

Weiter können die α_{pq} mit der Greenschen Formel (1.5) verwandelt werden:

$$\alpha_{pq} = \iint\limits_G z^q \overline{z^p} \, db_z = \frac{1}{2i(p+1)} \int\limits_C z^q \overline{z^{p+1}} \, dz\,.$$

Bei polygonalem C ist $dz = \text{const} \cdot ds_z$ auf jeder Seite, und man kann die folgenden Methoden zur Bestimmung der β_{pq} heranziehen.

Zur *Berechnung der* β_{pq} ist man ebenfalls auf Quadraturformeln angewiesen. Bei krummliniger Berandung C wird β_{pq} etwa durch

$$\beta_{pq} = \int_C z^q \overline{z^p} \, ds_z \approx \sum_{k=1}^{N} z_k^q \overline{z_k^p} w_k$$

approximiert, wobei $z_k \in C$ ($k = 1, 2, \ldots, N$) und die Gewichte w_k gleich oder proportional $|z_{k+1} - z_k|$ sind; siehe DAVIS-RABINOWITZ ([78], S.12). In den Experimenten von HOCK [171] wird β_{pq} bei sternigem C durch Einführung von Polarkoordinaten in ein Integral mit Veränderlicher φ transformiert und dasselbe mittels Gauß-Quadratur approximiert. Bei polygonalem C kann längs jeder Seite eine Gaußsche Quadraturformel verwendet werden. Wählt man dabei m Gauß-Knoten auf jeder Seite von C, so werden die Integrale $\int_C z^q \overline{z^p} \, ds_z$ exakt ausgewertet für alle p, q mit $p \leq m - 1$, $q \leq m - 1$. Wegen einer Zusammenstellung von bis zu 48 Gauß-Knoten und Gewichten siehe DAVIS-RABINOWITZ [77]. Diese Art der Gewinnung der β_{pq} fand Verwendung bei DAVIS-RABINOWITZ ([78], S. 16) im Falle eines Quadrats und bei HOCHSTRASSER ([170], S. 29) im Falle eines irregulären Fünfecks.

3.2. Durchführung des Orthonormierungsprozesses

a) Orthonormierungsprozeß für Vektoren. Wir behandeln zunächst das Problem, aus n linear unabhängigen N-dimensionalen Vektoren $\mathfrak{u}_1, \mathfrak{u}_2, \ldots, \mathfrak{u}_n$ ($n \leq N$) nach der Methode von 2.1,a) ein System von n ON-Vektoren $\mathfrak{v}_1, \mathfrak{v}_2, \ldots, \mathfrak{v}_n$ herzustellen, wobei das innere Produkt durch

$$(\mathfrak{u}, \mathfrak{v}) = \mathfrak{u}' \mathfrak{W} \overline{\mathfrak{v}} = \sum_{i,\,k=1}^{N} u_i \, \overline{v}_k \, w_{ik}$$

erklärt sei mit positiv definiter Hermitescher $(N \times N)$-Matrix $\mathfrak{W}$; hier ist stets $\mathfrak{M}'$ die Transponierte von $\mathfrak{M}$. Wichtig ist, daß die dabei erforderlichen Grundoperationen a) und b) von 2.1,a) durch *Matrizenoperationen* ausgeführt werden können; siehe DAVIS-RABINOWITZ [76] und deren Artikel in den Büchern von ALT ([10], S. 87 ff.) und TODD ([421], S. 351 ff.). Es sei etwa

$$\mathfrak{u}^* = \mathfrak{u} - [(\mathfrak{u}, \mathfrak{v}_1) \, \mathfrak{v}_1 + (\mathfrak{u}, \mathfrak{v}_2) \, \mathfrak{v}_2 + \cdots + (\mathfrak{u}, \mathfrak{v}_m) \mathfrak{v}_m] \tag{3.3}$$

zu berechnen, bei bekannter $(N \times m)$-Matrix $\mathfrak{V}_m = (\mathfrak{v}_1, \mathfrak{v}_2, \ldots, \mathfrak{v}_m)$. Wegen $(\mathfrak{u}, \mathfrak{v}_i) = \mathfrak{u}' \mathfrak{W} \overline{\mathfrak{v}}_i$ ist $\mathfrak{u}' \mathfrak{W} \overline{\mathfrak{V}}_m = ((\mathfrak{u}, \mathfrak{v}_1), (\mathfrak{u}, \mathfrak{v}_2), \ldots, (\mathfrak{u}, \mathfrak{v}_m))$, also

$$\mathfrak{u}' \mathfrak{W} \overline{\mathfrak{V}}_m \mathfrak{V}'_m = [(\mathfrak{u}, \mathfrak{v}_1) \, \mathfrak{v}_1 + (\mathfrak{u}, \mathfrak{v}_2) \, \mathfrak{v}_2 + \cdots + (\mathfrak{u}, \mathfrak{v}_m) \mathfrak{v}_m]'.$$

Daher kann man (3.3) äquivalent als

$$\mathfrak{u}^{*\prime} = \mathfrak{u}' (\mathfrak{E} - \mathfrak{W} \overline{\mathfrak{V}}_m \mathfrak{V}'_m) \tag{3.4}$$

schreiben, während die Norm von $\mathfrak{u}^*$

$$(\mathfrak{u}^*, \mathfrak{u}^*)^{1/2} = (\mathfrak{u}^{*\prime}\,\mathfrak{W}\,\overline{\mathfrak{u}^*})^{1/2} \tag{3.5}$$

ist. Durch Anwendung von (3.4) und (3.5) kommt man nach Bestimmung von m ON-Vektoren $\mathfrak{v}_1$, $\mathfrak{v}_2$, ..., $\mathfrak{v}_m$ zum $(m+1)$-ten ON-Vektor $\mathfrak{v}_{m+1}$, und nach n Schritten zum Gesamtsystem $\mathfrak{v}_1$, $\mathfrak{v}_2$, ..., $\mathfrak{v}_n$. Die Entwicklung eines beliebigen Vektors $\mathfrak{f}$ nach den $\mathfrak{v}_k$ lautet

$$\mathfrak{f} \sim \sum_{k=1}^{n} (\mathfrak{f}, \mathfrak{v}_k)\mathfrak{v}_k = \sum_{k=1}^{n} d_k \mathfrak{u}_k, \tag{3.6}$$

und die Ermittlung des Fehlervektors

$$\mathfrak{d} = \mathfrak{f} - \sum_{k=1}^{n} (\mathfrak{f}, \mathfrak{v}_k)\mathfrak{v}_k = \begin{pmatrix} \delta_1 \\ \delta_2 \\ \vdots \\ \delta_N \end{pmatrix} \tag{3.7}$$

führt wieder auf die Operation (3.4).

Für unsere Zwecke ist es besonders wichtig, den Zusammenhang

$$\begin{aligned} \mathfrak{v}_1 &= a_{11}\,\mathfrak{u}_1 \\ \mathfrak{v}_2 &= a_{21}\,\mathfrak{u}_1 + a_{22}\mathfrak{u}_2 \\ \cdots &\quad \cdots \quad\quad \cdots \\ \mathfrak{v}_n &= a_{n1}\,\mathfrak{u}_1 + a_{n2}\mathfrak{u}_2 + \cdots + a_{nn}\mathfrak{u}_n \end{aligned} \tag{3.8}$$

zu kennen, und ebenso die Zahlen

$$d_k = \sum_{j=k}^{n} (\mathfrak{f}, \mathfrak{v}_j)\,a_{jk} \qquad (k = 1, 2, \ldots, n) \tag{3.9}$$

in der Entwicklung (3.6). Nach DAVIS-RABINOWITZ ([78], S. 13; [421], S. 355) ist dies auf folgende einfache Weise möglich. Man vergrößere $\mathfrak{W}$ zu der $(N+n) \times (N+n)$-Matrix $\widehat{\mathfrak{W}}$, welche in der linken oberen Ecke $\mathfrak{W}$ und sonst Nullen hat. Ferner werde $\mathfrak{u}_k$ zu einem $(N+n)$-Vektor $\hat{\mathfrak{u}}_k$ verlängert, dessen $(N+k)$-te Komponente 1 ist, während die andern Zusatzkomponenten Null sind. Außerdem werde $\mathfrak{f}$ durch Hinzunahme

Schema (S)

Eingabe der Vektoren		Ausgabe der Vektoren	
Ausgangsvektoren		ON-Vektoren	Fehler
$\mathfrak{u}_1 \quad \mathfrak{u}_2 \;\ldots\; \mathfrak{u}_n$	$\mathfrak{f}$	$\mathfrak{v}_1 \quad \mathfrak{v}_2 \;\ldots\; \mathfrak{v}_n$	$\mathfrak{d}$
$u_{11} \; u_{21} \ldots \; u_{n1}$ $\vdots \quad\; \vdots \quad\;\; \vdots$ $u_{1N} \, u_{2N} \ldots \, u_{nN}$	f_1 $\vdots$ f_N	$v_{11} \; v_{21} \ldots \; v_{n1}$ $\vdots \quad\; \vdots \quad\;\; \vdots$ $v_{1N} \, v_{2N} \ldots \, v_{nN}$	δ_1 $\vdots$ δ_N
$1 \quad 0 \;\ldots\; 0$ $0 \quad 1 \;\ldots\; 0$ $\vdots \quad\; \vdots \quad\;\; \vdots$ $0 \quad 0 \;\ldots\; 1$	0 0 $\vdots$ 0	$a_{11} \; a_{21} \ldots \; a_{n1}$ $\quad\;\; a_{22} \ldots \; a_{n2}$ $\quad\quad\quad\;\; \ddots \;\; \vdots$ $0 \quad\quad\quad\;\; a_{nn}$	$-d_1$ $-d_2$ $\vdots$ $-d_n$

von lauter Nullen zum $(N + n)$-Vektor $\hat{\mathfrak{f}}$. *Wenn dann dieselbe Rechnung, die aus* $\mathfrak{u}_1, \ldots, \mathfrak{u}_n, \mathfrak{f}$ *die Vektoren* $\mathfrak{v}_1, \ldots, \mathfrak{v}_n, \mathfrak{d}$ *herstellt, auf die verlängerten Vektoren* $\hat{\mathfrak{u}}_1, \ldots, \hat{\mathfrak{u}}_n, \hat{\mathfrak{f}}$ *angewandt wird, so erscheinen die gesuchten* a_{ik} *von* (3.8) *und die Zahlen* $- d_k$ *vcn* (3.6) *als Verlängerung der Vektoren* $\mathfrak{v}_k$ *und* $\mathfrak{d}$.

Wir zeigen dies z. B. für die Verlängerung der Vektoren $\mathfrak{v}_k$. Nach Konstruktion gilt

$$
\begin{aligned}
\mathfrak{v}_k &= c_k(\mathfrak{u}_k - [(\mathfrak{u}_k, \mathfrak{v}_1)\,\mathfrak{v}_1 + \cdots + (\mathfrak{u}_k, \mathfrak{v}_{k-1})\mathfrak{v}_{k-1}]) , \\
\hat{\mathfrak{v}}_k &= \hat{c}_k(\hat{\mathfrak{u}}_k - [(\hat{\mathfrak{u}}_k, \hat{\mathfrak{v}}_1)\,\hat{\mathfrak{v}}_1 + \cdots + (\hat{\mathfrak{u}}_k, \hat{\mathfrak{v}}_{k-1})\hat{\mathfrak{v}}_{k-1}]) ,
\end{aligned}
\tag{3.10}
$$

wobei c_k, $\hat{c}_k$ so gewählt sind, daß $(\mathfrak{v}_k, \mathfrak{v}_k) = 1$ und $(\hat{\mathfrak{v}}_k, \hat{\mathfrak{v}}_k) = 1$ wird. Ersichtlich ist $(\hat{\mathfrak{u}}_k, \hat{\mathfrak{v}}_j) = (\mathfrak{u}_k, \mathfrak{v}_j)$ und $\hat{c}_k = c_k$. Kehrt man die Beziehungen (3.8) um

$$
\mathfrak{u}_k = b_{k1}\mathfrak{v}_1 + b_{k2}\mathfrak{v}_2 + \cdots + b_{kk}\mathfrak{v}_k, \qquad \mathfrak{B} = \mathfrak{A}^{-1},
$$

so ergibt sich

$$
(\mathfrak{u}_k, \mathfrak{v}_j) = b_{kj} \text{ und } 1 = (\mathfrak{v}_k, \mathfrak{v}_k) = c_k(\mathfrak{u}_k, \mathfrak{v}_k) = c_k b_{kk}, \text{ also } c_k = b_{kk}^{-1}.
$$

Nun betrachten wir die Komponenten von $\hat{\mathfrak{v}}_k$. Für $k = 1$ ist die $(N + 1)$-te Komponente $c_1 \cdot 1 = b_{11}^{-1} = a_{11}$, die folgenden verschwinden. Unsere Behauptung ist also für $k = 1$ richtig. Allgemein ist die $(N + k)$-te Komponente von $\hat{\mathfrak{v}}_k$ $c_k \cdot 1 = b_{kk}^{-1} = a_{kk}$, während die folgenden verschwinden. Die $(N + r)$-te Komponente ist dagegen für $r < k$

$$
a_{kk}(0 - [b_{kr}a_{rr} + b_{k,r+1}a_{r+1,r} + \cdots + b_{k,k-1}a_{k-1,r}]) ,
$$

wobei $[\ ] + a_{kr}\,b_{kk}$ die Faltung der k-ten Zeile von $\mathfrak{B}$ mit der r-ten Spalte von $\mathfrak{A}$ wäre, also wegen $\mathfrak{A}\mathfrak{B} = \mathfrak{E}$ und $r < k : [\ ] + a_{kr}b_{kk} = 0$. Die $(N + r)$-te Komponente von $\hat{\mathfrak{v}}_k$ $(r < k)$ ist daher $a_{kk}a_{kr}b_{kk} = a_{kr}$.

Noch einfacher sieht man, daß die Verlängerung von $\mathfrak{d}$ die Zahlen $- d_k$ ergibt.

Insgesamt halten wir fest, daß die Matrixoperationen (3.4) und (3.5) auch zur Ermittlung der a_{ik} in (3.8) und der d_k in (3.6) verwendet werden können.

b) Verbesserung eines fast orthogonalen Vektors. Für große n, N treten beim Orthonormierungsprozeß leicht Rundungsfehler auf, da die Vektoren $\mathfrak{v}_n^*$ und die Zahlen D_n beide klein werden. Dann ist es vorteilhaft, die in **a)** geschilderte Prozedur wie folgt zu verfeinern. Die Vektoren $\mathfrak{v}_1, \mathfrak{v}_2, \ldots, \mathfrak{v}_{n-1}$ seien exakt orthonormal, der Vektor $\tilde{\mathfrak{v}}_n$ hingegen zwar normiert $(\tilde{\mathfrak{v}}_n, \tilde{\mathfrak{v}}_n) = 1$, aber

$$
(\tilde{\mathfrak{v}}_n, \mathfrak{v}_j) = \varepsilon_j \qquad\qquad (j = 1, 2, \ldots, n - 1).
$$

Wir unterwerfen $\tilde{\mathfrak{v}}_n$ einer Korrektur, indem wir als n-ten Vektor

$$
\mathfrak{v}_n = \tilde{\mathfrak{v}}_n - \sum_{j=1}^{n-1} \varepsilon_j \mathfrak{v}_j
$$

nehmen; seine Herstellung führt wieder auf die Matrixoperation (3.4).
Dann ist $(\mathfrak{v}_n, \mathfrak{v}_j) - 0$ $(j = 1, 2, \ldots, n - 1)$ und $(\mathfrak{v}_n, \mathfrak{v}_n) = 1 - \sum_{j=1}^{n-1} |\varepsilon_j|^2$, also
kann $\mathfrak{v}_n$ als verbesserter Vektor angesehen werden.

c) Orthonormierungsprozeß für Funktionen. Nun seien n linear unabhängige Funktionen $u_1, u_2, \ldots, u_n$ gegeben und n ON-Funktionen $v_1, v_2, \ldots, v_n$ herzustellen. Das innere Produkt sei durch eine Integrationsvorschrift erklärt:

$$(u, v) = \iint_G u(z)\,\overline{v(z)}\,db_z \quad \text{oder} \quad (u, v) = \int_C u(z)\,\overline{v(z)}\,ds_z .$$

Zwei Methoden kommen in Betracht.

(i) Wir approximieren jede Funktion $u(z)$ durch einen N-dimensionalen $(N \geq n)$ Vektor

$$\mathfrak{u} = \{u(z_k)\} \qquad (k = 1, 2, \ldots, N)$$

mit genügend vielen Stützstellen $z_k \in G$ oder $z_k \in C$, und definieren als inneres Produkt zweier Vektoren diejenige Näherung für (u, v), die sich durch Anwendung einer Quadraturformel auf (u, v) ergibt, also

$$(\mathfrak{u}, \mathfrak{v}) = \sum_{k=1}^{N} u(z_k)\,\overline{v(z_k)}\,w_k \approx (u, v) .$$

In **a)** ist also jetzt $(\mathfrak{u}, \mathfrak{v}) = \mathfrak{u}'\mathfrak{W}\bar{\mathfrak{v}}$ mit der Diagonalmatrix $\mathfrak{W} = \operatorname{diag}\{w_k\}$, wobei die $w_k > 0$ die Gewichte der Quadraturformel sind.

Die Anwendung des allgemeinen Verfahrens aus **a)** ergibt nach n Schritten n ON-Vektoren $\mathfrak{v}_1, \mathfrak{v}_2, \ldots, \mathfrak{v}_n$, die als Näherungen der gesuchten ON-Funktionen $v_1, v_2, \ldots, v_n$ an den N Stützstellen aufgefaßt werden können. Der Zusammenhang

$$\begin{aligned}
v_1 &= a_{11}u_1 \\
v_2 &= a_{21}u_1 + a_{22}u_2 \\
&\cdots \quad\quad \cdots \quad\quad \cdots \\
v_n &= a_{n1}u_1 + a_{n2}u_2 + \cdots + a_{nn}u_n
\end{aligned} \tag{3.11}$$

wird (approximativ) durch (3.8) wiedergegeben; die Elemente a_{ik} finden sich im Schema (S).

(ii) Bei der zweiten Methode wird davon ausgegangen, daß die Gramsche Matrix

$$\mathfrak{G} = ((u_i, u_k))$$

der Funktionen $u_1, u_2, \ldots, u_n$ berechnet sei. Sodann ordnen wir jeder Funktion $u = \sum_{k=1}^{n} c_k u_k$ ihren Koeffizientenvektor $\mathfrak{u} = \begin{pmatrix} c_1 \\ c_2 \\ \vdots \\ c_n \end{pmatrix}$ zu, speziell also den u_j die Vektoren $\mathfrak{u}_j$ mit der j-ten Komponente 1. Für

$$u = \sum_{i=1}^{n} c_i u_i \text{ und } v = \sum_{k=1}^{n} d_k u_k \text{ ist dann}$$

$$(u, v) = \sum_{i,k=1}^{n} c_i \overline{d_k}(u_i, u_k) = \mathfrak{u}'\mathfrak{G}\overline{\mathfrak{v}},$$

und das Problem der Orthonormierung der Funktionen $u_1, u_2, \ldots, u_n$ ist
äquivalent zu dem Problem, die Vektoren $\mathfrak{u}_1, \mathfrak{u}_2, \ldots, \mathfrak{u}_n$ zu orthonormieren, wobei das innere Produkt durch $(\mathfrak{u}, \mathfrak{v}) = \mathfrak{u}'\mathfrak{G}\overline{\mathfrak{v}}$ definiert wird. Die
Anwendung des allgemeinen Verfahrens aus **a)** mit $\mathfrak{W} = \mathfrak{G}$, aber *nicht*
mit erweitertem Schema, liefert nach n Schritten die n ON-Vektoren
$\mathfrak{v}_1, \mathfrak{v}_2, \ldots, \mathfrak{v}_n$. Dabei ist $\mathfrak{v}_j$ der Koeffizientenvektor der Funktion v_j, also
erhält man sofort in

$$\mathfrak{v}_j' = (a_{j1}, a_{j2}, \ldots, a_{jj}, 0, 0, \ldots, 0) \qquad (j = 1, 2, \ldots, n)$$

die Matrix der Transformation (3.11). [Man verwendet nur den unteren
Teil von Schema (S).]

Wir vergleichen die Methoden (i) und (ii). Dem Vorzug von (i), im
Gegensatz zu (ii) sofort eine Näherung für die ON-Funktionen an den
Stützstellen zu liefern, stehen folgende Vorzüge von (ii) gegenüber.
Während bei (i) N-dimensionale Vektoren orthonormiert werden, sind es
bei (ii) nur n-dimensionale Vektoren, was in Anbetracht der bei ON-
Prozessen auftretenden Schwierigkeiten mit Rundungsfehlern als wichtig
erscheint. Insbesondere ist zu beachten, daß N sehr groß sein wird, wenn
(u, v) als Flächenintegral genommen werden muß. Ferner ist bei (i) erforderlich, daß alle Funktionen u durch gleichlange Vektoren approximiert werden; bei (ii) ist die Berechnung der Elemente von $\mathfrak{G}$ ein vom
ON-Prozeß unabhängiges Problem, und insbesondere können verschiedene Elemente von $\mathfrak{G}$ mit verschiedenen Quadraturformeln berechnet
werden, was sehr praktisch ist. Explizit auswertbare Produkte können
sofort in $\mathfrak{G}$ eingetragen werden. — Ein systematischer Vergleich der
Methoden (i) und (ii) wäre wünschenswert.

d) Gewinnung der Minimalpolynome $P_n(z)$. Nach Satz 2.1 sind die
$P_n(z)$ dann bestimmt, wenn die zu G bzw. zu C gehörigen ON-Polynome
$p_\nu(z)$ bekannt sind ($\nu = 0, 1, \ldots, n$). Ist n verhältnismäßig klein, so wird
man die $p_\nu(z)$ mit der Determinantenmethode 2.1,**b)** ermitteln können,
bei der die inneren Produkte gemäß 3.1 zu berechnen sind. Diesen Weg
schlägt BERGMAN ([23], S. 74) ein; siehe auch 3.3,**a)**.

Im allgemeinen wird man auf den im vorangehenden beschriebenen
ON-Prozeß für Funktionen zurückgreifen, wobei $1, z, z^2, \ldots, z^n$ zu
orthonormieren sind. Die Methode (i) wird bei den Experimenten von
DAVIS-RABINOWITZ (siehe 3.3,**b)**) verwendet, (ii) bei HOCK [171]. BERG-
MAN und HERRIOT ([27], [28]) gehen zwar auch von der Gramschen
Matrix $\mathfrak{G}$ aus, sie berechnen jedoch die a_{ik} von (3.11) rekursiv nach den

in 2.1,**a)** angegebenen Formeln. Mit (i) erhält man in den Vektoren $\mathfrak{v}_m$ Approximationen für die ON-Polynome $p_{m-1}(z)$ an den Stützstellen, was wegen (2.18): $\dfrac{p_{m+1}(z)}{p_m(z)} \to \varphi(z)$ $(m \to \infty)$ sofort zur Approximation der äußeren Abbildungsfunktion $\varphi(z)$ für $z \in C$ verwendet werden kann.

Um die Koeffizienten der Minimalpolynome $P_n(z)$ zu ermitteln, bestimme man zuerst in den a_{ik} von (3.11) die Koeffizienten von $p_{i-1}(z)$ und wende dann (2.3) an. Nachfolgende Integration gemäß (3.1) ergibt die Polynomapproximation der Abbildungsfunktion $f(z)$.

Da a_{mm} der höchste Koeffizient k_{m-1} von $p_{m-1}(z)$ ist, liefern die Zahlen $a_{m-1,\,m-1} : a_{mm}$ Näherungen für die Kapazität c von C; vgl. (2.17) und (2.19).

e) Orthonormale harmonische Polynome. Führt man den Orthonormierungsprozeß mit den Ausgangsvektoren $\{1\}$, $\{\Re z_k\}$, $\{\Im z_k\}$, $\{\Re z_k^2\}$, $\{\Im z_k^2\}$, ... $(z_k \in C; k = 1, 2, \ldots, N)$ durch, so erhält man in den Vektoren $\mathfrak{v}_m$ Approximationen für die auf C orthonormierten harmonischen Polynome in den Punkten z_k. Eine gegebene Randfunktion f, als Vektor $\mathfrak{f}$ dargestellt, läßt sich nach diesen Polynomen entwickeln, und man erhält mit den d_k des Schemas (S)

$$d_1 \cdot 1 + d_2 \Re z + d_3 \Im z + d_4 \Re z^2 + \cdots$$

als Näherung für die Lösung des Dirichletproblems zur Randfunktion f. Diese Methode zur Lösung des Dirichletproblems ist besonders dann vorteilhaft, wenn für dieselbe Randkurve C verschiedene Randfunktionen vorgeschrieben sind. Im Schema (S) ändern sich dann nur zwei Spalten.

3.3. Bericht über numerische Experimente

a) Orthonormale Polynome für das Einheitsquadrat. Ist G das Quadrat $|x| < 1$, $|y| < 1$, so lassen sich die inneren Produkte (z^p, z^q) explizit berechnen. Sollen die $p_n(z)$ *bezüglich des Randes C* von G orthonormal werden, so findet man durch leichte Rechnung

$$(z^p, z^q) = \int\limits_{C} z^p \overline{z^q}\, ds_z = 8 \int\limits_{0}^{1} (x^2 + 1)^q \Re\{(x + i)^{p-q}\}\, dx\,, \quad \text{wenn} \quad p - q = 4\,k$$

$$= 0 \quad \text{sonst,}$$

und die $p_n(z)$ ergeben sich mit der Determinantenformel in 2.1,**b)** zu

$$p_0(z) = \frac{1}{2\sqrt{2}}\,, \quad p_1(z) = \frac{1}{4}\sqrt{\frac{3}{2}}\, z,\quad p_2(z) = \frac{1}{4}\sqrt{\frac{15}{14}}\, z^2,\quad p_3(z) = \frac{1}{16}\sqrt{\frac{35}{3}}\, z^3\,,$$

$$p_4(z) = \frac{15}{64}\sqrt{\frac{7}{11}}\, z^4 + \frac{3}{16}\sqrt{\frac{7}{11}}\,,\ \cdots$$

Wählt man nun $\zeta = 0$, sucht also die konforme Abbildung $w = f(z)$

von G auf $|w| < R$ mit O als Fixpunkt und $f'(0) = 1$, so liefert (2.3) zunächst

$$P_4(z) = 1 + \frac{63}{332} z^4,$$

und als Approximation für $f(z)$ erhalten wir

$$\int\limits_0^z [P_4(v)]^2 dv = z + \frac{63}{830} z^5 + \frac{441}{332 \cdot 332} z^9 ; \tag{3.12}$$

vgl. KANTOROWITSCH-KRYLOW ([187], S. 356).

Zur Ermittlung der *bezüglich des Gebiets* G orthonormalen Polynome $p_n(z)$ berechnet man analog zunächst

$$(z^p, z^q) = \iint\limits_G z^p \overline{z^q}\, db_z = \frac{4}{q+1} \int\limits_0^1 (x^2 + 1)^p \Im\{(x + i)^{q-p+1}\}\, dx,$$

wenn $p - q = 4k$ ist, und $(z^p, z^q) = 0$ sonst, und die $p_n(z)$ ergeben sich wieder aus der Determinantenformel zu

$$p_0(z) = \frac{1}{2}, \quad p_1(z) = \sqrt{\frac{3}{8}}\, z, \quad p_2(z) = \sqrt{\frac{45}{112}}\, z^2, \quad p_3(z) = \sqrt{\frac{105}{288}}\, z^3,$$

$$p_4(z) = \sqrt{\frac{1575}{4864}} \left(z^4 + \frac{4}{15} \right), \dots$$

Mit $\zeta = 0$ erhält man aus (2.3) diesmal

$$P_4(z) = 1 + \frac{105}{332} z^4,$$

also zur Approximation von $f(z)$ das Polynom

$$\int\limits_0^z P_4(v)\, dv = z + \frac{21}{332} z^5. \tag{3.13}$$

Die beiden Ergebnisse (3.12) und (3.13) lassen sich mit der exakten Abbildung vergleichen, deren Umkehrung sich nach der Schwarz-Christoffelschen Formel zu

$$z = f^{-1}(w) = \int\limits_0^w \frac{dt}{\sqrt{1 + \alpha^4 t^4}} = w - \frac{\alpha^4}{10} w^5 +$$
$$+ \frac{\alpha^8}{24} w^9 - \frac{5\alpha^{12}}{208} w^{13} \pm \cdots \quad (|w| < R) \tag{3.14}$$

mit

$$\alpha = \int\limits_0^1 \frac{dt}{\sqrt{1 + t^4}} = \frac{\left[\Gamma\left(\frac{1}{4}\right)\right]^2}{8\sqrt{\pi}} = \frac{1}{2} K\left(\frac{1}{\sqrt{2}}\right) = 0{,}927\,037$$

ermittelt. Kehren wir (3.14) um, so finden wir

$$w = f(z) = z + \frac{\alpha^4}{10} z^5 + \frac{\alpha^8}{120} z^9 + \frac{11\alpha^{12}}{15\,600} z^{13} + \cdots. \tag{3.15}$$

Es ergibt sich also

$$\text{Koeffizient von } z^5 \quad \begin{cases} \text{exakt:} & \dfrac{\alpha^4}{10} = 0{,}073\,856 \\[2mm] \text{nach (3.12):} & \dfrac{63}{830} = 0{,}075\,904 \\[2mm] \text{nach (3.13):} & \dfrac{21}{332} = 0{,}063\,253\,. \end{cases}$$

Auch der Koeffizient von z^9 in (3.12), $\dfrac{441}{332^2} = 0{,}004\,001$, ist mit dem exakten Wert $\dfrac{\alpha^8}{120} = 0{,}004\,546$ recht gut in Übereinstimmung. Schließlich vergleichen wir die Beträge von (3.12) und (3.13) an den Stellen $z = 1$ und $z = 1 + i$ mit dem exakten Wert $R = \alpha^{-1}$; auch hier schneidet (3.12) besser ab als (3.13).

Tabelle 10. *Vergleich der Näherungspolynome* (3.12) *und* (3.13)

	(3.12)	(3.13)	$R = \alpha^{-1}$
$z = 1$	1,079 905	1,063 253	1,078 705
$z = 1 + i$	1,075 369	1,056 401	1,078 705

b) Die Versuche von Davis-Rabinowitz und Hochstrasser. In [78] berechnen Davis und Rabinowitz nach der Methode von 3.2 die ON-Polynome für das Quadrat der Seitenlänge 1,4. Zur Approximation von $\int\limits_C z^p \overline{z^q}\, ds_z$ wurde für jede Quadratseite eine 16 punktige Gauß-Formel genommen, so daß die ON-Polynome bis zum Grad 15 exakt sind, abgesehen von Rundungsfehlern. Die $p_\nu(z)$ (mit anderer Normierung!) sind angegeben für $0 \leqq \nu \leqq 15$ ([78], S. 16), ebenso die Quotienten $k_\nu/k_{\nu+1}$ $(0 \leqq \nu \leqq 14)$ der höchsten Koeffizienten der $p_\nu(z)$. Die Konvergenz gegen die exakte Kapazität c von C

$$c = 1{,}4 \cdot \frac{\left[\Gamma\!\left(\tfrac{1}{4}\right)\right]^2}{4\,\pi^{3/2}} = 0{,}826\,238 \tag{3.16}$$

ist verhältnismäßig langsam; $k_{14}/k_{15} = 0{,}825\,950$ ist erst in 3 Stellen mit c übereinstimmend.

Ein entsprechender Versuch wurde für den Fall durchgeführt, daß C eine nicht konvexe, bohnenartige Kurve ist; $N = 43$ Punkte $z_k \in C$ wurden in der Quadraturformel verwendet. Dem Schema (S) wurden die Werte $p_\nu(z_k)$ entnommen, und $\left|\dfrac{p_{11}(z)}{p_{10}(z)}\right|$ $(z = z_k)$ mit dem für $\nu \to \infty$ entstehenden Wert $|\varphi(z)| = 1$ $(z \in C)$ verglichen; Durchschnittsfehler etwa 5%. Für $n > 11$ ergaben sich keine Verbesserungen des Ausdrucks $\left|\dfrac{p_{n+1}(z)}{p_n(z)}\right|$. Ebenso waren die Brüche k_{n+1}/k_n für $n \approx 10$ auf 2–3 Stellen stabil; hingegen ergaben sich für $n \gg 10$ unbrauchbare Werte. Die Verfasser führen dies zurück auf Rundungsfehler, die bei hochgradigen Polynomen besonders ins Gewicht fallen, und auf grobe Quadraturformeln.

Orthogonale harmonische Polynome werden schließlich bei DAVIS-RABINOWITZ ([78], S. 14) für die oben genannte Bohnenkurve bestimmt und das Dirichletproblem für die Randwerte $\Re\{e^z + \log(z - i)\}$ nach der Methode von 3.2, e) gelöst. Die Approximation der exakten Lösung durch das gewonnene 11-gliedrige harmonische Polynom ist in den Punkten $z_k \in C$ auf $2-3$ Stellen, im Innern von C auf etwa 3 Stellen genau.

Weitere Versuche mit orthogonalen harmonischen Polynomen macht HOCHSTRASSER [170]; dabei ist C ein irreguläres Fünfeck. Hauptziel ist dort, eine von NEHARI [298] stammende Abschätzung des Fehlers zwischen der exakten Lösung des Dirichletproblems und dem harmonischen Näherungspolynom im Innern von C zu prüfen. Diese ist nur innerhalb C gültig, aber gelegentlich bedeutend besser als das Maximumprinzip. Die Lösung des Dirichletproblems für verschiedene Randwerte ergab sich durch ein 11-gliedriges harmonisches Polynom auf etwa 10% genau.

Die genannten Versuche werden auch in den Büchern von ALT ([10], S. 89 ff.) und TODD ([421], S. 367 ff.) dargestellt. Zum Teil wurden die Rechnungen neu und mit doppelter Genauigkeit durchgeführt.

c) Die Versuche von BERGMAN-HERRIOT. Diese Autoren stellten ein Programm her, welches die bezüglich eines *Gebietes* G orthonormalen komplexen und harmonischen Polynome berechnet ([27], [28]). Dabei ist von G Symmetrie zur x- und y-Achse, sowie zu $y = x$ angenommen. Zur Auswertung der inneren Produkte

$$\iint\limits_{G} z^p \overline{z^q}\, db_z = \frac{8}{p + q + 2} \int\limits_{0}^{\pi/4} [r(\varphi)]^{p+q+2} \cos[(p - q)\,\varphi]\, d\varphi$$

wird $C: r = r(\varphi)$ für $\varphi = 0^0\,(2^0)\ 34^0\,(1^0)\ 45^0$ eingegeben, und die Integrale werden mit der Trapezformel approximiert. Die Entwicklung einer gegebenen, ebenfalls symmetrischen Randfunktion nach den ON-Polynomen ergibt ein harmonisches Näherungspolynom. In dem betrachteten Fall, in dem C ein Quadrat mit eingekerbten Ecken und die Randfunktion $r^2(\varphi)$ war (Torsionsproblem; siehe auch BERGMANs ersten Versuch mit Lochkarten [23]), ergab sich ein maximaler Fehler gegenüber der exakten Lösung von etwa 13% bei 17 Gliedern und von etwa 8% bei 49 Gliedern.

Die konforme Abbildung von G wurde mit dem Näherungspolynom n-ten Grades

$$w_n(z) = \sum_{\nu=0}^{n-1} \overline{p_\nu(0)} \int\limits_{0}^{z} p_\nu(v)\, dv \tag{3.17}$$

studiert; die Ableitung für $z = 0$ ist also nicht auf 1 normiert, was z. B. für die Ermittlung der Ränderzuordnung ohne Belang ist. Das Bild von G unter $w = w_n(z)$ ist nahezu ein Kreis, mit einem Fehler von etwa 10% bei $n = 9$ und etwa 6% bei $n = 25$. Ausgegeben wird

$$|w_n(z)| \quad \text{und} \quad \arg w_n(z) \quad \text{für} \quad z = r(\varphi)\, e^{i\varphi}, \quad \varphi = 0^0\,(2^0)\ 34^0\,(1^0)\ 45^0.$$

Dasselbe Programm wurde in einem unveröffentlichten Versuch auf das Einheitsquadrat angewandt, da hier die ermittelten Werte $w_n(z)$ mit der exakten Abbildung verglichen werden können.

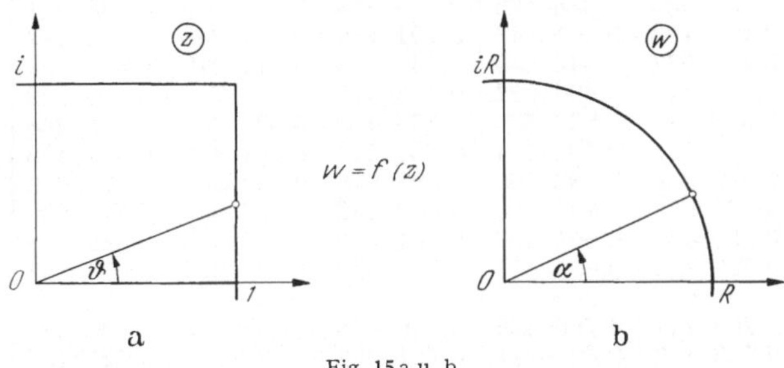

Fig. 15 a u. b

Die exakte Ränderzuordnung ergibt sich mit elliptischen Funktionen zu

$$\alpha = \alpha(\vartheta) = \text{arc cos}\,[\text{dn}\,(K\,\text{tg}\,\vartheta)], \quad K = K\left(\frac{1}{\sqrt{2}}\right) = 1{,}854\,074\,68. \quad (3.18)$$

Das Experiment lieferte die in Tab. 11 wiedergegebenen Resultate.

Betrachtet man den Maximalfehler (letzte Zeile), der für $\vartheta \approx 30^0$ bis 34^0 auftritt, so sieht man, daß gemessen an der überaus guten Diskretisierung des Problems (viele Punkte auf C) die Approximation selbst für $n = 25$ noch nicht besonders gut ist. Außerdem ist festzustellen, daß die Approximation des Bildkreises und von $\alpha(\vartheta)$ optimal ist für $n = 17$, während $n = 13$ und $n = 21, 25$ vergleichbare Ergebnisse zeigen. Wie in **b)** bringen also auch hier hochgradige Polynome ($n \gg 15$) keinen Vorteil. Die Ursache dafür dürfte im vorliegenden Fall bei der Berechnung der inneren Produkte liegen und nicht beim Orthonormierungsprozeß. So liefert das Programm z. B. $(z^9, z^9) = 23{,}463\,908$ gegenüber dem exakten Wert $(z^9, z^9) = 23{,}239\,251$ (Fehler 1%); für (z^{17}, z^{17}) ist der Fehler schon $> 3\%$. Einer Verkleinerung des Verfahrensfehlers (wachsendes n) wirkt also eine Vergrößerung der Quadratur- und Rundungsfehler entgegen.

Das Programm ist in ALGOL geschrieben. Die Burroughs 220 des Stanford Computing Center (Multiplikationszeit 2 msec) benötigte zur Ausführung des gesamten Versuchs für das Quadrat einschließlich der Übersetzung des Programms etwa 12 min.

Tabelle 11. *Konforme Abbildung des Einheitsquadrates nach* BERGMAN-HERRIOT

ϑ in Grad	Errechnete Werte von α					α exakt
	$n=9$	$n=13$	$n=17$	$n=21$	$n=25$	
0	0	0	0	0	0	0
2	0,045 320	0,045 660	0,045 720	0,045 824	0,045 764	0,045 750
4	0,090 585	0,091 247	0,091 362	0,091 478	0,091 445	0,091 420
6	0,135 735	0,136 689	0,136 847	0,136 998	0,136 959	0,136 928
8	0,180 708	0,181 907	0,182 093	0,182 256	0,182 219	0,182 189
10	0,225 438	0,226 818	0,227 014	0,227 163	0,227 136	0,227 116
12	0,269 847	0,271 332	0,271 518	0,271 626	0,271 618	0,271 617
14	0,313 846	0,315 351	0,315 504	0,315 552	0,315 564	0,315 591
16	0,357 335	0,358 763	0,358 865	0,358 842	0,358 871	0,358 930
18	0,400 193	0,401 443	0,401 480	0,401 388	0,401 427	0,401 515
20	0,442 277	0,443 249	0,443 213	0,443 070	0,443 107	0,443 213
22	0,483 419	0,484 022	0,483 915	0,483 751	0,483 773	0,483 876
24	0,523 417	0,523 576	0,523 413	0,523 269	0,523 268	0,523 333
26	0,562 029	0,561 704	0,561 510	0,561 428	0,561 403	0,561 391
28	0,598 970	0,598 166	0,597 978	0,597 988	0,597 949	0,597 822
30	0,633 902	0,632 688	0,632 552	0,632 654	0,632 620	0,632 362
32	0,666 430	0,664 957	0,664 913	0,665 072	0,665 063	0,664 696
34	0,696 102	0,694 611	0,694 679	0,694 822	0,694 846	0,694 450
35	0,709 711	0,708 326	0,708 448	0,708 550	0,708 585	0,708 221
36	0,722 412	0,721 221	0,721 387	0,721 429	0,721 469	0,721 169
37	0,734 137	0,733 229	0,733 421	0,733 393	0,733 426	0,733 221
38	0,744 817	0,744 273	0,744 468	0,744 370	0,744 388	0,744 297
39	0,754 384	0,754 268	0,754 437	0,754 289	0,754 283	0,754 307
40	0,762 774	0,763 116	0,763 229	0,763 065	0,763 037	0,763 151
41	0,769 928	0,770 705	0,770 735	0,770 606	0,770 566	0,770 715
42	0,775 798	0,776 900	0,776 836	0,776 792	0,776 761	0,776 874
43	0,780 345	0,781 543	0,781 405	0,781 470	0,781 467	0,781 484
44	0,783 547	0,784 450	0,784 308	0,784 431	0,784 458	0,784 386
45	0,785 398	0,785 398	0,785 398	0,785 398	0,785 398	0,785 398
$\max |w_n|$ $-\min |w_n|$	$104 \cdot 10^{-5}$	$20 \cdot 10^{-5}$	$13 \cdot 10^{-5}$	$19 \cdot 10^{-5}$	$19 \cdot 10^{-5}$	—
Maximal- fehler für α	$177 \cdot 10^{-5}$	$34 \cdot 10^{-5}$	$23 \cdot 10^{-5}$	$38 \cdot 10^{-5}$	$39 \cdot 10^{-5}$	—

d) Weitere Versuche. Der erste Versuch, die konforme Abbildung eines Gebiets mit Hilfe der Minimalpolynome $P_n(z)$ zu approximieren, geht auf HÖHNDORF ([172], S. 275—277) zurück; $n = 3$, geringe Genauigkeit.

BIRKHOFF, YOUNG und ZARANTONELLO bemerken ([40], S. 137), daß für die Funktion $g(z) = -\log \dfrac{f(z)}{z}$ der Realteil $\log |z|$ auf C bekannt ist [$f(z)$ soll hier G auf $|w| < 1$ abbilden]. Bestimmt man daher die orthonormalen harmonischen Polynome auf C und entwickelt $\log |z|$ nach ihnen, so erhält man ein harmonisches Polynom, das zusammen mit seinem Konjugierten die Funktion $g(z)$ approximiert. Zu diesem Ideenkreis vgl. auch das in Kap. IV, § 1.2 geschilderte Verfahren. Versuch für eine 3:2-Ellipse.

Orthonormierungsmethoden werden weiter verwendet von DAVIS [73] zur Berechnung des transfiniten Durchmessers eines Streckenpaares $(-1, -a)$, $(a, 1)$ mit $0 < a < 1$, sowie von NOWINSKI-RABINOWITZ [304] bei Elastizitätsproblemen, die auf $\Delta\Delta U = 0$ führen. Diesbezüglich sei nochmals auf den Artikel von DAVIS und RABINOWITZ in dem Buch von ALT ([10], S. 102 ff.) hingewiesen.

e) Folgerungen. Obwohl größere Versuchsserien über die Verwendung orthogonaler Polynome in der konformen Abbildung noch nicht vorliegen, scheint der Vergleich mit den Integralgleichungsmethoden der Kapitel I und II zu ergeben, daß diese bei kleinerem Rechenaufwand genauere Ergebnisse liefern werden. Hochgradige Polynome scheinen beträchtliche Rundungsfehler mit sich zu bringen, wenn die Rechnung mit einfacher Genauigkeit ausgeführt wird. Bei Beschränkung auf Grade $\leqq 20$ sind daher die direkten Methoden von 1.3,**b)** und 1.5,**b)** zur Gewinnung der Minimalpolynome zu empfehlen, die also die Aufstellung der ON-Polynome vermeiden. Schließlich deuten die Ergebnisse in **a)** darauf hin, daß die Minimalpolynome zur Liniennorm $\int\limits_C$ zu einer besseren Approximation von $f(z)$ führen werden als diejenigen zur Flächennorm $\iint\limits_G$.

Insgesamt empfehlen wir für zukünftige Experimente:

(i) Beschränkung auf Grade $\leqq 20$ oder $\leqq 25$;

(ii) Verwendung der inneren Produkte $(z^p, z^q) = \int\limits_C z^p\,\overline{z^q}\,ds_z$;

(iii) sehr sorgfältige Berechnung dieser inneren Produkte, notfalls mit doppelter Genauigkeit, und Verwendung möglichst genauer Quadraturformeln;

(iv) direkte Ermittlung der Minimalpolynome $P_n(z)$ durch Lösung des linearen Gleichungssystems (3.2.b).

f) Zusatz: Bericht über eine neue Versuchsserie. In einer kürzlich abgeschlossenen Diplomarbeit vergleicht HOCK [171] die hier diskutierten vier Abbildungsmethoden auf der Gießener Rechenanlage Zuse Z 23. Er berechnet die Minimalpolynome $P_n(z)$ (Flächennorm)

(1) durch Lösung des linearen Gleichungssystems (3.2.a) und

(2) über die zur Flächennorm gehörigen ON-Polynome,

und ferner die Minimalpolynome $P_n(z)$ (Liniennorm)

(3) durch Lösung des linearen Gleichungssystems (3.2.b) und

(4) über die zur Liniennorm gehörigen ON-Polynome.

Eine Schar von Gebieten (gespiegelte Ellipsen) wurde auf $|w| < 1$ konform abgebildet und Vergleiche mit der exakten Abbildung angestellt; für n wurde 23 gewählt. Dabei bestätigten sich die Empfehlungen von oben. Im einzelnen ergab sich: Die Verfahren (1) und (3) dauern etwa gleich lang (hier etwa 20 min), die Verfahren (2) und (4) dagegen doppelt so lange wie (1) und (3); letztere liefern, wie es theoretisch sein muß, abgesehen von Rundungsfehlern dieselben Resultate wie (2) und (4). Die Abbildungsfunktion ergibt sich mit (3) und (4) im allgemeinen etwas genauer, doch sind die Fehler von derselben Größenordnung wie bei (1) und (2). Die Koeffizienten des Näherungspolynoms werden etwa vom 15-ten an ungenau; die sich wegen des Quadrats in (3.1.b) ergebenden hohen ($\gg 20$) Koeffizienten beim Verfahren (3) und (4) sind praktisch nicht brauchbar.

Hier noch die Tabelle für den Zeitbedarf:

Tabelle 12. *Zu den Experimenten von* HOCK

	Methode 1	Methode 2	Methode 3	Methode 4
Berechnung von 24×24 $= 576$ inneren Produkten (z^p, z^q) *	13 min	13 min	$13^1/_2$ min	$13^1/_2$ min
Ausführung der Orthonormierung	—	$24^1/_2$ min	—	$24^1/_2$ min
Auflösung des linearen Systems (23×23). . .	$2^1/_2$ min	—	$2^1/_2$ min	—
Berechnung der Abbildungsfunktion	$2^1/_2$ min	2 min	3 min	$3^1/_2$ min
Gesamte Rechenzeit . .	19 min	40 min	19 min	42 min

* Effektiv waren 156 verschiedene Integrale auszurechnen.

Kapitel IV

Weitere Methoden zur konformen Abbildung einfach zusammenhängender Gebiete

Nach den in Kapitel I bis III besprochenen Hauptmethoden zur konformen Abbildung einfach zusammenhängender Gebiete kommen wir nun zu einer Reihe von Methoden, die bisher weniger ausführlich bearbeitet worden sind. Zum Teil sind auch die theoretischen Grundlagen der Verfahren (z. B. Konvergenzaussagen) noch nicht befriedigend entwickelt. Das schließt nicht aus, daß die Verfahren recht brauchbare Ergebnisse liefern können, was wir durch einige neuere Versuche belegen werden.

§ 1. Konforme Abbildung eines Gebiets mit Hilfe harmonischer Interpolationspolynome

Bevor wir dieses gedanklich äußerst einfache und doch recht genaue Verfahren besprechen, sind einige Vorbereitungen notwendig.

1.1. Lösung des Dirichletschen Problems mit harmonischen Interpolationspolynomen

Auf dem Rande C des Jordangebiets G der z-Ebene sei eine stetige Funktion $u(z)$ $(z \in C)$ vorgegeben. Das Dirichletsche Problem verlangt, eine in G harmonische, im abgeschlossenen Bereich $\overline{G}$ stetige Funktion $U(z)$ zu finden, so daß gilt

$$U(z) = u(z) \qquad\qquad (z \in C) . \qquad (1.1)$$

Zu seiner Lösung sind verschiedene Methoden wohlbekannt:

(i) Differenzenmethode (gegenwärtig wohl gebräuchlichstes Verfahren; siehe etwa COLLATZ [62], S. 320 ff., FORSYTHE-WASOW [108], Kap. 3, und KANTOROWITSCH-KRYLOW [187], Kap. III);

(ii) Reduktion auf die Lösung einer Integralgleichung mit Neumannschem Kern (siehe etwa KANTOROWITSCH-KRYLOW [187], S. 115 ff.);

(iii) Entwicklung der Lösung nach in G oder auf C orthonormalen harmonischen Polynomen (siehe Kap. III, § 3.2,e) und § 3.3,b) und dort angegebene Literatur);

(iv) Approximation der Lösung durch interpolierende harmonische Polynome.

Wir beschäftigen uns mit (iv), suchen also die $2n + 1$ reellen Koeffizienten a_k, b_k eines harmonischen Polynoms

$$H_n(z) = a_0 + \sum_{k=1}^{n} (a_k r^k \cos k\,\varphi + b_k r^k \sin k\,\varphi) \qquad (z = r\,e^{i\,\varphi}) \quad (1.2)$$

so zu bestimmen, daß der Bedingung (1.1) in $2n + 1$ Punkten $z_j = r_j e^{i\,\varphi_j}$ auf C genügt ist:

$$H_n(z_j) \equiv a_0 + \sum_{k=1}^{n} (a_k r_j^k \cos k\,\varphi_j + b_k r_j^k \sin k\,\varphi_j) = u(z_j) \qquad (1.3)$$

$$(j = 1, 2, \ldots, 2n + 1);$$

dies wird auch „Kollokationsmethode" genannt (COLLATZ [62], S. 384). Die Methode liefert im Gegensatz zu (i) und (ii) auch unmittelbar eine Approximation der konjugiert harmonischen Funktion, woran wir besonders interessiert sind.

Es entstehen nun die folgenden beiden Fragen:

a) Für welche Punkte $z_j \in C$ ist das lineare Gleichungssystem (1.3) für die Unbekannten a_k, b_k stets eindeutig lösbar?

b) Wann und wie schnell konvergieren die $H_n(z)$ gegen $U(z)$?

Obwohl gewisse Analogien zwischen der Approximation harmonischer und analytischer Funktionen durch harmonische und analytische Polynome bestehen, so etwa bei der Existenz harmonischer Polynome $H_n(z)$ mit $H_n(z) \Rightarrow U(z)$ $(z \in \overline{G})$ oder bei der Geschwindigkeit der Approximation von $U(z)$ durch die „besten" Polynome $H_n(z)$ (WALSH-SEWELL-ELLIOTT

[446] und dort zitierte Literatur), liegen die Dinge bei den die Interpolation betreffenden Fragen a) und b) nicht so einfach. Untersuchungen darüber liegen von Curtiss ([68], [69], [70]) und Walsh ([442], [445]) vor.

Zur Frage a). Offenbar ist das Nichtverschwinden der Determinante $\varDelta(\mathfrak{A})$ der Matrix

$$\mathfrak{A} = \begin{pmatrix} 1 & \Re z_j & \Re z_j^2 \ldots \Re z_j^n & \Im z_j \ldots \Im z_j^n \\ & & j = 1, 2, \ldots, 2n+1 \end{pmatrix}$$

zu untersuchen. Für $\varDelta(\mathfrak{A}) \neq 0$ reicht nicht hin, daß alle z_j verschieden sind: Liegen alle z_j auf einer Geraden, $C_1 \Re z_j + C_2 \Im z_j = C_3$, so ist $\varDelta(\mathfrak{A}) = 0$. Jedoch: *Es gibt stets ein System S_n von Punkten $z_1, z_2, \ldots, z_{2n+1}$ auf C, so daß $\varDelta(\mathfrak{A}) \neq 0$ ist.* Zum Beweis betrachten wir die aus den p ersten Zeilen und Spalten gebildete Untermatrix $\mathfrak{A}_p$ von $\mathfrak{A}$. Es ist $\varDelta(\mathfrak{A}_2) \neq 0$, sofern nur $\Re z_1 \neq \Re z_2$ ist. Es sei $\varDelta(\mathfrak{A}_p) \neq 0$ für eine gewisse, nun festgehaltene Wahl von $z_1, z_2, \ldots, z_p$. Dann ist $\varDelta(\mathfrak{A}_{p+1})$ bei variablem z_{p+1} ein harmonisches Polynom vom Grad p, falls $p \leq n$ ist, bzw. vom Grad n für $p \geq n$. Dasselbe kann nicht für alle $z_{p+1} \in C$ verschwinden, da es sonst nach dem Maximumprinzip in ganz G und daher identisch Null wäre, wogegen doch der Koeffizient $\varDelta(\mathfrak{A}_p)$ des an der Stelle $(p+1, p+1)$ stehenden Gliedes $\neq 0$ ist. Also gibt es einen Punkt $z_{p+1} \in C$, so daß auch $\varDelta(\mathfrak{A}_{p+1}) \neq 0$ ist, und daraus folgt induktiv die Behauptung.

Ein System von $2n+1$ Punkten $z_1, \ldots, z_{2n+1}$, für das $|\varDelta(\mathfrak{A})|$ maximal wird, heißt ein *Maximalsystem S_n^*.* Ist C ein Kreis oder eine Ellipse, so bilden die „Fejér-Punkte" (Bilder der Einheitswurzeln unter der Abbildung von $|w| > 1$ auf das Äußere von C mit ∞ als Fixpunkt) solche Maximalsysteme ([69], S. 727 und private Mitteilung von Curtiss).

Die Bedingung $\varDelta(\mathfrak{A}) = 0$ kann noch anders charakterisiert werden: *Genau dann ist $\varDelta(\mathfrak{A}) = 0$, wenn die Punkte $z_1, \ldots, z_{2n+1}$ auf einer Kurve $H_n(z) = 0$ liegen, wobei $H_n(z)$ ein harmonisches Polynom vom Grad n ist.* Liegen nämlich die z_j auf $H_n(z) = 0$, so ist eine Linearkombination der Spalten von $\mathfrak{A}$ Null, also $\varDelta(\mathfrak{A}) = 0$; und ist umgekehrt $\varDelta(\mathfrak{A}) = 0$, so liegen die z_j auf $\varDelta(\mathfrak{A}_1(z)) = 0$, wobei $\mathfrak{A}_1(z)$ aus $\mathfrak{A}$ entsteht, indem z_1 durch z ersetzt wird.

Im Sonderfall einer Ellipse ist für $\varDelta(\mathfrak{A}) \neq 0$ hinreichend, daß die z_j verschieden sind. Denn zwei irreduzible algebraische Kurven der Grade 2 und n schneiden sich in höchstens $2n$ Punkten, oder sie sind identisch. Letzteres entfällt hier, da sich keine Jordankurve als $H_n(z) = 0$ darstellen läßt (Maximumprinzip).

Zur Frage b). Über die Güte der Approximation von $U(z)$ durch $H_n(z)$ für $z \in C$ und damit für $z \in \bar{G}$ lassen sich dann Aussagen machen, wenn die Punkte z_j einem Maximalsystem S_n^* angehören. Bildet man aus der Matrix $\mathfrak{A}$ die Matrizen $\mathfrak{A}_k(z)$, indem z_k durch z ersetzt wird, so schreibt man das Interpolationspolynom (1.2) zweckmäßig als

$$H_n(z) = \sum_{k=1}^{2n+1} u_k \frac{\varDelta(\mathfrak{A}_k(z))}{\varDelta(\mathfrak{A})} \qquad (u_k = u(z_k)) ,$$

und die Einschaltung des $u(z)$ auf C bestapproximierenden harmonischen Polynoms ergibt, wenn man $|\varDelta(\mathfrak{A}_k(z))| \leqq |\varDelta(\mathfrak{A})|$ beachtet (Maximaleigenschaft!), unmittelbar

Satz 1.1 (CURTISS [69], S. 719). *Gehören die Interpolationsstellen z_j einem Maximalsystem an, und ist $E_n = \max\limits_{z \in C} |u(z) - h_n(z)|$, wobei $h_n(z)$ das die Funktion $u(z)$ auf C bestapproximierende harmonische Polynom n-ten Grades ist, so gilt für die harmonischen Interpolationspolynome $H_n(z)$*

$$\max_{z \in C} |U(z) - H_n(z)| \leqq 2(n + 1) E_n. \tag{1.4}$$

Wegen Abschätzungen von E_n ist etwa auf WALSH-SEWELL-ELLIOTT [446] zu verweisen. Da jedoch die Lage von Maximalsystemen auf C derzeit noch ungeklärt ist (Ausnahmen: Kreis und Ellipse), ist (1.4) vorläufig nur theoretisch von Interesse.

1.2. Anwendung auf die konforme Abbildung

Das Jordangebiet G mit Rand C und $O \in G$ sei durch $w = f(z)$ konform auf $|w| < 1$ abzubilden, wobei $f(0) = 0$, $f'(0) > 0$ sei. Wir bilden die in G reguläre, in $\overline{G}$ stetige Funktion

$$F(z) = \log \frac{f(z)}{z} = U(z) + iV(z) ;$$

die Randwerte von $U(z)$ sind bekannt, die von $V(z)$ für die Ränderzuordnung gesucht:

$$U(z) = -\log|z|, \quad V(z) = \arg f(z) - \arg z \qquad (z \in C) .$$

Wir approximieren das bekannte $U(z)$ durch ein harmonisches Interpolationspolynom

$$H_n(z) = a_0 + \sum_{k=1}^{n} (a_k r^k \cos k\varphi + b_k r^k \sin k\varphi) \qquad (z = r e^{i\varphi}) .$$

Es ist also das lineare Gleichungssystem

$$a_0 + \sum_{k=1}^{n} (a_k r_j^k \cos k\varphi_j + b_k r_j^k \sin k\varphi_j) = -\log r_j \qquad (j = 1, 2, \dots, 2n+1) \tag{1.5}$$

zu lösen, wobei wir hoffen, daß bei „gleichmäßiger Verteilung" der z_j auf C die Gleichungsmatrix $\mathfrak{A}$ nicht singulär wird. Ist $H_n(z)$ bestimmt, so ist damit auch eine Approximation des unbekannten $V(z)$ durch das konjugiert harmonische Polynom

$$\overline{H}_n(z) = \sum_{k=1}^{n} (a_k r^k \sin k\varphi - b_k r^k \cos k\varphi)$$

zu erwarten [beachte $V(0) = 0$], so daß wir für die Ränderzuordnung $\theta(\varphi) = \arg f(r e^{i\varphi})$ die Näherung

$$\theta(\varphi) - \varphi \approx \sum_{k=1}^{n} (a_k r^k \sin k\varphi - b_k r^k \cos k\varphi) \tag{1.6}$$

erhalten. Darin ist noch die Darstellung $r = r(\varphi)$ von C einzusetzen.

Weiter wird $F(z)$ in G durch $H_n(z) + i \bar{H}_n(z)$ approximiert, also gilt für die gesuchte Abbildungsfunktion

$$f(z) \approx z \exp\{ \sum_{k=0}^{n} c_k z^k\} \quad \text{mit} \quad c_0 = a_0 \quad \text{und} \quad c_k = a_k - i b_k \quad (k \geq 1). \tag{1.7}$$

Für die numerische Rechnung eignen sich am besten die Formeln

$$\text{(a)} \quad \log|f(z)| \approx \log|z| + a_0 + \sum_{k=1}^{n} (a_k r^k \cos k\varphi + b_k r^k \sin k\varphi)$$

$$(z = r e^{i\varphi} \in G) \tag{1.8}$$

$$\text{(b)} \quad \arg f(z) \approx \arg z + \sum_{k=1}^{n} (a_k r^k \sin k\varphi - b_k r^k \cos k\varphi).$$

Dieses Verfahren, $\theta(\varphi)$ oder $f(z)$ durch Interpolation zu approximieren, wurde erstmals von CHUFISTOVA ([61]; siehe auch KANTOROWITSCH-KRYLOW [187], S. 445—449) an einigen Beispielen vorgeführt. Ihre Konvergenzaussagen in [61], S. 124 ff. sind jedoch nicht zutreffend. Das Verfahren hängt eng zusammen mit der Bestimmung der Greenschen Funktion $G(z, 0)$ von G mit Aufpunkt 0, da ja $G(z, 0) = -\dfrac{1}{2\pi} \log|z| + g(z)$ ist, wobei $g(z)$ in G harmonisch ist und die Randwerte $g(z) = \dfrac{1}{2\pi} \log|z|$ $(z \in C)$ hat. Es ist also $H_n(z)$ auch eine Approximation von $-2\pi g(z)$.

Im Prinzip lassen sich natürlich alle Verfahren zur Lösung des Dirichletschen Problems zur konformen Abbildung verwenden; siehe etwa die klassische Anwendung der Differenzenmethode durch LIEBMANN [258] oder die neuere Arbeit von SUGIYAMA-JOH [406], in der Monte Carlo-Methoden zur konformen Abbildung vorgeschlagen werden. Jedoch sind solche Methoden vorzuziehen, bei denen mit fortschreitender Diskretisierung die Anzahl der Unbekannten nur *linear* anwächst, und bei denen auch gleichzeitig eine Approximation der konjugierten Funktion geliefert wird. Statt der Interpolationspolynome $H_n(z)$ kann man zur Approximation von $U(z) = -\log|z|$ auch die auf C orthonormalen harmonischen Polynome heranziehen [Methode (iii) von 1.1]; siehe ZOLIN [477] und Kap. III, § 3.3,**d)**.

1.3. Bericht über numerische Experimente

Schon die einfachen, von Hand durchgerechneten Beispiele bei CHUFISTOVA ([61]; Einheitsquadrat, Cassinische Kurven $|z^2 - 1| = c$,

Ellipsen $x^2 + by^2 = 1$) und KANTOROWITSCH-KRYLOW ([187], S. 448; Einheitsquadrat) zeigen, daß das Verfahren von 1.2 bei geringem Aufwand recht genaue Ergebnisse liefert, vor allem dann, wenn C Symmetrieachsen besitzt. Bei Symmetrie zur x-Achse sind alle $b_k = 0$, und zur Festlegung der $n + 1$ Zahlen a_k dienen $n + 1$ Interpolationsstellen in $\Im z \geqq 0$, meist $n - 1$ Stellen in $\Im z > 0$ und je eine auf $x > 0$ und $x < 0$.

Ein größeres Experiment wurde von LEHNHARDT [246] auf der Zuse Z 23 durchgeführt, wobei für C das Einheitsquadrat und Ellipsen mit $a : b = 1,2; 2; 5$ genommen wurden und $n = 10, 20, 30, 40$ war. Außer der Symmetrie zur x-Achse ($b_k = 0$) wurden keine anderen Symmetrien einprogrammiert, so daß verschwindende a_k-Werte zur Kontrolle dienten.

Fall A: Einheitsquadrat. Folgende Daten ergeben sich für die *exakte* Abbildung. Die Ränderzuordnung für die Punkte mit $x = 1$ und $y = 0$; $0,2; 0,4; 0,6; 0,8; 1$ entnimmt man Tab. 2 auf S. 58. Die Koeffizienten a_k in (1.7) erhält man aus der Umkehrung der Schwarz-Christoffelschen Formel [vgl. (3.15) in Kap. III]:

$$w = \alpha z + \frac{\alpha^5}{10} z^5 + \frac{\alpha^9}{120} z^9 + \frac{11\,\alpha^{13}}{15\,600} z^{13} + \cdots$$

$$= z \exp\{a_0 + a_4 z^4 + a_8 z^8 + a_{12} z^{12} + \cdots\},$$

wobei hier stets

$$\alpha = \int\limits_0^1 \frac{dt}{\sqrt{1 + t^4}} = \frac{1}{2} K\left(\frac{1}{\sqrt{2}}\right) = 0,927\,037\,34 \ldots$$

ist. Die Entwicklung der rechten Seite liefert

$$a_0 = \log\alpha = -0,075\,761, \quad a_4 = \frac{\alpha^4}{10} = 0,073\,856,$$

$$a_8 = \frac{\alpha^8}{300} = 0,001\,8183, \quad a_{12} = \frac{\alpha^{12}}{4875} = 826 \cdot 10^{-7}.$$

Ferner kann man $f'(0) = e^{a_0} = \alpha$ nachprüfen.

Für die *Rechnung* wurden $n + 1$ bezüglich der Bogenlänge gleichverteilte Interpolationspunkte in $\Im z \geqq 0$ genommen. Es ergaben sich folgende Resultate.

Tabelle 13. *Quadratabbildung*

a) Koeffizienten a_k und Ableitung $f'(0)$

	exakt	$n=10$	$n=20, 30, 40$
$a_0/2\pi$	$-0,012\ 0578$	$-0,012\ 064$	
$a_4/2\pi$	$0,011\ 7546$	$0,011\ 776$	
$a_8/2\pi$	$0,000\ 2894$	$0,000\ 288$	Abweichung $< 10^{-7}$
$a_{12}/2\pi$	$0,000\ 01315$	—	
$f'(0)$	$0,927\ 03734$	$0,926\ 999$	

b) Argumente der Bilder; $\theta_\varrho = \arg f(1 + \varrho \cdot 0{,}2i)$ $(\varrho = 1, 2, 3, 4, 5)$

	exakt	$n=10$	$n=20, 30, 40$
θ_1	0,256 319	0,256 339	
θ_2	0,479 890	0,480 272	
θ_3	0,648 240	0,648 345	Abweichung $< 2 \cdot 10^{-6}$
θ_4	0,751 028	0,749 848	
θ_5	0,785 398	0,785 398	*

* $5 \cdot 10^{-5}$ für $n = 40$

c) Abweichung der Beträge der Bilder von 1;

$$d_\varrho = \big||f(1 + \varrho \cdot 0{,}2i)| - 1\big| \quad (\varrho = 1, 2, 3, 4, 5)$$

	$n=10$	$n=20$	$n=30$	$n=40$
d_1	$14 \cdot 10^{-5}$			
d_2	$< 10^{-7}$			$< 10^{-7}$
d_3	$65 \cdot 10^{-5}$	$< 10^{-7}$	$< 10^{-7}$	
d_4	$< 10^{-7}$			10^{-6}
d_5	$38 \cdot 10^{-5}$		$6 \cdot 10^{-6}$	$22 \cdot 10^{-6}$

Für den Fall $n = 10$ zeigt Tab. 13 b) und c), daß die Bilder der Interpolationsstellen ($\varrho = 2{,}4$) genauere Beträge aufweisen, die Bilder der anderen Punkte ($\varrho = 1{,}3{,}5$) genauere Argumente.

Fall B: Ellipsen. Die Ränderzuordnungen für die *exakten* Abbildungen wurden für die Ellipsen mit $a:b = 1{,}2$ und 2 den Tabellen in TODD-WARSCHAWSKI ([422], S. 43–44) entnommen; für $a:b = 5$ liegen unveröffentlichte Resultate von TODD vor. Zur Errechnung von $f'(0)$ verwenden wir die Abbildungsformel bei NEHARI ([295], S. 296). Nach leichter Rechnung erhält man

$$f'(0) = \frac{2}{a+b} \cdot \left(\sum_{n=0}^{\infty} q^{n(n+1)} \right) \cdot \left(1 + 2 \sum_{n=1}^{\infty} q^{n^2} \right) \text{ mit } q = \left(\frac{a-b}{a+b} \right)^2. \quad (1.9)$$

Für die *Rechnung* wurden die Fejér-Punkte auf der Ellipse C als Interpolationsstellen genommen. Die äußere Abbildung ist ja in diesem Falle elementar. Es ergaben sich die Resultate der Tab. 14a) bis c).

Die exakten Werte a_k in (1.7) sind nicht bekannt. Beim Versuch ergaben sich im allgemeinen schnell stabile Werte für a_k. Eine Ausnahme machte $a:b = 2$, $n = 40$ und $a:b = 5$, $n = 30$. In diesen Fällen traten auch für ungerades k verhältnismäßig große a_k auf, was auf Schwierigkeiten bei der Lösung des Gleichungssystems (1.5) hindeutet. Die Fehler der beiden letzten Spalten von Tab. 14a) dürften davon herrühren.

Damit die Potenzen r_j^k in (1.5) im normalen Rechenbereich bleiben, empfiehlt es sich, C so zu normieren, daß $\max_{z \in C} |z| = 1 + \lambda^2$, $\min_{z \in C} |z| = 1 - \lambda^2$ wird. Hinsichtlich Rechenzeit und Genauigkeit der Ergebnisse wäre bei den Experimenten $n \approx 20$ optimal gewesen.

Tabelle 14a. *Argumente der Bilder; Ellipsenabbildung*

| t | $a:b=1,2$ | | $a:b=2$ | | | $a:b=5$ | | | |
| | $\arg f(z),\, z = a\cos t + ib\sin t$ | | $\arg f(z),\, z = a\cos t + ib\sin t$ | | | $\arg f(z),\, z = a\cos t + ib\sin t$ | | | $\lvert f(z)\rvert$ |
	exakt	$n=10, 20, 30, 40$	exakt	$n=10$	$n=20, 30, 40$	exakt	$n=10$	$n=30$	$n=30$
6°	0,070 318		0,013 617	0,013 588		0,000 0187	−0,001 481	−0,012 883	0,980 923
12°	0,141 790		0,028 462	0,028 520		0,000 0504	0,002 240	−0,013 682	0,994 518
18°	0,215 568		0,045 875	0,046 049		0,000 1173	0,007 632	−0,006 781	1,001 598
24°	0,292 788		0,067 422	0,067 538		0,000 2656	0,005 683	−0,001 246	1,001 836
30°	0,374 560	Abweichung $< 10^{-6}$	0,095 033	0,094 888	Abweichung $< 10^{-6}$	0,000 5986	−0,005 620	0,000 572	1,000 559
36°	0,461 936		0,131 167	0,130 821		0,001 3477	−0,014 877	0,001 425	1,000 076
42°	0,555 877		0,178 994	0,178 795		0,003 0339	−0,007 185	0,003 021	1,000 000
48°	0,657 188		0,242 609	0,242 831		0,006 8293	0,018 168	0,006 850	0,999 999
54°	0,766 445		0,327 214	0,327 694		0,015 3727	0,043 230	0,015 354	1,000 000
60°	0,883 904		0,439 159	0,439 408		0,034 6015	0,051 611	0,034 613	1,000 000
66°	1,009 404		0,585 550	} nicht berechnet		0,077 8568	} nicht berechnet	0,077 856	1,000 000
72°	1,142 287		0,772 938			0,174 8983		0,174 890	1,000 000
78°	1,281 357		1,004 459			0,389 6976		0,389 691	1,000 000
84°	1,424 901		1,275 565			0,836 1139		0,836 229	1,000 000
90°	1,570 796		1,570 796			1,570 7963		1,570 401	1,000 000

Tabelle 14c. *Approximation von f′(0); Ellipsenabbildung*

| | $a:b=1,2$ | | $a:b=2$ | | | $a:b=5$ | | |
	exakt	$n=10, 20, 30, 40$	exakt	$n=10$	$n=20, 30, 40$	exakt	$n=10$	$n=30$
$f'(0)$	1,016 5984	1,016 5984	1,237 6223	1,237 646	1,237 6223	2,372 368	2,410 465	2,372 384

Tabelle 14 b. *Beträge der Bilder; Ellipsenabbildung*

	$a:b=1,2$	$a:b=2$		$a:b=5$	
	$n=10,$ $20, 30, 40$	$n=10$	$n=20, 30, 40$	$n=10$	$n=30$
Maximale Abweichung der Beträge von 1	$< 10^{-6}$	$4 \cdot 10^{-4}$	$< 10^{-6}$	$3 \cdot 10^{-2}$	$2 \cdot 10^{-2}$ (beachte Tab. a)

Das Programm für die Zuse Z 23 benötigte etwa 240 Befehle zuzüglich etwa 500 Befehle für Unterprogramme. Die gemessenen Rechenzeiten sind Tab. 15 zu entnehmen.

Tabelle 15. *Rechenzeiten*

	$n=10$	$n=20$	$n=30$	$n=40$
Aufbau des Systems (1.5) . . .	1 min	$3^1/_2$ min	7 min	11 min
Lösung des Systems (1.5) . . .	1 min	6 min	17 min	40 min
Gesamte Rechenzeit .	2 min	$9^1/_2$ min	24 min	51 min

1.4. Modifikation des Verfahrens

Der Grundgedanke des in 1.2 geschilderten Vorgehens war es, die gesuchte Konjugierte $V(z)$ der bekannten harmonischen Funktion $U(z)$ dadurch zu ermitteln, daß $U(z)$ durch ein interpolierendes harmonisches Polynom ersetzt wurde. Man kann versuchen, $V(z_j)$ *direkt* durch die Interpolationswerte $U(z_j)$ auszudrücken.

Es sei $F(z) = U(z) + iV(z)$ eine beliebige, in G reguläre und in $\overline{G}$ stetige Funktion mit $V(0) = 0$, und $w = f(z)$ wieder die normierte konforme Abbildung von G auf $|w| < 1$. Setzen wir $H(w) = F(f^{-1}(w))$, so gilt $\Im H(e^{i\vartheta}) = K[\Re H(e^{i\vartheta})]$ mit dem Konjugiertenoperator K, und nach Anwendung einer Quadraturformel Q folgt daraus approximativ

$$\Im H(e^{i\vartheta_j}) = \sum_{k=1}^{n} a_{jk}\Re H(e^{i\vartheta_k}),$$

d. h.

$$\Im\{F(z_j)\} = \sum_{k=1}^{n} a_{jk}\Re\{F(z_k)\} \quad (j = 1, 2, \ldots, n) . \quad (1.10)$$

Dabei sind nun z_j beliebige Stellen auf dem Rand C von G, und die unbekannte Transformationsmatrix $\mathfrak{A} = (a_{jk})$ hängt von diesen z_j und außerdem von Q, nicht aber von $F(z)$ ab. Ist $\mathfrak{A}$ bekannt, so setzen wir $\mathfrak{u} = \{- \log|z_j|\,; j = 1, 2, \ldots, n\}$, und $\mathfrak{A}\mathfrak{u}$ gibt direkt die Approximation für die Randverzerrung $\arg f(z_j) - \arg z_j$.

Zur Ermittlung von $\mathfrak{A}$ setzen wir n beliebige, in G reguläre und in $\overline{G}$ stetige Testfunktionen $f_l(z)$ mit $\mathfrak{J}f_l(0) = 0$ ($l = 1, 2, \ldots, n$) in (1.10) ein. Mit den bekannten Matrizen

$$\mathfrak{B} = \begin{pmatrix} \mathfrak{R}f_1(z_1) \ldots \mathfrak{R}f_n(z_1) \\ \vdots \qquad\quad \vdots \\ \mathfrak{R}f_1(z_n) \ldots \mathfrak{R}f_n(z_n) \end{pmatrix} \quad \text{und} \quad \mathfrak{C} = \begin{pmatrix} \mathfrak{J}f_1(z_1) \ldots \mathfrak{J}f_n(z_1) \\ \vdots \qquad\quad \vdots \\ \mathfrak{J}f_1(z_n) \ldots \mathfrak{J}f_n(z_n) \end{pmatrix}$$

erhalten wir aus (1.10)

$$\mathfrak{C} = \mathfrak{A}\mathfrak{B}, \quad \text{d. h.} \quad \mathfrak{A} = \mathfrak{C}\mathfrak{B}^{-1}.$$

Die Matrizeninversion läßt sich indessen umgehen, da wir ja nur den Vektor $\mathfrak{A}\mathfrak{u}$ suchen. Es ist $\mathfrak{A}\mathfrak{u} = \mathfrak{C}\mathfrak{B}^{-1}\mathfrak{u} = \mathfrak{C}\mathfrak{r}$ mit $\mathfrak{r} = \mathfrak{B}^{-1}\mathfrak{u}$, $\mathfrak{u} = \mathfrak{B}\mathfrak{r}$. Somit ist folgendermaßen vorzugehen.

Schritt 1: Man löse das lineare Gleichungssystem $\mathfrak{B}\mathfrak{r} = \mathfrak{u}$.

Schritt 2: Dann liefert $\mathfrak{A}\mathfrak{u} = \mathfrak{C}\mathfrak{r}$ eine Approximation für die Randverzerrung

$$\arg f(z_j) - \arg z_j \qquad (z_j \in C).$$

In einem an der TH Stuttgart durchgeführten Experiment wurden für C gespiegelte Ellipsen genommen und $n = 18$ und 36 gewählt. Als Testfunktionen dienten für $n = 36$ die Funktionen z^m ($m = 0, 1, \ldots, 18$) und iz^m ($m = 1, 2, \ldots, 17$). Die Ergebnisse waren nicht befriedigend. Im Fall $n = 18$ waren nur für $a : b = 1 \ldots 0{,}85$ brauchbare Resultate zu erhalten, im Fall $n = 36$ nur für $a : b = 1 \ldots 0{,}8$. Unterhalb $0{,}85$ bzw. $0{,}8$ wurden die Ergebnisse schnell schlecht. Die Ursachen hierfür sind nicht völlig klar.

§ 2. Die Methoden von KANTOROWITSCH

Hier wird die konforme Abbildung durch einen gewissen Reihenansatz approximiert, dessen Koeffizienten zu bestimmen sind. In 2.1 und 2.2 wird die Abbildung von $|z| < 1$ auf ein Gebiet gesucht, in 2.3 die Umkehrfunktion. Die Verfahren liefern oft selbst bei Handrechnung verhältnismäßig gute Ergebnisse, wenn die Bildkurve C eine analytisch einfache Darstellung hat.

2.1. Methode der unendlichen, nichtlinearen Gleichungssysteme

Gesucht wird die normierte konforme Abbildung $w = f(z) = \sum_{n=0}^{\infty} a_n z^n$ ($a_0 = 0$, $a_1 > 0$) von $|z| < 1$ auf das Innere einer Jordankurve C, die O umläuft. Ist sie bekannt, so hat man für C eine Darstellung

$$C: \quad w = w(\varphi) = \sum_{n=0}^{\infty} a_n e^{in\varphi} \qquad (0 \leqq \varphi < 2\pi) \qquad (2.1)$$

mit folgenden Eigenschaften:

(i) $\sum_{n=0}^{\infty} a_n z^n$ ist in $|z| \leqq 1$ gleichmäßig konvergent (Satz von FEJÉR;

s. etwa Landau [242], S. 65);

(ii) es liegt $\sum\limits_{n=0}^{\infty} a_n e^{in\varphi}$ auf C $(0 \leq \varphi < 2\pi)$;

(iii) jeder Punkt auf C wird von $\sum\limits_{n=0}^{\infty} a_n e^{in\varphi}$ $(0 \leq \varphi < 2\pi)$ genau einmal angenommen.

Man sagt, (2.1) sei eine *Normaldarstellung* von C. Umgekehrt: Für jede solche, also (i)–(iii) genügende Normaldarstellung von C ist $\sum\limits_{n=0}^{\infty} a_n z^n$ eine konforme Abbildung von $|z| < 1$ auf das Innere von C (s. etwa Littlewood [261], S. 121), so daß mit der Zusatzforderung

$$a_0 = 0, \quad a_1 > 0 \qquad (2.2)$$

genau eine Normaldarstellung von C existiert. Bei den Methoden in 2.1 und 2.2 wird diese auf Grund der Bedingung (ii) zu approximieren versucht; (i) und (iii) sind meistens praktisch nicht kontrollierbar.

Die Methoden stammen von Kantorowitsch ([182], [183], [184], [186]); sie sind ausführlich in dem Buch von Kantorowitsch-Krylow ([187], S. 381–415) und außerdem teilweise in dem Buch von Smirnow ([387], S. 130–137) und bei Rosenblatt [352] dargestellt.

Die Kurve C sei in der Form $\Phi(w, \overline{w}) = 0$ vorgegeben, ihre Normaldarstellung durch

$$w = w(\varphi) = \sum_{n=1}^{\infty} a_n e^{in\varphi} \qquad (a_1 > 0)$$

angesetzt. Zur Bestimmung der Unbekannten a_n verlangen wir $w(\varphi) \in C$ $(0 \leq \varphi < 2\pi)$, d. h.

$$\Phi(w(\varphi), \overline{w}(\varphi)) = \sum_{k=-\infty}^{+\infty} \Phi_k(a_1, a_2, \ldots) e^{ik\varphi} = 0 \qquad (0 \leq \varphi < 2\pi),$$

so daß die a_n notwendig dem nichtlinearen Gleichungssystem

$$\Phi_k(a_1, a_2, \ldots) = 0 \quad (k = 0, \pm 1, \pm 2, \ldots) \qquad (2.3)$$

genügen müssen. Umgekehrt ist mit einer Lösung von (2.3), die außerdem (i) und (iii) genügt, die konforme Abbildung $\sum\limits_{n=1}^{\infty} a_n z^n$ gefunden. In der Praxis zeigt es sich, daß sich die a_n häufig schon durch das kleinere Gleichungssystem (2.3) für $k = 0, 1, 2, \ldots$ eindeutig ermitteln lassen; die für $k = -1, -2, \ldots$ entstehenden Gleichungen sind dann von selbst erfüllt.

Wann diese Methode wirklich zum Ziel führt, ist nur in dem *Sonderfall* bekannt, daß C eine „kreisnahe" Kurve ist:

$$C = C_\lambda: \quad w\overline{w} + \lambda\Psi(w, \overline{w}) = 1 \qquad (\lambda \text{ reell}), \qquad (2.4)$$

wobei $\Psi(w, W)$ in einer Umgebung von $|w| = 1$, $|W| = 1$ regulär und $|\lambda|$ hinreichend klein ist. Die Beweise hierzu sind kompliziert und liefern

schlechte Schranken für $|\lambda|$; wir verweisen nur auf die Literatur: KANTO-
ROWITSCH-KRYLOW ([187], S. 400—409) und NIKOLAEVA ([302]; [303],
S. 252—265). Im Falle (2.4) läßt sich (2.3) umschreiben auf

$$\sigma_0 + \lambda\tau_0 = 1\,, \qquad \sigma_k + \lambda\tau_k = 0 \quad (k = 1, 2, \ldots)\,, \quad (2.5)$$

wobei

$$\sigma_0 = |a_1|^2 + |a_2|^2 + |a_3|^2 + \cdots$$

$$\sigma_1 = a_2\bar{a}_1 + a_3\bar{a}_2 + a_4\bar{a}_3 + \cdots$$

$$\sigma_2 = a_3\bar{a}_1 + a_4\bar{a}_2 + a_5\bar{a}_3 + \cdots$$

$$\cdots \qquad\qquad \cdots \qquad\qquad \cdots$$

ist und die τ_k gewisse, von Ψ abhängige Funktionen der a_n sind:
$\tau_k = \tau_k(a_1, a_2, \ldots)$. Das System (2.5) wird umgeformt zu

$$|a_1|^2 = 1 - \{|a_2|^2 + |a_3|^2 + \cdots + \lambda\tau_0(a_1, a_2, \ldots)\}$$

$$a_2 = -\frac{1}{\bar{a}_1}\{a_3\bar{a}_2 + a_4\bar{a}_3 + \cdots + \lambda\tau_1(a_1, a_2, \ldots)\} \qquad (2.6)$$

$$a_3 = -\frac{1}{\bar{a}_1}\{a_4\bar{a}_2 + a_5\bar{a}_3 + \cdots + \lambda\tau_2(a_1, a_2, \ldots)\}$$

$$\cdots \qquad\qquad \cdots \qquad\qquad \cdots$$

und dann iterativ gelöst; Anfangsnäherung $a_1 = 1$, $a_n = 0$ $(n > 1)$.
Bei zu langsamer Konvergenz der Iterationen wäre auch an eine Auflösung von (2.5) mit dem Newtonschen Verfahren zu denken. Führt man
den Parameter λ in (2.6) mit, so erhält man (etwa bei Handrechnung)
mit $a_n = a_n(\lambda)$ die konforme Abbildung für eine ganze *Schar* von Kurven
C_λ. Für das elektronische Rechnen ist λ zu fixieren, und für die Funktionen
$\tau_k(a_1, a_2, \ldots)$ sind spezielle, von Ψ abhängige Unterprogramme herzustellen. Praktisch muß hierzu $\Psi(w, W)$ ein Polynom in w, W sein.

Einfache Beispiele bei KANTOROWITSCH-KRYLOW ([187], S.386—390)
zeigen gute Ergebnisse. So erhält man z. B. für die Abbildung von
$|z| < 1$ auf das Innere der Ellipse mit den Halbachsen $a = (1 - \lambda)^{-1/2}$
und $b = (1 + \lambda)^{-1/2}$ für die Ableitung im Nullpunkt $f'_{\text{appr}}(0) = 1 - \frac{\lambda^2}{8} +$
$+\frac{3}{128}\lambda^4$, für $\lambda = \frac{3}{5}$ $(a : b = 2)$ somit $f'_{\text{appr}}(0) = 0{,}958\,037$ gegenüber dem
exakten Wert $f'_{\text{ex}}(0) = 0{,}958\,171$.

Von den durch RUPPERT [359] gemachten zahlreichen Experimenten
berichten wir über die Abbildung von $|z| < 1$ auf das Innere des Einheits-
quadrats $(u^2 - 1)(v^2 - 1) = 0$, d. h. $\Psi(w, \bar{w}) = \dfrac{w^2 - \bar{w}^2}{4}$ und $\lambda = 1$ in (2.4).

Die Symmetrie wurde im Ansatz $w(\varphi) = \sum\limits_{k=1}^{\infty} a_{4k-3}e^{i(4k-3)\varphi}$ berücksichtigt, und das System (2.6) auf M Gleichungen für die Unbekannten

$a_1, a_5, \ldots, a_{4M-3}$ reduziert. Nach N Iterationen für dieses reduzierte System ergaben sich die in Tab. 16 zusammengestellten Näherungen für a_1, a_5, a_9, a_{13}. Die Rechnung erfolgte auf einer Zuse Z 23.

Tabelle 16. *Koeffizienten der Quadratabbildung nach der Methode der unendlichen Gleichungssysteme*

M Glei- chungen	N Itera- tionen	a_1	a_5	a_9	a_{13}	Bemer- kungen
6	4	1,079 106	—0,107 605	0,041 115	—0,017 702	55 sec pro
	8	1,078 728	—0,107 996	0,045 224	—0,026 299	Iteration
	12	1,078 711	—0,107 928	0,045 063	—0,026 143	$N \geqq$ 16:
	16	1,078 712	—0,107 930	0,045 065	—0,026 137	6. Dezim. stabil
12	4	1,079 106	—0,107 605	0,041 115	—0,017 702	$2^3/_4$ min
	8	1,078 730	—0,107 981	0,045 183	—0,026 218	pro
	12	1,078 707	—0,107 878	0,044 963	—0,025 966	Iteration
24	4	1,079 106	—0,107 605	0,041 115	—0,017 702	$4^3/_4$ min
	8	1,078 730	—0,107 981	0,045 183	—0,026 218	pro
	12	1,078 708	—0,107 878	0,044 961	—0,025 962	Iteration
Exakte Werte		1,078 705	—0,107 871	0,044 946	—0,025 930	

2.2. Störungsmethode von KANTOROWITSCH

Hier wird angenommen, daß C einer Kurvenschar

$$C_\lambda: \qquad \Phi(w, \overline{w}; \lambda) = 0 \qquad (\lambda \text{ reell}) \qquad (2.7)$$

angehört, etwa $C = C_{\bar\lambda}$, und daß die Normaldarstellung von C_0 bekannt ist: $w = w(\varphi; 0) = \sum_{k=1}^{\infty} a_k^{(0)} e^{ik\varphi}$. Für die Normaldarstellung von C_λ machen wir den Ansatz

$$w = w(\varphi; \lambda) = \sum_{n=0}^{\infty} w_n(\varphi) \lambda^n \quad \text{mit} \quad w_n(\varphi) = \sum_{k=0}^{\infty} a_k^{(n)} e^{ik\varphi}. \qquad (2.8)$$

Die Abbildung von $|z| < 1$ auf das Innere von C_λ wäre dann durch

$$w = f(z; \lambda) = \sum_{n=0}^{\infty} f_n(z) \lambda^n \quad \text{mit} \quad f_n(z) = \sum_{k=0}^{\infty} a_k^{(n)} z^k$$

gegeben, und die Normierung der Abbildung $f(0; \lambda) = 0$, $f'(0; \lambda) > 0$ (alle λ) verlangt $a_0^{(n)} = 0$, $a_1^{(n)}$ reell ($n = 0, 1, 2, \ldots$).

Zur Ermittlung der gesuchten Funktionen $w_n(\varphi)$ ist mit dem Ansatz (2.8) in (2.7) einzugehen und nach Potenzen von λ zu ordnen:

$$\Phi(w, \overline{w}; \lambda) = \sum_{k=0}^{\infty} \Phi_k(w_0, w_1, \ldots) \lambda^k = 0 .$$

Es zeigt sich, daß man aus den Gleichungen $\Phi_k(w_0, w_1, \ldots) = 0$ ($k = 0, 1, 2, \ldots$) bei bekannter Funktion $w_0(\varphi)$ die weiteren Funktionen $w_n(\varphi)$ rekursiv ermitteln kann. Die allgemeinen Formeln sind kompliziert, doch liefert das Verfahren bei einfacher Form von Φ gute Ergebnisse, insbesondere dann, wenn $\Phi \equiv w\overline{w} + \lambda \Psi(w, \overline{w}) - 1$ ist (kreisnahe Kurven). Für das elektronische Rechnen ist jedoch die Methode von 2.1 vorzuziehen.

Ganz ähnlich ist vorzugehen, wenn die Schar C_λ explizit vorliegt:

$$C_\lambda: \quad w = w(\varphi; \lambda) = \sum_{n=-\infty}^{+\infty} \alpha_n(\lambda)\, e^{in\varphi} \qquad (0 \leq \varphi < 2\pi; \lambda \text{ reell}), \quad (2.9)$$

wobei für $\lambda = 0$ die Normaldarstellung von C_0 entstehe, d. h. $\alpha_n(0) = 0$ ($n \leq 0$). Um auch für die Nachbarkurven C_λ eine Normaldarstellung zu erhalten, setzen wir eine *Umparametrisierung* an:

$$\varphi = \varphi(t; \lambda) = t + \sum_{k=1}^{\infty} h_k(t)\, \lambda^k, \qquad (2.10)$$

gehen damit in (2.9) ein, ordnen nach λ

$$w(\varphi(t; \lambda); \lambda) = \sum_{k=0}^{\infty} \Phi_k(h_1, h_2, \ldots)\, \lambda^k,$$

und verlangen, daß jeder Koeffizient Φ_k keine negativen Potenzen von e^{it} enthalte. Dies gestattet die rekursive Berechnung der $h_k(t)$.

Theoretisch gesichert ist die Methode jedenfalls dann, wenn $\sum_{n=-\infty}^{+\infty} \alpha_n(\lambda)\, \zeta^n$ in einer Umgebung von $|\zeta| = 1$, $\lambda = 0$ regulär und $|\lambda|$ hinreichend klein ist, und wenn außerdem C_0 eine analytische Jordankurve ist. Siehe dazu Kantorowitsch-Krylow ([187], S. 400—409) und Nikolaeva ([303], S. 252—265).

Anmerkungen. a) Die Ansätze sind geringfügig zu modifizieren, wenn $|z| < 1$ auf das *Äußere* von Kurven C_λ abzubilden ist; dies gilt auch für die Methode in 2.1.

b) Falls die Ansätze (2.8) oder (2.10) für den benötigten Wert $\lambda = \tilde{\lambda}$ divergieren oder zu langsam konvergieren, ist es nach Nikolaeva ([303], S. 239—241 und S. 245—248) vorteilhaft, den Schritt von $\lambda = 0$ bis $\lambda = \tilde{\lambda}$ in mehreren Etappen $\lambda_0 = 0 < \lambda_1 < \cdots < \lambda_p = \tilde{\lambda}$ zu machen, also die Gewinnung der Normaldarstellungen von C_{λ_j} ($j = 1, 2, \ldots, p - 1$) dazwischenzuschalten. Dann ist $|\lambda_1|$ und $|\lambda_j - \lambda_{j-1}|$ klein, also mit wenigen (2 bis 4) Gliedern in den Ansätzen (2.8) oder (2.10) auszukommen. Weiter wird dort diese Idee kombiniert mit der Auflösung der Funktionalgleichung $\Phi(w, \overline{w}; \lambda) = 0$ nach dem Newtonschen Verfahren. Diese beiden Varianten und das ursprüngliche, oben geschilderte Verfahren von Kantorowitsch werden in einigen mit STRELA I errechneten Tabellen (Quadrat- und Ellipsenabbildung) verglichen und dadurch die Güte der Varianten demonstriert.

c) Bei Rosenblatt-Turski [354] wird der Ansatz (2.10) zu einem neuen Beweis der Juliaschen Variationsformel verwendet, während der Ansatz (2.8) bei Rosenblatt [353] zur Abbildung von $|z| = 1$ auf Joukowski-profilnahe Kurven dient.

2.3. Konforme Abbildung von Gebiet auf Kreis

a) Methode der nichtlinearen Gleichungssysteme. Hier soll das Innere der O umschließenden Jordankurve

$$C: \quad z = z(\varphi) = \sum_{n=-\infty}^{+\infty} \alpha_n e^{in\varphi} \quad (0 \leq \varphi < 2\pi) \quad (2.11)$$

konform und normiert auf $|w| < 1$ abgebildet werden, wozu eine Polynom-approximation

$$w = P_N(z) = \sum_{k=1}^{N} a_k z^k \qquad\qquad (a_1 > 0)$$

angesetzt wird. Zur Bestimmung der Unbekannten a_k suchen wir auf C die Bedingung

$$P_N(z)\,\overline{P_N(z)} = \sum_{k=1}^{N} a_k z^k \cdot \sum_{k=1}^{N} \bar{a}_k \bar{z}^k = \sum_{k=-\infty}^{+\infty} \Phi_k(a_1, a_2, \ldots, a_N)\, e^{ik\varphi} = 1$$

$$(0 \leq \varphi < 2\pi)$$

zu erfüllen. Wir fordern wenigstens

$$\Phi_0(a_1, \ldots, a_N) = 1 \quad \text{und} \quad \Phi_k(a_1, \ldots, a_N) = 0 \quad (1 \leq k \leq N - 1), \quad (2.12)$$

und versuchen, dieses Gleichungssystem iterativ zu lösen. Wie weit $P_N(z)$ von $f(z)$ abweicht, ist nicht untersucht.

Ist (2.11) speziell durch

$$C = C_\lambda: \qquad z = z(\varphi; \lambda) = e^{i\varphi} \sum_{n=-\infty}^{+\infty} \alpha_n(\lambda)\, \lambda^{|n|} e^{in\varphi} \qquad (2.13)$$

$$(0 \leq \varphi < 2\pi;\ \lambda \text{ reell})$$

gegeben, wobei $\alpha_n(\lambda)$ an $\lambda = 0$ regulär ist und ferner $\alpha_0(0) = 1$ (so daß $z(\varphi; 0) = e^{i\varphi}$), so läßt sich (2.12) zu $a_n = \Psi_n(a_1, a_2, \ldots, a_N; \lambda)$ $(n = 1, 2, \ldots, N)$ auflösen, und jede Iteration für a_n enthält, wenn man λ mitführt (etwa bei Handrechnung), die Potenz λ^{n-1} (Kantorowitsch-Krylow [187], S. 365). Für C_λ: $z = z(\varphi; \lambda) = e^{i\varphi} + \lambda^2 e^{-i\varphi}$ (Ellipse mit $a = 1 + \lambda^2$, $b = 1 - \lambda^2$) findet man für den Abbildungsradius ϱ die Beziehung $\varrho^2_{\text{appr}} = 1 - 4\lambda^4 + 10\lambda^8$. Dies ergibt für $\lambda^2 = \frac{1}{5}$, $a : b = 3 : 2$, $\varrho^2_{\text{appr}} = 0{,}856$ gegenüber dem exakten Wert $\varrho^2_{\text{ex}} = 0{,}854\ 593$.

b) Störungsmethode. C_λ sei durch (2.13) gegeben, die Abbildung auf $|w| < 1$ jetzt aber durch

$$w = f(z; \lambda) = \sum_{k=0}^{\infty} P_k(z)\, \lambda^k \qquad (2.14)$$

angesetzt, wobei die Normierungen $f(0; \lambda) = 0$, $f'(0; \lambda) > 0$ (alle λ) auf $P_k(0) = 0$, $P_k'(0)$ reell ($k = 0, 1, 2, \ldots$) führen. Die unbekannten $P_k(z)$ werden durch die Bedingung $f(z; \lambda) \cdot \overline{f(z, \lambda)} = 1$ ($z \in C_\lambda$) bestimmt; der Koeffizient von λ^k muß hierin $= 1$ ($k = 0$) bzw. $= 0$ ($k = 1, 2, \ldots$) sein, und die $P_k(z)$ werden daraus rekursiv ermittelt. Es ist $P_0(z) = z$ und allgemein $P_k(z)$ ein Polynom vom Grad $\leq k + 1$.

Beispiel bei KANTOROWITSCH-KRYLOW ([187], S. 372). Für Außengebiete sind die Ansätze geeignet zu modifizieren.

§ 3. Polygonabbildungen

Dieses Thema ist in vielen Lehrbüchern ausführlich behandelt. Wir nennen besonders die Bücher von CARATHÉODORY ([55], S. 116–173), GOLUBEW ([140], Kap. VI) und NEHARI ([295], S. 189–209). Die Theorie und Praxis der Polygonabbildung sowie eine systematische Klassifizierung sämtlicher zur Zeit beherrschbaren Kreisbogen- und Geradenpolygonabbildungen (Katalog) bringt das Buch von v. KOPPENFELS und STALLMANN [222]; weniger ausführlich sind der Katalog von KOBER ([200], Teil IV) und ein kurzer Bericht von ULLRICH ([437], S. 95–99). Bei HIGGINS [168] sind Polygonabbildungen zusammengestellt, die für die mathematische Physik von Bedeutung sind.

3.1. Die Schwarz-Christoffelschen Formeln; das Parameterproblem

Vorgelegt ist ein Gebiet G der w-Ebene, welches von einem Polygonzug $\mathfrak{P}$ mit Ecken P_k ($k = 1, 2, \ldots, n$) berandet ist. Einige der Ecken P_k dürfen in ∞ liegen, und G kann ∞ enthalten. Auf $\mathfrak{P}$ sei ein Durchlaufungssinn festgelegt so, daß G zur Linken liegt.

Stoßen an der Ecke P_k die Seiten s_{k-1} und s_k von $\mathfrak{P}$ zusammen, so nennen wir den Winkel, um den die Verlängerung von s_{k-1} in s_k hinein zu drehen ist (ohne Überstreichung von s_{k-1}), den *Schwenkungswinkel* $\pi \alpha_k$ an der Ecke P_k. Ist $P_k = \infty$, so ist die Erklärung zu modifizieren: Man vollzieht den Übergang von s_{k-1} zu s_k längs eines Kreisbogens, der s_{k-1} mit s_k in G verbindet, und mißt die dabei entstehende Gesamtschwenkung.

Ist P_k endlich, so wird $-1 \leq \alpha_k < 1$ ($\alpha_k = -1$ bei Schlitzende), für $P_k = \infty$ ist dagegen $1 \leq \alpha_k \leq 3$.

Wir unterscheiden zwei Typen von Gebieten G in der w-Ebene:

(A) Polygongebiet; ∞ ist nicht innerer Punkt von G. Hier ist $\sum\limits_{k=1}^{n} \alpha_k = 2$.

(B) Polygongebiet; $\infty \in G$. Hier ist $\sum\limits_{k=1}^{n} \alpha_k = -2$.

Diese Gebiete sollen auf zwei Normalgebiete der z-Ebene abgebildet werden: (OHE) ist $\Im z > 0$, (EK) ist $|z| < 1$.

Die *Abbildungsformeln* lauten folgendermaßen:

Abbildung (OHE) → (A):

$$w = f(z) = C_1 \int^z \frac{d\zeta}{(\zeta - a_1)^{\alpha_1} \dots (\zeta - a_n)^{\alpha_n}} + C_2 ; \qquad (3.1)$$

dabei sind a_k die unbekannten auf $\Im z = 0$ liegenden Urbilder der P_k, und C_1, C_2 zunächst unbekannte Integrationskonstanten.

Abbildung (OHE) → (B): Es sei $z = A$ ($\Im A > 0$) Urbild von $w = \infty$.

$$w = f(z) = C_1 \int^z \frac{d\zeta}{(\zeta - a_1)^{\alpha_1} \dots (\zeta - a_n)^{\alpha_n} (\zeta - A)^2 (\zeta - \bar{A})^2} + C_2. \quad (3.2)$$

Zusatz: Ist $a_k = \infty$, so fällt in den Formeln (3.1) und (3.2) der Faktor $(\zeta - a_k)^{\alpha_k}$ weg.

Abbildung (EK) → (A): Wie Formel (3.1), wobei jetzt a_k die auf $|z| = 1$ liegenden Urbilder der P_k sind.

Abbildung (EK) → (B): Es sei $z = 0$ Urbild von $w = \infty$.

$$w = f(z) = C_1 \int^z \frac{d\zeta}{(\zeta - a_1)^{\alpha_1} \dots (\zeta - a_n)^{\alpha_n} \zeta^2} + C_2. \qquad (3.3)$$

Formel (3.3) gilt auch für die Abbildung von $|z| > 1$ auf (B) mit ∞ als Fixpunkt.

Die ausgearteten Fälle (Polygon läuft durch ∞, oder $\infty \in G$) sind bei MANGLER [263] kurz behandelt.

Bei der *numerischen Anwendung* der Formeln (3.1) bis (3.3) sind zwei Schwierigkeiten zu überwinden:

(a) Bestimmung der Größen a_k (Urbilder von P_k auf $\Im z = 0$ bzw. $|z| = 1$); Parameterproblem.

(b) Auswertung der im allgemeinen uneigentlichen Integrale.

Diese Schwierigkeiten lassen es ratsam erscheinen, auch bei den Polygonabbildungen auf die Methoden zur Abbildung *allgemeiner* Gebiete zurückzugreifen, ausgenommen besonders einfache Spezialfälle. Wir berichten daher nur über mögliche Lösungen zu (a) und (b).

Für (b) hat man zwei Möglichkeiten: (i) Reihenentwicklung des Integranden bzw. Abspaltung des unendlich werdenden Ausdrucks, folglich Zerlegung in ein einfaches uneigentliches und ein eigentliches Integral; (ii) Umwandlung des Integrals in ein eigentliches durch Variablensubstitution. Siehe KANTOROWITSCH-KRYLOW ([187], S. 481–482) und v. KOPPENFELS-STALLMANN ([222], S. 155–156).

Zur Lösung von (a), etwa in der Formel (3.1), kann man an die Längen l_k der Polygonseiten s_k anknüpfen. Offensichtlich gilt

$$l_k : l_j = \int_{a_k}^{a_{k+1}} \frac{d\zeta}{|\zeta - a_1|^{\alpha_1} \dots |\zeta - a_n|^{\alpha_n}} : \int_{a_j}^{a_{j+1}} \frac{d\zeta}{|\zeta - a_1|^{\alpha_1} \dots |\zeta - a_n|^{\alpha_n}} .$$

Schreibt man nun etwa a_1, a_2 und $a_n = \infty$ vor (so daß der Faktor

$|\zeta - a_n|^{\alpha_n}$ fehlt), so erhält man für $k = 1$ und $j = 2, 3, \ldots, n - 2$ somit $n - 3$ nichtlineare Gleichungen für $n - 3$ reelle Unbekannte $a_3, a_4, \ldots, a_{n-1}$. Die Lösung dieser Gleichungen kann durch das Newtonsche Verfahren geschehen, wobei Rohwerte für $a_3, a_4, \ldots, a_{n-1}$ bekannt sein müssen. Bei jedem Iterationsschritt ist ein lineares $(n - 3) \times (n - 3)$-System zu lösen. Dieses Vorgehen ist in dem von N. P. STENIN verfaßten § 10 bei KANTOROWITSCH-KRYLOW ([187], S. 477-488) ausführlich dargelegt und an Beispielen illustriert; siehe ferner v. KOPPENFELS-STALLMANN ([222], S. 156–157). Dabei ist interessant, daß im Fall des Vierecks (wo das Parameterproblem erstmals auftritt) der Rohwert für a_3 beliebig gewählt werden kann (KANTOROWITSCH-KRYLOW [187], S. 490). Über größere Versuchsreihen ist uns nichts bekannt.

Auf eine Kombination mit einem Iterationsschritt des Theodorsen-Verfahrens (nach MATTHIEU) weist v. KOPPENFELS-STALLMANN ([222], S. 158–160) hin.

Bei Kreisbogenpolygonen kommen noch $n - 3$ unbekannte „akzessorische Parameter" hinzu. Die Abbildungsfunktion stellt sich dar als Quotient zweier linear unabhängiger Lösungen einer linearen Differentialgleichung zweiter Ordnung. STALLMANN ([395], [396], [397]) arbeitet hier mit dem Hilfsmittel der asymptotischen Integration der Schwarzschen Differentialgleichung für große Werte der akzessorischen Parameter. Beispiel: Kreisbogenfünfeck (v. KOPPENFELS-STALLMANN [222], S. 135 bis 138).

Wir bemerken noch, daß nach Lösung des Parameterproblems (etwa beim regulären n-Eck) eine Entwicklung von (3.3) an $z = 0$ möglich ist, wobei die Abschnitte gute ganz-rationale Approximationen für $f(z)$ liefern können. Davon wird bei vielen Anwendungen der Methode von MUSKHE-LISHVILI in der Elastostatik Gebrauch gemacht; siehe z. B. SAWIN ([366], S. 24–26). In diesem Zusammenhang wäre auch daran zu denken, die entstehende Potenzreihe in einen Kettenbruch umzuwandeln (siehe etwa RUTISHAUSER [360], S. 497 und WYNN [468a]), dessen Teilbrüche gebrochen-rationale Näherungen für $f(z)$ ergeben würden.

3.2. Weitere Methoden der Parameterbestimmung

a) Methode von AHLFORS. Das Parameterproblem für die Abbildung von $|z| < 1$ auf das Innere G des eigentlichen Polygons $\mathfrak{P}$ ($z = 0$ fällt nach $w_0 \in G$) ist gelöst, wenn die harmonischen Maße $u_k(w_0)$ der Seiten s_k von $\mathfrak{P}$ bezüglich w_0 bekannt sind, da ja $\arg a_{k+1} - \arg a_k = 2\pi u_k(w_0)$ ist. Um das zu $u_k(w_0)$ gehörige spezielle Dirichletsche Problem zu lösen ($u = 1$ auf s_k, $u = 0$ sonst auf $\mathfrak{P}$), schlägt AHLFORS ([3], S. 49–52) eine Modifikation des Schwarzschen alternierenden Verfahrens vor, bei der G durch endlich viele Kreissektoren und Vollkreise überdeckt ist, für welche das Dirichletsche Problem explizit lösbar ist. Die gesuchte Funktion u genügt auf den Kreisbogen innerhalb $\mathfrak{P}$ einer linearen Integralgleichung $u = Ku + F$, deren Kern und inhomogenes Glied explizit bekannt sind. Die Lösung wird durch Iteration gewonnen: $u^{(n+1)} = Ku^{(n)} + F$, und die Konvergenz ist geometrisch. Schließlich ist dann noch $u(w_0) = u_k(w_0)$ zu berechnen. Durch Ermittlung des harmonischen Maßes zweier Seiten bezüglich eines Punktes $w_1 \in G$ ist es bei diesem Verfahren gleichzeitig möglich, das Bild jedes Punktes $w_1 \in G$ zu finden (Schnitt zweier Kreisbogen in $|z| < 1$). Immerhin ist zu beachten, daß die Ermittlung der $n-1$ harmonischen Maße $u_1(w_0), \ldots, u_{n-1}(w_0)$ die Lösung von $n-1$ Integralgleichungen (mit demselben Kern) erfordert.

Das Verfahren wurde an einem einfachen Beispiel (Rechteck $a : b = 1 : 2$) von BLANCH und JACKSON getestet ([41], S. 53–61). Die gewöhnlichen Iterationen konvergierten dabei ziemlich langsam, so daß sich trotz starker Diskretisierung der Integralgleichung nach 9 Iterationen ein Relativfehler bis zu 20% ergeben konnte. Dagegen war eine Modifikation der Iterationen gemäß

$$\tilde{u}^{(n+1)} = u^{(n+1)} + p\left(u^{(n+1)} - u^{(n)}\right),$$

mit geeignetem Parameter p, der auch von Schritt zu Schritt variabel sein kann, ein voller Erfolg. Die Auflösung des linearen Gleichungssystems könnte natürlich auch direkt geschehen.

b) Methode von KUFAREV [231]. Hier handelt es sich speziell um Gebiete, die von einem Polygonzug berandet sind, der von einem endlichen Punkt nach ∞ verläuft. Er heiße $\mathfrak{P}_n$, seine Ecken seien ∞, P_1, P_2, $\ldots$, P_n. Für $\mathfrak{P}_1$ ist die Abbildung auf $|z| < 1$ elementar, und es wird versucht, die Abbildung für $\mathfrak{P}_{k+1}$ aus der für $\mathfrak{P}_k$ rekursiv zu gewinnen. Dazu wird der zu den Ecken ∞, P_1, $\ldots$, P_k, $P(t)$ $(P(t_k) = P_k, P(t_{k+1}) = P_{k+1})$ gehörige Polygonzug $\mathfrak{P}_k(t)$ betrachtet. Die Abbildung $w = f(z, t)$ von $|z| < 1$ auf das Komplement von $\mathfrak{P}_k(t)$ genügt der Löwnerschen Differentialgleichung, und es ergibt sich daraus für die auf $|z| = 1$ liegenden Bilder $a(t)$, $\mu(t)$, $a_\nu(t)$, $b_\nu(t)$ von ∞, $P(t)$, P_ν $(\nu = 1, 2, \ldots, k)$ bzw. für deren Argumente ein System von $2k + 2$ gewöhnlichen, nichtlinearen Differentialgleichungen, deren Lösung für $t = t_k$ als bekannt angenommen wird. Für $t = t_{k+1}$ (aus der Länge von $\overline{P_k P_{k+1}}$ zu bestimmen) erhält man dann die Lösung des Parameterproblems für den Polygonzug $\mathfrak{P}_{k+1}$. Die Methode ist hauptsächlich von theoretischem Interesse.

c) Methode von BERGMAN. Eine weitere theoretische Möglichkeit zur Lösung des Parameterproblems gibt BERGMAN ([25], S. 75–76) an. Für die Abbildung $w = f(z)$ von $|z| < 1$ auf das Innere eines Polygons [Formel (3.1)] wird die Potenzreihe der inversen Funktion $z = f^{-1}(w)$ differenziert und danach mit der Darstellung durch die Bergmansche Kernfunktion verglichen. Es ergeben sich Beziehungen für die auf

$|z| = 1$ liegenden, unbekannten a_k; allerdings gehen darin Determinanten ein, deren Elemente innere Produkte sind, so daß man am besten gleich die Methoden der orthogonalen Polynome verwenden wird.

3.3. Spezielle Polygonabbildungen

Das Parameterproblem entsteht bei Geraden- und Kreisbogenpolygonen mit $n > 3$ Ecken. Bei Geradenpolygonen ist noch der Fall $n = 4$ durch hypergeometrische Funktionen direkt zu lösen (v. KOPPENFELS-STALLMANN [222], Teil B, § 4.1 und § 5.1; FIL'ČAKOV [105]), während für $n > 4$, bzw. $n > 3$ bei Kreisbogenpolygonen, die direkte Lösung des Abbildungsproblems nur in Sonderfällen möglich ist. Wir führen solche Sonderfälle an.

Spezielle Kreisbogenvierecke behandeln v. KOPPENFELS ([219], [220], [221]), PERGAMENCEVA ([320], [321]) und PICK [322]. Bei v. KOPPENFELS auch gewisse Geradenfünfecke. BUNDSCHERER [52] studiert die Abbildung gewisser rechtwinkliger Achtecke.

Eine Reihe von Arbeiten behandelt die Umströmung einer geknickten Platte (zusammengeklapptes Viereck). Wir nennen die Arbeiten von FLÜGGE-LOTZ und GINZEL [107], KEUNE [195], SCHMIEDEN [375] und WEINBERGER [460]; der Knickwinkel wird klein angenommen. Die Abbildung des Äußeren einer zweimal geknickten Strecke findet bei MUGGIA [283] Anwendung; wiederum Approximation für kleine Knickwinkel.

§ 4. Sonstige Abbildungsverfahren

Wir stellen abschließend noch einige weitere Methoden zusammen, deren Anwendbarkeit teilweise eingeschränkt ist. Bei den Schmiegungsverfahren in 4.1 wird man wegen langsamer Konvergenz im allgemeinen nur wenige Schritte ausführen; eine Ausnahme bildet das Verfahren zur Abbildung auf eine Halbebene nach der Formel (4.3). Die Methode der Extremalpunkte von LEJA in 4.2 dürfte nach unseren Experimenten hauptsächlich von theoretischem Interesse sein. Analogmethoden in 4.3 haben den Nachteil begrenzter Genauigkeit.

4.1. Schmiegungsverfahren

a) Abbildung auf den Einheitskreis. Gegeben ist ein einfach zusammenhängendes Gebiet G_z der z-Ebene, $O \in G_z$, welches echt in $|z| < 1$ gelegen sei. Gesucht wird eine möglichst elementare Abbildung $w = f(z)$ von G_z auf ein Gebiet G_w derselben Art, für die $f(0) = 0$, dagegen $|f(z)| > |z|$ für jedes andere $z \in G_z$ gilt. Es wird also versucht, aus G_z ein kreisnäheres Gebiet herzustellen; $f(z)$ heißt Schmiegungsfunktion.

Zur Gewinnung von $w = f(z)$ betrachten wir Funktionen $z = F(w)$ folgender beider Typen:

Typ A. Es ist $z = F(w)$ in $|w| < 1$ regulär, $F(0) = 0$, und die Menge der Funktionswerte $\{F(w) \mid |w| < 1\}$ erfüllt den Einheitskreis. Ferner sind Stellen $z = F(w)$ mit $F'(w) = 0$ nicht in G_z.

Typ B. Es ist $z = F(w)$ in $|w| < 1$ regulär und schlicht, $F(0) = 0$, und für das Bildgebiet $F(|w| < 1)$ gilt $G_z \subset F(|w| < 1) \subset \{|z| < 1\}$.

In beiden Fällen wird G_z eingebettet in einen ein- oder mehrblättrigen Bildbereich von $|w| < 1$ unter $z = F(w)$, welcher über $|z| < 1$ liegt. Da G_z einfach zusammenhängt, kann die Umkehrfunktion $w = F^{-1}(z)$ in G_z eindeutig erklärt werden; bei Typ A ist noch erforderlich, daß man bei Fortsetzung in G_z an keinen Punkt z mit $|F^{-1}(z)| = 1$ kommen kann. Für $F(w) \not\equiv e^{i\alpha}w$ gilt nun nach dem Schwarzschen Lemma $|z| < |w|$, und $w = F^{-1}(z) = f(z)$ ist eine Schmiegungsfunktion. Sie wird um so „besser" sein, je mehr $F(|w| < 1)$ mit G_z übereinstimmt.

Ein Beispiel für eine Schmiegungsfunktion vom Typ A ist die Operation

$$\frac{z - re^{i\varphi}}{z - r^{-1}e^{i\varphi}} = \left(\frac{w - r^{1/p}e^{i\varphi}}{w - r^{-1/p}e^{i\varphi}} \right)^p \qquad (p = 2, 3, \ldots ; \text{fest}), \quad (4.1)$$

wobei $re^{i\varphi} \notin G_z$ angenommen ist $(0 < r < 1)$; $z = F(w)$ bildet $|w| < 1$ auf p Blätter von $|z| < 1$ ab mit Windungspunkt $z = re^{i\varphi}$. Für $p = 2$ ergibt sich die klassische Carathéodory-Koebesche Wurzeloperation ([54], S. 141; [204], S. 845/6; [205], S. 183 ff.), für $p \to \infty$ die Transformation

$$\frac{z - re^{i\varphi}}{z - r^{-1}e^{i\varphi}} = \exp \left\{ \frac{2e^{i\varphi}\log r}{e^{i\varphi} - w} \right\} . \tag{4.2}$$

Schaltet man n solche Schmiegungsoperationen $f_1, f_2, \ldots, f_n$ hintereinander, wobei in (4.1) und (4.2) für $re^{i\varphi}$ zweckmäßig der jeweils ursprungsnächste Randpunkt des Gebiets zu nehmen ist, so erhält man eine Folge von Gebieten G_n als Bilder von G_z. Ist $|z| < \varrho_n$ der größte in G_n liegende Kreis, so ist jedenfalls $\varrho_n \nearrow 1$ $(n \to \infty)$, und nach OSTROWSKI [310] genauer $1 - \varrho_n = O\left(\frac{1}{n}\right)$, falls in (4.1) $p = 2$ gesetzt wird. Dies gilt auch bei Abbildungen der Form (4.2); siehe SWINFORD [410]. Bei OSTROWSKI wird auch der Fall zugelassen, daß der Windungspunkt der z-Fläche nicht gerade in den ursprungsnächsten Randpunkt von G_z fällt. Wie nahe $f_n f_{n-1} \cdots f_2 f_1 (z)$ an der gesuchten Kreisabbildung liegt, läßt sich mit den Ergebnissen von Anhang 3 abschätzen.

Schmiegungsoperationen vom Typ A liefern langsam konvergente Verfahren, sind aber stets anwendbar, weshalb sie sich für Existenzbeweise eignen.

Für Schmiegungsoperationen vom Typ B sucht man elementar abbildbare schlichte Teilgebiete von $|z| < 1$; dadurch wird die Form von G_z eingeschränkt. Als $F(|w| < 1)$ kommen Kreisbogenzweiecke in Betracht (RINGLEB [345]), oder $|z| < 1$ mit einem zu $|z| = 1$ orthogonalen Kreisbogen- oder Geradenschlitz (HEINHOLD [161], [162]). Beide Verfahren hat ALBRECHT [6] dadurch verallgemeinert, daß er aus $|z| < 1$ ein Kreisbogendreieck entfernt, dessen drei Seiten ein Stück von $|z| = 1$ und zwei dazu orthogonale Kreisbogen sind, die den Außenwinkel $\alpha\pi$ bilden. Für $\alpha = 1$ erhält man die Ringlebsche, für $\alpha = 2$ die Heinholdsche Schmiegungsfunktion.

Die graphisch-numerische Ausführung der Einzelabbildungen ist mit Hilfe von zwei geeigneten orthogonalen Kreisbüscheln möglich; ausführliche Formeln bei HEINHOLD-ALBRECHT [165]. Wichtig ist noch, daß mehrere symmetrisch gelegene Stacheln (Geradenschlitze) gleichzeitig eingezogen werden können.

Durch Hintereinanderschalten solcher Schmiegungsfunktionen erhält man wieder Näherungen $f_n f_{n-1} \cdots f_2 f_1(z)$ für die gesuchte Abbildungsfunktion von G_z auf $|w| < 1$, und es stellen sich die beiden Fragen: (1) Konvergieren diese Näherungsfunktionen in G_z? (2) Liefert die Grenzfunktion die Abbildung auf $|w| < 1$?

HEINHOLD ([162], S. 211) beweist hierzu für den Fall der Abbildung eines Außengebiets auf $|w| > 1$ mit Hilfe eines Stachelverfahrens: Ist $\varrho_n e^{i q_n}$ der ursprungsfernste Randpunkt von G_n, und liegt die Strecke von O nach $\varrho_n e^{i q_n}$ außerhalb G_n für alle n (Anwendbarkeitsbedingung), so gilt $\varrho_n - 1 = O\left(\dfrac{1}{\sqrt[]{n}}\right)$. Die Konvergenz ist also wieder recht langsam, so daß man Schmiegungsfunktionen vor allem für wenige Vorabbildungen nehmen wird, die man auch der speziellen Form der Gebiete anpassen kann.

Weitere Literatur: BIEBERBACH ([38], S. 186—187), v. KOPPENFELS und STALLMANN ([222], S. 183—184), ULLRICH ([437], S. 110—112), YOSHIKAWA [469].

b) Abbildung auf die obere Halbebene. Hier handelt es sich darum, ein in $\Im z > 0$ gelegenes Gebiet G_z durch eine möglichst elementare Abbildung $w = f(z)$ in ein Gebiet $G_w \subset \{\Im w > 0\}$ überzuführen, dessen Rand näher an $\Im w = 0$ liegt. Meist wird angenommen, daß der Rand von G_z für $|z| > \varrho$ mit der reellen Achse zusammenfällt.

Analog zu **a)** kommen *zwei Typen* von Schmiegungsfunktionen $w = f(z)$ in Betracht: G_z wird in eine über $\Im z > 0$ liegende Riemannsche Fläche eingebettet, die elementar auf $\Im w > 0$ abbildbar ist, oder man sucht G_z enthaltende Teilgebiete von $\Im z > 0$, die sich leicht auf $\Im w > 0$ abbilden lassen.

Schmiegungsverfahren des ersten Typs sind stets anwendbar. Nimmt man z. B. das Analogon zur Carathéodory-Koebeschen Wurzeloperation, wobei die Normierung in ∞ durch $w = f(z) = z + \dfrac{a_1}{z} + \cdots$ geschieht und der Windungspunkt der zweiblättrigen z-Fläche in einen Randpunkt von G_z mit maximaler Ordinate h gelegt wird, und führt man n solche Schmiegungsschritte aus, so kann man analog zu **a)** zeigen (HÜBNER [174a], S. 30), daß $h_n = O\left(\frac{1}{n}\right)$ ist; HÜBNER folgert daraus weiter $|f_n(z) - f(z)| = O\left(\frac{1}{n}\right)$ $(z \in G_z; n \to \infty)$.

Für Schmiegungsfunktionen vom zweiten Typ sind, je nach der Art von G_z, die Teilgebiete von $\Im z > 0$ betrachtet worden, die man erhält, wenn man aus $\Im z > 0$ eine Halbellipse $\frac{(x-m)^2}{a^2} + \frac{y^2}{b^2} \leqq 1, y > 0$ oder ein gleichschenkliges Dreieck (Basis auf der x-Achse) entfernt, und ferner $\Im z > 0$ mit einem Kreisbogen- oder Geradenschlitz (Stachelverfahren). Wir verweisen auf die zahlreichen Arbeiten von FIL'ČAKOV ([95—100], [103]), in denen auch die Abbildungsformeln und mehrere numerische Beispiele aufgeführt sind.

Für das durch n-malige Anwendung solcher Abbildungen entstehende Verfahren („Ausschöpfungsverfahren") beweist HÜBNER in seiner Dissertation ([174a], S. 36) einen allgemeinen Konvergenzsatz, der für eine große Klasse von Schmiegungsfunktionen die gleichmäßige Konvergenz der Iterationen in $\overline{G}_z$ garantiert, sofern G_z in $|z| < \varrho$ von einem Jordanbogen berandet ist.

Ganz besonders einfach werden die Formeln dann, wenn die Abbildung von $\{|z - m| > R\} \cap \{\Im z > 0\}$ auf $\Im w > 0$ als Schmiegungsoperation verwendet wird:

$$w - m = z - m + \frac{R^2}{z - m}\,, \tag{4.3}$$

oder reell geschrieben:

$$u = x(1 + p) - mp, \quad v = y(1 - p) \text{ mit } p = \frac{R^2}{(x - m)^2 + y^2}\,. \tag{4.3'}$$

Hierzu liegen einige Experimente von HÜBNER vor. Der in $\Im z > 0$ gelegene Teil der Randkurve von G_z (über einem Intervall $\langle \alpha, \beta \rangle$) wird durch N beliebige Punkte $\zeta_j = (x_j, y_j)$ gegeben; die x_j brauchen nicht äquidistant zu sein. Die bei jedem Iterationsschritt notwendige Bestimmung von m und R kann auf folgende drei Arten geschehen.

(α) Man nehme für m ein x_j mit maximalem y_j, etwa x_{j_0}, und für R den Minimalabstand des Punktes $(x_{j_0}, 0)$ von den Punkten ζ_j.

(β) Man nehme für m ein x_j, für das der Minimalabstand zu allen ζ_j maximal ist, und für R diesen Minimalabstand.

(γ) Wie in (β), jedoch darf m in $\langle \alpha, \beta \rangle$ beliebig sein.

KUDRJAVCEV ([229], [230]) wählt m, R nach (γ), doch wird dadurch das Auffinden von m, R verzögert.

HÜBNER betrachtet als Ausgangsgebiet das außerhalb der Ellipse mit den Halbachsen a und b gelegene Teilgebiet von $\Im z > 0$, wobei $a = 10$, $b = 5$ oder $a = 0,1$, $b = 5$ ist, und nimmt $N = 51$; die Wahl von m, R erfolgt gemäß (β). Das Verfahren liefert sofort Näherungen für die Ränderzuordnung in den vorgegebenen Punkten, und auch die Bilder innerer Punkte sind mit der Formel (4.3') unmittelbar zu bestimmen. Die Ergebnisse sind auszugsweise in Tab. 17 wiedergegeben, wobei man $x_0 = -a$, $x_{25} = 0$, $x_{50} = +a$ hat. Auf der Zuse Z 23 dauerten 50 Iterationen 70 min, wobei zu beachten ist, daß die Ausführung einer Transformation (4.3) für 51 Punkte nur etwa 10 sec dauerte; der Rest der Zeit entfiel auf die Bestimmung von m und R und auf das Drucken der Ergebnisse.

Tabelle 17. *Abbildung auf die obere Halbebene mit Formel* (4.3)

Ite-rationen	$a=10;\ b=5$			$a=0,1;\ b=5$		
	Ränderzuordnung für die Punkte			Ränderzuordnung für die Punkte		
	x_0	x_{10}	x_{20}	x_0	x_{10}	x_{20}
$n=0$	—10,00 000	— 8,09 017	—3,09 017	—0,10 000	—0,08 090	—0,03 090
$n=10$	—14,70 951	—12,16 039	—4,55 513	—1,63 849	—0,09 487	—0,03 269
$n=20$	—14,78 287	—12,05 624	—4,59 037	—3,06 733	—0,32 311	—0,03 947
$n=30$	—14,93 535	—12,06 864	—4,58 537	—4,19 239	—2,91 115	—0,05 928
$n=40$	—14,94 931	—12,07 965	—4,58 515	—4,92 085	—3,89 385	—0,30 929
$n=50$	—14,95 428	—12,07 942	—4,58 577	—5,13 193	—4,15 796	—1,61 972
Exakt	—15,00 000	—12,13 525	—4,63 525	—5,10 000	—4,12 599	—1,57 599

Die Experimente zeigen, daß das Verfahren auch bei stark schwankenden Rändern noch relativ gute Ergebnisse liefern kann, wenn gut diskretisiert ist und viele Operationen (4.3) ausgeführt werden. Es ist eine größere Versuchsreihe geplant mit dem Ziel, die Schmiegungsverfahren untereinander und mit anderen Methoden der konformen Abbildung noch genauer zu vergleichen.

4.2. Die Methode der Extremalpunkte von Leja

Nun sei G ein unendliches Gebiet der z-Ebene, welches von einer Jordankurve C berandet ist, und

$$w = f(z) = z + a_0 + \frac{a_1}{z} + \cdots \qquad (z \in G) \qquad (4.4)$$

die in ∞ normierte konforme Abbildung von G auf $|w| > d$; $d =$ transfiniter Durchmesser von C. Das für irgend n Punkte $\zeta_1, \zeta_2, \ldots, \zeta_n \in C$ gebildete Produkt der Abstände $\prod_{i<k} |\zeta_i - \zeta_k|$ werde zum Maximum V_n bei Wahl der Punkte $z_1, z_2, \ldots, z_n \in C$; diese $z_j = z_j^{(n)}$ heißen Fekete-Punkte. Nach Fekete [91] gilt

$$d_n = V_n^{\frac{2}{n(n-1)}} \searrow d \qquad (n \to \infty)$$

(Abschätzung von $d_n - d$ bei Kleiner [199a]), und nach Leja ([249], S. 122) bei geeigneter Numerierung der z_j

$$\left(\prod_{k \neq j} |z_j - z_k| \right)^{1/n} \to d \qquad (n \to \infty) \qquad (4.5)$$

für jedes feste j. Für die Polynome $P_n(z) = \prod\limits_{k=1}^{n} (z - z_k)$ gilt ferner nach
FEKETE ([92], S. 338) $|P_n(z)|^{1/n} \to |f(z)|$ $(n \to \infty;\ z \in G)$, und schließlich im wesentlichen nach LEJA ([249], S. 119)

$$\lim_{n \to \infty} (P_n(z))^{1/n} = f(z) \qquad (z \in G)\,; \qquad (4.6)$$

dabei ist die Bestimmung der n-ten Wurzel so zu wählen, daß in ∞ gilt: $(P_n(z))^{1/n} = z + \cdots$.

Zum selben Thema gehören die Arbeiten von LEJA ([248], [250], [252]), sowie die von LEJA [253] und GÓRSKI ([145], [146]), wo statt $|\zeta_i - \zeta_k|$ ein allgemeinerer Entfernungsbegriff verwendet wird.

Da den Formeln (4.5) und (4.6) für d und $f(z)$ die Fekete-Punkte von C zugrunde liegen, ist die Berechnung von d und $f(z)$ auf diese Weise praktisch kaum möglich. Jedoch hat LEJA in [254] ein neues, *rekursiv* zu definierendes System von Punkten auf C eingeführt, welche leichter als die Fekete-Punkte zu bestimmen sind. Es sei $z_1 \in C$ beliebig, z_2 so daß $|z_2 - z_1|$ $= \max\limits_{z \in C} |z - z_1|$, und allgemein z_{n+1} rekursiv durch die Forderung

$$|z_{n+1} - z_1| \cdot |z_{n+1} - z_2| \cdot \ldots \cdot |z_{n+1} - z_n| = \max_{z \in C} \prod_{k=1}^{n} |z - z_k|$$

bestimmt; das links stehende Abstandsprodukt heiße A_n. Nach LEJA ([254], S. 9 und S. 13) gilt in Analogie zu (4.5) und (4.6)

$$\text{(i)}\ \lim_{n \to \infty} A_n^{1/n} = d \quad \text{und} \quad \text{(ii)}\ \lim_{n \to \infty} (P_n(z))^{1/n} = f(z) \qquad (z \in G)\,. \qquad (4.7)$$

Die Bestimmung der Wurzeln ist dabei wie oben zu wählen, und (ii) gilt gleichmäßig in jedem abgeschlossenen Teil von G.

Zu diesem Verfahren sind einige elektronische Experimente von HÄSELBARTH [159] gemacht worden, welche die Methode als praktisch nicht besonders empfehlenswert erscheinen lassen. So ergaben sich in dem Falle $C\colon |z| = 1$ folgende Zahlen $A_n^{1/n}$ (Auszug):

Tabelle 18. *Berechnung des transfiniten Durchmessers nach* LEJA

n	$A_n^{1/n}$	n	$A_n^{1/n}$
30	1,100 326	200	1,017 568
50	1,043 351	250	1,016 843
100	1,028 402	300	1,011 659
150	1,018 782	400	1,010 478

Dabei war C durch 512 Punkte eingegeben, und die Ermittlung von 410 Extremalpunkten dauerte auf einer Zuse Z 23 über 8 Std. Das Aufsuchen eines neuen Punktes erfordert viel Zeit, besonders am Anfang der Rechnung (etwa 110 sec). Verglichen mit dem Aufwand ist die Genauigkeit mäßig (exakter Wert natürlich $d = 1$); man kann sich auch leicht überlegen, daß in diesem Fall $\overline{\lim}_{n \to \infty} n \, (A_n^{1/n} - 1) = \infty$ gilt. Bei genauer Kenntnis des Verhaltens von $\{A_n^{1/n}\}$ könnte man versuchen, die Konvergenz dieser Folge zu beschleunigen. Die Zahlen $A_n^{1/n}$ fallen übrigens nicht monoton. Ein anderes Experiment, bei dem C eine Ellipse war, zeigte ganz entsprechende Resultate.

Bei der Berechnung von $f(z)$ nach (4.7.ii) ist nichts Besseres zu erwarten. Nachteilig ist hier auch, daß am Rand von G sicher keine gleichmäßige Konvergenz stattfindet, da ja $P_n(z_j) = 0$ ist.

4.3. Analogmethoden

Hier sollen die Methoden der konformen Abbildung kurz gestreift werden, bei denen Modelle (meist elektrische oder elektrolytische) oder auch geeignete Schaltungen an Analogrechnern verwendet werden. Die damit erreichbare Genauigkeit von einigen Prozent ist für den Praktiker oft ausreichend, so daß auch dies brauchbare und recht allgemeine Methoden sind, die bisher vielleicht zu wenig beachtet wurden. Entweder ist zu gegebener Funktion $w = f(z)$ die konforme Abbildung gesucht, oder (praktisch wichtiger) zu gegebenem Gebiet wird $f(z)$ gesucht.

a) Gegebene Funktion. Hier nennen wir die Arbeiten von HEINHOLD ([164], [164a]), KULISCH [233] und TOMLINSON-HOROWITZ-REYNOLDS [425]. In der zuletzt genannten wird $|z - z_0| = R$ durch eine Funktion der Form $w = f(z) = z + \dfrac{a}{z} + \dfrac{b}{z^2} + \dfrac{c}{z^3}$ abgebildet; a, b, c und R sind reelle, z_0 ein komplexer Parameter, die an 6 Potentiometern eingestellt werden. Das Gerät zeichnet die Bildkurve auf, die durch Variation der Parameter auch einer gegebenen Kurve angepaßt werden kann.

Bei HEINHOLD ist die Abbildungsfunktion entweder durch elementare arithmetische Operationen explizit gegeben, oder implizit als Lösung einer gewöhnlichen Differentialgleichung; z. B. kann $f(z)$ eine Bessel-Funktion sein. KULISCH bildet konfokale Ellipsen und Hyperbeln durch Tschebyscheff-Polynome ab.

b) Gegebenes Gebiet. Zunächst sei G ein Jordangebiet der z-Ebene mit Rand C, und drei Punkte a, b, c seien darauf markiert. FIL'ČAKOV [104] betrachtet ein elektrisches Modell für das folgende gemischte Randwertproblem: Gesucht ist eine in G harmonische Funktion $u(z)$ mit

$$u(z) = 1 \qquad \text{auf dem Bogen } a \ldots b$$

$$u(z) = 0 \qquad \text{auf dem Bogen } b \ldots c$$

$$\frac{\partial u(z)}{\partial n} = 0 \qquad \text{auf dem Bogen } c \ldots a \, .$$

(Bei der technischen Realisierung muß beim Punkt b ein kleiner Sektor ausgeschnitten werden.) Ist $w = f(z)$ die konforme Abbildung von G auf den Halbstreifen $H: \{\mathfrak{J}w > 0\} \cap \{0 < \mathfrak{R}w < 1\}$ der w-Ebene, mit $f(a) = 1$, $f(b) = \infty$, $f(c) = 0$, so ist die Lösung des Problems gegeben durch $u(z) = \mathfrak{R}f(z)$. Auf dem Bogen $c \ldots a$ abgegriffene u-Werte ergeben damit unmittelbar die Abszissen der zugehörigen Bildpunkte auf der Strecke $0 \leqq w \leqq 1$. Als Normalgebiet dient hier H; die Abbildungen auf $|w| < 1$ oder $\mathfrak{J}w > 0$ folgen daraus elementar.

Bei FIL'ČAKOV Anwendung der Methode zur Bestimmung der Schwarz-Christoffelschen Konstanten; C ist also speziell ein Polygon, das aus Widerstandspapier ausgeschnitten werden muß. Gewinnung von u durch Mittelung von 50 Meßwerten; in den Beispielen ergab sich die Ränderzuordnung mit 3—4 geltenden Stellen. — Zu dieser Methode siehe auch ŠAMANSKIĬ [364].

Zweitens bilde $w = f(z) = \sum\limits_{n=1}^{\infty} a_n z^n$ den Kreis $|z| < 1$ auf ein Jordangebiet G ab, mit $f(0) = 0$, $f(1) > 0$. Bei UGODČIKOV [433] werden durch Elektromodell die Punkte $f(e^{i\varphi_k})$ $\left(\varphi_k = k \cdot \dfrac{2\pi}{N}, \ k = 1, 2, \ldots, N\right)$ festgestellt, und durch nachfolgende (numerische!) Fourier-Analyse die Koeffizienten a_n ermittelt. Beispiele: Quadrat, Ellipse, Rechteck u. a. Der Verfahrensfehler setzt sich zusammen aus (i) Fehler der Meßwerte $f(e^{i\varphi_k})$ (i. a. wenige Prozent), sowie (ii) Diskretisierungsfehler. Die ersten Koeffizienten zeigen Fehler von wenigen Prozent, bei den höheren wirkt sich (ii) stärker aus. Interessant und genauer wäre eine Kopplung zwischen der *kontinuierlichen* Ränderzuordnung und nachfolgender (auch simulierter?) Fourier-Analyse.

Dasselbe Prinzip wird von UGODČIKOV [434] zur konformen Abbildung von Ringgebieten verwendet, d. h. zur Bestimmung des Moduls und der Koeffizienten in $f(z) = \sum\limits_{n=-\infty}^{+\infty} a_n z^n$. Ist speziell $|w| = 1$ der Außenrand von G, und der Innenrand das symmetrische, achsenparallele Quadrat der Seitenlänge 1, so ergibt das Experiment 0,5922 als reziproken Wert des Moduls; vgl. dazu das Ergebnis 0,583 023 von SCHAUER in Kap. V, § 3.4.

Bei POLOŽIĬ ([327], [328]) dient eine geeignete Widerstandsmessung zur Bestimmung der Schwarz-Christoffelschen Konstanten und des Moduls eines Ringgebietes. TOLSTOV ([423], [424]) und BRADFIELD-HOOKER-SOUTHWELL [46] verwenden ein Gitter von Widerständen (bzw. einen elektrolytischen Trog) zur Simulierung von Potentialproblemen in einfach und zweifach zusammenhängenden Gebieten. Siehe ferner UGODČIKOV [435], UGODČIKOV-SEREBRENNIKOVA [436], und das am Schluß von Kap. V, § 4.4 angegebene Experiment.

Kapitel V

Konforme Abbildung mehrfach zusammenhängender Gebiete auf Normalgebiete

Verschiedene Aufgaben aus den Anwendungen führen auf das Problem, ein gegebenes n-fach zusammenhängendes Gebiet auf ein einfacheres Normalgebiet konform abzubilden. Besonders wichtig ist der Fall $n = 2$; das Problem des anfahrenden Tragflügels mit Berücksichtigung der Erdbodennähe, die Torsion eines hohlen Zylinders, oder die Ermittlung der Kapazität eines zylindrischen Kondensators lassen sich auf diese Weise behandeln.

Zur effektiven Herstellung dieser konformen Abbildungen stehen in erster Linie die Integralgleichungsmethoden zur Verfügung (§§ 2—3). An die Stelle einer Integralgleichung beim einfach zusammenhängenden Fall tritt jetzt ein System von n gekoppelten Integralgleichungen für die gesuchte Ränderzuordnung. Im Fall der Abbildung Gebiet → Normalgebiet haben diese Integralgleichungen den Neumannschen Kern, während für die Abbildung Kreisring → Ringgebiet ein singulärer Kern eingeht. Daneben ist die sog. funktionentheoretische Methode von Bedeutung (§ 4). Hier wird das schwierigere Problem, die konforme Abbildung des n-fach zusammenhängenden Gebiets, auf eine *Folge* einfacherer Probleme, die konforme Abbildung einfach zusammenhängender Gebiete, reduziert. In § 5 schildern wir schließlich die Verwendung von Extremalproblemen zur Gewinnung von Normalabbildungen.

Diesen konstruktiven Gesichtspunkten stellen wir in § 1 die wichtigsten Existenzaussagen voran.

§ 1. Abbildung auf Normalgebiete

War für einfach zusammenhängende Gebiete meist die konforme Abbildung auf den Einheitskreis interessant, so stellt sich bei vorgelegtem n-fach zusammenhängendem, also von n Kontinuen berandetem Gebiet G_z zunächst die Frage, auf welchen Typ von Normalgebiet G_w man G_z abbilden soll und kann. Dies hängt auch davon ab, was man von der konformen Abbildung erwartet: Bei Strömungsuntersuchungen ist ein Schlitzgebiet G_w wünschenswert, bei der Ermittlung des Moduls von G_z soll G_w ein konzentrischer Kreisring sein.

Wir geben zunächst eine Übersicht über die wichtigsten Normalgebiete, wobei wir auf Beweise verzichten, da diese (meist ohne Verwendung konstruktiver Methoden) ausführlich in der Lehrbuchliteratur dargestellt sind. Siehe BIEBERBACH ([37], § 27), COURANT ([65], Chapter V), GOLUSIN ([143], Kap. V), JULIA [181], NEHARI ([295], Chapter VII), TSUJI ([431], Chapter IX, Part II).

1.1. Zusammenstellung der wichtigsten Normalgebiete

Schlitzgebiete. *Jedes n-fach zusammenhängende Gebiet läßt sich auf ein unendliches Gebiet konform abbilden, dessen Rand aus n parallelen Strecken mit vorgeschriebener Steigung besteht.* Bei geeigneter Normierung ist die Abbildung *eindeutig.* HILBERT [169] und KOEBE [202] mit potentialtheoretischen Beweisen, DE POSSEL [332] und GRÖTZSCH [151] durch Lösung eines funktionentheoretischen Extremalproblems. — Die Schlitze können auch alle auf einen Punkt hinweisen (Radialschlitze) oder auf Kreisbögen um diesen Punkt liegen (Kreisbogenschlitze); KOEBE [202], RENGEL [341], WITTICH [467], REICH-WARSCHAWSKI ([339], [340]). — Auch gemischte Schlitzabbildungen sind möglich: Etwa p Schlitze horizontal, $n - p$ Schlitze vertikal; KOMATU [215] und KOMATU-OZAWA [217]. Dort auch Schlitze in Parallelstreifen.

Die meisten dieser Sätze behalten ihre Gültigkeit für ∞-fachen Zusammenhang. Die Eindeutigkeit der Abbildung (nach Normierung) ist jedoch nicht mehr gewährleistet; siehe insbesondere REICH [338], REICH-WARSCHAWSKI ([339], [340]), JENKINS [178] und dort zitierte Literatur.

Vollkreisgebiete. *Jedes n-fach zusammenhängende Gebiet läßt sich auf ein unendliches Gebiet konform abbilden, dessen Rand aus n Kreisen besteht.* Bei geeigneter Normierung ist die Abbildung *eindeutig*; „Kreisnormierungsprinzip" von KOEBE [201]. Siehe hierzu auch den Bericht von LICHTENSTEIN ([257], S. 319 ff.). Auf die konstruktiven Methoden (KOEBE [203], [206]) kommen wir in § 4 zurück. Während die Charakterisierung der Schlitzabbildungen durch einfache funktionentheoretische Extremalprobleme seit langem bekannt ist, haben SCHIFFER und HAWLEY ([374], Kap. I) erst kürzlich eine solche für die Vollkreisabbildung gefunden; siehe auch SCHIFFER ([373], S. 263—269). Es gelingt diesen Autoren, die Bestimmung der Vollkreisabbildung $w = f(z)$ auf die Lösung einer nichtlinearen Integralgleichung für $u(z) = \log |f'(z)|$ ($z \in$ Rand) zu reduzieren ([374], S. 184) und ferner $u(z)$ als Lösung eines Minimalproblems in einer Klasse harmonischer Funktionen zu charakterisieren ([374], S. 190). Die praktische Lösung der Integralgleichung wird jedoch dadurch erschwert, daß die n unbekannten Kreisradien als „akzessorische Parameter" eingehen.

Die Vollkreisabbildung ∞-fach zusammenhängender Gebiete ist bisher nur unter Zusatzannahmen gesichert: Der Abstand je zweier Randkontinuen ist $\geq \delta > 0$, ihr Durchmesser $\leq \Delta < \infty$ (DENNEBERG [79]); oder das Gebiet hat nur endlich viele Häufungsränder, und jeder derselben ist „vollkommen punktförmig", d. h. wird bei *jeder* konformen Abbildung des Gebiets in einen Punkt abgebildet (GRÖTZSCH [152]; siehe auch BROWN [49]); nicht punktförmige Häufungsränder lassen MESCHKOWSKI ([274], [276]) und STREBEL [401] zu.

Allgemeiner Satz. Den allgemeinsten hierher gehörigen Satz bewiesen COURANT-MANEL-SHIFFMAN ([66], S. 503) mit Hilfe von Methoden, die zur Lösung der Probleme von DOUGLAS und PLATEAU entwickelt wurden (extremales Dirichletintegral). Siehe auch COURANT ([65], S. 178 und S. 191).

Satz 1.1. *Es seien $\Gamma_1, \Gamma_2, \ldots, \Gamma_n$ n gegebene konvexe Jordankurven. Dann läßt sich jedes n-fach zusammenhängende Gebiet konform abbilden auf ein unendliches Normalgebiet, dessen Ränder aus den Γ_i durch Streckung und Verschiebung hervorgehen, d. h. durch Transformationen der Form $z' = az + b$ mit $a > 0$.*

Satz 1.2. *Es seien Γ_1 eine beliebige Jordankurve, P innerhalb Γ_1, und Γ_2 eine bezüglich P sternige Jordankurve, ferner $\Gamma_3, \ldots, \Gamma_n$ konvexe Jordankurven. Dann läßt sich jedes n-fach zusammenhängende Gebiet konform abbilden auf ein beschränktes Normalgebiet, dessen Außenrand Γ_1 ist, dessen zweite Randkomponente aus Γ_2 durch Streckung von P aus entsteht, während die übrigen Randkomponenten aus $\Gamma_3, \ldots, \Gamma_n$ durch Streckung und Verschiebung hervorgehen.*

Unter gewissen Normierungsvorschriften ist die Abbildung eindeutig bestimmt. Die Kurven Γ_i dürfen auch in Geradenschlitze ausarten. Satz 1.2 garantiert beispielsweise die Existenz einer konformen Abbildung eines beliebigen n-fach zusammenhängenden Gebiets auf ein Normalgebiet, das außen vom Einheitsquadrat und innen von $n - 1$ Kreisen berandet ist. — Als weitere, für die komplexe Approximationstheorie wichtige Normalgebiete sind noch die Lemniskatengebiete zu erwähnen (WALSH [444], GRUNSKY [155], [156], JENKINS [177], LANDAU [243], PIRL [324]).

Zusammenhänge zwischen verschiedenen Normalabbildungen studieren DE POSSEL [333] (Parallelschlitzabbildungen), KOMATU ([210], [211]) und KOMATU-OZAWA [218] (Abbildung Kreisring auf Schlitzgebiete), GARABEDIAN-SCHIFFER [125], MESCHKOWSKI [275], GOLUSIN ([143], Kap. V, § 4).

1.2. Konforme Abbildung auf einen Kreisring

Um zu zeigen, daß auch eine Charakterisierung einer Normalabbildung durch ein Extremalproblem zur Konstruktion dieser Normalabbildung verwendet werden kann, gehen wir auf den besonders wichtigen Fall des zweifachen Zusammenhangs noch näher ein.

Es sei G_z zweifach zusammenhängend, wobei wir (nach Ausführung einer konformen Abbildung eines einfach zusammenhängenden Gebietes) annehmen können, daß G_z von $|z| = 1$ sowie von einem Kontinuum C_z in $|z| < 1$ berandet ist, das $z = 0$ umschlingt (d. h. $O \notin G_z$); ferner sei $m_z = \min_{z \in C_z} |z|$, $M_z = \max_{z \in C_z} |z|$. *Es sei C_z kein Kreis um O.* Wir führen dann zwei konforme Abbildungen einfach zusammenhängender Gebiete aus. Erstens bilde $t = h(z)$ das gesamte Äußere von C_z auf $|t| > 1$ ab, wobei $h(\infty) = \infty$ sei und $|z| = 1$ in C_t übergehe. Zweitens bilde $w = g(t)$ das gesamte Innere von C_t auf $|w| < 1$ ab, wobei $g(0) = 0$ sei und $|t| = 1$ in C_w übergehe. Dann gilt nach dem Schwarzschen Lemma:

(α) Anwendung auf $t = h(z)$, $|z| > M_z$: $|t| \geqq \dfrac{1}{M_z} \cdot |z|$;

(β) Anwendung auf $z = h^{-1}(t)$, $|t| > 1$: $|z| \geqq m_z \cdot |t|$;

(γ) Anwendung auf $w = g(t)$, $|t| < m_t$: $|w| \leqq \dfrac{1}{m_t} \cdot |t|$;

(δ) Anwendung auf $t = g^{-1}(w)$, $|w| < 1$: $|t| \leqq M_t \cdot |w|$.

Dabei steht mindestens in (α) und (β) die Ungleichung mit $>$, da C_z kein Kreis um O war. Wir erhalten aus (α) für $|z| = 1$: $m_t > M_z^{-1}$; aus (β) für $t \in C_t$: $1 > m_z M_t$; aus (γ) für $|t| = 1$: $M_w \leqq m_t^{-1}$; aus (δ) für $w \in C_w$: $1 \leqq M_t m_w$. Dies läßt sich zusammenfassen in

$$M_w \leqq \frac{1}{m_t} < M_z\,, \qquad m_w \geqq \frac{1}{M_t} > m_z. \tag{1.1}$$

Satz 1.3. *Ist C_z kein Kreis um O, so gibt es eine konforme Abbildung $w = f(z) = g(h(z))$ von G_z, die $|z| = 1$ in $|w| = 1$ und C_z in C_w überführt, so daß gilt*

$$\max_{w \in C_w} |w| < \max_{z \in C_z} |z| \quad und \quad \min_{w \in C_w} |w| > \min_{z \in C_z} |z| .$$

Nun sei $\mathfrak{K}$ die Familie aller in G_z schlichten Funktionen $f(z)$ mit $0 < |f(z)| < 1$ $(z \in G_z)$, die $|z| = 1$ in $|w| = 1$ und C_z in ein Kontinuum C_w in $|w| < 1$ überführen. Diese Familie ist wegen $|f(z)| < 1$ $(z \in G_z)$ zunächst *normal* in G_z. Sie ist außerdem *kompakt*, d. h. jede Grenzfunktion $F(z)$ einer Folge $\{f_n(z)\}$ $(f_n \in \mathfrak{K})$ gehört zu $\mathfrak{K}$. Um dies zu sehen, bemerken wir zunächst $F(z) \not\equiv 0$. Sonst gäbe es, bei festem r mit $0 < r < 1$, zu jedem $\varepsilon > 0$ ein $n_0(\varepsilon)$ derart, daß $|f_n(z)| < r$ wäre auf $|z| = 1 - \varepsilon$, sobald $n > n_0$, oder, wenn wir die Umkehrfunktionen $f_n^{-1}(w)$ in $r < |w| < 1$ betrachten $(n > n_0)$, $|f_n^{-1}(w)| > 1 - \varepsilon$ für $r < |w| < 1$ $(n > n_0)$. Die letzteren sind in $r < |w| < 1$ normal, und jede Grenzfunktion $\Phi(w)$ ist dort vom Betrag 1, also konstant vom Betrag 1; dies widerspricht aber

$$\int\limits_{|w|=\varrho} \frac{[f_n^{-1}(w)]'}{f_n^{-1}(w)}\, dw = 2\pi i\,, \quad \text{also} \quad \int\limits_{|w|=\varrho} \frac{\Phi'(w)}{\Phi(w)}\, dw = 2\pi i \quad (r < \varrho < 1).$$

Da nun $F(z) \not\equiv 0$ ist, ist $F(z) \neq 0$ in G_z, und wegen

$$\int\limits_{|z|=\varrho} \frac{f_n'(z)}{f_n(z)}\, dz = 2\pi i \quad \text{auch} \quad \int\limits_{|z|=\varrho} \frac{F'(z)}{F(z)}\, dz = 2\pi i \qquad (|z| = \varrho \text{ in } G_z)\,,$$

so daß $F(z)$ in G_z nicht konstant und daher schlicht ist. Schließlich folgt $|F(z)| = 1$ $(|z| = 1)$ aus der Bemerkung, daß die gleichmäßige Konvergenz von $\{f_n(z)\}$ auf einer $z = 0$ umschließenden Kurve $\gamma \subset G_z$ auch die gleichmäßige Konvergenz der durch das Spiegelungsprinzip gewonnenen Fortsetzungen auf dem Spiegelbild γ^* von γ (bezüglich $|z| = 1$) impliziert, woraus nach dem Maximumprinzip auch $|f_n(z) - f_m(z)| \Rightarrow 0$ $(n,\, m \to \infty;\ |z| = 1)$ folgt, also $|F(z)| = 1$ für $|z| = 1$. Damit ist $\Re$ normal und kompakt.

Daher haben die beiden geometrischen Extremalprobleme

$$M_w = \max_{w \in C_w} |w| = \text{min!} \qquad\qquad (f \in \Re) \qquad (1.2)$$

und

$$m_w = \min_{w \in C_w} |w| = \text{max!} \qquad\qquad (f \in \Re) \qquad (1.3)$$

eine Lösung $F \in \Re^*$, und das Bild C_w von C_z unter der Extremalabbildung $w = F(z)$ muß nach Satz 1.3 notwendig ein Kreis um O sein. Damit ist die Existenz einer konformen Abbildung von G_z auf einen konzentrischen Kreisring $r < |w| < 1$ (nach KOMATU [213]) bewiesen und gleichzeitig eine Methode aufgezeigt, wie aus G_z ein immer „kreisringnäheres" Gebiet hergestellt werden kann. Wir kommen in § 4 ausführlich darauf zurück.

Die Zahl r ist eindeutig bestimmt. Sonst gäbe es eine Abbildung $w = \varphi(z)$ von $r < |z| < 1$ auf $r' < |w| < 1$, die $|z| = r$ in $|w| = r'$ und $|z| = 1$ in $|w| = 1$ überführt. Sukzessive Spiegelung an den Innenrändern zeigt, daß $\varphi(z)$ sogar $0 < |z| < 1$ auf $0 < |w| < 1$ konform abbildet; dann ist aber $z = 0$ hebbare Singularität von $\varphi(z)$, $\varphi(0) = 0$, und $\varphi(z)$ bildet $|z| < 1$ konform auf $|w| < 1$ ab. Also ist $\varphi(z) = e^{i\alpha}z$ und folglich $r' = r$. Die eindeutige Zahl $r^{-1} = M$ heißt *Modul von G_z.*

Bemerkung. Ist G_z n-fach zusammenhängend $(n > 2)$, so führt das Extremalproblem (1.2) [bzw. (1.3)] auf den mit $n - 2$ Radialschlitzen [bzw. Kreisschlitzen] versehenen Kreisring; siehe WITTICH ([467], S. 5). Bei beliebigem Zusammenhang von G_z kann ein mit (1.3) verwandtes Extremalproblem zur Existenz der Kreisringschlitzabbildung herangezogen werden; siehe REICH-WARSCHAWSKI ([340], S. 138).

§ 2. Die Methode der Integralgleichungen mit Neumannschem Kern

Es sei G ein n-fach zusammenhängendes Gebiet der z-Ebene, von n glatten Jordankurven C_j $(j = 1, 2, \ldots, n)$ berandet. Auf $C = \bigcup\limits_j C_j$ sei

---

* Um zu sehen, daß F das Extremalproblem löst, benötigt man im Falle von (1.3): Ist $f_n \to F$, und liegen alle Punkte von $C_w(f_n)$ in $|w| \geqq \varrho$, so kann kein Punkt von $C_w(F)$ in $|w| < \varrho$ liegen. — Für das Extremalproblem (1.2) ist zu verwenden, daß jeder Punkt von $C_w(F)$ Häufungspunkt von $C_w(f_n)$ ist.

die Bogenlänge markiert: $z = z(s)$ $(0 \leq s \leq L)$, wobei L die Gesamtlänge aller C_j ist. Für je zwei Punkte $z = z(s)$, $\zeta = \zeta(t)$ auf C setzen wir im Einklang mit § 1.1 von Kap. I

$$\vartheta(s) = \arg z'(s), \quad \varphi_s(t) = \arg(\zeta(t) - z(s)), \quad r_{st} = |\zeta(t) - z(s)| \quad (t \neq s),$$

und wir wollen in diesem Paragraphen die Integralgleichungen besprechen, die für die konforme Abbildung von G auf ein Normalgebiet der w-Ebene in Frage kommen, und die als Kern den Neumannschen Kern

$$K(s, t) = \frac{1}{\pi} \frac{\sin(\vartheta(t) - \varphi_s(t))}{r_{st}} = \frac{1}{\pi} \frac{\partial \varphi_s(t)}{\partial t} \quad (t \neq s) \quad (2.1)$$

enthalten. Mit

$$L(s, t) = \frac{1}{\pi} \frac{\cos(\vartheta(t) - \varphi_s(t))}{r_{st}} \quad (t \neq s) \quad (2.2)$$

hat man die Beziehung

$$\frac{1}{\pi} \frac{d\zeta}{\zeta - z} = [L(s, t) + i K(s, t)] dt \quad (\zeta \neq z) . \quad (2.3)$$

Bisher liegen nur wenige praktische Erfahrungen mit diesen Integralgleichungen vor (siehe 2.3, b)), so daß wir uns auf deren Herleitung beschränken werden, wobei wir rein funktionentheoretisch vorgehen. Wir erwähnen auch, daß man umgekehrt von den abzuleitenden Integralgleichungen ausgehen und vermöge der Existenzsätze der Fredholmschen Theorie die Existenz der Normalabbildungen beweisen kann; siehe KRYLOW [228].

2.1. Konforme Abbildung auf ein Horizontalschlitzgebiet

a) Unendliches Gebiet. Das abzubildende Gebiet G mit $\infty \in G$ sei durch die n glatten Jordankurven C_j $(j = 1, 2, \ldots, n)$ berandet, welche im mathematisch positiven Sinn orientiert seien. Die Funktion $w = f(z)$ bilde G konform auf ein Horizontalschlitzgebiet ab, so daß für $z = z(s) \in C_j$ und mit gewissen Konstanten v_j

$$f(z(s)) = u(s) + i v_j \quad (z \in C_j) \quad (2.4)$$

wird. Hierbei wird $f(z)$ eindeutig festgelegt, wenn wir um ∞ die Entwicklung $f(z) = z + \frac{a_1}{z} + \cdots$ vorschreiben.

Wir leiten eine Integralgleichung für die Ränderzuordnungsfunktion $u = u(s)$ ab. Dazu sei G durch Einführen von Schlitzen gemäß Fig. 16a zu einem unendlichen, einfach zusammenhängenden Gebiet mit Rand Γ gemacht. Nach der Randwertformel (1.5') von Kap. I, angewandt auf $F(z) = f(z) - z$, gilt für jedes $z \in C = \bigcup_j C_j$

$$F(z) = -\frac{1}{\pi i} \int_\Gamma \frac{F(\zeta)}{\zeta - z} d\zeta = -\frac{1}{\pi i} \int_C \frac{F(\zeta)}{\zeta - z} d\zeta$$

(hier und im folgenden Cauchysche Hauptwerte!), und in $f(z)$ ausgedrückt

$$f(z) = 2z - \frac{1}{\pi i} \int_C \frac{f(\zeta)}{\zeta - z}\, d\zeta \qquad (z \in C) \, . \quad (2.5)$$

Für $\zeta \in C_k$ ist $\Im f(\zeta) = v_k$ eine Konstante, so daß für $z \in C_j$

$$\frac{1}{\pi i} \int_{C_k} \frac{\Im f(\zeta)}{\zeta - z}\, d\zeta = \begin{cases} 0 & k \neq j \\ v_j & k = j \end{cases}$$

ist und also

$$f(z) = 2z - \frac{1}{\pi i} \int_C \frac{\Re f(\zeta)}{\zeta - z}\, d\zeta - i v_j \qquad (z \in C_j) \, . \quad (2.6)$$

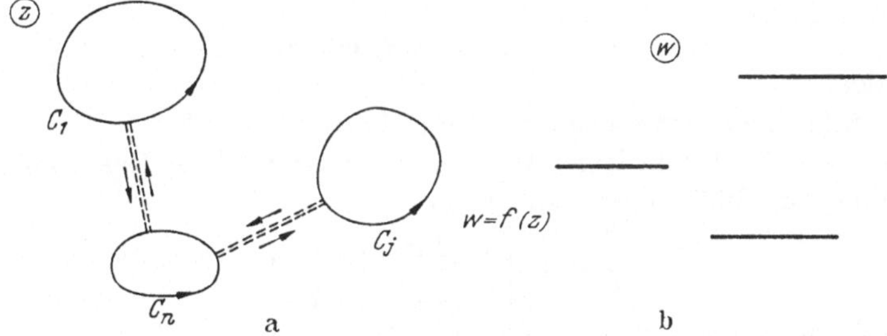

Fig. 16a u. b

Nehmen wir hiervon erstens den Realteil, so ergibt sich unter Berücksichtigung von (2.3) in

$$u(s) = -\int_C K(s, t)\, u(t)\, dt + 2\Re z(s) \qquad (2.7)$$

die gesuchte Integralgleichung für $u(s)$. Ausgeschrieben ist (2.7) ein System von n Integralgleichungen:

$$u_j(s) = -\sum_{k=1}^{n} \int_{C_k} K(s, t)\, u_k(t)\, dt + 2\Re z_j(s) \qquad (j = 1, 2, \ldots, n) \, ;$$

siehe Kantorowitsch-Krylow ([187], S. 470). Für $n = 1$ erhält man (2.20) von Kap. I.

Zweitens liefert der Imaginärteil von (2.6) die Unbekannten v_j:

$$\begin{aligned} v_j &= \Im z(s) + \frac{1}{2} \int_C L(s, t)\, u(t)\, dt \\ &= \Im z(s) + \frac{1}{2} \int_C L(s, t)\, [u(t) - u(s)]\, dt \, ; \end{aligned} \qquad (2.8)$$

man beachte, daß $f(z) \equiv 1$ in der Randwertformel auf $1 = \dfrac{-1}{\pi i} \int_C \dfrac{d\zeta}{\zeta - z} + 2$ führt, also ist

$$\int_C K(s, t)\, dt = 1 \, , \qquad \int_C L(s, t)\, dt = 0 \, . \qquad (2.9)$$

Ist $u(s)$ durch Lösung von (2.7) bestimmt, so errechnet sich die Lage des j-ten Schlitzes aus (2.8), wo ein beliebiger Punkt $z = z(s) \in C_j$ eingesetzt werden muß.

Zur Ermittlung von $f(z)$ für $z \in G$ steht schließlich die Formel

$$f(z) = z - \frac{1}{2\pi i} \int_C \frac{\Re f(\zeta)}{\zeta - z}\, d\zeta \qquad (z \in G) \quad (2.10)$$

zur Verfügung; Berechnung zweckmäßig durch Aufspalten in Real- und Imaginärteil.

Über die Integralgleichung (2.7) selbst ist zu sagen, daß sie *eindeutig lösbar* ist, falls C wenigstens stetig gekrümmt ist. Nach PLEMELJ ([325], S. 56–58) und SCHIFFER ([373], S. 218–220) gilt nämlich dann für die Eigenwerte λ in

$$\varphi(s) = \lambda \int_C K(s, t)\, \varphi(t)\, dt$$

folgendes:

(a) Alle Eigenwerte λ sind reell und betraglich ≥ 1.

(b) $\lambda = -1$ ist kein Eigenwert; $\lambda = +1$ ist n-facher Eigenwert, und die n linear unabhängigen Funktionen

$$\varphi(s) = \begin{cases} 1 & \text{für } z(s) \in C_j \\ 0 & \text{für } z(s) \notin C_j \end{cases} \qquad (j = 1, 2, \ldots, n)$$

sind Eigenfunktionen für $\lambda = 1$.

(c) Mit λ ($|\lambda| > 1$) ist auch $-\lambda$ Eigenwert.

Bei SPRINGER [394a] ist eine Abschätzung nach unten des kleinsten Eigenwerts $\lambda > 1$ angegeben, die auf die Ahlforssche Abschätzung (3.28) in Kap. I führt, falls G einfach zusammenhängt.

b) Endliches Gebiet. Jetzt sei G außen von C_1 und innen von $C_2, \ldots, C_n$ berandet; die Orientierung sei hier so getroffen, daß G links von jeder Kurve C_j liegt. (Dies geschah nicht in **a)**, um die Beziehung zum Fall einfachen Zusammenhangs besser herauszustellen.) Die Funktion $w = f(z)$ bilde G wieder auf ein Horizontalschlitzgebiet der w-Ebene ab, wobei $f(z_0) = \infty$ ($z_0 \in G$) und das Residuum in z_0 auf 1 normiert sei: $f(z) = \dfrac{1}{z - z_0} + a_0 + a_1(z - z_0) + \cdots$. Führt man in G geeignete Schlitze zwischen den C_j ein, so daß aus G ein einfach zusammenhängendes Gebiet mit Rand Γ entsteht, so liefert (1.5) von Kap. I, auf

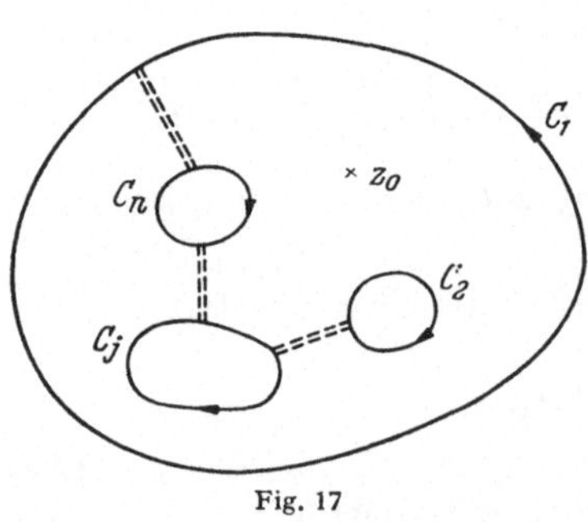

Fig. 17

$F(z) = f(z) - \dfrac{1}{z - z_0}$ angewandt,

$$F(z) = \frac{1}{\pi i} \int_\Gamma \frac{F(\zeta)}{\zeta - z}\, d\zeta = \frac{1}{\pi i} \int_C \frac{F(\zeta)}{\zeta - z}\, d\zeta \qquad \left(z \in C = \bigcup_j C_j\right)$$

(Cauchysche Hauptwerte!), und in $f(z)$ ausgedrückt

$$f(z) = \frac{2}{z - z_0} + \frac{1}{\pi i} \int_C \frac{f(\zeta)}{\zeta - z}\, d\zeta \qquad (z \in C). \qquad (2.11)$$

Für $\zeta \in C_k$ ist $\Im f(\zeta) = v_k$ eine Konstante, so daß für

$$z \in C_1: \qquad \frac{1}{\pi i} \int_{C_k} \frac{\Im f(\zeta)}{\zeta - z}\, d\zeta = \begin{cases} v_1 & (k = 1) \\ 0 & (k \neq 1) \end{cases}$$

und für

$$z \in C_{j>1}: \qquad \frac{1}{\pi i} \int_{C_k} \frac{\Im f(\zeta)}{\zeta - z}\, d\zeta = \begin{cases} 2v_1 & (k = 1) \\ -v_j & (k = j) \\ 0 & (k \neq 1, j) \end{cases}$$

wird, also

$$f(z) = \frac{2}{z - z_0} + \frac{1}{\pi i} \int_C \frac{\Re f(\zeta)}{\zeta - z}\, d\zeta + \begin{cases} i v_1 & (z \in C_1) \\ 2i v_1 - i v_j & (z \in C_{j>1}). \end{cases} \qquad (2.12)$$

Der Vergleich der Realteile ergibt die Integralgleichung für $\Re f(z(s)) = u(s)$

$$u(s) = \int_C K(s, t)\, u(t)\, dt + 2\Re\left(\frac{1}{z(s) - z_0}\right). \qquad (2.13)$$

Hier ist die Lösung nicht eindeutig bestimmt, da a_0 in der Entwicklung von $f(z)$ noch frei ist, also mit $u(s)$ auch $u(s) + \text{const.}$ eine Lösung von (2.13) ist. Vielmehr kann noch eine Zusatzbedingung, etwa $u(0) = 0$, hinzugefügt werden (KANTOROWITSCH-KRYLOW [187], S. 472). Wir beachten, daß $\lambda = +1$ jetzt einfacher Eigenwert für $K(s, t)$ ist, während $\lambda = -1$ ein $(n - 1)$-facher Eigenwert ist, wie die $n - 1$ linear unabhängigen Eigenfunktionen

$$\varphi(s) = \begin{cases} 1 & \text{für } z(s) \in C_j \\ 0 & \text{für } z(s) \notin C_j \end{cases} \qquad (j = 2, 3, \ldots, n)$$

zeigen.

Von den Konstanten v_j kann zunächst eine vorgeschrieben werden, etwa $v_1 = 0$. Die übrigen $v_{j>1}$ errechnen sich dann, nachdem $u(s)$ aus (2.13) ermittelt ist, gemäß der aus dem Vergleich der Imaginärteile von (2.12) folgenden Formel

$$v_j = \Im\left(\frac{1}{z(s) - z_0}\right) - \frac{1}{2} \int_C L(s, t)\, [u(t) - u(s)]\, dt \qquad (j > 1).$$

Die iterative Lösung von (2.13) haben SPRINGER behandelt (unveröffentlicht) und ebenfalls HSIEH [173], letzterer mit der in Kap. I, § 3.1,**b)** geschilderten Methode. HSIEH übersieht allerdings den $(n - 1)$-fachen Eigenwert $\lambda = -1$, so daß gewisse Modifikationen notwendig erscheinen.

2.2. Konforme Abbildung auf ein Radialschlitzgebiet

Das unendliche Gebiet G mit den wieder im mathematisch positiven Sinn orientierten, glatten Randkurven C_j $(j = 1, 2, \ldots, n)$ sei durch $w = f(z)$ auf ein Radialschlitzgebiet abgebildet; es ist also $\arg f(z) = \vartheta_j$ konstant für $z \in C_j$. Die Abbildung wird eindeutig, wenn

$$f(z_0) = 0 \quad \text{für ein } z_0 \in G, \quad f(\infty) = \infty, \quad f'(\infty) = 1$$

vorgeschrieben wird. Wir stellen eine Integralgleichung für die Ränderzuordnungsfunktion $|f(z(s))|$ oder für $\log |f(z(s))|$ auf. Dazu betrachten wir die im Außengebiet von $C = \bigcup\limits_j C_j$ reguläre und eindeutige Funktion $F(z)$ $= \log \dfrac{f(z)}{z - z_0}$ mit $F(\infty) = 0$. Wendet man auf sie in dem gemäß Fig. 16a geschlitzten Gebiet die Randwertformel (1.5') von Kap. I an, so kommt

$$F(z) = -\frac{1}{\pi i} \int\limits_C \frac{F(\zeta)}{\zeta - z}\, d\zeta \qquad\qquad (z \in C),$$

also für $f(z)$ die Beziehung

$$\log f(z) = -\frac{1}{\pi i} \int\limits_C \frac{\log f(\zeta)}{\zeta - z}\, d\zeta + 2 \log(z - z_0) \qquad (z \in C),$$

daher

$$\log f(z) = -\frac{1}{\pi i} \int\limits_C \frac{\log |f(\zeta)|}{\zeta - z}\, d\zeta + 2 \log(z - z_0) - i\vartheta_j \quad (z \in C_j). \quad (2.14)$$

Der Realteil liefert die Integralgleichung für $\log |f(z(s))|$

$$\log |f(z(s))| = -\int\limits_C K(s, t) \log |f(z(t))|\, dt + 2 \log |z(s) - z_0|; \quad (2.15)$$

sie ist eindeutig lösbar, da -1 kein Eigenwert von $K(s, t)$ ist. Der Imaginärteil von (2.14) gibt die Lage der Radialschlitze an

$$\vartheta_j = \frac{1}{2} \int\limits_C L(s, t)\, [\log |f(\zeta(t))| - \log |f(z(s))|]\, dt + \arg(z(s) - z_0), \quad (2.16)$$

mit einem $z(s) \in C_j$. Für $z \in G$ hat man schließlich die Formel

$$\log f(z) = -\frac{1}{2\pi i} \int\limits_C \frac{\log |f(\zeta)|}{\zeta - z}\, d\zeta + \log(z - z_0).$$

Der Fall des endlichen Gebiets ist bei KANTOROWITSCH-KRYLOW ([187], S. 472—475) nachzusehen.

2.3. Konforme Abbildung auf einen Kreisring

Wir behandeln nun den besonders wichtigen Fall, daß G ein außen von C_1 und innen von C_2 berandetes Ringgebiet ist; C_1 und C_2 seien glatt und so orientiert, daß G zur Linken liege. L_1, L_2 seien die Längen von C_1, C_2, und $L = L_1 + L_2$. Auf $C: z = z(s)$ $(0 \le s \le L)$ sei speziell $z_1 = z(0)$

und $z_2 = z(L_1+)$ markiert. Für die konforme Abbildung $w = f(z)$ von G auf $r < |w| < 1$ suchen wir die Ränderzuordnung $\theta = \theta(s)$, stetig in $0 \leq s \leq L$ außer eventuell an $s = L_1$, sowie den Modul $M = r^{-1}$.

a) Ableitung der Integralgleichung. Hierzu sei G von z_1 nach z_2 aufgeschlitzt, und für irgend ein $z \neq z_1, z_2$ auf C die Randwertformel (1.5) von Kap. I auf $F(z) = \log f(z)$ angewandt:

$$F(z) = \frac{1}{\pi i} \int_\Gamma \frac{F(\zeta)}{\zeta - z}\, d\zeta = \frac{1}{\pi i} \int_C \frac{F(\zeta)}{\zeta - z}\, d\zeta + 2\pi i \cdot \frac{1}{\pi i} \int_{z_1}^{z_2} \frac{d\zeta}{\zeta - z}$$

(Cauchysche Hauptwerte!, $\Gamma = $ Rand des geschlitzten Gebiets). Für $\zeta \in C_1$ ist $\Re F(\zeta) = 0$, für $\zeta \in C_2$ dagegen $\Re F(\zeta) = \log r$, also erhält man

$$F(z) = \frac{1}{\pi i} \int_C \frac{i\,\Im F(\zeta)}{\zeta - z}\, d\zeta - 2 \log \frac{z - z_1}{z - z_2} - \begin{cases} 0 & (z \in C_1) \\ \log r & (z \in C_2) \end{cases}. \tag{2.17}$$

Wir vergleichen die Imaginärteile:

$$\theta(s) = \int_C K(s, t)\, \theta(t)\, dt - 2\,\beta(s) \tag{2.18}$$

mit $\beta(s) = \arg(z(s) - z_1) - \arg(z(s) - z_2)$. Schrumpft C_2 auf den Nullpunkt zusammen, so erhalten wir die Integralgleichung (2.9) in Kap. I von GERSCHGORIN. Die gesuchte Funktion $\theta(s)$ ist wieder nur bis auf eine Konstante bestimmt: Wir legen etwa $\theta(0) = 0$, also $f(z_1) = 1$ fest. Die Formel (2.18) ist in einer Integralgleichung von KRYLOW enthalten ([228], S. 20), bei der als Normalgebiet der mit $n - 2$ Spiralschlitzen versehene Ring $r < |w| < 1$ angenommen ist.

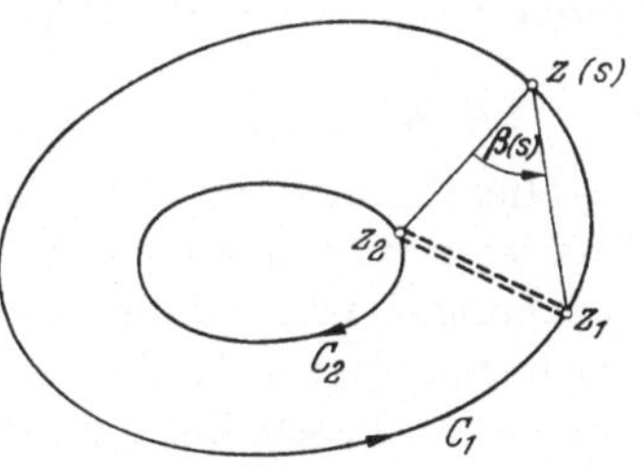

Fig. 18

Zur Ermittlung des Moduls $M = r^{-1}$ von G vergleichen wir in (2.17) die Realteile für ein $z = z(s) \in C_2$:

$$\log r = \frac{1}{2} \int_C L(s, t)\, [\theta(t) - \theta(s)]\, dt - \log \left| \frac{z - z_1}{z - z_2} \right|; \tag{2.19}$$

beachte wieder $\int_C L(s, t)\, dt = 0$. Ist also $\theta(t)$ bekannt, so läßt sich $M = r^{-1}$ berechnen.

b) Bericht über ein numerisches Experiment. Für die numerische Rechnung ist es zunächst wichtig, daß die Integrale in (2.18) und (2.19) in Stieltjes-Integrale übergeführt werden können. Verwendet man nämlich die Beziehungen (1.1) und (1.2) von Kap. I, so ergibt sich

$$\theta(s) = \frac{1}{\pi} \int_C \theta(t)\, d_t\, \varphi_s(t) - 2\,\beta(s) \tag{2.18'}$$

und ferner als Bestimmungsgleichung für den Modul

$$\log r = \frac{1}{2\pi} \int\limits_{C} \left[\theta\left(t\right) - \theta(s)\right] d_t \log r_{st} - \log \left|\frac{z-z_1}{z-z_2}\right|. \tag{2.19'}$$

Die Auswertung der Integrale geschieht am besten so wie in 4.1,**a)** von Kap. I beschrieben; dies erlaubt insbesondere, die zur Diskretisierung verwendeten Kurvenpunkte inäquidistant zu wählen.

In einer kürzlich abgeschlossenen Diplomarbeit wendet FROHN [110a] dieses Verfahren auf das in 4.4,**a)** ausführlich zu behandelnde Ringgebiet G_0 an, für das die Ränderzuordnung und der Modul exakt bekannt sind. Die gewonnenen Ergebnisse sind sehr befriedigend. Werden z. B. auf dem Innenrand und Außenrand des Gebiets je 36 (inäquidistante) Punkte gewählt, so ergeben sich die Ränderzuordnungen mit einem mittleren quadratischen Fehler von etwa $6 \cdot 10^{-4}$, und als Modul wird 2,125 55 geliefert statt 2,166 19. Die Symmetrie des Gebiets war im Experiment berücksichtigt. Interessant ist der Zeitaufwand für die einzelnen Teile des Programms: Von der gesamten Rechenzeit von 19 min entfallen $16^1/_2$ min auf die Aufstellung des (2.18') entsprechenden linearen Gleichungssystems und nur 2 min auf seine Lösung; der Modul wird gemäß (2.19') in 40 sec berechnet. Verdoppelt man die Anzahl der Teilpunkte auf C, so vervierfacht sich die Rechenzeit, und der mittlere quadratische Fehler der Ränderzuordnungen reduziert sich auf ein Viertel.

2.4. Konforme Abbildung auf einen Kreisring nach ROYDEN

Hier handelt es sich allgemein um die Lösung des Dirichletschen Problems für ein n-fach zusammenhängendes Gebiet G durch Integralgleichungen vom Neumannschen Typ, insbesondere um die Berechnung der harmonischen Maße von G. Die Lösung $u(z)$ wird durch ein Integral angesetzt, dessen Belegungsfunktion $\mu(\zeta)$ auf dem Rand C von G einer Integralgleichung genügt. Charakteristisch ist allerdings die Verwendung der Greenschen Funktion für eine Riemannsche Fläche W, die G enthält und für die $W - G$ zusammenhängt. Dieselbe ist nur in den wenigsten Fällen praktisch erfaßbar, weshalb wir uns auf den Fall $n = 2$ (Ringgebiet) beschränken. Da auch hier umfängliche Rechnungen erforderlich sind, schildern wir die Methode ohne Beweise; siehe ROYDEN [358].

Das Ringgebiet G mit dem glatten Rand $C = C_1 \cup C_2$ liege in $|z|<1$, und die Innenkomponente C_2 umschlinge den Kreis $|z| = q^2 \, (0 <q < 1)$. Die konforme Abbildung auf den Kreisring $r < |w| < 1$ wird in zwei Schritten vollzogen:

(1) Ermittlung des harmonischen Maßes von G, d. h. der in G harmonischen Funktion $u(z)$ mit den Randwerten $U(\zeta) = \begin{cases} 0 & (\zeta \in C_1) \\ 1 & (\zeta \in C_2) \end{cases}$ über eine Belegungsfunktion $\mu(\zeta)$ $(\zeta \in C)$.

(2) Integraldarstellung der konjugierten Funktion $v(z)$ vermittels $\mu(\zeta)$; für $z \in C$ erhält man bis auf den Faktor $\dfrac{2\pi}{\omega}$ ($\omega =$ Periode von v) die Ränderzuordnung zwischen C und dem Rand von $r < |w| < 1$.

Man bestimmt die Ränderzuordnung also nicht auf direktem Wege (Nachteil?).

Schritt (1). Für $t = q\dfrac{\zeta}{z}$ ($\zeta \in C$, $z \in \overline{G}$) bilden wir die schnell konvergenten Reihen

$$\vartheta_*(t) = 1 + \sum_{n=1}^{\infty} (-1)^n q^{n^2}(t^n + t^{-n})$$

sowie

$$t\vartheta'_*(t) = \sum_{n=1}^{\infty} (-1)^n n q^{n^2}(t^n - t^{-n}),$$

und $g(z, \zeta)$ ($\zeta \in C$, $z \in \overline{G}$) bezeichne die Funktion

$$g(z, \zeta) = \left(\frac{t\vartheta'_*(t)}{\vartheta_*(t)} + \frac{1}{2} \frac{\log|z|}{\log q} \right) \frac{\zeta'(s)}{\zeta(s)},$$

wo $\zeta(s)$ eine Darstellung von C durch einen hier beliebigen Parameter s bedeutet. Ferner sei $z_0 \in C_1$ beliebig gewählt. Die Integralgleichung für die gesuchte Belegungsfunktion $\mu(\zeta)$ lautet dann

$$\mu(z) = -2U(z) - \frac{1}{\pi} \int_C \mu(\zeta) \, \Im\{g(z, \zeta) - g(z_0, \zeta)\} \, ds_\zeta \quad (z \in C). \quad (2.20)$$

Wichtig ist, daß alle Eigenwerte der homogenen Integralgleichung betraglich > 1 sind, so daß (2.20) durch gewöhnliche Iteration gelöst werden kann. Ist $\mu(\zeta)$ ($\zeta \in C$) bekannt, so errechnet sich das harmonische Maß $u(z)$ zu

$$u(z) = -\frac{1}{2\pi} \int_C \mu(\zeta) \, \Im\{g(z, \zeta) - g(z_0, \zeta)\} \, ds_\zeta \qquad (z \in G).$$

Schritt (2). Zur Berechnung der zu $u(z)$ konjugierten Funktion $v(z)$ ist zunächst

$$h(z, \zeta) = \left(\frac{-it\vartheta'_*(t)}{\vartheta_*(t)} + \frac{1}{2} \frac{\arg z}{\log q} \right) \frac{\zeta'(s)}{\zeta(s)} \qquad (\zeta \in C, z \in \overline{G})$$

zu bilden. Dann drückt sich $v(z)$ durch $\mu(\zeta)$ so aus:

$$v(z) = \frac{1}{2\pi} \int_C [\mu(\zeta) - \mu(z)] \, \Im h(z, \zeta) \, ds_\zeta \qquad (z \in \overline{G}); \quad (2.21)$$

für $z = \zeta \in C$ berechnet sich der Integrand zu $\dfrac{\partial \mu}{\partial \zeta}$. Wächst $v(z)$ bei einem Umlauf in G um ω, so hat man in $\dfrac{2\pi}{\omega} v(\zeta)$ die Ränderzuordnung zwischen C und dem Rande des Bildgebiets $r < |w| < 1$ ermittelt.

§ 3. Erweiterung der Methode von Theodorsen-Garrick für Ringgebiete

Das Problem, einen konzentrischen Kreisring R konform auf ein vorgegebenes Ringgebiet G abzubilden, wurde erstmals von Garrick [127] im Jahre 1936 numerisch angegriffen, und zwar zum Studium der Umströmung von Doppeldeckern. Kennt man nämlich diese konforme Abbildung, so ist das aerodynamische Problem reduziert auf die Umströmung zweier Kreise, was bei Lagally [236], Lammel [238] und Garrick ([127], S. 22—24) behandelt wird.

In Analogie zur Methode von Theodorsen-Garrick von Kap. II wird bei Garrick das zunächst zweidimensionale Problem der konformen Abbildung in ein äquivalentes eindimensionales übergeführt, nämlich in ein System von zwei nichtlinearen, singulären Integralgleichungen für die Zuordnung der Ränder von R und G; dieses System wird dann iterativ gelöst. Die Methode dürfte auch in Zukunft von einiger Bedeutung sein, weshalb wir ausführlich auf sie eingehen. Wir schließen uns dabei, vor allem bei den Konvergenzbetrachtungen in 3.3, an die Arbeit von Schauer [367] an.

3.1. Vorbetrachtungen

a) Einige Hilfsfunktionen. Mit den in der Theorie der elliptischen Funktionen geläufigen Bezeichnungen (siehe z. B. Tricomi-Krafft [430], S. 171) setzen wir für reelles v

$$G(v) = G(v, q) = \frac{1}{2\pi} \frac{\vartheta_1'\left(\dfrac{v}{2\pi}\right)}{\vartheta_1\left(\dfrac{v}{2\pi}\right)} = \frac{1}{2}\operatorname{ctg}\frac{v}{2} + 2\sum_{k=1}^{\infty} \frac{q^{2k}}{1-q^{2k}}\sin kv$$

$$= \frac{1}{2}\operatorname{ctg}\frac{v}{2} + G_1(v)$$

und

$$H(v) = H(v, q) = \frac{1}{2\pi} \frac{\vartheta_4'\left(\dfrac{v}{2\pi}\right)}{\vartheta_4\left(\dfrac{v}{2\pi}\right)} = 2\sum_{k=1}^{\infty} \frac{q^{k}}{1-q^{2k}}\sin kv \, ;$$

dabei ist q eine auch im folgenden feste Zahl mit $0 < q < 1$, und ϑ_1, ϑ_4 sind Jacobische Thetafunktionen.

Weiter sei für festes $\zeta \neq 0$ die Funktion

$$\Phi(z, \zeta) = 2\sum_{k=1}^{\infty} q^{2k}\left(\frac{\zeta}{z-q^{2k}\zeta} - \frac{z}{\zeta-q^{2k}z}\right) \tag{3.1}$$

eingeführt. Sie ist für $z \neq 0$ und $z \neq q^{\pm 2k}\zeta$ erklärt und überall sonst regulär; die Stellen $z = q^{\pm 2k}\zeta$ sind einfache Pole mit den Residuen $2q^{\pm 2k}\zeta$ $(k = 1, 2, \ldots)$. Insbesondere ist $\Phi(z, \zeta)$ im Ring $q^2 < \left|\dfrac{z}{\zeta}\right| < q^{-2}$ regulär, und durch Entwicklung der Klammern nach Potenzen von $\frac{z}{\zeta}$ und Umordnung erhält man die Laurentreihe von $\Phi(z, \zeta)$:

$$\Phi(z, \zeta) = 2 \sum_{k=1}^{\infty} \frac{q^{2k}}{1 - q^{2k}} \left\{ \left(\frac{\zeta}{z}\right)^k - \left(\frac{z}{\zeta}\right)^k \right\} \qquad \left(q^2 < \left|\frac{z}{\zeta}\right| < q^{-2}\right). \qquad (3.2)$$

Für $\zeta = e^{i\varphi}$ ist $\Phi(z, \zeta)$ in $q^2 < |z| < q^{-2}$ regulär, und man erhält aus (3.2)

$$\text{für } \zeta = e^{i\varphi}, z = e^{i\vartheta}: \qquad \Phi(z, \zeta) = 2iG_1(\varphi - \vartheta), \qquad (3.3)$$

$$\text{für } \zeta = e^{i\varphi}, z = qe^{i\vartheta}: \qquad \Phi(z, \zeta) + \frac{z + \zeta}{z - \zeta} + 1 = 2iH(\varphi - \vartheta). \qquad (3.4)$$

b) Drei Operatoren in $L_2(-\pi, +\pi)$. Wie üblich sei L_2 der Raum aller reellen Funktionen f mit $\|f\|^2 = \frac{1}{2\pi} \int_{-\pi}^{+\pi} f^2(t)\, dt < \infty$. Im ganzen Paragraphen benötigen wir folgende Operatoren in L_2:

$$K[f] = \frac{1}{2\pi} \int_{-\pi}^{+\pi} \operatorname{ctg} \frac{\varphi - t}{2} f(t)\, dt, \quad R[f] = \frac{1}{\pi} \int_{-\pi}^{+\pi} G_1(\varphi - t)\, f(t)\, dt,$$

$$S[f] = \frac{-1}{\pi} \int_{-\pi}^{+\pi} H(\varphi - t)\, f(t)\, dt.$$

Bei dem Konjugiertenoperator K ist das Integral als Cauchyscher Hauptwert zu nehmen; auf seine S. 63—64 genannten Eigenschaften nehmen wir Bezug. Neben K liefern auch R und S wieder Funktionen in L_2. Über die Normen dieser Operatoren $\left(\text{wie üblich z. B. } \|K\| = \sup\left\{\frac{\|K[f]\|}{\|f\|} \mid f \in L_2\right\}\right)$ beweisen wir

Satz 3.1. (a) *Für die Operatoren K, R, S gilt*

$$\|K\| = 1, \quad \|R\| = \frac{2q^2}{1 - q^2}, \quad \|S\| = \frac{2q}{1 - q^2}, \quad \|K + R\| = \frac{1 + q^2}{1 - q^2}. \qquad (3.5)$$

(b) *Gehören die Operatoren R_1, R_2 und S_1, S_2 zu den q-Werten q_1, q_2, wobei $0 < q_2 \leqq q_1 < 1$ ist, so gilt*

$$\|R_1 - R_2\| = 2\frac{q_1^2 - q_2^2}{(1 - q_1^2)(1 - q_2^2)}, \quad \|S_1 - S_2\| = 2\frac{(1 + q_1 q_2)(q_1 - q_2)}{(1 - q_1^2)(1 - q_2^2)}. \qquad (3.6)$$

Beweis. Wir zeigen beispielsweise $\|K + R\| = \frac{1 + q^2}{1 - q^2}$. Ist $f \in L_2$,

$$f(t) \sim a_0 + \sum_{k=1}^{\infty} (a_k \cos kt + b_k \sin kt), \text{ so ist}$$

$$K[f] \sim \sum_{k=1}^{\infty} (a_k \sin kt - b_k \cos kt), \quad R[f] = 2 \sum_{k=1}^{\infty} \frac{q^{2k}}{1 - q^{2k}} (a_k \sin kt - b_k \cos kt),$$

13*

also

$$\|f\|^2 = a_0^2 + \frac{1}{2} \sum_{k=1}^{\infty} (a_k^2 + b_k^2) \, ,$$

$$\|(K + R)[f]\|^2 = \frac{1}{2} \sum_{k=1}^{\infty} \left(\frac{1 + q^{2k}}{1 - q^{2k}} \right)^2 (a_k^2 + b_k^2) \leq \left(\frac{1 + q^2}{1 - q^2} \right)^2 \|f\|^2$$

und damit

$$\frac{\|(K + R)[f]\|}{\|f\|} \leqq \frac{1 + q^2}{1 - q^2}$$

für jedes $f \in L_2$. Gleichheit besteht, falls $f(t) = a_1 \cos t + b_1 \sin t$ ist, woraus nun $\|K + R\| = \frac{1 + q^2}{1 - q^2}$ folgt. Die übrigen Beweise verlaufen analog; für (3.6) ist zu beachten, daß $\frac{q_1^{2k}}{1 - q_1^{2k}} - \frac{q_2^{2k}}{1 - q_2^{2k}}$ und $\frac{q_1^{k}}{1 - q_1^{2k}} - \frac{q_2^{k}}{1 - q_2^{2k}}$ $(k \geqq 1)$ für $k = 1$ maximal werden.

c) Das Dirichletsche Problem für den Kreisring. Auf dem Rand des Kreisrings $R: q < |z| < 1$ seien zwei reelle, 2π-periodische und stetige Funktionen $f_1(\varphi)$ und $f_2(\varphi)$ gegeben. Gesucht ist eine in R harmonische, in $\overline{R}: q \leqq |z| \leqq 1$ stetige Funktion mit den Randwerten $f_1(\varphi)$ (für $z = e^{i\varphi}$) und $f_2(\varphi)$ (für $z = q e^{i\varphi}$). Notwendig ist offensichtlich noch

$$\frac{1}{2\pi} \int_{-\pi}^{+\pi} f_1(\varphi) \, d\varphi = \frac{1}{2\pi} \int_{-\pi}^{+\pi} f_2(\varphi) \, d\varphi = A \, .$$

Das Problem ist erstmals bei Villat [441] behandelt; siehe auch z. B. Kantorowitsch-Krylow ([187], S. 518).

Wir machen den Ansatz

$$W(z) = \frac{1}{2\pi} \int_{-\pi}^{+\pi} \left\{ \Phi(e^{i\vartheta}, z) + \frac{e^{i\vartheta} + z}{e^{i\vartheta} - z} \right\} f_1(\vartheta) \, d\vartheta -$$

$$- \frac{1}{2\pi} \int_{-\pi}^{+\pi} \left\{ \Phi(q e^{i\vartheta}, z) + \frac{q e^{i\vartheta} + z}{q e^{i\vartheta} - z} \right\} f_2(\vartheta) \, d\vartheta - A \, . \tag{3.7}$$

Da $\Phi(z, \zeta)$ in $q^2 < \left| \frac{z}{\zeta} \right| < q^{-2}$ regulär ist, gilt dies für $W(z)$ in $q < |z| < 1$. Wir studieren das Verhalten von $W(z)$ für $z \to e^{i\varphi}$ (von innen) und $z \to q e^{i\varphi}$ (von außen). Da $\Phi(e^{i\vartheta}, z)$ und $\Phi(q e^{i\vartheta}, z)$ für $|z| = 1$ regulär sind, folgt sofort mit (3.3) und (3.4)

$$\lim_{z \to e^{i\varphi}} W(z) = \lim_{z \to e^{i\varphi}} \frac{1}{2\pi} \int_{-\pi}^{+\pi} \frac{e^{i\vartheta} + z}{e^{i\vartheta} - z} f_1(\vartheta) \, d\vartheta + i(R[f_1] + S[f_2])$$

$$= \lim_{z \to e^{i\varphi}} (u_1(z) + i\overline{u}_1(z)) + i(R[f_1] + S[f_2]) \, ,$$

wobei momentan $u_1(z)$ das bezüglich $|z| < 1$ genommene Poisson-Integral für $f_1(\varphi)$ und $\overline{u}_1(z)$ dessen durch $\overline{u}_1(0) = 0$ normierte Konjugierte ist

(Schwarzsche Formel!). Entsprechend sieht man, daß

$$\lim_{z \to qe^{i\varphi}} W(z) = -i\left(S[f_1] + R[f_2]\right) - \lim_{z \to qe^{i\varphi}} \frac{1}{2\pi} \int_{-\pi}^{+\pi} \frac{qe^{i\vartheta} + z}{qe^{i\vartheta} - z} f_2(\vartheta)\, d\vartheta$$

$$= -i\left(S[f_1] + R[f_2]\right) + \lim_{z \to qe^{i\varphi}} \left(u_2(z) + i\bar{u}_2(z)\right),$$

wobei $u_2(z)$ das bezüglich $|z| > q$ genommene Poisson-Integral für $f_2(\varphi)$ und $\bar{u}_2(z)$ dessen durch $\bar{u}_2(\infty) = 0$ normierte Konjugierte ist. Wegen $u_1(z) \to f_1(\varphi)$ $(z \to e^{i\varphi})$ und $u_2(z) \to f_2(\varphi)$ $(z \to qe^{i\varphi})$ können wir sagen: $\Re W(z)$ *löst das Dirichletsche Problem in R, und $W(z)$ spielt die Rolle der Schwarzschen Formel in R.*

Da nun $\bar{u}_1(z)$ das Poissonsche Integral von $K[f_1]$, und $\bar{u}_2(z)$ das Poissonsche Integral von $-K[f_2]$ (genommen für $|z| > q$) ist, so ist $W(z)$ genau dann stetig in $\bar{R}$, wenn $K[f_1]$ und $K[f_2]$ stetig sind. *Sind außer f_1, f_2 auch $K[f_1]$ und $K[f_2]$ stetig, so gilt*

$$\lim_{z \to e^{i\varphi}} W(z) = f_1 + i\left((K + R)[f_1] + S[f_2]\right),$$

$$\lim_{z \to qe^{i\varphi}} W(z) = f_2 - i\left((K + R)[f_2] + S[f_1]\right).$$

Der Zuordnung $f \to K[f]$ im Einheitskreis entspricht also im Falle des Kreisrings die Zuordnung

$$(f_1, f_2) \to \left((K + R)[f_1] + S[f_2], -(K + R)[f_2] - S[f_1]\right).$$

Für $\Re W(z)$ kann man noch eine *Reihendarstellung* angeben, wenn $f_j(\varphi) \sim a_0 + \sum_{k=1}^{\infty} \left(a_k^{(j)} \cos k\varphi + b_k^{(j)} \sin k\varphi\right)$ $(j = 1, 2)$ entwickelt sind. Setzt man in (3.7) die Laurententwicklung von Φ ein, integriert gliedweise und faßt geeignet zusammen, so erhält man *für die Lösung des durch f_1 und f_2 bestimmten Dirichletproblems die Reihe*

$$\begin{aligned}
\Re W(z) = a_0 &+ \sum_{k=1}^{\infty} \frac{1}{1 - q^{2k}} \left[\left(a_k^{(1)} \cos k\varphi + b_k^{(1)} \sin k\varphi\right) - \right.\\
&\left. - \left(a_k^{(2)} \cos k\varphi + b_k^{(2)} \sin k\varphi\right) q^k\right] r^k - \\
&- \sum_{k=1}^{\infty} \frac{1}{1 - q^{2k}} \left[\left(a_k^{(1)} \cos k\varphi + b_k^{(1)} \sin k\varphi\right) q^k - \right.\\
&\left. - \left(a_k^{(2)} \cos k\varphi + b_k^{(2)} \sin k\varphi\right)\right] \left(\frac{q}{r}\right)^k \quad (z = re^{i\varphi}, q < r < 1).
\end{aligned} \tag{3.8}$$

3.2. Das Integralgleichungspaar von GARRICK

a) Konjugierte Funktionen im Ring. Real- und Imaginärteil einer in R regulären, in $\bar{R}$ stetigen Funktion $F(z)$ hängen auf dem Rand von R wie folgt zusammen.

Satz 3.2. *Es sei $F(z)$ in R regulär, in $\overline{R}$ stetig, und auf dem Rand von R sei gesetzt*: $F(e^{i\varphi}) = f_1(\varphi) + ig_1(\varphi)$, $F(qe^{i\varphi}) = f_2(\varphi) + ig_2(\varphi)$; *ferner sei*

$$\frac{1}{2\pi} \int\limits_{-\pi}^{+\pi} F(e^{i\varphi})\, d\varphi = \frac{1}{2\pi} \int\limits_{-\pi}^{+\pi} F(qe^{i\varphi})\, d\varphi = A + iB.$$

Dann gilt

$$\text{(a)} \quad \begin{cases} f_1 = A - (K+R)[g_1] - S[g_2] \\ f_2 = A + (K+R)[g_2] + S[g_1]; \end{cases}$$

$$\text{(b)} \quad \begin{cases} g_1 = B + (K+R)[f_1] + S[f_2] \\ g_2 = B - (K+R)[f_2] - S[f_1]. \end{cases} \tag{3.9}$$

Beweis. Nach Satz 1.2 (Zusatz a) auf S. 5, angewandt auf den geschlitzten Ring, gilt für $\zeta = e^{i\varphi}$

$$F(\zeta) = \frac{1}{\pi i} \int\limits_{K_1 \cup K_2} \frac{F(z)}{z - \zeta}\, dz = \frac{1}{2\pi i} \int\limits_{K_1 \cup K_2} \frac{z + \zeta}{z - \zeta} F(z) \frac{dz}{z}$$

$$= \frac{1}{2\pi i} \int\limits_{K_1 \cup K_2} \left\{ \frac{z+\zeta}{z-\zeta} + \Phi(z, \zeta) \right\} F(z) \frac{dz}{z},$$

wenn K_1: $|z| = 1$ und K_2: $|z| = q$ ist. Für $z = e^{i\vartheta}$ ist $\dfrac{z+\zeta}{z-\zeta} = i \operatorname{ctg} \dfrac{\varphi - \vartheta}{2}$, also mit (3.3) und (3.4)

$$F(\zeta) = A + iB + \frac{i}{\pi} \int\limits_{-\pi}^{+\pi} [G(\varphi - \vartheta) F(e^{i\vartheta}) - H(\varphi - \vartheta) F(qe^{i\vartheta})]\, d\vartheta \quad (\zeta = e^{i\varphi})$$

oder

$$F(\zeta) = A + iB + i\{(K+R)[F(e^{i\vartheta})] + S[F(qe^{i\vartheta})]\} \quad (\zeta = e^{i\varphi}). \tag{3.10}$$

Betrachtet man $F(q/z)$, ebenfalls im Ring R, so liefert die Anwendung von (3.10) auf diese Funktion

$$F(\zeta) = A + iB - i\{(K+R)[F(qe^{i\vartheta})] + S[F(e^{i\vartheta})]\} \quad (\zeta = qe^{i\varphi}), \tag{3.11}$$

und der Vergleich der Real- und Imaginärteile ergibt den Formelsatz (3.9).

b) Ableitung der Integralgleichungen von Garrick. Wir formulieren zunächst unser Abbildungsproblem. Gegeben seien zwei bezüglich $w = 0$ sternige Jordankurven C_1: $\varrho = \varrho_1(\theta)$ und C_2: $\varrho = \varrho_2(\theta)$ $(0 < \varrho_2 < \varrho_1)$, die ein Ringgebiet G beranden, dessen Modul $M = q^{-1}$ $(q < 1)$ eindeutig bestimmt, jedoch zunächst unbekannt ist. Gesucht ist die konforme Abbildung $w = f(z)$ von R: $q < |z| < 1$ auf G; sie ist in $q \leq |z| \leq 1$ stetig und bis auf eine Drehung in der z-Ebene eindeutig bestimmt, wenn wir verlangen, daß $|z| = 1$ in C_1 übergehen soll. Für die Zuordnung der Ränder, $\theta_1 = \theta_1(\varphi)$ und $\theta_2 = \theta_2(\varphi)$, leiten wir ein System von zwei Integralgleichungen ab, indem wir die Hilfsfunktion

$$F(z) = \log \frac{f(z)}{z} = \log \left| \frac{f(z)}{z} \right| + i(\arg f(z) - \arg z)$$

betrachten, die in R regulär und eindeutig, in $\overline{R}$ stetig ist. Auf $|z| = 1$ ist $F(e^{i\varphi}) = \log \varrho_1(\theta_1(\varphi)) + i(\theta_1(\varphi) - \varphi)$, auf $|z| = q$ dagegen gilt $F(qe^{i\varphi})$ $= \log \varrho_2(\theta_2(\varphi)) - \log q + i(\theta_2(\varphi) - \varphi)$. Zur Normierung von $f(z)$ wollen wir nun (an dieser Stelle abweichend von Garrick [127], S. 14) verlangen, daß

$$\int\limits_{-\pi}^{+\pi} (\theta_1(\varphi) - \varphi) \, d\varphi = \int\limits_{-\pi}^{+\pi} (\theta_2(\varphi) - \varphi) \, d\varphi = 0 \tag{3.12}$$

ist. In den Formeln (3.9.b) ist dann $B = 0$, und daher gilt

$$\begin{aligned}
\theta_1(\varphi) &= \varphi + (K + R)[\log \varrho_1(\theta_1(\varphi))] + S[\log \varrho_2(\theta_2(\varphi))] \\
\theta_2(\varphi) &= \varphi - (K + R)[\log \varrho_2(\theta_2(\varphi))] - S[\log \varrho_1(\theta_1(\varphi))] .
\end{aligned} \tag{3.13}$$

Darin ist noch die Unbekannte q versteckt; sie wird wegen $\int\limits_{-\pi}^{+\pi} F(e^{i\varphi}) \, d\varphi$ $= \int\limits_{-\pi}^{+\pi} F(qe^{i\varphi}) \, d\varphi$ durch die Beziehung

$$\log M = -\log q = \frac{1}{2\pi} \int\limits_{-\pi}^{+\pi} [\log \varrho_1(\theta_1(\varphi)) - \log \varrho_2(\theta_2(\varphi))] \, d\varphi \tag{3.14}$$

bestimmt. Wir halten fest:

Die gesuchten Ränderzuordnungen $\theta_1(\varphi)$, $\theta_2(\varphi)$ und das unbekannte q genügen notwendig den Gleichungen (3.13) und (3.14).

Übrigens kann (3.14) auch so interpretiert werden (vgl. Pólya-Szegö [331], S. 50):

$$M = \frac{\text{geometrisches Mittel von } \varrho_1(\theta_1(\varphi))}{\text{geometrisches Mittel von } \varrho_2(\theta_2(\varphi))} .$$

c) Ermittlung von $f(z)$ für $z \in R$. Die Kenntnis der Ränderzuordnungen $\theta_1(\varphi)$, $\theta_2(\varphi)$ gestattet die Berechnung von $f(z)$ für $z \in R$. Zunächst ist der Modul M und damit q aus (3.14) zu ermitteln. Danach entwickeln wir $\log \left| \frac{f(z)}{z} \right|$ für $|z| = 1$ und $|z| = q$, also

$$\log \varrho_1(\theta_1(\varphi)) \sim a_0 + \sum_{k=1}^{\infty} (a_k^{(1)} \cos k\varphi + b_k^{(1)} \sin k\varphi) ,$$

$$\log \varrho_2(\theta_2(\varphi)) - \log q \sim a_0 + \sum_{k=1}^{\infty} (a_k^{(2)} \cos k\varphi + b_k^{(2)} \sin k\varphi) ,$$

und die Formel (3.8) liefert $\log \left| \frac{f(z)}{z} \right|$ für beliebiges $z \in R$. Zur Berechnung von $\arg \frac{f(z)}{z}$ gehen wir entsprechend von den Randfunktionen $\theta_1(\varphi) - \varphi$ und $\theta_2(\varphi) - \varphi$ aus. Ihre Fourierreihen können entweder direkt oder mit

Hilfe von (3.13) bestimmt werden. Leichte Rechnung ergibt die cos-Koeffizienten von $\theta_1(\varphi) - \varphi$ zu $-\dfrac{1+q^{2k}}{1-q^{2k}} b_k^{(1)} + \dfrac{2q^k}{1-q^{2k}} b_k^{(2)}$, die sin-Koeffizienten zu $\dfrac{1+q^{2k}}{1-q^{2k}} a_k^{(1)} - \dfrac{2q^k}{1-q^{2k}} a_k^{(2)}$ $(k \geq 1)$. Für $\theta_2(\varphi) - \varphi$ sind die oberen Indizes und die Vorzeichen zu vertauschen.

d) Existenz und Eindeutigkeit der Lösung der Gleichungen (3.13) und (3.14). Da sich jedes Ringgebiet konform auf einen konzentrischen Kreisring abbilden läßt, ist die *Existenz* einer Lösung $(\theta_1(\varphi), \theta_2(\varphi); q)$ für (3.13) und (3.14) gesichert. Für die Äquivalenz des Problems (3.13) und (3.14) zum Abbildungsproblem ist daher noch zu überlegen, wann (3.13) und (3.14) nur *eine* Lösung $(\theta_1(\varphi), \theta_2(\varphi); q)$ besitzen. Hierzu beweisen wir erstens

Satz 3.3. *Die Gleichungen* (3.13) *und* (3.14) *haben stets genau eine Lösung* $(\theta_1(\varphi), \theta_2(\varphi); q)$, *für die* $\theta_j(\varphi)$ *in* $\langle -\pi, +\pi \rangle$ *stetig sind und streng monoton wachsen.*

Den *Beweis* führt man analog zum Beweis von Satz 1.3 (β) in Kap. II. Für eine Lösung $(\theta_1(\varphi), \theta_2(\varphi); q)$ setzt man $f_1(\varphi) = \log \varrho_1(\theta_1(\varphi))$ und $f_2(\varphi) = \log \varrho_2(\theta_2(\varphi)) - \log q$ und bestimmt mit dem q der Lösung die Funktion $W(z)$ gemäß (3.7). Dann stellt $f(z) = z e^{W(z)}$ eine konforme Abbildung von $R: q < |z| < 1$ auf G her. Für zwei angenommene Lösungen $(\theta_1^{(\nu)}(\varphi), \theta_2^{(\nu)}(\varphi); q^{(\nu)})$ $(\nu = 1, 2)$ muß daher zunächst $q^{(1)} = q^{(2)}$ sein (Invarianz des Moduls), und ihre zugehörigen konformen Abbildungen unterscheiden sich durch eine Drehung der z-Ebene; also ist z. B. $\theta_1^{(2)}(\varphi) = \theta_1^{(1)}(\varphi - \alpha)$. Infolge (3.13) haben wir aber

$$0 = \int\limits_{-\pi}^{+\pi} (\theta_1^{(2)}(\varphi) - \varphi)\, d\varphi = \int\limits_{-\pi}^{+\pi} (\theta_1^{(1)}(\varphi) - \varphi)\, d\varphi - 2\pi\alpha = -2\pi\alpha\,,$$

also $\alpha = 0$.

Ein zweiter Eindeutigkeitssatz ergibt sich, wenn die Randkurven C_j gewisse Bedingungen erfüllen; die Monotonieforderung an die Lösung kann dann fallengelassen werden.

Voraussetzung V. *Die bezüglich* $w = 0$ *sternigen Jordankurven* $C_1: \varrho = \varrho_1(\theta)$ *und* $C_2: \varrho = \varrho_2(\theta)$ *sollen erfüllen:*

(i) $\varrho_1(\theta) \geq 1, \quad \varrho_2(\theta) \leq m < 1$;

(ii) $\dfrac{1}{1+\varepsilon} \leq \dfrac{\varrho_1(\theta)}{a} \leq 1+\varepsilon,\ \dfrac{1}{1+\varepsilon} \leq \dfrac{\varrho_2(\theta)}{b} \leq 1 + \varepsilon$ *mit positiven Konstanten* a, b, ε *(die Kurven liegen in schmalen Ringen)*;

(iii) $\varrho_j(\theta)$ *sei absolut stetig, und fast überall gelte* $\left| \dfrac{\varrho_j'(\theta)}{\varrho_j(\theta)} \right| \leq \varepsilon\delta$, *wobei*

$$\delta^{-1} = \frac{1+m}{1-m} + \frac{4m}{(1-m)^2} \text{ gesetzt ist (die Kurven erfüllen eine } \varepsilon\delta\text{-Bedingung)}.$$

Satz 3.4. *Erfüllen die Randkurven* C_j *die Voraussetzung* V *für ein* $\varepsilon < 1$, *so haben die Gleichungen* (3.13) *und* (3.14) *genau eine Lösung* $(\theta_1(\varphi), \theta_2(\varphi); q)$ *mit stetigen* $\theta_j(\varphi)$.

Beweis. Es seien $(\theta_1^{(\nu)}(\varphi),\ \theta_2^{(\nu)}(\varphi);\ q^{(\nu)})$ $(\nu = 1, 2)$ zwei Lösungen von (3.13) und (3.14). Aus (3.14) folgt dann zunächst $-\log q^{(\nu)} \geq -\log m$, also $q^{(\nu)} \leq m$, und ferner

$$|\log q^{(1)} - \log q^{(2)}| \leq \|\log \varrho_1(\theta_1^{(1)}(\varphi)) - \log \varrho_1(\theta_1^{(2)}(\varphi))\| +$$
$$+ \|\log \varrho_2(\theta_2^{(1)}(\varphi)) - \log \varrho_2(\theta_2^{(2)}(\varphi))\|,$$

da ja allgemein $\left|\dfrac{1}{2\pi} \displaystyle\int\limits_{-\pi}^{+\pi} f(t)\ dt\right| \leq \|f\|$ ist (Schwarzsche Ungleichung). Berücksichtigt man (iii) und $|q^{(1)} - q^{(2)}| \leq \max(q^{(1)}, q^{(2)})\ |\log q^{(1)} - \log q^{(2)}|$, so erhält man

$$|q^{(1)} - q^{(2)}| \leq m\alpha\varepsilon\delta \quad \text{mit} \quad \alpha = \|\theta_1^{(1)} - \theta_1^{(2)}\| + \|\theta_2^{(1)} - \theta_2^{(2)}\|. \quad (3.15)$$

Gehören nun die Operatoren R_ν, S_ν zu den Werten $q = q^{(\nu)}$ $(\nu = 1, 2)$, so genügen $\theta_1^{(\nu)}, \theta_2^{(\nu)}$ dem System (3.13) mit $R = R_\nu, S = S_\nu$, also ist

$$\theta_1^{(1)} - \theta_1^{(2)} = (K + R_1)[\log \varrho_1(\theta_1^{(1)}) - \log \varrho_1(\theta_1^{(2)})] +$$
$$+ S_1[\log \varrho_2(\theta_2^{(1)}) - \log \varrho_2(\theta_2^{(2)})] -$$
$$- (R_2 - R_1)[\log \varrho_1(\theta_1^{(2)})] - (S_2 - S_1)[\log \varrho_2(\theta_2^{(2)})]$$
$$= I + II.$$

Dabei ist

$$\|I\| \leq \{\|K + R_1\|\ \|\theta_1^{(1)} - \theta_1^{(2)}\| + \|S_1\|\ \|\theta_2^{(1)} - \theta_2^{(2)}\|\}\ \varepsilon\delta,$$

und ferner, wenn man $R[\text{Const}] = 0, S[\text{Const}] = 0$ beachtet, wegen (ii)

$$\|II\| \leq (\|R_2 - R_1\| + \|S_2 - S_1\|)\ \varepsilon.$$

Stellt man diese beiden Ungleichungen auch für die zweiten Komponenten $\theta_2^{(1)}$ und $\theta_2^{(2)}$ auf und addiert, so ergibt sich mit dem α von (3.15)

$$\alpha \leq (\|K + R_1\| + \|S_1\|)\ \alpha\varepsilon\delta + 2(\|R_2 - R_1\| + \|S_2 - S_1\|)\varepsilon. \quad (3.16)$$

Dabei ist nach (3.5)

$$\|K + R_1\| + \|S_1\| = \frac{1 + q^{(1)}}{1 - q^{(1)}} \leq \frac{1 + m}{1 - m},$$

und (3.6) ergibt, zusammen mit (3.15),

$$\|R_2 - R_1\| + \|S_2 - S_1\| = \frac{2}{(1 - q^{(1)})(1 - q^{(2)})}\ |q^{(1)} - q^{(2)}| \leq \frac{2m}{(1 - m)^2}\ \alpha\varepsilon\delta,$$

so daß statt (3.16) auch

$$\alpha \leq \left(\frac{1 + m}{1 - m} + \frac{4m\varepsilon}{(1 - m)^2}\right) \alpha\varepsilon\delta \leq \left(\frac{1 + m}{1 - m} + \frac{4m}{(1 - m)^2}\right) \delta \cdot \varepsilon\alpha = \varepsilon\alpha$$

geschrieben werden kann. Wegen $\varepsilon < 1$ muß notwendig $\alpha = 0$ sein; die beiden Lösungen sind identisch.

3.3. Iterative Lösung der Integralgleichungen von Garrick

a) Aufstellung der Iterationen; Konvergenzsatz. Wie früher sei

$\Re:$ Klasse aller mit 2π periodischen, in $\langle -\pi, +\pi \rangle$ absolut stetigen Funktionen f mit $f' \in L_2(-\pi, +\pi)$.

Mit f ist auch $K[f] \in \Re$ (S. 64 oben), und natürlich sind auch $R[f]$, $S[f] \in \Re$. Zur Approximation der gesuchten Lösung $(\theta_1(\varphi), \theta_2(\varphi); q)$ der Gleichungen (3.13) und (3.14) bilden wir nun Iterationen $(\theta_{1n}(\varphi),$ $\theta_{2n}(\varphi); q_n)$ auf folgende Weise:

Die Ausgangsfunktionen $\theta_{j0}(\varphi)$ seien so, daß $\theta_{j0}(\varphi) - \varphi \in \Re$ ist, sonst aber beliebig; häufig wird man $\theta_{j0}(\varphi) \equiv \varphi$ wählen. Daraus errechnet sich der Ausgangswert q_0 durch

$$-\log q_0 = \frac{1}{2\pi} \int\limits_{-\pi}^{+\pi} [\log \varrho_1(\theta_{10}(\varphi)) - \log \varrho_2(\theta_{20}(\varphi))] \, d\varphi \,,$$

so daß $(\theta_{10}(\varphi), \theta_{20}(\varphi); q_0)$ bekannt ist.

Der allgemeine Iterationsschritt stellt aus $(\theta_{1n}(\varphi), \theta_{2n}(\varphi); q_n)$ eine neue Näherung $(\theta_{1,n+1}(\varphi), \theta_{2,n+1}(\varphi); q_{n+1})$ nach folgender *Vorschrift* her:

1. Bilde die Operatoren $R = R_n$, $S = S_n$ mit $q = q_n$.

2. Berechne

$$\theta_{1,n+1}(\varphi) = \varphi + (K + R_n)[\log \varrho_1(\theta_{1n}(\varphi))] + S_n[\log \varrho_2(\theta_{2n}(\varphi))]$$

$$\theta_{2,n+1}(\varphi) = \varphi - (K + R_n)[\log \varrho_2(\theta_{2n}(\varphi))] - S_n[\log \varrho_1(\theta_{1n}(\varphi))].$$

3. Berechne

$$-\log q_{n+1} = \frac{1}{2\pi} \int\limits_{-\pi}^{+\pi} [\log \varrho_1(\theta_{1,n+1}(\varphi)) - \log \varrho_2(\theta_{2,n+1}(\varphi))] \, d\varphi \,.$$

Erfüllen die Randkurven C_j die Voraussetzung V, so ist dazu erstens zu bemerken, daß sämtliche $\theta_{jn}(\varphi) - \varphi \in \Re$ sind (Beweis durch Induktion), und zweitens gilt für die errechneten Werte q_n wegen $-\log q_n$ $\geq -\log m$ stets $q_n \leq m \, (< 1)$. Über die Iterationen $(\theta_{1n}(\varphi), \theta_{2n}(\varphi); q_n)$ gilt nun der folgende, im wesentlichen von Schauer [367] stammende Konvergenzsatz.

Satz 3.5. *Die Randkurven C_j mögen die Voraussetzung V für ein $\varepsilon < 1$ erfüllen, so daß nach Satz 3.4 genau eine Lösung $(\theta_1(\varphi), \theta_2(\varphi); q)$ für die Gleichungen (3.13) und (3.14) existiert, und die Ausgangsfunktionen $\theta_{10}(\varphi), \theta_{20}(\varphi)$ seien so gewählt, daß $\theta_{10}(\varphi) - \varphi$ und $\theta_{20}(\varphi) - \varphi$ in $\Re$ sind. Dann gilt für die Iterationen $(\theta_{1n}(\varphi), \theta_{2n}(\varphi); q_n)$*

$$|\theta_{jn}(\varphi) - \theta_j(\varphi)| \leqq \sqrt{2\pi A B} \, \varepsilon^{n/2} \quad (n = 1, 2, \ldots; j = 1,2) \quad (3.17)$$

und

$$|q_n - q| \leqq \frac{1}{4} A \varepsilon^{n+1} \qquad (n = 1, 2, \ldots). \qquad (3.18)$$

Dabei ist gesetzt

$$A = 2\,\frac{1+m}{1-m}\,\varepsilon + \|\theta_{10} - \varphi\| + \|\theta_{20} - \varphi\|\,,$$

$$B = 2\max\left(\frac{2\,\varepsilon}{1-\varepsilon^2}\,,\,\|\theta'_{10} - 1\| + \|\theta'_{20} - 1\|\right).$$

b) Beweis des Konvergenzsatzes. Analog zum Warschawskischen Konvergenzbeweis für das Theodorsenverfahren verläuft der Beweis in drei Schritten:

α) Beurteilung von $\|\theta_{1n} - \theta_1\| + \|\theta_{2n} - \theta_2\|$;

β) Beurteilung von $\|\theta'_{1n} - \theta'_1\| + \|\theta'_{2n} - \theta'_2\|$;

γ) Rückschluß auf $|\theta_{1n} - \theta_1|$ und $|\theta_{2n} - \theta_2|$ mit Hilfe der Ungleichung von WARSCHAWSKI (S. 68).

α) Es ist für $n = 0, 1, 2, \ldots$

$$\begin{aligned}
\theta_{1,n+1} &= \varphi + (K + R)[\log \varrho_1(\theta_{1n})] + S[\log \varrho_2(\theta_{2n})] + \\
&\quad + (R_n - R)[\log \varrho_1(\theta_{1n})] + (S_n - S)[\log \varrho_2(\theta_{2n})]
\end{aligned}$$

$$\theta_1 = \varphi + (K + R)[\log \varrho_1(\theta_1)] + S[\log \varrho_2(\theta_2)]\,,$$

also unter Berücksichtigung der Voraussetzung V, (ii) und (iii), sowie $R[\mathrm{Const}] = 0$, $S[\mathrm{Const}] = 0$,

$$\begin{aligned}
\|\theta_{1,n+1} - \theta_1\| &\leq \|K + R\|\,\|\theta_{1n} - \theta_1\|\,\varepsilon\delta + \|S\|\,\|\theta_{2n} - \theta_2\|\,\varepsilon\delta + \\
&\quad + (\|R_n - R\| + \|S_n - S\|)\,\varepsilon\,.
\end{aligned}$$

Addiert man die entsprechende Ungleichung für die zweite Komponente, so kommt

$$\|\theta_{1,n+1} - \theta_1\| + \|\theta_{2,n+1} - \theta_2\| \tag{3.19}$$

$$\leq (\|K + R\| + \|S\|)\,(\|\theta_{1n} - \theta_1\| + \|\theta_{2n} - \theta_2\|)\,\varepsilon\delta + 2\,(\|R_n - R\| + \|S_n - S\|)\,\varepsilon\,.$$

Darin ist nun nach (3.5) und (3.6)

$$\|K + R\| + \|S\| = \frac{1+q}{1-q} \leq \frac{1+m}{1-m}\,;$$

$$\|R_n - R\| + \|S_n - S\| = 2\,\frac{|q_n - q|}{(1-q_n)(1-q)} \leq \frac{2}{(1-m)^2}\,|q_n - q|\,,$$

und dabei, ganz entsprechend zu (3.15),

$$|q_n - q| \leq m\,\varepsilon\delta(\|\theta_{1n} - \theta_1\| + \|\theta_{2n} - \theta_2\|)\,. \tag{3.20}$$

Wird all dies in (3.19) eingesetzt, so ergibt sich die Rekursion

$$\begin{aligned}
\|\theta_{1,n+1} - \theta_1\| &+ \|\theta_{2,n+1} - \theta_2\| \\
&\leq \left(\frac{1+m}{1-m} + \frac{4\,m\varepsilon}{(1-m)^2}\right)\delta\varepsilon(\|\theta_{1n} - \theta_1\| + \|\theta_{2n} - \theta_2\|)\,,
\end{aligned}$$

also entsprechend der Wahl von δ in Voraussetzung V (iii)

$$\|\theta_{1,n+1} - \theta_1\| + \|\theta_{2,n+1} - \theta_2\| \leq \varepsilon(\|\theta_{1n} - \theta_1\| + \|\theta_{2n} - \theta_2\|)$$

und damit

$$\|\theta_{1n} - \theta_1\| + \|\theta_{2n} - \theta_2\| \leqq (\|\theta_{10} - \theta_1\| + \|\theta_{20} - \theta_2\|)\,\varepsilon^n$$

mit dem Faktor

$$\|\theta_{10} - \theta_1\| + \|\theta_{20} - \theta_2\| \leqq (\|\theta_{10} - \varphi\| + \|\theta_{20} - \varphi\|) + (\|\theta_1 - \varphi\| + \|\theta_2 - \varphi\|)\,,$$

worin der letzte Term [beachte (3.13)]

$$\leqq 2(\|K + R\| + \|S\|)\,\varepsilon = 2\,\frac{1+q}{1-q}\,\varepsilon \leqq 2\,\frac{1+m}{1-m}\,\varepsilon$$

ist. Insgesamt haben wir mit der Zahl A aus Satz 3.5

$$\|\theta_{1n} - \theta_1\| + \|\theta_{2n} - \theta_2\| \leqq A\,\varepsilon^n \qquad (n = 1, 2, \ldots)\,; \quad (3.21)$$

zusammen mit (3.20) ergibt sich schon (3.18), da $m\,\delta < \dfrac{1}{4}$ ist.

β) Zunächst bemerken wir: *Die Funktionen* $\theta_j(\varphi)$ *sind absolut stetig.*
Denn wegen der Voraussetzung V (iii) sind die Kurven C_j rektifizierbar.
Führt man nun das Ringgebiet G durch einen Querschnitt in ein *einfach*
zusammenhängendes Gebiet mit rektifizierbarem Rand über, so läßt sich
nach Zwischenschalten einer Hilfsabbildung der Satz von F. Riesz
([343], S. 95; Zygmund [479], S. 157 ff.) anwenden, und die Behauptung
folgt.

Weiter gilt: *Die Funktionen* $\theta_j'(\varphi)$ *sind aus* L_2. Dazu schreiben wir die
Gleichungen (3.13) für $\varphi + h$ und φ an und subtrahieren. Dies ergibt

$$\frac{\theta_1(\varphi + h) - \theta_1(\varphi)}{h} - 1 = (K + R)\left[\frac{\log \varrho_1(\theta_1(\varphi + h)) - \log \varrho_1(\theta_1(\varphi))}{h}\right] +$$

$$+ S\left[\frac{\log \varrho_2(\theta_2(\varphi + h)) - \log \varrho_2(\theta_2(\varphi))}{h}\right],$$

$$\left\|\frac{\theta_1(\varphi + h) - \theta_1(\varphi)}{h} - 1\right\| \leqq \|K + R\|\left\|\frac{\theta_1(\varphi + h) - \theta_1(\varphi)}{h}\right\|\varepsilon\delta +$$

$$+ \|S\|\left\|\frac{\theta_2(\varphi + h) - \theta_2(\varphi)}{h}\right\|\varepsilon\delta\,.$$

Nun addieren wir die entsprechende Ungleichung für die zweite Komponente, setzen

$$\alpha_j(h) = \left\|\frac{\theta_j(\varphi + h) - \theta_j(\varphi)}{h} - 1\right\| \qquad (j = 1, 2)\,,$$

und beachten $[\alpha_j(h)]^2 = \left\|\dfrac{\theta_j(\varphi + h) - \theta_j(\varphi)}{h}\right\|^2 - 1$. Dann erhalten wir

$$\alpha_1(h) + \alpha_2(h) \leqq (\|K + R\| + \|S\|)\,\delta \cdot \varepsilon\left(\sqrt{1 + \alpha_1^2(h)} + \sqrt{1 + \alpha_2^2(h)}\right),$$

wobei wieder $(\|K + R\| + \|S\|)\,\delta \leqq 1$ ist. Es ist nun stets

$$\sqrt{1 + x^2} + \sqrt{1 + y^2} \leqq 1 + \sqrt{1 + (x + y)^2} \qquad (x, y \geqq 0)\,, \quad (3.22)$$

also in unserem Fall

$$\alpha_1(h) + \alpha_2(h) \leqq \varepsilon\left(1 + \sqrt{1 + (\alpha_1(h) + \alpha_2(h))^2}\right).$$

Löst man nach $\alpha_1(h) + \alpha_2(h)$ auf, so findet man

$$\alpha_1(h) + \alpha_2(h) \leq \frac{2\varepsilon}{1-\varepsilon^2},$$

und dies ist jetzt gültig für jedes feste $h > 0$. Eine Anwendung des Fatouschen Lemmas ergibt schließlich $\theta_1'(\varphi) - 1 \in L_2$, $\theta_2'(\varphi) - 1 \in L_2$, und

$$\|\theta_1'(\varphi) - 1\| + \|\theta_2'(\varphi) - 1\| \leq \frac{2\varepsilon}{1-\varepsilon^2}. \tag{3.23}$$

Wir kommen nun zur Abschätzung von

$$\|\theta_{1n}' - \theta_1'\| + \|\theta_{2n}' - \theta_2'\| \leq (\|\theta_{1n}' - 1\| + \|\theta_{2n}' - 1\|) + (\|\theta_1' - 1\| + \|\theta_2' - 1\|)$$
$$= a + b;$$

für b haben wir schon (3.23). Da nun fast überall $\{(K + R)[f]\}' = (K + R)[f']$ gilt (Lemma von SEIDEL, S. 64 oben), haben wir für fast alle φ und $n = 0, 1, 2, \ldots$

$$\theta_{1,n+1}' - 1 = (K + R_n)\left[\frac{\varrho_1'}{\varrho_1}(\theta_{1n}) \cdot \theta_{1n}'\right] + S_n\left[\frac{\varrho_2'}{\varrho_2}(\theta_{2n}) \cdot \theta_{2n}'\right],$$

also

$$\|\theta_{1,n+1}' - 1\| \leq (\|K + R_n\| \, \|\theta_{1n}'\| + \|S_n\| \, \|\theta_{2n}'\|)\,\varepsilon\delta.$$

Addiert man die entsprechende Ungleichung für $\|\theta_{2,n+1}' - 1\|$ und setzt $\alpha_{jn} = \|\theta_{jn}' - 1\|$ $(j = 1, 2)$, so kommt mit (3.22) ähnlich wie oben

$$\alpha_{1,n+1} + \alpha_{2,n+1} \leq \varepsilon(\sqrt{1 + \alpha_{1n}^2} + \sqrt{1 + \alpha_{2n}^2}) \leq \varepsilon(1 + \sqrt{1 + (\alpha_{1n} + \alpha_{2n})^2}).$$

Aus $S_{n+1} \leq \varepsilon(1 + \sqrt{1 + S_n^2})$ $(\varepsilon < 1)$ folgt nun

$$S_n \leq \max\left(\frac{2\varepsilon}{1-\varepsilon^2}, S_0\right) \qquad (n = 0, 1, 2, \ldots).$$

Um dies zu sehen, halten wir $n \geq 1$ fest und bestimmen $S_m = \max_{0 \leq k \leq n} S_k$. Ist $m = 0$ oder $S_m < \varepsilon$, so sind wir fertig. Andernfalls ist

$$S_m \leq \varepsilon(1 + \sqrt{1 + S_{m-1}^2}) \leq \varepsilon(1 + \sqrt{1 + S_m^2}),$$

also

$$S_m - \varepsilon \leq \varepsilon\sqrt{1 + S_m^2},$$

wobei die linke Seite ≥ 0 ist. Daraus folgt $S_m \leq \frac{2\varepsilon}{1-\varepsilon^2}$ und wegen $S_n \leq S_m$ die Behauptung.

In unserem Fall bedeutet dies, daß

$$a = \|\theta_{1n}' - 1\| + \|\theta_{2n}' - 1\| \leq \max\left(\frac{2\varepsilon}{1-\varepsilon^2}, \|\theta_{10}' - 1\| + \|\theta_{20}' - 1\|\right),$$

und damit gilt insgesamt mit der Konstanten B von Satz 3.5

$$\|\theta_{1n}' - \theta_1'\| + \|\theta_{2n}' - \theta_2'\| \leq B \qquad (n = 1, 2, \ldots).$$

γ) Danach ist nun die Warschawskische Ungleichung anwendbar. Wir haben

$$\|\theta_{jn} - \theta_j\| \leq A\,\varepsilon^n \quad \text{und} \quad \|\theta'_{jn} - \theta'_j\| \leq B \quad (n = 1, 2, \ldots;\, j = 1, 2)$$

und ferner

$$\int\limits_{-\pi}^{+\pi}(\theta_{jn}(\varphi) - \theta_j(\varphi))\,d\varphi = \int\limits_{-\pi}^{+\pi}(\theta_{jn}(\varphi) - \varphi)\,d\varphi - \int\limits_{-\pi}^{+\pi}(\theta_j(\varphi) - \varphi)\,d\varphi = 0\,.$$

Die Anwendung von (1.15) in Kap. II ergibt (3.17); Satz 3.5 ist vollständig bewiesen.

Wir bemerken noch, daß Schauer [367] auch die Frage untersucht hat, unter welchen zusätzlichen Annahmen über die Randkurven C_j auch die Ableitungen $\theta_{jn}^{(k)}(\varphi)$ gegen $\theta_j^{(k)}(\varphi)$ konvergieren. Außerdem hat er das System der Integralgleichungen (3.13) dadurch verallgemeinert, daß er die Funktion φ durch eine allgemeinere $\gamma(\varphi)$ ersetzt hat, ähnlich wie dies Ostrowski ([313], S. 151) für die Theodorsensche Integralgleichung gemacht hat.

3.4. Bericht über numerische Experimente

Das in 3.3,a) geschilderte Vorgehen wurde von Schauer [367] in einer Serie von Versuchen ausprobiert. Dabei war die Außenkurve C_1 stets $|w| = 1$, was natürlich die Rechnung vereinfacht, und die Innenkurve C_2 war bezüglich reeller und imaginärer Achse symmetrisch angenommen; diese Symmetrie wurde im Programm berücksichtigt. C_2 hatte folgende Gestalt:

$$\text{(i)} \quad \varrho_2(\theta) = \sqrt{\frac{1}{L^2} + \sin^2\theta} - \sqrt{\frac{1}{L^2} + \sin^2\theta - 1}\,,\, L^2 = \sin 46°;$$

vgl. dazu 4.4,a);

(ii) achsenparalleles Quadrat der Seitenlänge 1;

(iii) Ellipsen mit den Halbachsen 0,8 und 0,4; 0,6 und 0,2; 0,8 und 0,2.

Die Ränderzuordnungen wurden für $\varphi = 0°$ (10°) 90° oder für $\varphi = 0°$ (5°) 90° ausgerechnet. Die Tab. 19 und 20 enthalten die Ergebnisse zu (i) und (ii) im Auszug. Im Fall (ii) sind exakte Werte nicht bekannt. Ein Vergleich mit dem Experiment in 4.4 zeigt, daß die hier betrachtete Methode der Integralgleichungen [jedenfalls in dem Fall (i)] schneller bessere Ergebnisse liefert. Beim Versuch (ii), Schrittweite 5°, fiel die langsame Konvergenz der Iterationen auf; nach 45 Iterationen waren erst 2—3 Dezimalen stabil. Die Ergebnisse zu (iii) waren gemischt: Die Iterationen konvergierten zwar meist recht schnell, doch war die innere (nicht die äußere) Ränderzuordnung oft nicht monoton. In einem Fall verbesserte sich das bei feinerer Diskretisierung.

Eine Iteration auf der IBM 1620 (Zweiadreßmaschine, Multiplikationszeit 15 msec) dauerte etwa 105 sec bei Schrittweite 5°, bzw. etwa 90 sec bei Schrittweite 10°. Das Programm umfaßte etwa 530 Befehle zuzüglich etwa 200 Befehlen in Bibliotheksprogrammen.

Tabelle 19. $\left\{\begin{matrix}Äußere\\Innere\end{matrix}\right\}$ *Ränderzuordnung* $\left\{\begin{matrix}\theta_1(\varphi)\\\theta_2(\varphi)\end{matrix}\right\}$ *im Beispiel (i)*

φ	Nach 5 Iterationen	Nach 10 Iterationen	Nach 14 Iterationen	Exakter Wert
10°	0,144 793	0,144 804	0,144 804	0,144 804
	0,110 724	0,110 756	0,110 755	0,110 76
20°	0,292 766	0,292 777	0,292 777	0,292 777
	0,225 693	0,225 966	0,225 965	0,225 96
30°	0,446 885	0,446 881	0,446 881	0,446 881
	0,349 695	0,350 388	0,350 387	0,350 39
40°	0,609 654	0,609 620	0,609 621	0,609 620
	0,488 985	0,489 372	0,489 380	0,489 38
50°	0,782 811	0,782 745	0,782 745	0,782 745
	0,649 521	0,648 977	0,648 984	0,648 98
60°	0,966 995	0,966 911	0,966 911	0,966 911
	0,836 217	0,835 468	0,835 466	0,835 47
70°	1,161 452	1,161 377	1,161 377	1,161 378
	1,053 753	1,053 487	1,053 485	1,053 48
80°	1,363 922	1,363 878	1,363 878	1,363 878
	1,302 211	1,302 191	1,302 190	1,302 19
Modul	2,166 206	2,166 186	2,166 187	2,166 187

Tabelle 20. $\left\{\begin{matrix}Äußere\\Innere\end{matrix}\right\}$ *Ränderzuordnung* $\left\{\begin{matrix}\theta_1(\varphi)\\\theta_2(\varphi)\end{matrix}\right\}$ *im Beispiel (ii)*

φ	Nach 5 Iterationen	Nach 10 Iterationen	Nach 15 Iterationen	Nach 18 Iterationen
10°	0,196 639	0,196 940	0,196 942	0,196 942
	0,275 709	0,276 560	0,276 629	0,276 631
20°	0,382 781	0,383 196	0,383 196	0,383 195
	0,499 386	0,502 674	0,502 712	0,502 706
30°	0,553 077	0,553 379	0,553 375	0,553 374
	0,651 439	0,651 044	0,650 898	0,650 892
40°	0,709 725	0,709 822	0,709 820	0,709 820
	0,742 016	0,739 073	0,739 019	0,739 023
50°	0,861 073	0,860 975	0,860 977	0,860 977
	0,828 780	0,831 723	0,831 777	0,831 773
60°	1,017 720	1,017 419	1,017 422	1,017 423
	0,919 359	0,919 754	0,919 899	0,919 905
70°	1,188 015	1,187 600	1,187 600	1,187 601
	1,071 411	1,068 124	1,068 085	1,068 091
80°	1,374 157	1,373 856	1,373 854	1,373 854
	1,295 087	1,294 236	1,294 167	1.294 165
Modul	1,715 560	1,715 166	1,715 195	1,715 198

§ 4. Funktionentheoretische Iterationsverfahren

Das Problem, ein n-fach zusammenhängendes Gebiet G der z-Ebene auf ein nur von Kreisen berandetes Vollkreisgebiet V konform abzubilden, war in den Jahren 1900—1920 für die Uniformisierungstheorie von großem Interesse. Zu seiner Lösung schlug KOEBE zwei Methoden vor. Bei der Methode der Überlagerungsfläche werden unendlich viele Exemplare von G in geeigneter Weise zu einer schlichtartigen Riemannschen Fläche verheftet; bildet man diese auf den Einheitskreis ab, so entspricht jedem ihrer Blätter ein Vollkreisgebiet. Neben dieser für praktische Zwecke kaum geeigneten Methode gab KOEBE jedoch zwei Iterationsverfahren an, bei denen jeder Schritt in einer konformen Abbildung eines *einfach* zusammenhängenden Gebiets besteht; dies ist ein Problem, das sich mit einfacheren Mitteln lösen läßt. Im Gegensatz zu den Verfahren, die auf der Lösung von Integralgleichungen beruhen, nennen wir dieses Vorgehen die Methode der funktionentheoretischen Iterationsverfahren. Ihre Behandlung ist deswegen besonders reizvoll, weil sich dabei höchst interessante Querverbindungen zwischen der theoretischen und der konstruktiven Seite der konformen Abbildung ergeben; manche Fragen sind noch offen.

Grundgedanke der Koebeschen Iterationsmethoden ist die Bemerkung, daß das zu ermittelnde Bildgebiet V beliebig oft gespiegelt werden kann; umgekehrt ist jedes Gebiet, das diese Eigenschaft besitzt (im Sinne von 4.1,c)), ein Vollkreisgebiet. Daher werden solche Funktionen $f_m(z)$, für die das Bildgebiet $f_m(G)$ oft gespiegelt werden kann, eine gute Approximation für die exakte Abbildung von G auf V darstellen. Zu den $f_m(z)$ kommt KOEBE durch das „iterierende Verfahren" und das „Iterationsverfahren".

Diese beiden Methoden werden in 4.5 dargestellt, während wir in 4.2 bis 4.4 den Spezialfall der Kreisringabbildung ausführlich behandeln wollen. Die dort geschilderten Verfahren von KOMATU, HÜBNER und LANDAU stehen zwar mit den Koebeschen in keinem formelmäßigen Zusammenhang, doch sind die Koebeschen Ideen nur unwesentlich zu modifizieren. Beiläufig ergibt sich die „Faktorisierung" der gesuchten Normalabbildungen. In 4.6 gehen wir auf Iterationsmethoden für Lemniskaten- und Schlitzabbildungen ein (LANDAU, GRÖTZSCH und GOLUSIN).

4.1. Vorbereitende Sätze und Definitionen

a) Verzerrungssatz für Kreisringabbildungen. Für festes r in $0 < r < 1$ sei R der Kreisring $r < |z| < 1$, und $\mathfrak{F}$ sei die Familie aller in R schlichten Funktionen $f(z)$, für die $|f(z)| < 1$ ($z \in R$) und $|f(z)| = 1$ ($|z| = 1$) gilt. Wir betrachten die Unterklassen von $\mathfrak{F}$:

$$\mathfrak{F}_0 = \{f \in \mathfrak{F} \mid f(z) \neq 0 \text{ in } R\} \quad [f(|z| = \varrho) \text{ umschließt } O \text{ für } r < \varrho < 1],$$
$$\mathfrak{F}_1 = \{f \in \mathfrak{F}_0 \mid f(1) = 1\}.$$

Entscheidend für die gesamte Konvergenztheorie der Kreisringabbildungen ist folgender Satz, der ausdrückt, daß für kleine r jede Funktion $f \in \mathfrak{F}_1$ nahe an der Identität liegt.

Satz 4.1. *Für jedes $f \in \mathfrak{F}_1$ gilt*

$$|f(z) - z| < 8r \qquad\qquad (z \in R) . \qquad (4.1)$$

Dabei kann 8 durch keine kleinere Zahl ersetzt werden.

Der Satz wurde in zwei Arbeiten von DUREN-SCHIFFER [82] und GAIER-HUCKEMANN [122] bewiesen, später unabhängig von GEHRING-af HÄLLSTRÖM [132] ; diese Autoren zeigen auch, daß 8 durch 3 ersetzt werden kann, falls das Bildgebiet $f(R)$ bezüglich $w = 0$ symmetrisch ist. Siehe ferner HUCKEMANN [174]; (4.1) mit 12,6 statt 8 bereits bei GAIER ([116], S. 158).

Vom Beweis skizzieren wir die Hauptschritte. Zunächst ist leicht zu sehen, daß stets

$$\limsup_{|z| \to r+} |f(z) - z| \leq \limsup_{|z| \to r+} |f(z)| + r < 5r \qquad (4.2)$$

ist. Der Abstand von Punkten der inneren Randkomponente $f(|z| = r)$ von $w = 0$ ist nämlich dann maximal in $\mathfrak{F}_0$, wenn dieselbe ein Schlitz $0 \leq w \leq m$ ist. Dabei ist die Schlitzlänge m durch r eindeutig bestimmt:

$$m = \frac{2L}{1 + L^2} \text{ und } L = 2r \prod_{n=1}^{\infty} \left(\frac{1 + r^{8n}}{1 + r^{8n-4}} \right)^2 ; \quad \text{beachte } m < 2L < 4r . \qquad (4.3)$$

Hieraus folgt (4.2), so daß es nach dem Maximumprinzip genügt, (4.1) für $|z| = 1$ nachzuweisen; nebenbei ist auch die Zahl 5 in (4.2) bestmöglich.

Hauptschritt zum Nachweis von (4.1) für $|z| = 1$ ist die Tatsache, daß (vgl. Fig. 19) die Länge des Kreisbogens $f(B_\alpha)$ für irgendein $f \in \mathfrak{F}_0$ dann

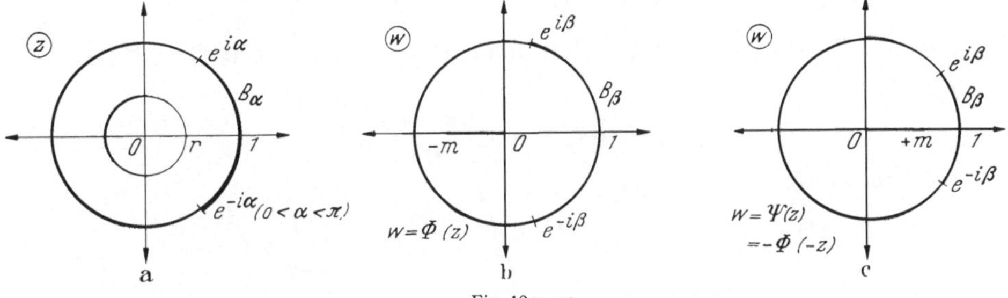

Fig. 19 a—c

maximal wird, wenn $f = \Phi$ ist, dagegen minimal für $f = \Psi$. Abgesehen von reinen Drehungen um O ist dies auch nur dann der Fall. Beweis bei DUREN-SCHIFFER mit Variationsmethoden, einfacher bei HUCKEMANN mit der Theorie der extremalen Länge.

Es ist demnach klar, daß (bei festem γ in $0 < \gamma < 2\pi$) das Bild des Bogens $1 \ldots e^{i\gamma}$ unter einer Abbildung $f \in \mathfrak{F}_1$ genau dann maximal wird, wenn $f(z) = \Phi(e^{i\gamma/2}) \cdot \Phi(e^{-i\gamma/2} z)$ ist; es ist dann $\arg f(e^{i\gamma}) - \arg e^{i\gamma} = 2 [\arg \Phi(e^{i\gamma/2}) - \arg e^{i\gamma/2}]$. Daher ist die maximale Winkelverzerrung $(f \in \mathfrak{F}_1)$ auf $|z| = 1$ gegeben durch

$$\vartheta = 2 \max_{0 \leq \alpha \leq \pi} [\arg \Phi(e^{i\alpha}) - \arg e^{i\alpha}] = 2 \max_{0 \leq \beta \leq \pi} [\arg e^{i\beta} - \arg \Phi^{-1}(e^{i\beta})] . \quad (4.4)$$

Ist ϑ ermittelt, so ist $\max\limits_{|z|=1} |f(z) - z| = 2 \sin \dfrac{\vartheta}{2}$ für das extremale $f \in \mathfrak{F}_1$, sofern $\vartheta \leq \pi$ ist. Im Fall $\vartheta > \pi$ gibt es ein z auf $|z| = 1$ mit der maximal möglichen Verzerrung $|f(z) - z| = 2$, also ist die gesuchte Größe

$$\mu = \max_{f \in \mathfrak{F}_1} \max_{|z|=1} |f(z) - z| = 2 \sin \left[\tfrac{1}{2} \min(\vartheta, \pi)\right] . \quad (4.5)$$

Um $\Phi^{-1}(e^{i\beta})$ in (4.4) auszurechnen, betrachten wir die Hilfsfunktion (m aus Fig. 19b)

$$H(w) = \int\limits_0^w \frac{dt}{\sqrt{t(t+m)(tm+1)}} \qquad \text{in } \mathfrak{I}(w) > 0 ,$$

welche $\mathfrak{I}(w) > 0$ auf das Rechteck mit den Ecken in $0, H(\infty), H\left(-\dfrac{1}{m}\right),$ $H(-m)$ abbildet, wobei der Teil $|w| < 1$ von $\mathfrak{I}(w) > 0$ auf die linke Hälfte dieses Rechtecks abgebildet wird (Spiegelungsprinzip). Wählt man $c > 0$ so, daß $cH(-m) = i\pi$ wird, so leistet $\exp\{c[H(w) - H(1)]\}$ die Abbildung von $\{\mathfrak{I}(w) > 0\} \cap \{|w| < 1\}$ auf die obere Hälfte eines Kreisrings (Radien $\varrho < 1$ und 1), wobei die Strecke $(0,1)$ in $(\varrho, 1)$ und $(-1, -m)$ in $(-1, -\varrho)$ übergehen. Mit Hilfe des Spiegelungsprinzips erkennt man, daß $\varrho = r$ (konforme Invarianz des Moduls!) und

$$\Phi^{-1}(w) = \exp\{c[H(w) - H(1)]\}$$

ist. Somit ist

$$\arg \Phi^{-1}(e^{i\beta}) = c\mathfrak{I}[H(e^{i\beta}) - H(1)] = \frac{c}{i}[H(e^{i\beta}) - H(1)] ,$$

und zur Bestimmung von c hat man $(\beta = \pi)$ $\pi = \dfrac{c}{i}[H(e^{i\pi}) - H(1)]$. Also ist

$$\arg \Phi^{-1}(e^{i\beta}) = \pi \frac{H(e^{i\beta}) - H(1)}{H(-1) - H(1)} .$$

Nun gilt aber

$$H(e^{i\beta}) - H(1) = \int\limits_1^{e^{i\beta}} \ldots dt = i \int\limits_0^\beta \frac{d\tau}{|m + e^{i\tau}|} = i \int\limits_{\pi-\beta}^\pi \frac{d\tau}{|e^{i\tau} - m|} ,$$

so daß sich die Zahl ϑ in (4.4) zu

$$\vartheta = 2 \max_{0 \leq \varphi \leq \pi} D(\varphi) \quad \text{mit} \quad D(\varphi) = \pi \frac{\displaystyle\int_0^\varphi \frac{d\tau}{|m - e^{i\tau}|}}{\displaystyle\int_0^\pi \frac{d\tau}{|m - e^{i\tau}|}} - \varphi \quad (4.6)$$

ergibt (Substitution $\pi - \beta = \varphi$).

Die Maximalstelle φ_0 für $D(\varphi)$ liegt nun dort, wo $D'(\varphi_0) = 0$ ist, wo also

$$\frac{1}{|m - e^{i\varphi_0}|} = \frac{1}{\pi} \int\limits_0^\pi \frac{d\tau}{|m - e^{i\tau}|}$$

gilt. Wichtig ist, die Lage von φ_0 möglichst genau zu kennen. Man findet unschwer $\frac{3}{4} < \frac{\cos\varphi_0}{m} < 1$, mit bestmöglichen Schranken $\frac{3}{4}$ und 1. Ist weiter $\varphi_1 = \arccos m$ gesetzt, so ist $\int\limits_0^{\varphi_1} \frac{d\tau}{|m - e^{i\tau}|} = \frac{1}{2} \int\limits_0^\pi \frac{d\tau}{|m - e^{i\tau}|}$ und also

$$D(\varphi_0) = D(\varphi_1) + [D(\varphi_0) - D(\varphi_1)]$$

$$= \left(\frac{\pi}{2} - \varphi_1\right) + \int\limits_{\varphi_1}^{\varphi_0} \frac{|m - e^{i\varphi_0}| - |m - e^{i\tau}|}{|m - e^{i\tau}|} \, d\tau \qquad (4.7)$$

$$\leq \arcsin m + \frac{1 - \sqrt{1 - m^2}}{\sqrt{1 - m^2}} (\varphi_0 - \varphi_1)$$

mit

$$\varphi_0 - \varphi_1 = \left(\frac{\pi}{2} - \varphi_1\right) - \left(\frac{\pi}{2} - \varphi_0\right) \leq \arcsin m - \arcsin \frac{3}{4} m$$

$$\leq \frac{1}{2} \arcsin m \,.$$

Schließlich folgt daraus $\mu \leq 4L$ mit L aus (4.3). Wegen $\mu \leq 2$ ist dies für $L \geq \frac{1}{2}$ trivial. Für $L < \frac{1}{2}$ rechnet man $D(\varphi_0) < \frac{\pi}{2}$ nach, also ist $\mu = 2 \sin D(\varphi_0)$, und zusammen mit (4.7) ergibt sich $\mu \leq 4L < 8r$. Daß 8 bestmöglich ist, findet man durch Betrachtung von $\mu = 2 \sin D(\varphi_0)$ für kleine Werte von r, also kleine Werte von m. Duren und Schiffer ([82], S. 272) zeigen, daß $\mu = 8r - 28r^3 + O(r^4)$ $(r \to 0)$ gilt.

b) Zwei Abschätzungen für Ringgebiete. Die Ergebnisse dieses Abschnitts werden nicht für die Kreisringabbildung benötigt, sondern für die Konvergenz der Iterationsverfahren zur Vollkreisabbildung. Es sei G ein beliebiges endliches Ringgebiet vom Modul M (>1) mit der inneren bzw. äußeren Randkomponente C_1 und C_2. Es bezeichne $F(C_i)$ den von C_i umschlossenen Flächeninhalt und $D(C_i)$ den Durchmesser von C_i.

Satz 4.2. (a) *Für die Flächen $F(C_i)$ gilt stets*

$$F(C_1) \leq \frac{1}{M^2} F(C_2) ; \qquad (4.8)$$

Gleichheit tritt genau dann ein, wenn G ein konzentrischer Kreisring ist.

(b) *Ferner gilt*

$$[D(C_1)]^2 \leq K(M) \cdot F(C_2)$$

mit   (4.9)

$$K(M) = \frac{16}{\pi} \sum_{\substack{n=1 \\ n \text{ ungerade}}}^{\infty} \frac{M^{2n}}{n(M^{4n}-1)} < \frac{\pi}{2 \log M} \cdot$$

Teil (a) stammt von Carleman ([57], S. 212), Teil (b) von Gaier ([115], S. 84). Auch (4.9) ist bestmöglich. Das extremale Gebiet wird von einem Schlitz und einer gewissen diesen umlaufenden Niveaulinie berandet. Neuere Untersuchungen zu diesem Thema bei Davis [72].

Beweis. (a) Die Funktion $w = f(z) = \sum_{-\infty}^{+\infty} a_n z^n$ bilde $1 < |z| < M$ konform auf G ab. Dann ist

$$F(C_1) = \pi \sum_{-\infty}^{+\infty} n |a_n|^2 \quad \text{und} \quad F(C_2) = \pi \sum_{-\infty}^{+\infty} n |a_n|^2 M^{2n}$$

und daher

$$F(C_2) - M^2 F(C_1) = \pi \sum_{-\infty}^{+\infty} n |a_n|^2 (M^{2n} - M^2) \geq 0 \,,$$

also gilt (4.8). Gleichheit besteht genau dann, wenn $a_n = 0$ für $n \neq 0, 1$ ist.

(b) Wir beweisen (4.9) in der schwächeren Form mit $\frac{\pi}{2 \log M}$. Wieder sei $1 < |z| < M$ durch $w = f(z)$ konform auf G abgebildet. Dann ist

$$2D(C_1) < \int_{|z|=r} |f'(z)| \, |dz| = \int_0^{2\pi} |f'(re^{i\varphi})| r \, d\varphi \qquad (1 < r < M),$$

also mit der Schwarzschen Ungleichung

$$4D^2(C_1) < \int_0^{2\pi} |f'(re^{i\varphi})|^2 r \, d\varphi \cdot \int_0^{2\pi} r \, d\varphi = 2\pi r \int_0^{2\pi} |f'(re^{i\varphi})|^2 r \, d\varphi$$

oder

$$\frac{2D^2(C_1)}{\pi} \cdot \frac{1}{r} < \int_0^{2\pi} |f'(re^{i\varphi})|^2 r \, d\varphi \qquad (1 < r < M) \,.$$

Integration nach r liefert die Behauptung. — Die genaue Schranke $K(M)$ in (4.9) erhält man mit Hilfe der Methode der zirkularen Symmetrisierung und einem Satz von Ahlfors und Schiffer.

c) **Spiegelung von Gebieten.** Gegeben seien zwei Gebiete G_1 und G_2 von endlichem Zusammenhang, fremd, aber mit einer gemeinsamen Randkomponente C, welche eine Jordankurve sei. Ist C ein Kreis, so ist klar, was es heißt, G_1 und G_2 seien bezüglich C spiegelbildlich. Den Fall eines allgemeinen C führen wir darauf zurück.

Definition 4.1. *Gibt es eine konforme Abbildung $w = f(z)$ des Gebiets* $G_1 \cup C \cup G_2$ so, daß*

(i) *$f(C)$ ein Kreis K der w-Ebene ist, und*

(ii) *$f(G_1)$ und $f(G_2)$ bezüglich K spiegelbildlich liegen,*

so heißen G_1 und G_2 spiegelbildlich bezüglich C.

Die bezüglich K spiegelbildliche Lage der w-Bilder wird durch f^{-1} auf die spiegelbildliche Lage der z-Urbilder übertragen. Damit ein Gebiet G_1 bezüglich C ein Spiegelbild G_2 hat, also an C *spiegelungsfähig* ist, ist offenbar notwendig und hinreichend, daß es eine konforme Abbildung $w = f(z)$ von G_1 auf ein Gebiet G_1' gibt, so daß

(α) $f(C)$ ein Kreis K ist, und

(β) $f^{-1}(w)$ in das bezüglich K genommene Spiegelbild G_2' von G_1' hinein analytisch und schlicht fortsetzbar ist.

Es ist dann $f^{-1}(G_2')$ das bezüglich C genommene Spiegelbild G_2 von G_1.

Wir nennen einige *einfache Folgerungen* aus der Definition.

(a) Ist G_1 an C spiegelungsfähig, so ist C notwendig eine analytische Jordankurve.

(b) Die durch $f^{-1}Sf$ angegebene „natürliche" Zuordnung spiegelbildlicher Punkte ist indirekt konform; dabei ist S die Spiegelung an K. Insbesondere ist G_2 indirekt konformes Bild von G_1. Ist G_1 zweifach zusammenhängend, so auch G_2, und G_1 und G_2 haben denselben Modul.

(c) Spiegelbildliche Lage von G_1 und G_2 bezüglich C bleibt erhalten bei einer konformen Abbildung von $G_1 \cup C \cup G_2$.

Später wird vor allem folgende Aussage wichtig sein:

(d) Die Funktion $w = h(z)$ bilde G_1 konform auf G_1' ab. G_1 sei an C und G_1' an $h(C)$ spiegelungsfähig. Dann läßt sich $h(z)$ in das bezüglich C genommene Spiegelbild G_2 von G_1 analytisch und schlicht fortsetzen, und $h(G_2)$ ist das Spiegelbild G_2' von G_1' bezüglich $h(C)$.

Wir erklären nämlich in G_2 die Funktion $g(z) = [h(z^*)]^*$, wenn * die Spiegelung an C bzw. $h(C)$ bedeutet. Dieselbe ist in G_2 regulär [wegen (b)] und hat auf C die Randwerte von $h(z)$. Nach dem Stetigkeitsprinzip ist $g(z)$ analytische Fortsetzung von $h(z)$ nach G_2, und da $g(G_2) = G_2'$ ist, ist $h(z)$ schlicht in $G_1 \cup C \cup G_2$.

Aus (d) folgt insbesondere, daß es für ein Gebiet G_1 bezüglich C höchstens ein Spiegelbild geben kann.

Beim Studium der Vollkreisabbildung ist der Fall von Bedeutung, daß ein Gebiet mehrfach spiegelungsfähig ist.

Definition 4.2. *Das n-fach zusammenhängende Gebiet G heißt einmal allseitig spiegelungsfähig, wenn es an jeder seiner n Randkurven spiegelungsfähig ist. Ist dies der Fall, und ist jedes der n gewonnenen Spiegelbilder*

---

* Man sieht leicht, daß $G_1 \cup C \cup G_2$ ein Gebiet ist, wenn C als Jordankurve angenommen wird.

von G selbst wieder einmal allseitig spiegelungsfähig, so heißt G zweimal allseitig spiegelungsfähig.

Höhere Spiegelungsfähigkeit wird entsprechend erklärt. Durch mehrfache Anwendung von (d) erhält man allgemeiner:

(e) Die Funktion $w = h(z)$ bilde G_1 konform auf G_1' ab. G_1 und G_1' seien je k-mal allseitig spiegelungsfähig; die durch ihre Spiegelbilder erweiterten Gebiete heißen G_2 und G_2'. Dann läßt sich $h(z)$ nach G_2 hinein analytisch und schlicht fortsetzen, und es ist $h(G_2) = G_2'$.

4.2. Konforme Abbildung auf einen Kreisring nach KOMATU

Wir schildern nun das älteste funktionentheoretische Verfahren zur konformen Abbildung eines Ringgebiets auf einen konzentrischen Kreisring, das zwar auf den Koebeschen Ideen beruht, aber erstmals von KOMATU [209] angegeben wurde.

a) Angabe des Verfahrens. Gegeben sei $G = G_0$, ein endliches Ringgebiet der $z = z_0$-Ebene, das außen von $|z_0| = 1$ und innen von einer $z_0 = 0$ umlaufenden, sonst beliebigen Jordankurve $C = C_0$ berandet ist. Ein beliebiges Ringgebiet wird dadurch auf diese Form gebracht, daß das gesamte Innere des Außenrandes auf das Innere des Einheitskreises abgebildet wird. Gesucht ist die konforme Abbildung $w = f(z_0)$ von G_0 auf den konzentrischen Kreisring $r < |w| < 1$, Normierung durch $f(1) = 1$, wobei der Modul $M = r^{-1}(>1)$ von G_0 selbst noch unbekannt ist.

Dazu bauen wir die Methode von 1.2, aus G_0 ein neues Gebiet herzustellen, wobei die radiale Schwankung $\max_{z \in C_0}|z| - \min_{z \in C_0}|z|$ des Innenrandes verkleinert wird, zu einem Iterationsverfahren aus. Der erste Schritt desselben wird in zwei Teilschritten ausgeführt, wovon jeder die konforme Abbildung eines einfach zusammenhängenden Gebiets erfordert. Zunächst bilde $t_1 = h_1(z_0)$ das *gesamte Äußere* von C_0 auf $|t_1| > 1$ ab mit $h_1(\infty) = \infty$; dabei geht $|z_0| = 1$ in eine analytische Jordankurve C_1' über, die $|t_1| = 1$ umläuft. Sodann bilde man das *gesamte Innere* von C_1' durch $z_1 = g_1(t_1)$ konform auf $|z_1| < 1$ ab, wobei $g_1(0) = 0$ sowie außerdem $g_1(h_1(1)) = 1$ sein soll. Das Bild von $|t_1| = 1$ ist eine $z_1 = 0$ umlaufende analytische Jordankurve C_1. Diese und $|z_1| = 1$ beranden G_1, das Bild von G_0 unter der Gesamtabbildung $g_1(h_1(z_0))$.

Beim nächsten Iterationsschritt werden auf G_1 zwei analoge Teilabbildungen h_2 und g_2 angewandt, usf., und nach m Iterationsschritten, jeder bestehend aus zwei konformen Abbildungen, erhalten wir

$$f_m(z_0) = g_m h_m \cdots g_2 h_2 g_1 h_1(z_0) \qquad (z_0 \in G_0; m \geq 1) . \quad (4.10)$$

Diese Funktion bildet G_0 auf ein von C_m und $|z_m| = 1$ berandetes Ringgebiet G_m ab mit $f_m(1) = 1$, und wir werden unten sehen, daß $\{f_m\}$ gegen die gesuchte Abbildung f konvergiert.

Zuvor machen wir jedoch die für die Praxis nützliche Bemerkung, daß das alternierende Vorgehen, abwechselnd Außen- und Innengebiete auf $|t_m| > 1$ bzw. $|z_m| < 1$ abzubilden, ersetzt werden kann durch lauter Abbildungen von Innengebieten plus Spiegelungen an Kreisen. Wir können nämlich den ersten Teilschritt h_m von oben jeweils dadurch ausführen, daß wir zuerst G_{m-1} an $|z_{m-1}| = 1$ spiegeln (Ränder jetzt $|z^*_{m-1}| = 1$ und C^*_{m-1}), und sodann das ganze Innere von C^*_{m-1} auf $|t^*_m| < 1$ abbilden: $t^*_m = H_m(z^*_{m-1})$ mit $H_m(0) = 0$. Dann ist $h_m(z_{m-1}) = [H_m(z^*_{m-1})]^*$ eine mögliche Wahl von h_m, und C'_m: $h_m(|z_{m-1}| = 1)$ ist das Spiegelbild von $H_m(|z^*_{m-1}| = 1)$ am Einheitskreis. So ist h_m durch eine Innenabbildung und zwei Spiegelungen dargestellt, d. h. wir können f_m durch $2m$-malige Anwendung der Operation: {Spiegelung am Einheitskreis} plus {Abbildung eines Innengebietes auf den Einheitskreis} gewinnen.

b) Konvergenz und Fehlerabschätzung. Hierzu sind wahlweise zwei Eigenschaften der Iterationsschritte zu verwenden: (i) C_m wird immer mehr kreisförmig, oder (ii) die Spiegelungsfähigkeit von G_m wird erhöht. Erstens folgt aus Satz 1.3, daß

$$\max_{z_m \in C_m} |z_m| \searrow \quad \text{und} \quad \min_{z_m \in C_m} |z_m| \nearrow \quad (m = 0, 1, 2, \ldots),$$

und zwar im strengen Sinn, sofern C_m nie ein zu $z_m = 0$ konzentrischer Kreis ist. Nach ALBRECHT ([7], S. 170) heißt dies, daß die äußeren [bzw. inneren] Moduln von G_m monoton fallen [bzw. steigen]. Da die Funktionen $f_m(z_0)$ in G_0 eine normale Familie bilden, sieht man ohne Mühe, daß die $f_m(z_0)$ gegen die gesuchte Kreisringabbildung $f(z_0)$ streben ($z_0 \in G_0$, $m \to \infty$), gleichmäßig in jedem abgeschlossenen Teil von G_0 (KOMATU [209], S. 152).

Um zu einer Fehlerabschätzung zu kommen, kann man diesen Gedanken verfeinern. Mit einem bis jetzt noch unscharfen „Schwankungssatz" beweist GAIER ([113]; [114], S. 878/879) rekursiv, daß die C_m in dem Sinne immer kreisnaher werden, daß

$$\max_{z_m \in C_m} |z_m| - \min_{z_m \in C_m} |z_m| = O\left[\left(\frac{4}{\pi} \arctan \frac{1}{M}\right)^{2m}\right] \quad (m = 1, 2, \ldots)$$

und weiter

$$|\varkappa_m(\varphi)| = O\left[\left(\frac{4}{\pi} \arctan \frac{1}{M}\right)^{2m}\right] \quad (m = 1, 2, \ldots)$$

gilt für den Winkel zwischen Radiusvektor und der Normale der Kurve C_m. Daraus folgt dann mit Hilfe eines Satzes über die konforme Abbildung kreisringnaher Gebiete, daß

$$|f_m(z_0) - f(z_0)| = O\left[\left(\frac{4}{\pi} \arctan \frac{1}{M}\right)^{2m}\right] \quad (m = 1, 2, \ldots)$$

gilt, und zwar gleichmäßig für $z_0 \in \overline{G}_0$. Man hat also sogar Randkonvergenz, worauf auch GRÖTZSCH ([153], S. 575) hinweist.

Besser als diese Verfolgung der *einzelnen* Iterationsschritte ist der folgende zweite Weg, bei dem der Erfolg von m Iterationsschritten *auf einmal* berücksichtigt werden kann. Man sieht nämlich sofort (beachte jetzt 4.1,c)): Ist G_m über C_m hinein α_m-mal spiegelungsfähig, so ist G_{m+1} über C_{m+1} hinein $\alpha_{m+1} = (\alpha_m + 2)$-mal spiegelungsfähig. Das bedeutet, daß G_m über C_m hinein $2m$-mal gespiegelt werden kann oder, daß die konforme Abbildung $f_m f^{-1}(w)$ von $M^{-1} < |w| < 1$ auf G_m sogar nach $(M^{-1})^{2m+1} < |w| < 1$ hinein analytisch und schlicht fortgesetzt werden kann. Da bei den Spiegelungen von G_m stets 0 ausgelassen wird, und da $f_m f^{-1}(1) = 1$ ist, kann auf $f_m f^{-1}(w)$ der Verzerrungssatz 4.1 angewandt werden, und wir erhalten

$$|f_m f^{-1}(w) - w| < 8M^{-2m-1} \qquad (m = 1, 2, \ldots),$$

gültig für alle w in $M^{-2m-1} < |w| < 1$, also sicher in $M^{-1} < |w| < 1$. Setzen wir wieder $z_0 = f^{-1}(w)$, so folgt

Satz 4.3. *Bildet man die Funktionen $f_m(z_0)$ nach dem Verfahren von* KOMATU, *und ist $f(z_0)$ die gesuchte Kreisringabbildung, so gilt*

$$|f_m(z_0) - f(z_0)| < 8M^{-2m-1} \qquad (z_0 \in G_0;\ m = 1, 2, \ldots). \tag{4.11}$$

Da f_m und f in $\overline{G}_0$ stetig sind, sichert der Satz auch die Konvergenz am Rande von G_0. Er findet sich mit 12,6 statt 8 bei GAIER ([116], S. 171). Man sieht: Je größer M, also je „weiter" C_0 von $|z_0| = 1$ entfernt ist, desto besser ist die Konvergenz.

Um die Güte des Ergebnisses zu beurteilen, betrachten wir ein *Beispiel*, bei dem sich die $f_m(z_0)$ explizit angeben lassen. Als G_0 nehmen wir das Bild von $M^{-1} < |w| < 1$ unter der linearen Abbildung

$$z_0 = \frac{1 - \bar{a}_0}{1 - a_0} \cdot \frac{w - a_0}{1 - \bar{a}_0 w} = l_0(w) \ ;$$

ist $|a_0| < M^{-1}$, so umläuft $C_0 = l_0(|w| = M^{-1})$ den Punkt $z_0 = 0$, und G_0 wird von den beiden exzentrischen Kreisen $|z_0| = 1$ und C_0 berandet. Die nach KOMATU gebildeten Gebiete G_m sind offenbar wieder exzentrische Kreisringe, von $|z_m| = 1$ und C_m berandet, und also als Bild von $M^{-1} < |w| < 1$ durch

$$z_m = \frac{1 - \bar{a}_m}{1 - a_m} \cdot \frac{w - a_m}{1 - \bar{a}_m w} = l_m(w)$$

darzustellen; beachte $l_m(1) = 1$. Die Ausführung zweier Teilschritte liefert die Rekursion

$$a_{m+1} = \frac{a_m}{M^2}, \quad \text{also} \quad a_m = \frac{a_0}{M^{2m}} \quad (m = 1, 2, \ldots) \text{ mit } |a_0| < \frac{1}{M}.$$

Für den Maximalfehler

$$\delta_m = \max_{z_0 \in \overline{G}_0} |f_m(z_0) - f(z_0)| = \max_{z_0 \in \overline{G}_0} |l_m l_0^{-1}(z_0) - l_0^{-1}(z_0)|$$

$$= \max_{M^{-1} \le |w| \le 1} |l_m(w) - w| = \max_{|w| = 1} |l_m(w) - w|$$

(Maximumprinzip!) ergibt sich dann im Falle $a_0 > 0$, also $a_m > 0$,

$$|l_m(w) - w| = a_m \left| \frac{w^2 - 1}{1 - a_m w} \right| = a_m \frac{(w^{-1} - a_m) + (a_m - w)}{|w^{-1} - a_m|} \leqq 2 a_m \quad (|w| = 1),$$

wobei $=$ steht, wenn $w - a_m$ rein imaginär ist; somit ist hier

$$\delta_m = 2 a_m = \frac{2 a_0}{M^{2m}} \qquad (m = 1, 2, \ldots).$$

Dagegen erhält man für $a_0 = i |a_0|$ nach leichter Abschätzung

$$\delta_m = \max_{|w|=1} \{ |a_0| M^{-2m} |w - 1|^2 \} + O(M^{-4m})$$
$$= 4 |a_0| M^{-2m} + O(M^{-4m}), \qquad (m = 1, 2, \ldots)$$

und da von a_0 nur $|a_0| < \frac{1}{M}$ verlangt wird, sehen wir:

Zusatz. *In (4.11) kann 8 durch keine Zahl < 4 ersetzt werden. Insbesondere ist die Größenordnung der Abschätzung bestmöglich.*

c) Die Form der Kurven C_m.

Satz 4.4. *Alle Kurven C_m ($m \geqq 1$) sind bezüglich $z_m = 0$ sternig.*

Zum Beweis übernehmen wir von GRUNSKY ([154], S. 680) den folgenden

Satz 4.5. *Wird ein Gebiet $G \supset \{|w| < 1\}$ der w-Ebene durch $z = g(w)$ auf $|z| < 1$ konform abgebildet, $g(0) = 0$, so gilt*

$$\left| \frac{w g'(w)}{g(w)} - \frac{1}{1 - r^2} \right| < \frac{r}{1 - r^2} \qquad (|w| = r < 1) . \quad (4.12)$$

Wegen $\dfrac{1}{1 - r^2} - \dfrac{r}{1 - r^2} = \dfrac{1}{1 + r} > \dfrac{1}{2}$ ist sicher $\Re \left\{ \dfrac{w g'(w)}{g(w)} \right\} > \dfrac{1}{2}$

($|w| < 1$), und da $\dfrac{\partial}{\partial \varphi} \arg g(r e^{i \varphi}) = \Re \left\{ \dfrac{w g'(w)}{g(w)} ; w = r e^{i \varphi} \right\}$ ist, hat man damit die *Sternigkeit der Kurven* $g(|w| = r)$, eine Folgerung, die schon auf LAVRENTIEFF und CHEPELEFF ([244], S. 322) zurückgeht, und die offenbar von $G \supset \{|w| < 1\}$ und $r < 1$ nicht mehr abhängt. Berücksichtigt man die Komatusche Konstruktion, so erkennt man, daß alle C_m (und C_m') bezüglich $z_m = 0$ (bzw. $t_m = 0$) sternig sind.

Überdies sind die C_m von einem Index an sogar *konvex*. Man hat dazu den Satz über die genaue Rundungsschranke für die Klasse der in $|z| < 1$ regulären Funktionen $f(z)$ mit $|f(z)| < 1$, $f(0) = 0$, $|f'(0)| \geqq k$ auf die Abbildung von der t_m- zur z_m-Ebene anzuwenden; Genaueres bei GAIER ([114], S. 881). Durch einfache, aber längere Rechnung findet man, daß C_m sicher dann konvex ist, wenn

$$1 - \frac{m_{m-1}}{M_{m-1}} \leqq \frac{1}{4} (1 - M_{m-1})^3$$

gilt; $M_m = \max\limits_{z_m \in C_m} |z_m|$, $m_m = \min\limits_{z_m \in C_m} |z_m|$. Die linke Seite strebt $\to 0$, die rechte dagegen $\rightarrow \frac{1}{4}(1 - M^{-1})^3 > 0$, also ist die Ungleichung von einer Stelle an erfüllt. *Alle Kurven C_m ($m \geqq 1$) sind konvex, wenn*

$$1 - \frac{m_0}{M_0} \leqq \frac{1}{4}(1 - M_0)^3$$

gilt, wenn also schon C_0 hinreichend kreisförmig ist.

4.3. Variationen des Verfahrens von KOMATU

Beim Beweis von Satz 4.3 sahen wir, daß die Geschwindigkeit der Konvergenz des Komatuschen Verfahrens direkt davon abhängt, wie oft das Bildgebiet $f_m(G_0)$ über seinen Innenrand hinein gespiegelt werden kann. Grundgedanke der folgenden beiden Variationen von HÜBNER (unveröffentlicht; siehe GAIER [116], S. 172) und LANDAU ([243], S. 17 bis 20) ist es, durch Einschaltung geeigneter Spiegelungen, also elementarer Operationen, neue Näherungsfunktionen f_m herzustellen, für die $f_m(G_0)$ eine größere Anzahl von Spiegelungen über seinen Innenrand erlaubt. Der Gedanke geht auf KOEBE zurück (,,Iterationsverfahren'' [206]; siehe auch 4.5,a)), wurde jedoch erst neuerdings auf den Fall der Kreisringabbildung angewandt.

a) Variation des Verfahrens nach HÜBNER. Das Ausgangsgebiet G_0 sei wieder von $|z_0| = 1$ und einer $z_0 = 0$ umlaufenden Jordankurve C_0 in $|z_0| < 1$ berandet; C_0^* sei das Spiegelbild von C_0 an $|z_0| = 1$. Gesucht ist die Abbildungsfunktion $w = f(z_0)$ von G_0 auf den Kreisring $M^{-1} < |w| < 1$ mit $f(1) = 1$.

Jeder Iterationsschritt zerfällt wieder in zwei Teilschritte, wovon jeder eine konforme Abbildung eines Innen- oder Außengebietes plus der Spiegelung einer Kurve am Einheitskreis erfordert. Beim ersten Teilschritt wird zuerst das gesamte Äußere von C_0 durch $t_1 = h_1(z_0)$ ($h_1(\infty) = \infty$) konform auf $|t_1| > 1$ abgebildet. Dabei geht C_0^* in $h_1(C_0^*)$ über, und man bestimme jetzt das Spiegelbild von $h_1(C_0^*)$ an $|t_1| = 1 : C_1'$. Der zweite Teilschritt erfordert zunächst die Abbildung des Innern von $h_1(C_0^*)$ auf $|z_1| < 1$ durch $z_1 = g_1(t_1)$, $g_1(0) = 0$, wobei C_1' in die Kurve C_1 übergehe. Sodann bestimme man das Spiegelbild C_1^* von C_1 an $|z_1| = 1$. Beim nächsten Iterationsschritt übernehmen C_1, C_1^* die Rolle von C_0, C_0^*, usf.

Nach m Schritten, also $2m$ konformen Abbildungen und $2m$ Spiegelungen am Einheitskreis, erhalten wir die in $\hat{G}_0$: $G_0 \cup \{|z_0| = 1\} \cup G_0^*$ ($G_0^* = $ Spiegelbild von G_0 an $|z_0| = 1$) erklärte Funktion

$$F_m(z_0) = g_m h_m \cdots g_1 h_1(z_0) \qquad\qquad (m \geqq 1)\,.$$

Bezüglich der Spiegelungsfähigkeit von $F_m(G_0)$ findet man durch Verfolgen zweier Teilschritte: Bezeichnet $N(m)$ [bzw. $K(m)$] die Anzahl der möglichen Spiegelungen von $F_m(G_0)$ nach innen [bzw. nach außen bis zu

$|z_m| = 1$ hin], so gilt

$$N(m + 1) = 2K(m) + 3N(m) + 2,$$
$$K(m + 1) = 2K(m) + N(m) + 1, \qquad (K(0) = N(0) = 0)$$

ferner $N(m) = 2K(m)$ (Induktion!), und daraus folgt leicht

$$N(m) = \frac{2}{3}(4^m - 1), \quad K(m) = \frac{1}{3}(4^m - 1) \quad (m = 0, 1, 2, \ldots). \quad (4.13)$$

Schließlich normieren wir noch ($z_0 = 1 \to z_m = 1$):

$$f_m(z_0) = F_m(z_0)/F_m(1). \qquad (4.14)$$

Diese Funktionen sind in dem punktierten Gebiet $\hat{G}_0 - \{z_0 = 1\}$ alle $\neq 0$ und $\neq 1$, bilden also dort eine normale Familie (vgl. etwa BIEBERBACH [36], S. 227), die folglich auch in $\hat{G}_0$ normal ist. Jede Grenzfunktion $H(z_0)$ $\left[\text{wegen } H(1) = 1 \text{ nicht} \equiv 0, \text{ also} \neq 0 \text{ in } \hat{G}_0, \text{ wegen } \int\limits_{|z_0| = 1} \frac{f'_m(z_0)}{f_m(z_0)} \, dz_0 = 2\pi i\right.$

auch $\int\limits_{|z_0| = 1} \frac{H'(z_0)}{H(z_0)} \, dz_0 = 2\pi i$, also $H(z_0)$ nicht konstant und daher schlicht$\Big]$
bildet $\hat{G}_0$ auf ein endliches Gebiet ab, das unendlich oft nach außen und nach innen gespiegelt werden kann, wobei 0 und ∞ stets ausgelassen werden. Also ist $Hf^{-1}(w)$ $(M^{-1} < |w| < M)$ in die ganze, in 0 punktierte Ebene schlicht fortsetzbar, und an $w = 0$ ist eine hebbare Singularität. Jede ganze schlichte Funktion ist aber ganz linear, und wegen $Hf^{-1}(1) = 1$, $Hf^{-1}(0) = 0$ ist $Hf^{-1}(w) = w$, also ist $H(z_0) = f(z_0)$ die Kreisringabbildung. Wir haben also jedenfalls

$$f_m(z_0) \to f(z_0) \qquad (z_0 \in G_0; m \to \infty). \quad (4.15)$$

Über die Konvergenzgeschwindigkeit läßt sich so nichts weiteres sagen, da $f_m(G_0)$ außen nicht vom Einheitskreis berandet ist, was in Satz 4.1 gefordert wird. Wenden wir aber auf $F_m(z_0)$ noch die konforme Abbildung $\Phi_m(z_m)$ an, die das gesamte Innere von $F_m(|z_0| = 1)$ auf den Einheitskreis abbildet, wobei 0 in 0 und $F_m(1)$ in 1 übergehen, so erhalten wir *neue Näherungsfunktionen*

$$f_m(z_0) = \Phi_m F_m(z_0) = \Phi_m g_m h_m \cdots g_1 h_1(z_0) \quad (z_0 \in G_0, m \geq 1). \quad (4.16)$$

Ihr Bild $f_m(G_0)$ von G_0 ist außen vom Einheitskreis berandet und ist $N(m)$-mal nach innen spiegelungsfähig. Wie in **4.2,b)** erhält man daher

Satz 4.6. *Für die Näherungen $f_m(z_0)$ von (4.16) gilt*

$$|f_m(z_0) - f(z_0)| < 8M^{-N(m)-1} \quad (z_0 \in G_0; m = 1, 2, \ldots), \quad (4.17)$$

wobei M der Modul von G_0 ist und $N(m) = \frac{2}{3}(4^m - 1)$.

Rechnet man $f_m(z_0)$ aus für den Fall, daß G_0 ein exzentrischer Kreisring ist, so findet man wie in **4.2,b)**, daß *die Zahl 8 in (4.17) durch keine Zahl < 4 ersetzt werden kann* (GAIER [116], S. 176). Aus (4.17) folgt, daß durch die Einschaltung der Spiegelungen quadratische Konvergenz erzeugt wurde, gegenüber linearer Konvergenz beim Verfahren von Komatu.

b) Variation des Verfahrens nach Landau. Das Ausgangsgebiet G_0 sei wie oben von $|z_0| = 1$ und von C_0 berandet; C_0^* sei das Spiegelbild von C_0 und $f(z_0)$ die durch $f(1) = 1$ normierte Kreisringabbildung. Zu ihrer Approximation konstruiert Landau Funktionen $f_m(z_0)$, zu deren Ermittlung m Außenabbildungen, m Spiegelungen von Kurven am Einheitskreis, sowie eine Innenabbildung auszuführen sind.

Der erste Iterationsschritt besteht darin, das ganze Äußere von C_0 durch $z_1 = h_1(z_0)$ konform auf $|z_1| > 1$ abzubilden $(h_1(\infty) = \infty)$. Dabei geht G_0 in G_1 und C_0^* in eine Kurve C_1^* über, die wir an $|z_1| = 1$ spiegeln: C_1. Beim zweiten Schritt wird das ganze Äußere von C_1 auf $|z_2| > 1$ abgebildet $(\infty \leftrightarrow \infty)$, C_1^* geht in C_2^* über, was gespiegelt C_2 ergibt, usf. Man hat also lauter gleichartige Operationen auszuführen: Abbildung des Äußeren von C_{m-1} auf $|z_m| > 1$, Spiegelung der äußersten Kurve C_m^* an $|z_m| = 1$ gibt C_m. Nach m Schritten erhält man

$$F_m(z_0) = h_m \ldots h_2 h_1(z_0) \qquad (z_0 \in G_0; \, m \geq 1),$$

und man stellt leicht fest, daß $F_m(G_0)$ $N(m) = 2(2^m - 1)$-mal nach innen spiegelungsfähig ist, dagegen im allgemeinen nur einmal nach außen: Die Spiegelungsfähigkeit nach außen wird nicht erhöht. Mit der in **a)** verwendeten Funktion $\Phi_m(z_m)$, die das Innere von $F_m(|z_0| = 1)$ normiert auf das Innere des Einheitskreises abbildet, haben wir in

$$f_m(z_0) = \Phi_m F_m(z_0) = \Phi_m h_m \ldots h_2 h_1(z_0) \qquad (z_0 \in G_0; \, m \geq 1)$$

die gesuchten Näherungsfunktionen (bei Landau [243] ist die Normierung der h_m in ∞ vorgenommen). Wie in **a)** *gilt auch hier* (4.17), *jedoch mit* $N(m) = 2(2^m - 1)$; etwas schwächere Aussage bei Landau ([243], S. 18). Das Verfahren konvergiert daher ebenfalls quadratisch; man beachte, daß in **a)** $2m$ Halbschritte zu zählen sind.

c) Faktorisierung der Kreisringabbildung. Die Konstruktion bei Landau verdient noch beträchtliches theoretisches Interesse (s. a. Abbildung auf Lemniskatengebiete in 4.6). Die im ganzen Äußeren $\tilde{G}_0$ von C_0 erklärten Funktionen $F_m(z_0)/F_m(1)$ bilden nämlich, da sie in $\tilde{G}_0 - \{z_0 = 1\}$ die Werte 0 und 1 auslassen, eine in $\tilde{G}_0$ normale Familie, und jede Grenzfunktion $F(z_0)$ ist schlicht in $\tilde{G}_0$, da $F(1) = 1$ ist und $F(z_0) \equiv 1$ nicht sein kann. Das Bild von $\hat{G}_0$: $G_0 \cup \{|z_0| = 1\} \cup G_0^*$ unter $F(z_0)$ ist außerdem unendlich oft über seinen Innenrand hinein spiegelungsfähig, wobei 0 stets ausgelassen wird.

Ist nun G_{-1} ein *ganz beliebiges*, endliches Ringgebiet der z_{-1}-Ebene, und bildet $z_0 = h_0(z_{-1})$ das ganze Äußere des Innenrandes auf $|z_0| > 1$ ab $(h_0(\infty) = \infty)$, so zeigt die Betrachtung von $F h_0(z_{-1})$:

Satz 4.7. *Ist G_z ein beliebiges endliches Ringgebiet der z-Ebene mit Innenrand $C_z^{(1)}$ und Außenrand $C_z^{(2)}$, so gibt es eine konforme Abbildung $t = H_a(z)$ des gesamten Äußern von $C_z^{(1)}$ $(H_a(\infty) = \infty)$, so daß das Bildgebiet $H_a(G_z) = G_t$ über seinen Innenrand $C_t^{(1)}$ hinein unendlich oft gespiegelt werden kann, wobei ein Punkt $t = \tau$ innerhalb $C_t^{(1)}$ (hier $t = 0$) ausgelassen wird.*

Ein dazu äquivalentes Ergebnis wird bei Grunsky ([157], S. 216) über ein Extremalproblem gewonnen; zu demselben vgl. auch Erohin ([86], S. 1156).

Aus Satz 4.7 ziehen wir zwei *Folgerungen*. Ist erstens $w = f(z)$ wieder eine Abbildung von G_z auf den Ring R_w: $M^{-1} < |w| < 1$, so ist $H_a f^{-1}(w)$ wegen der Spiegelungsfähigkeit von G_t nach $0 < |w| < 1$ schlicht fortsetzbar, wobei $w = 0$ hebbare Singularität ist. Somit füllt G_t mit seinen Spiegelbildern das ganze Innere seines Außenrandes $C_t^{(2)}$ aus, mit Ausnahme von $t = 0$, was impliziert, daß das *harmonische Maß von G_t in das ganze, in $t = 0$ punktierte Innere von $C_t^{(2)}$ hinein harmonisch fortgesetzt werden kann* (Landau [243], S. 1). Zweitens ist nun $H_a f^{-1}(w)$ eine konforme Abbildung von $|w| < 1$ auf das ganze Innere von $C_t^{(2)}$, wobei 0 in 0 und R_w in G_t übergeht. Umgekehrt: Ist $w = H_i(t)$ eine konforme Abbildung des Inneren von $C_t^{(2)}$ auf $|w| < 1$ mit $H_i(0) = 0$, so geht G_t in R_w über.

Satz 4.8. *Durch Hintereinanderschalten der zwei konformen Abbildungen einfach zusammenhängender Gebiete $t = H_a(z)$ $(H_a(\infty) = \infty)$ und $w = H_i(t)$ $(H_i(0) = 0)$ wird das beliebige Ringgebiet G_z auf den konzentrischen Kreisring R_w konform abgebildet: $w = f(z) = H_i H_a(z)$.*

Über die Existenz einer solchen „Faktorisierung" von f siehe Erohin ([86], S. 1155).

d) Schmiegungsverfahren. Vom Standpunkt der Praxis sind die in 4.2 und 4.3 bisher angegebenen Fehlerabschätzungen insofern bedeutsam, als sie aussagen, welche Anzahl m von Iterationsschritten *exakt* auszuführen ist, um die Kreisringabbildung auf vorgegebene Genauigkeit zu approximieren. Jeder dieser m Schritte ist dann wieder hinreichend genau zu approximieren, und Fehlerabschätzungen hierzu haben wir z. B. beim Theodorsenverfahren zur Verfügung.

Eng verwandt hiermit ist folgendes Vorgehen. Es sei G_z ein Ringgebiet $(0 \notin G_z, \infty \notin G_z)$, welches 0 von ∞ trennt, und $d_z < |z| < D_z$ der kleinste G_z enthaltende Kreisring. Dann ist jede konforme Abbildung $w = f(z)$ von G_z auf G_w, für die der kleinste G_w enthaltende Kreisring $d_w < |w| < D_w$ ein kleineres Radienverhältnis hat: $\dfrac{D_w}{d_w} < \dfrac{D_z}{d_z}$, als ein Iterationsschritt für die Kreisringabbildung zu werten. Albrecht ([7], S. 172) nennt jede solche Funktion f eine Schmiegungsfunktion (allgemeinere Gesichtspunkte bei Heinhold [163]). Sie kann unter Umständen *exakt* angegeben werden (Carathéodory-Koebesche Wurzelabbildung,

Stachel usw.) und kann überdies der Form des Ringgebiets von Schritt zu Schritt angepaßt werden. Für das programmgesteuerte Rechnen scheint diese letzte Bemerkung weniger bedeutsam, und vermutlich sind diese Schmiegungsverfahren sehr langsam konvergent; doch liegen keine Untersuchungen dazu vor.

Alternierende Anwendung der Carathéodory-Koebeschen Wurzelabbildung auf Innen- bzw. Außengebiete zum Zwecke der Kreisringabbildung machte schon GRAESER [148]; Ansätze dazu beim Existenzbeweis von CREMER [67].

4.4. Numerische Durchführung des Verfahrens von KOMATU an einem Beispiel

Wir berichten nun über ein Experiment, in welchem wir das Komatu-Verfahren auf ein Ringgebiet anwendeten, für das neben der Beobachtung der Konvergenz auch der Vergleich mit der exakten Kreisringabbildung möglich ist (kurzer Bericht bei GAIER [117]). Dasselbe Beispiel ist in 2.3 und 3.4 mit Integralgleichungsmethoden und in 5.4 mit der Erweiterung einer Methode von KANTOROWITSCH behandelt.

a) Ausgangsgebiet G_0 und exakte Kreisringabbildung. Ausgangspunkt ist die konforme Abbildung von $M^{-1} = \varrho < |\omega| < 1$ auf den von

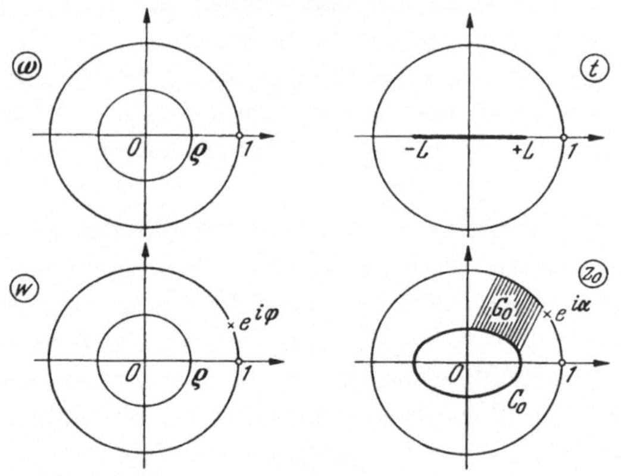

Fig. 20

$-L$ bis $+L$ geschlitzten Einheitskreis $|t| < 1$, welche nach NEHARI ([295], S. 293—295) durch

$$t = L \operatorname{sn}\left(\frac{2iK}{\pi} \log \frac{\omega}{\varrho} + K; k\right) \quad \text{mit} \quad k = L^2, \ K = K(k) \quad (4.18)$$

gegeben ist; wir verwenden die in der Theorie der elliptischen Funktionen geläufigen Bezeichnungen. Ferner sei

$$\omega = \frac{\varrho}{w} \quad \text{und} \quad t = \frac{L}{2}\left(z_0 + \frac{1}{z_0}\right). \quad (4.19)$$

Das Bild C_0 von $|t| = 1$ unter der letzten Abbildung berandet, zusammen mit $|z_0| = 1$, das Ausgangsgebiet G_0, und ist in Polarkoordinaten gegeben durch

$$r = r(\varphi) = \sqrt{\frac{1}{L^2} + \sin^2\varphi} - \sqrt{\frac{1}{L^2} + \sin^2\varphi - 1} \ .$$

Für das Experiment wurde $L^2 = \sin 46^0$ gewählt. Die Eingabewerte $r\left(\nu \cdot \frac{\pi}{18}\right) = r_\nu \ (\nu = 0, 1, 2, \ldots, 9)$ sind in Tab. 21 angegeben.

Tabelle 21. *Innenrand von G_0, diskretisiert*

	r_ν		r_ν
$\nu = 0$	0,554 435	$\nu = 5$	0,417 632
1	0,543 464	6	0,395 150
2	0,515 529	7	0,379 357
3	0,480 595	8	0,370 041
4	0,446 599	9	0,366 967

Gesucht sind nun:

(i) Der Modul M von G_0;

(ii) die äußere Ränderzuordnung von $|w| = 1$ nach $|z_0| = 1$;

(iii) die innere Ränderzuordnung von $|w| = \varrho$ nach C_0.

Die Ränderzuordnungen sollen für $10^0, 20^0, \ldots, 80^0$ ermittelt werden. Die Symmetrie von G_0 bezüglich reeller und imaginärer Achse wurde beim Experiment berücksichtigt.

Zu (i). Nach NEHARI ([295], S. 294, Gl. (47)) ist

$$M = \varrho^{-1} = e^{\frac{\pi}{4} \frac{K'(k)}{K(k)}} = 1/\sqrt[4]{q(k)} \ .$$

Die Rechnung ergibt für $k = \sin 46°$: $M = 2{,}166 \ 187$.

Zu (ii). Wird $w = e^{i\varphi}$ auf $z_0 = e^{i\alpha}$ abgebildet, so ist $\alpha = \alpha(\varphi)$ gesucht. Wir haben

$$\omega \leftrightarrow t: \ t = L \operatorname{sn}\left(\left(1 + \frac{2}{\pi}\varphi\right)K; k\right) \ \text{und} \ z_0 \leftrightarrow t: \ t = L\cos\alpha \ ,$$

also

$$\cos\alpha = \operatorname{sn}\left(\left(1 + \frac{2}{\pi}\varphi\right)K; k\right) = \operatorname{sn}\left(\left(1 - \frac{2}{\pi}\varphi\right)K; k\right) \ .$$

Setzen wir $\alpha' = \frac{\pi}{2} - \alpha$ und kehren die Relation um, so ergibt sich

$$F(\alpha'; k) = \left(1 - \frac{2}{\pi}\varphi\right)K \ .$$

Nimmt man dies speziell an $\varphi_\nu = \nu \cdot \frac{\pi}{18} \ (\nu = 1, 2, \ldots, 8)$, und setzt $r = 90 - 10\nu$, so kommt

$$F(\alpha'; k) = r \cdot \frac{K}{90} \quad \left(r = 80, 70, \ldots, 10; \alpha' = \frac{\pi}{2} - \alpha; k = \sin 46°\right) \ . \quad (4.20)$$

Die diese Gleichung befriedigenden Werte α'_ν, und damit α_ν, können direkt aus den Tafeln von SPENCELEY ([392], insbesondere S. 183 und S. 185) entnommen werden. Es ergibt sich die letzte Spalte unserer Tab. 23.

Zu (iii). Wird $w = \varrho\, e^{i\varphi}$ auf z_0 abgebildet, so ist $\beta = \beta(\varphi) = \arg z_0$ gesucht. Zunächst wird die $\omega \leftrightarrow t$-Abbildung gegeben durch

$$t = L\,\mathrm{sn}\,(K + i\varkappa + v;\, k)\ \ \text{mit}\ \ \varkappa = \frac{2K \log M}{\pi},\quad v = \frac{2K}{\pi}\,\varphi\,. \qquad (4.21)$$

Dabei ist t auf $|t| = 1$: $t = e^{i\gamma}$, und für $\varphi = 0$ haben wir $1 = L\,\mathrm{sn}\,(K + i\varkappa;\, k)$. Setzen wir $u = K + i\varkappa$, dann ist

$$\mathrm{sn}\, u = \frac{1}{L}\,,\quad \mathrm{cn}\, u = \sqrt{1 - \frac{1}{L^2}}\ \text{rein imaginär},\quad \mathrm{dn}\, u = \sqrt{1 - L^2}\ \text{reell},$$

ferner $\mathrm{sn}\,v$, $\mathrm{cn}\,v$, $\mathrm{dn}\,v$ reell. Wenden wir auf (4.21) das Additionstheorem für die Funktion sn an, und nehmen hernach den Realteil, so kommt

$$\cos\gamma = \frac{\mathrm{cn}\,(v;\, k)\,\mathrm{dn}\,(v;\, k)}{1 - L^2[\mathrm{sn}\,(v;\, k)]^2}\,, \qquad (4.22)$$

und hierin ist $v = v_\nu = \dfrac{K}{90}\cdot 10\nu$ ($\nu = 1, 2, \ldots, 8$).

Um $\beta(\varphi_\nu)$ zu erhalten, betrachten wir weiter den $z_0 \leftrightarrow t$-Zusammenhang:

$$\cos\gamma = \frac{L}{2}\left(r + \frac{1}{r}\right)\cos\beta,\quad \sin\gamma = \frac{L}{2}\left(r - \frac{1}{r}\right)\sin\beta\,.$$

Elimination von r liefert, zusammen mit (4.22),

$$\sin^2\beta = \frac{-(1 - L^2) + \sqrt{(1 - L^2)^2 + 4L^2\sin^2\gamma}}{2L^2}$$

$$= \frac{1 - L^2}{1 - L^2\mathrm{sn}^2(v;\, k)}\,\mathrm{sn}^2(v;\, k)\,. \qquad (4.23)$$

Setzt man $v_\nu = \dfrac{K}{90}\cdot 10\nu$ ($\nu = 1, 2, \ldots, 8$) ein, so erhält man wieder mit den Tafeln von SPENCELEY die Zahlen $\beta_\nu = \beta(\varphi_\nu)$ der letzten Spalte von Tab. 24.

b) Anwendung des Komatu-Verfahrens auf das Gebiet G_0. Wir schildern die Ausführung eines, sagen wir des ersten Halbschrittes des Komatu-Verfahrens für G_0. Voraussetzung ist, daß ein Unterprogramm zur konformen Abbildung von $|z| < 1$ auf das Innere einer bezüglich x- und y-Achse symmetrischen Kurve vorhanden ist; bei unseren Experimenten wurde dazu das Theodorsen-Verfahren verwendet. Benötigt wird ferner das Unterprogramm „Fourier-Analyse", das dort schon eingebaut ist. Diesbezüglich verweisen wir auf Kap. II, insbesondere § 3.5.

Der Außenrand von G_0 ist $|z_0| = 1$; der Innenrand sei diskret gegeben, in unserem Fall durch die 10 Eingabewerte $r(\varphi_\nu) = r_\nu$ ($\nu = 0, 1, 2, \ldots, 9$) von **a)**. Folgende *Hauptoperationen* sind auszuführen:

(A) Spiegelung am Einheitskreis; Vorbereitung;
(B) Innenabbildung mit Hilfe des Theodorsen-Verfahrens;
(C) Ermittlung des Bildes von $|z_0| = 1$ bei dieser Abbildung.
Im einzelnen handelt es sich um folgende Schritte.

1. *Spiegelung und Fourier-Analyse.* Die an $|z_0| = 1$ gespiegelte Innenkurve ist diskret gegeben durch $\varrho_\nu = \dfrac{1}{r_\nu}$ ($\nu = 0, 1, 2, \ldots, 9$). Wir berechnen $\log \varrho_\nu = -\log r_\nu$ und machen Fourier-Analyse:

$$\log \varrho\,(\theta) \sim a_0 + \sum_{k=1}^{18} (a_k \cos k\theta + b_k \sin k\theta),$$

so daß jetzt das Spiegelbild der Innenkurve für alle Argumente θ bekannt ist. Wegen der vorausgesetzten Symmetrien ist hier $b_k = 0$ (alle k) und $a_k = 0$ (ungerade k), also

$$\log \varrho\,(\theta) \sim \sum_{s=0}^{9} a_{2s} \cos (s \cdot 2\theta).$$

Gespeichert werden nur die 10 Werte $a_0, a_2, a_4, \ldots, a_{18}$.

2. *Theodorsenverfahren.* Mit Hilfe des Theodorsenverfahrens wird nun $|\zeta| < 1$ in 0 normiert auf das Innere der Kurve $\varrho = \varrho\,(\theta)$ abgebildet: $z_0 = f(\zeta)$. Das Unterprogramm liefert:

   (i) Eine Ränderzuordnung $\theta = \theta_1(\varphi)$ an den Stellen $\varphi_\nu = \nu \cdot \dfrac{\pi}{18}$;

   (ii) die Randverzerrung $\theta_1(\varphi) - \varphi$ an den Stellen φ_ν;

   (iii) die Werte $\log \varrho\,(\theta_1(\varphi))$ an den Stellen φ_ν.

3. *Fourier-Analyse.* Durch Fourier-Analyse mit den Werten (iii) ermittle man (Symmetrie!)

$$\log \varrho\,(\theta_1(\varphi)) \sim \sum_{s=0}^{9} A_{2s} \cos (s \cdot 2\varphi).$$

Gespeichert werden die 10 Werte $A_0, A_2, A_4, \ldots, A_{18}$.

4. *Approximation des Moduls.* Wir erinnern an folgende Formel, die den Modul eines Ringgebiets [begrenzt von den sternigen Kurven $\varrho_i = \varrho_i(\theta)$ und $\varrho_a = \varrho_a(\theta)$] auf Grund der Ränderzuordnungen $\theta = \theta_i(\varphi)$ und $\theta = \theta_a(\varphi)$ bei konformer Abbildung auf einen Kreisring angibt [vgl. (3.14)]:

$$\log M = \frac{1}{2\pi} \int_0^{2\pi} [\log \varrho_a(\theta_a(\varphi)) - \log \varrho_i(\theta_i(\varphi))]\, d\varphi. \qquad (4.24)$$

Nimmt man hierin als Ringgebiet das Spiegelbild G_0^* von G_0, so ist $\varrho_i \equiv 1$, und wäre nun das Bild von G_0^* in der ζ-Ebene bereits ein konzentrischer Kreisring, so wäre $\log \varrho_a(\theta_a(\varphi)) = \log \varrho\,(\theta_1(\varphi))$, also

$$\log M = \frac{1}{2\pi} \int_0^{2\pi} \log \varrho\,(\theta_1(\varphi))\, d\varphi \sim A_0.$$

Als Approximation für M nehmen wir daher e^{A_0} mit A_0 aus 3. (1. Methode in Tab. 22).

5. *Bild von $|z_0| = 1$ in der ζ-Ebene.* Um es zu ermitteln, bräuchten wir an sich die Abbildung Gebiet → Kreis, während 2. die Abbildung Kreis → Gebiet liefert. Wir erinnern aber daran, daß das Bild von $|z_0| = 1$ jedenfalls unter der exakten Abbildung bezüglich $\zeta = 0$ sternig ist [vgl. 4.2,c)], so daß es für festes $\nu = 0, 1, 2, \ldots, 9$ genau ein $r = r'_\nu$ in $(0, 1)$ gibt, für das $|f(r'_\nu e^{i\varphi_\nu})| = 1$ ist $\left(\text{wieder } \varphi_\nu = \nu \cdot \dfrac{\pi}{18}\right)$. Dieses r'_ν bestimmen wir wie folgt.

Wir betrachten $\log \dfrac{f(\zeta)}{\zeta} = \log \left|\dfrac{f(\zeta)}{\zeta}\right| + i \arg \dfrac{f(\zeta)}{\zeta} = u(\zeta) + i v(\zeta)$ in $|\zeta| \leq 1$; $v(0) = 0$. Auf $|\zeta| = 1$ ist approximativ

$$u(\zeta) = \log \varrho(\theta_1(\varphi)) \sim \sum_{s=0}^{9} A_{2s} \cos(s \cdot 2\varphi),$$

also auf $|\zeta| = r' < 1$, wo $|f(\zeta)| = 1$ sein soll,

$$u(\zeta) \sim \sum_{s=0}^{9} A_{2s} \cos(s \cdot 2\varphi) r'^{2s} = \log \left|\dfrac{f(\zeta)}{\zeta}\right| = -\log r'.$$

Setzen wir $r'^2 = x$, so genügt das zu dem festen $\varphi = \varphi_\nu$ gehörige $x = r'^2_\nu$ der transzendenten Gleichung

$$\sum_{s=0}^{9} A_{2s} \cos(s \cdot 2\varphi) x^s + \frac{1}{2} \log x = 0 ; \tag{4.25}$$

dieses x ist eindeutig bestimmt in $(0, 1)$, wenn das Bild von $|z_0| = 1$ auch unter der genäherten Abbildung bezüglich $\zeta = 0$ sternig ist, was wir annehmen wollen. Die Lösung von (4.25) wurde für $\varphi = \varphi_\nu$ ($\nu = 0, 1, 2, \ldots, 9$) durch Einschachteln bestimmt, wobei im Versuch 17 Schachtelungen vorgenommen wurden, was die Lösung von (4.25) mit einem Fehler $< 10^{-5}$ garantiert. (Statt der Schachtelungen wäre das Newton-Verfahren wohl vorteilhafter gewesen.)

Für die 10 Werte φ_ν ergeben sich so die r'_ν, so daß jetzt in der ζ-Ebene ein neues Ringgebiet vorliegt, berandet von $|\zeta| = 1$ und einer Kurve, die diskret durch die r'_ν gegeben ist. Mit den Bezeichnungen von 4.2,a) ist sie eine Näherung für das Spiegelbild von C'_1. Ein Halbschritt ist damit ausgeführt, die Situation ist genau wie zu Beginn vor Schritt 1.

Bevor wir jedoch den nächsten Halbschritt ausführen, sind die gewonnenen Ränderzuordnungen zu speichern.

6. *Speicherung von $\theta_a(\varphi) - \varphi$.* Diese Funktion ist zu $\log \varrho(\theta_a(\varphi))$ konjugiert, $\theta_a(\varphi) - \varphi = K[\log \varrho(\theta_a(\varphi))]$, also gilt

$$\theta_a(\varphi) - \varphi \sim \sum_{s=0}^{9} A_{2s} \sin(s \cdot 2\varphi) ;$$

$\theta_a(\varphi) - \varphi$ wird durch $A_0, A_2, \ldots, A_{18}$ gespeichert, was schon in 3. geschehen war.

7. *Speicherung von* $\theta_i(\varphi) - \varphi$. Nimmt man in 5. $v(\zeta)$ für $\zeta_\nu = r'_\nu e^{i\varphi_\nu}$, so kommt

$$\theta_i(\varphi_\nu) - \varphi_\nu \sim \sum_{s=1}^{9} A_{2s} \sin(s \cdot 2\varphi_\nu) r'^{2s}_\nu \qquad (\nu = 0, 1, \ldots, 9);$$

nachfolgende Fourier-Analyse ergibt (Symmetrie!)

$$\theta_i(\varphi) - \varphi \sim \sum_{s=1}^{9} B_{2s} \sin(s \cdot 2\varphi).$$

Wir speichern die Zahlen $B_0 = 0$, B_2, B_4, $\ldots$, B_{16}, $B_{18} = 0$.

Im Experiment wurden bei jedem Halbschritt *gedruckt*:
(i) 10 Werte $\theta_a(\varphi_\nu)$ nach 5 Theodorsen-Iterationen;
(ii) 10 Werte A_{2s} von 3.;
(iii) e^{A_0} als Approximation des Moduls nach 4.;
(iv) 10 neue Werte r'_ν gemäß 5.;
(v) 10 Werte B_{2s} von 7.

Außerdem müssen *gespeichert* werden: die beiden Randverzerrungen $\theta_i(\varphi) - \varphi$ und $\theta_a(\varphi) - \varphi$ durch ihre Fourier-Koeffizienten. Die in 5. gewonnenen Werte r'_ν können sofort an die Plätze der Ausgangswerte r_ν gebracht werden und stehen dort für den nächsten Halbschritt bereit.

Insgesamt wurden 8 solche Halbschritte durchgeführt. Nimmt man nach einer geraden Zahl von Halbschritten an, das Bild sei ein konzentrischer Kreisring geworden, so erhält man durch Hintereinandersetzen passender Ränderzuordnungen die gesuchte Ränderzuordnung vom Kreisring auf G_0 approximativ, und dann daraus mit (4.24) erneut eine Approximation des Moduls M von G_0 (2. Methode in Tab. 22). In den Tab. 23 und 24 sind die gewonnenen Ränderzuordnungen angegeben;

Tabelle 22. *Ermittlung des Moduls von* G_0

	Nach 1 Iteration	Nach 2 Iterationen	Nach 3 Iterationen	Nach 4 Iterationen	Exakter Wert
1. Methode	2,16 653	2,16 615	2,16 615	2,16 616	2,16 619
2. Methode	2,17 056	2,16 630	2,16 611	2,16 610	2,16 619

Tabelle 23. *Äußere Ränderzuordnung*

ν	Nach 1 Iteration		Nach 2 Iterationen		Nach 3 Iterationen		Nach 4 Iterationen		Exakter Wert
	α_ν	rel. Fehler $^0/_{00}$	α_ν	rel. Fehler $^0/_{00}$	α_ν	rel. Fehler $^0/_{00}$	α_ν	rel. Fehler $^0/_{00}$	α_ν
1	0,145 98	8,1	0,144 85	0,3	0,144 80	0,0	0,144 79	0,1	0,144 80
2	0,295 05	7,7	0,292 85	0,2	0,292 76	0,1	0,292 74	0,1	0,292 78
3	0,450 08	7,2	0,446 97	0,2	0,446 83	0,1	0,446 83	0,1	0,446 88
4	0,613 48	6,3	0,609 75	0,2	0,609 59	0,0	0,609 58	0,1	0,609 62
5	0,786 86	5,2	0,782 88	0,2	0,782 71	0,1	0,782 70	0,1	0,782 75
6	0,970 74	4,0	0,967 05	0,1	0,966 88	0,0	0,966 87	0,0	0,966 91
7	1,164 37	2,6	1,161 49	0,1	1,161 37	0,0	1,161 36	0,0	1,161 38
8	1,365 50	1,2	1,363 94	0,0	1,363 86	0,0	1,363 85	0,0	1,363 88

Tabelle 24. Innere Ränderzuordnung

ν	Nach 1 Iteration β_ν	rel. Fehler $^0/_{00}$	Nach 2 Iterationen β_ν	rel. Fehler $^0/_{00}$	Nach 3 Iterationen β_ν	rel. Fehler $^0/_{00}$	Nach 4 Iterationen β_ν	rel. Fehler $^0/_{00}$	Exakter Wert β_ν
1	0,113 03	20,4	0,110 88	1,1	0,110 79	0,3	0,110 78	0,2	0,110 76
2	0,230 53	20,2	0,226 25	1,3	0,226 05	0,4	0,226 05	0,4	0,225 96
3	0,357 01	18,9	0,350 70	0,9	0,350 42	0,1	0,350 41	0,1	0,350 39
4	0,497 60	16,9	0,489 48	0,2	0,489 10	0,6	0,489 09	0,6	0,489 38
5	0,658 55	14,8	0,649 13	0,3	0,648 70	0,4	0,648 67	0,5	0,648 98
6	0,845 59	12,1	0,835 90	0,5	0,835 46	0,0	0,835 45	0,0	0,835 47
7	1,062 24	8,3	1,053 95	0,5	1,053 56	0,1	1,053 53	0,0	1,053 48
8	1,307 35	5,2	1,302 44	0,2	1,302 22	0,0	1,302 20	0,0	1,302 19

man sieht, daß schon nach 2 Komatu-Schritten der relative Fehler von $\theta(\varphi)$ weniger als $2^0/_{00}$ ist. (Bei den Angaben in [117] war ein fehlerhaftes log-Programm verwendet worden.)

Unser Programm ist für jedes Gebiet G_0 geeignet, welches außen von $|z_0| = 1$ und innen von einer Kurve C_0 berandet ist, die zur reellen und imaginären Achse symmetrisch ist, und die überdies die Konvergenzbedingung des Theodorsenverfahrens erfüllt. *Einzugeben sind insgesamt*:

   (i) 10 Werte r_ν ($\nu = 0, 1, 2, \ldots, 9$);

   (ii) Anzahl der gewünschten Theodorsen-Iterationen für Schritt 2;

   (iii) Anzahl der gewünschten Schachtelungen in 5.

Der Eingabestreifen enthält also lediglich 12 Daten. Die Rechnung wurde auf einer Zuse Z 22 ausgeführt (Multiplikationszeit 50 msec). Dabei dauerte die Lösung einer Gleichung (4.25) etwa 50 sec, der 5. Schritt also $8\frac{1}{2}$ min, und ein Halbschritt insgesamt 24 min, so daß 4 Komatu-Iterationen etwas mehr als 3 Std in Anspruch nahmen. Die Ermittlung der Ränderzuordnungen nach 1, 2, 3 und 4 Iterationen dauerte insgesamt weitere 55 min. Das Programm umfaßte etwa 640 Befehle zuzüglich 360 Befehle in Bibliotheksprogrammen. Hinzu kommen für die Berechnung der Ränderzuordnungen durch Hintereinanderschalten weitere 150 Befehle.

Tabelle 25. *Ermittlung der Ränderzuordnungen im elektrolytischen Trog*

	Innen-Innen	Außen-Außen
0°	0	0
10°	0,0986	0,1303
20°	0,2141	0,2734
30°	0,3398	0,4355
40°	0,4782	0,5943
50°	0,6385	0,7665
60°	0,8351	0,9585
70°	1,0632	1,1601
80°	1,3078	1,3622
90°	1,5708	1,5708

Interessant ist schließlich noch, daß für das vorliegende Beispiel Modul und $\theta(\varphi)$ auch im elektrolytischen Trog gemessen wurden (Institut für Elektrotechnik, TH Stuttgart). Ein Viertel von G_0 war auf etwa 1 qm dargestellt; Höhe des Elektrolyten etwa 5 mm. Aus dem Ohmschen

Widerstand des Elektrolyten zwischen Innen- und Außenrand ergab sich der Modul zu $e^{0,770} = 2{,}158$; die abgetasteten Feldlinien lieferten die Ränderzuordnungen gemäß Tab. 25.

4.5. Konforme Abbildung auf ein Vollkreisgebiet

Wir kommen nun zu dem am Anfang dieses Paragraphen erwähnten Problem, ein n-fach zusammenhängendes Gebiet G_0 ($\infty \in G_0$) durch $w = f(z_0)$ konform und normiert auf ein Vollkreisgebiet V abzubilden; „normiert" soll hier und im folgenden heißen, daß $f(z_0)$ in ∞ die Entwicklung $f(z_0) = z_0 + \dfrac{a_1}{z_0} + \cdots$ hat. Dieses Problem ist wichtig in der Aerodynamik (Fall $n = 2$ bei Doppeldecker, Flügel mit Klappe, Tragflügel in Erdbodennähe) und wurde auch dort zuerst praktisch angegriffen. DUPONT [80] und SCHMITT [376] studieren die Abbildung von V ($n = 2$) vermöge zweier hintereinandergeschalteter Joukowski-Abbildungen, während das wichtigere Umkehrproblem $G_0 \to V$ (wieder Fall $n = 2$) zuerst bei LÖSCH ([262], S. 25) durch einige Schritte des iterierenden Verfahrens (s. unten) behandelt ist. Nach geleisteter Vollkreisabbildung ist das Strömungsproblem reduziert auf die Umströmung zweier Kreise, welche in den Arbeiten von LAGALLY [236], LAMMEL [238], GARRICK ([127], S. 22—24) und SPRAGLIN ([394], S. 4—8) ausführlich dargelegt ist. Die Umströmung endlich vieler Kreise studiert LEGENDRE [245], und das Dirichletsche Problem für ein allgemeines Vollkreisgebiet behandelt GOLUSIN [141].

a) Schilderung der beiden Koebeschen Verfahren. Zur Herstellung der Vollkreisabbildung stehen zwei Methoden zur Verfügung: das „iterierende Verfahren" (KOEBE [201], [203]; s. a. Enzyklopädie [257], S. 319) und das „Iterationsverfahren" (KOEBE [206], insbesondere S. 288—296). Ziel beider Verfahren ist es, aus G_0 Bilder G_m herzustellen, die oft spiegelungsfähig sind.

Iterierendes Verfahren. Die Ränder von G_0 seien $C_i^{(0)}$ ($i = 1, 2, \ldots, n$). Der erste Schritt $z_1 = h_1(z_0)$ bildet das ganze Äußere von $C_1^{(0)}$ auf das Äußere eines durch die Normierung von h_1 in ∞ wohlbestimmten Kreises $C_1^{(1)}$ ab; $C_i^{(0)}$ gehen in $h_1(C_i^{(0)}) = C_i^{(1)}$ über und begrenzen G_1, was über $C_1^{(1)}$ einmal spiegelungsfähig ist. Beim zweiten Schritt wird dieselbe Operation auf das Äußere von $C_2^{(1)}$ angewendet, $C_i^{(1)}$ gehen in $C_i^{(2)}$ über und begrenzen G_2. Dabei verliert $C_1^{(1)}$ seine Kreisgestalt, jedoch bleibt die Spiegelungsfähigkeit von G_2 über $C_2^{(2)}$ erhalten, während die über $C_2^{(2)}$ neu hinzukommt. Nach n Schritten liegt G_n vor, begrenzt von $C_i^{(n)}$, und beim $(n+1)$-ten Schritt ist das ganze Äußere von $C_1^{(n)}$ durch $z_{n+1} = h_{n+1}(z_n)$ konform und normiert auf das Äußere eines Kreises $C_1^{(n+1)}$ abzubilden; wir setzen $h_{n+1}(G_n) = G_{n+1}$, $h_{n+1}(C_i^{(n)}) = C_i^{(n+1)}$. Und so fort. Nach m solchen konformen Abbildungen *einfach* zusammenhängender Gebiete erhalten wir durch Hintereinanderschalten die m-te Iteration:

$$f_m(z_0) = h_m \ldots h_2 h_1(z_0) \qquad (z_0 \in G_0; \, m \geq 1) \, . \quad (4.26)$$

Auch die $f_m(z_0)$ sind in ∞ normiert. Ihre Konvergenz gegen die gesuchte Vollkreisabbildung $f(z_0)$ studieren wir in **b)**.

Iterationsverfahren. Es liegt nahe, durch Einschalten einer Spiegelung zwischen je zwei konforme Abbildungen die Spiegelungsfähigkeit von G_m, die sich wie in 4.2,**b)** als entscheidend für die Konvergenz erweisen wird, noch weiter zu erhöhen. Beim ersten Schritt werde das ganze Äußere von $C_1^{(0)}$ konform und in ∞ normiert auf das Äußere eines Kreises $K^{(1)}$ abgebildet, $z_1 = h_1(z_0)$, sodann $G_1 = h_1(G_0)$ an $K^{(1)}$ gespiegelt und $K^{(1)}$ wieder gelöscht. Neue Ränder sind $C_i^{(1)} = h_1(C_{i+1}^{(0)})$ ($i = 1, 2, \ldots, n-1$) und deren Spiegelbilder an $K^{(1)}$: $C_i^{(1)}$ als Spiegelbild von $C_{i-n+1}^{(1)}$ ($i = n, n+1, \ldots, 2n-2$). Diese $C_i^{(1)}$ beranden ein gegenüber G_1 erweitertes Gebiet, auf welches wieder die vorige Operation (bezüglich $C_1^{(1)}$) angewendet werden muß. Nach m Schritten ergibt sich die m-te Iteration als

$$f_m(z_0) = h_m \ldots h_2 h_1(z_0) \qquad (z_0 \in G_0; \, m \geq 1) \, . \quad (4.27)$$

b) Konvergenz der Verfahren. Hier stützen wir uns auf den folgenden

Satz 4.9. *Das Vollkreisgebiet V der w-Ebene, begrenzt von den Kreisen $K_i (i = 1, 2, \ldots, n)$, sei durch $z = g(w)$ konform und in ∞ normiert auf das n-fach zusammenhängende Gebiet G der z-Ebene abgebildet. Die Ränder von V und G seien in $|w| \leq R$ bzw. $|z| \leq R$ gelegen, und G sei N-mal allseitig spiegelungsfähig ($N \geq 1$). Weiter sei $D = \mathrm{dist}(V, \bigcup_i K_i^{(1)})$, wenn $K_i^{(1)}$ die durch einmalige Spiegelung von V an allen Kreisen K_i entstehenden $n(n-1)$ neuen Kreise sind. Schließlich seien die Kreise K_i durch n Jordankurven Γ_i umschlossen, so daß K_i und Γ_i n fremde Ringgebiete von den Moduln $M_i (> 1)$ beranden, und $M = \min_i M_i$ gesetzt.*

Dann gilt mit der Konstanten $K(M)$ aus (4.9)

$$|g(w) - w| \leq \frac{\{4\pi + K(M) \, M^2\} R^2}{4\sqrt{3} \, D} \cdot \frac{1}{M^{4N}} \quad (w \in V) \, . \quad (4.28)$$

Der Satz präzisiert die Tatsache, daß ein Gebiet hoher allseitiger Spiegelungsfähigkeit nahezu ein Vollkreisgebiet ist. Insbesondere ist ein Gebiet, das unendlich oft allseitig spiegelungsfähig ist, notwendig ein Vollkreisgebiet. Für den Beweis von Satz 4.9 verweisen wir auf GAIER ([116], S. 165); entscheidend sind die beiden Abschätzungen von Satz 4.2.

Für die Anwendung auf die Konvergenz der Koebeschen Verfahren nehmen wir zunächst an, alle Ränder $C_i^{(0)}$ von G_0 seien in $|z_0| \leq R$ gelegen. Dann liegen alle Ränder von $G_m = f_m(G_0)$ und von $V = f(G_0)$ in $|z_m| \leq 2R$ bzw. $|w| \leq 2R$ (z. B. GOLUSIN [143], S. 178). Ist nämlich z. B. η_0 nicht in

$$f_m(|z_0| > R), \quad \text{so ist} \quad \Phi(\zeta) = \frac{R}{f_m\left(\dfrac{R}{\zeta}\right) - \eta_0} = \zeta\left(1 + \frac{\eta_0}{R}\zeta + \cdots\right) \text{ in } |\zeta| < 1$$

schlicht, also nach dem bekannten Koeffizientensatz $\left|\dfrac{\eta_0}{R}\right| \leq 2$. Zweitens zeichnen wir um jede Randkomponente $C_i^{(0)}$ von G_0 eine Jordankurve γ_i, so daß die von $C_i^{(0)}$ und γ_i berandeten Ringgebiete mit den Moduln M_i fremd sind; ferner sei $M = \min_i M_i$. Schließlich ist D wie in Satz 4.9 erklärt. Die Anwendung dieses Satzes auf $g(w) = f_m f^{-1}(w)$ $(w \in V = f(G_0))$ mit $\Gamma_i = f(\gamma_i)$ liefert dann eine Abschätzung für $|g(w) - w| = |f_m(z_0) - f(z_0)|$:

Satz 4.10. *Ist $f_m(z_0)$ eine der Koebeschen Iterationen (4.26) oder (4.27), und $G_m = f_m(G_0)$ N-mal allseitig spiegelungsfähig $(N \geq 1)$, so gilt die Fehlerabschätzung*

$$|f_m(z_0) - f(z_0)| \leq \frac{\{4\pi + K(M)\, M^2\}\, R^2}{\sqrt{3}\, D} \cdot \frac{1}{M^{4N}} \quad (z_0 \in G_0) . \quad (4.29)$$

Dabei ist $K(M)$ wieder die Konstante aus (4.9). Als einzige Größe ist D nicht a priori aus der Geometrie von G_0 zu ermitteln, doch sind hierüber Untersuchungen im Gang. — Satz 4.10 stammt von GAIER ([116], S. 167). Eine erste Fehlerabschätzung, auf den Fall $n = 2$ beschränkt, hatte vorher HÜBNER angegeben (unveröffentlicht), während sich die zahlreichen, zum Teil schwer lesbaren Arbeiten KOEBEs mit Konvergenzaussagen im Innern von G_0 begnügen. Daß auch Randkonvergenz vorliegt, bemerkt erstmals GRÖTZSCH ([153], S. 575).

Für die Anwendung von (4.29) ist noch die allseitige Spiegelungsfähigkeit $N = N(m)$ von G_m zu ermitteln, wobei wir den ungünstigsten Fall betrachten, daß G_0 selbst nicht spiegelungsfähig ist. *Für das iterierende Verfahren ist $N(m) = \left[\dfrac{m-1}{n-1}\right]$*. Um dies zu sehen, sei das Gebiet G_{m-1} in der z_{m-1}-Ebene über seine Ränder $C_i^{(m-1)}$ hinein $S_i^{(m-1)}$-mal allseitig spiegelungsfähig. Beim m-ten Schritt werde $C_{i_0}^{(m-1)}$ auf einen Kreis abgebildet. Dabei bleiben die Spiegelungen über $C_i^{(m-1)}$ $(i \neq i_0)$ erhalten, d. h. $S_i^{(m)} = S_i^{(m-1)}$ $(i \neq i_0)$, während G_m über $C_{i_0}^{(m)}$ hinein $(1 + \min_{i \neq i_0} S_i^{(m-1)})$-mal allseitig spiegelungsfähig ist. Also gilt die Rekursion

$$S_i^{(m)} = S_i^{(m-1)} \; (i \neq i_0), \quad S_{i_0}^{(m)} = 1 + \min_{i \neq i_0} S_i^{(m-1)} \quad (m = 1, 2, \ldots),$$

wobei $S_i^{(0)} = 0$ ist. Unser Gebiet G_m ist dann genau $N(m) = \min_i S_i^{(m)}$-mal allseitig spiegelungsfähig, und dies ergibt $N(m) = \left[\dfrac{m-1}{n-1}\right]$, die größte ganze Zahl $\leq \dfrac{m-1}{n-1}$.

Für das *Iterationsverfahren* ist $N(m)$ nicht so einfach zu ermitteln. Zwar wird auch hier die Spiegelungsfähigkeit von G_m laufend erhöht

$(N(m) \nearrow \infty)$, doch wirkt sich die Tatsache erschwerend aus, daß infolge der eingeschalteten Spiegelungen auch die Anzahl der durch konforme Abbildung wegzuschaffenden Ränder exponentiell wächst. $N(m)$ wächst daher im allgemeinen langsamer als beim iterierenden Verfahren. Eine Ausnahme bildet der Fall $n = 2$. Hier sind stets zwei Ränder vorhanden, und man stellt durch Rekursion leicht fest, daß $N(m) = \dfrac{2^{m+1} + (-1)^m - 3}{6}$ ($m \geq 1$) ist, wogegen sich für das iterierende Verfahren lediglich $N(m) = m - 1$ ergibt. Hier lohnt sich also der zusätzliche Aufwand, den das Iterationsverfahren erfordert; für $n \geq 3$ ist vom praktischen Standpunkt aus das iterierende Verfahren vorzuziehen.

Wir bemerken noch, daß man im Fall $n = 2$ in (4.29) $M = $ (Modul von $G_0)^{1/2}$ nehmen kann. Man wähle $\gamma_1 = \gamma_2$ als Niveaulinie zwischen $C_1^{(0)}$ und $C_2^{(0)}$.

c) Faktorisierung der Vollkreisabbildung. Durch Verwendung der Koebeschen Ideen ist es möglich, die Abbildung $w = f(z_0)$ von G_0 auf das Vollkreisgebiet V zu faktorisieren:

$$f(z_0) = F_n \ldots F_2 F_1(z_0) \qquad (z_0 \in G_0), \quad (4.30)$$

wobei die F_i genau n normierte konforme Abbildungen einfach zusammenhängender Gebiete sind; reine Existenzaussage wieder bei Erohin ([86], S. 1155). Zur Gewinnung von $F_1(z_0)$ wenden wir das Koebesche Iterationsverfahren „nur innerhalb der ersten Randkomponente" an, d. h. bei der Durchführung des Iterationsverfahrens unterlassen wir diejenigen Schritte, die die konforme Abbildung des Äußern einer Kurve erfordern, welche außerhalb des jeweiligen Bildes von $C_1^{(0)}$ liegt. Dadurch entsteht eine Folge von Funktionen $f_m(z_0)$ mit den Eigenschaften:

(i) $f_m(z_0)$ liefert eine konforme Abbildung des ganzen Äußern von $C_1^{(0)}$;

(ii) die allseitige Spiegelungsfähigkeit von $f_m(G_0)$ über $f_m(C_1^{(0)})$ wächst monoton.

Wegen der Normierung in ∞ bilden die $f_m(z_0)$ außerdem eine normale Familie im ganzen Äußern von $C_1^{(0)}$, und jede Grenzfunktion $F_1(z_0)$ der $f_m(z_0)$ erfüllt entsprechend:

(i) $F_1(z_0)$ liefert eine konforme Abbildung des ganzen Äußern von $C_1^{(0)}$;

(ii) $F_1(G_0)$ ist über $F_1(C_1^{(0)})$ hinein unendlich oft allseitig spiegelungsfähig.

Wir setzen $F_1(G_0) = G_1$, $F_1(C_i^{(0)}) = C_i^{(1)}$, und wenden zur Gewinnung von F_2 das vorige Verfahren auf G_1, aber nur innerhalb der zweiten Randkomponente an. Dabei bleibt die Spiegelungsfähigkeit über die erste Randkomponente hinein erhalten, so daß $F_2(G_1)$ sowohl über $F_2(C_1^{(1)})$ als auch über $F_2(C_2^{(1)})$ hinein unendlich oft allseitig spiegelungsfähig ist, und F_2 ist eine konforme Abbildung des Äußern von $C_2^{(1)}$. Nach $n - 1$ Operationen ist $F_{n-1} \ldots F_2 F_1 (G_0)$ über $n - 1$ seiner Ränder hinein unendlich oft allseitig spiegelungsfähig. Bildet daher F_n das Äußere der letzten dieser Komponenten normiert auf das Äußere eines Kreises ab, so ist $F_n F_{n-1} \ldots F_2 F_1 (G_0) = G_n$ unendlich oft allseitig spiegelungsfähig, also ein Vollkreisgebiet. Dies beweist (4.30).

d) Bericht über ein Experiment. Im Herbst 1959 wurde vom Verf. ein Programm aufgestellt zur Vollkreisabbildung eines dreifach zusammenhängenden Gebiets mit Hilfe des iterierenden Verfahrens, worüber wir kurz berichten. Vorgegeben seien drei fremde Randkurven C_i $(i = 1, 2, 3)$ in der z-Ebene, von denen jede bezüglich eines „Zentrums" (x_i, y_i) durch 36 Radienwerte $r_i (\theta_\nu)$ $\left(\theta_\nu = \nu \cdot \dfrac{\pi}{18} ; \nu = 0, 1, 2, \ldots, 35 \right)$ dargestellt sei. Eine Symmetrie wird nicht angenommen; sie bliebe bei den Iterationen ohnehin nicht erhalten. Folgende Schritte sind auszuführen.

1. Fourier-Analyse der Werte $r_i (\theta_\nu)$ $(i = 2, 3)$, damit $r_i (\theta)$ für alle θ-Werte zur Verfügung steht. Für $r_1 (\theta)$ wird dies innerhalb des Theodorsenverfahrens in Schritt 2 gemacht.

2. Konforme, in ∞ normierte Abbildung $z = \Psi (w)$ von $|w - M| > R$ (M, R noch unbekannt) auf das Äußere von C_1; in der Bezeichnung von **a)** wäre dies h_1^{-1}. Dazu wird C_1 so verschoben, daß sein Zentrum (x_1, y_1) in den Nullpunkt fällt, und die verschobene Kurve am Einheitskreis gespiegelt, was $C_1': \varrho (\theta) = \dfrac{1}{r_1 (\theta)}$ in der ζ-Ebene ergebe. Mit Hilfe eines Programms „Theodorsenverfahren" für beliebige, auch unsymmetrische Kurven (55 sec pro Iteration auf dem ER 56) wird $|\omega| < 1$ auf das Innere von C_1' der ζ-Ebene abgebildet: $\zeta = \Phi (\omega)$. Das Programm liefert (vgl. Kap. II, § 3.5) die Werte $\theta (\varphi_\nu) - \varphi_\nu$ und $\log \varrho (\theta (\varphi_\nu))$, wo $\theta (\varphi)$ die Ränderzuordnung $\omega = e^{i \varphi} \to \zeta = \varrho (\theta) e^{i \theta}$ ist, und durch Fourier-Analyse die Koeffizienten A_k, B_k $(B_0 = B_{18} = 0)$ in

$$\log \varrho (\theta (\varphi)) \sim \sum_{k=0}^{18} (A_k \cos k \varphi + B_k \sin k \varphi) ,$$

$$\theta (\varphi) - \varphi \sim \sum_{k=1}^{18} (a_k \cos k \varphi + b_k \sin k \varphi) \quad (a_k = - B_k, b_k = A_k) ,$$

ferner als Näherung für $\zeta = \Phi (\omega)$

$$\zeta = \Phi (\omega) \sim \omega \cdot \exp \{ \sum_{k=0}^{18} c_k \omega^k \} \quad \text{mit} \quad c_k = A_k - i B_k \quad (k \geq 0)$$

(siehe (3.36) in Kap. II). Die a_k, b_k werden für später abgespeichert. Man rechnet nun leicht nach, daß sich aus der Normierung der $z \to w$-Abbildung in ∞ der Mittelpunkt M und der Radius R des gesuchten Bildkreises von C_1 ergeben zu $M = (x_1 + i y_1) - \bar{c}_1 e^{-c_0}$, $R = e^{-c_0}$, also ist

$$\Re M = x_1 - A_1 e^{-A_0} , \quad \Im M = y_1 - B_1 e^{-A_0} ; \quad R = e^{-A_0} .$$

Weiter gibt $\theta (\varphi)$ auch die Ränderzuordnung von $|w - M| = R$ nach C_1 an.

3. Als Bild eines Punktes $w = M + r e^{i\varphi}$ $(r > R)$ ergibt sich in der z-Ebene der Punkt $z = (x_1 + iy_1) + \varrho\, e^{i\theta}$ mit

$$\left.\begin{aligned}
\log \varrho &= \log \varrho\,(r, \varphi) \sim \log r + \sum_{k=1}^{18} (a_k \sin k\,\varphi - b_k \cos k\,\varphi) \left(\frac{R}{r}\right)^k \\
\theta &= \theta\,(r, \varphi) \sim \varphi + \sum_{k=1}^{18} (a_k \cos k\,\varphi + b_k \sin k\,\varphi) \left(\frac{R}{r}\right)^k .
\end{aligned}\right\} \quad (4.31)$$

4. Ermittlung der Bilder $C_2^{(1)}$, $C_3^{(1)}$ von C_2, C_3 in der w-Ebene durch Einschachteln. Zunächst ist es wichtig, neue Zentren für $C_2^{(1)}$ und $C_3^{(1)}$ zu finden. Wir nehmen dabei an, daß (x_2, y_2) jedenfalls innerhalb $C_2^{(1)}$ liegt. Durch Einschachteln werden die Zahlen ϱ_1, ϱ_2 so bestimmt, daß $\Psi((x_2 + iy_2) + \varrho_1)$ und $\Psi((x_2 + iy_2) - \varrho_2)$ auf C_2 liegen, und sodann $x_2^{(1)} = x_2 + \dfrac{\varrho_1 - \varrho_2}{2}$ als Realteil des Zentrums für $C_2^{(1)}$ genommen. Danach sucht man ϱ_3, ϱ_4 so, daß $\Psi((x_2^{(1)} + iy_2) + i\varrho_3)$ und $\Psi((x_2^{(1)} + iy_2) - i\varrho_4)$ auf C_2 liegen, und wählt $y_2^{(1)} = y_2 + \dfrac{\varrho_3 - \varrho_4}{2}$ als Imaginärteil des Zentrums von $C_2^{(1)}$. Die $w \to z$-Abbildung wird dabei stets durch (4.31) vermittelt. Nach Wahl des Zentrums von $C_2^{(1)}$ bestimmen wir nun die Zahlen $r_2^{(1)}(\theta_\nu)$ so, daß $\Psi((x_2^{(1)} + iy_2^{(1)}) + r_2^{(1)}(\theta_\nu)\,e^{i\theta_\nu})$ auf C_2 liegt $(\nu = 0, 1, 2, \ldots, 35)$, und zwar wiederum durch Einschachteln (Abfrage: Liegt Bild innerhalb C_2?). Im Experiment wurde 20mal geschachtelt. Entsprechendes Vorgehen bei C_3. Diese Operation ist sehr zeitraubend*, liefert jedoch die Kurven $C_2^{(1)}$ und $C_3^{(1)}$ wieder durch Angabe von Zentrum und den Radienwerten für 36 äquidistante Argumente. Gleichzeitig ergeben sich die Zuordnungen $C_2^{(1)} \to C_2$ und $C_3^{(1)} \to C_3$; nach Fourier-Analyse werden die entsprechenden Fourier-Koeffizienten gespeichert.

Damit ist ein Schritt des iterierenden Verfahrens vollzogen, die 3 Ränderzuordnungen sind gespeichert, und die 3 neuen Kurven $C_i^{(1)}$ in derselben Form bekannt, wie die C_i gegeben waren. Wir transportieren diese Daten, so daß $C_2^{(1)}$ zur ersten, $C_3^{(1)}$ zur zweiten Kurve wird, und der nächste Schritt kann beginnen.

In unserem Experiment war C_1 eine Ellipse, Mittelpunkt in O und Halbachsen $\dfrac{7}{6}$ und $\dfrac{5}{6}$, während C_2: $|z - 3| = 1$ und C_3: $|z + 2i| = \dfrac{1}{2}$ gewählt waren. Nach 4 Schritten des iterierenden Verfahrens ergab sich folgendes Bild:

Tabelle 26. *Iterierendes Verfahren für dreifach zusammenhängendes Gebiet*

	Kreisgestalt	Mittelpunkt (x; y)	Radius
$C_1^{(4)}$	exakt	0,001 129; 0,000 279	1,000 269
$C_2^{(4)}$	Abweichung $< 3 \cdot 10^{-6}$	2,936 247; 0,000 061	1,019 703
$C_3^{(4)}$	Abweichung $< 10^{-6}$	0,000 589; —2,084 746	0,481 505

* Diese Schwierigkeit der Ermittlung der Bilder von C_2 und C_3 wäre nicht aufgetreten, wenn an Stelle des Verfahrens von THEODORSEN ein anderes (etwa das von Kap. IV, § 1) zur Verfügung gewesen wäre, das die Abbildung Gebiet → Kreis leistet.

Man sieht, daß die $C_i^{(4)}$ nahezu ein Vollkreisgebiet beranden. Das Programm für den Stuttgarter ER 56 (Multiplikationszeit 2 msec) erforderte 620 Befehle zuzüglich 400 Befehle für Unterprogramme, außerdem eine größere Zahl von Plätzen zur Speicherung von Daten. Ein Iterationsschritt dauerte 2 Std 50 min, der ganze Versuch einschließlich Ermittlung der Ränderzuordnung von der 4. Ebene (Vollkreisgebiet) zur z-Ebene etwa $11^1/_2$ Std. Ein Vergleich mit der exakten Vollkreisabbildung ist in diesem Fall leider nicht möglich. Das aufgestellte Programm kann nach leichter Modifikation zur konformen Abbildung n-fach zusammenhängender Gebiete ($n > 3$) verwendet werden.

4.6. Konforme Abbildung auf Schlitz- und Lemniskatengebiete

Wir beschränken uns bei den Schlitzabbildungen auf den Fall der Parallelschlitzgebiete; bezüglich des ganz entsprechenden Vorgehens zur iterativen Gewinnung von Radial-, Kreisbogen- und Ellipsenschlitzabbildungen verweisen wir auf GRÖTZSCH [150] und [153].

a) Iterationsverfahren zur Gewinnung der ϑ-Schlitzabbildung. Gegeben sei ein n-fach zusammenhängendes Gebiet $G = G_0$ ($\infty \in G_0$) mit den Rändern $C_i = C_i^{(0)}$ ($i = 1, 2, \ldots, n$), die in $|z_0| \leq R$ gelegen seien. Wir sagen, die ϑ-*Breite* eines Randkontinuums $C_i^{(0)}$ sei d, wenn d die Breite des kleinsten, $C_i^{(0)}$ enthaltenden Parallelstreifens in ϑ-Richtung ist. Gesucht ist die konforme, in ∞ normierte Abbildung

$$w = f(z_0) = z_0 + \frac{a_1}{z_0} + \frac{a_2}{z_0^2} + \cdots \qquad (z_0 \in G_0)$$

von G_0 auf ein Gebiet S_ϑ, dessen Ränder n parallele Schlitze in ϑ-Richtung sind. GRÖTZSCH ([151], S. 34—35) und später GOLUSIN [142] schlagen dazu folgendes Iterationsverfahren vor, durch das dieses Problem wieder auf eine Folge konformer Abbildungen einfach zusammenhängender Gebiete reduziert wird. Zuerst bilde man das ganze Äußere einer Randkomponente von G_0 von größter ϑ-Breite d_0 konform und in ∞ normiert auf das ganze Äußere eines ϑ-Schlitzes ab: $z_1 = h_1(z_0)$, und setze $G_1 = h_1(G_0)$, $C_i^{(1)} = h_1(C_i^{(0)})$. Sodann suche man eine Randkomponente von G_1 mit größter ϑ-Breite d_1, und bilde deren Äußeres auf das Äußere eines ϑ-Schlitzes ab: $z_2 = h_2(z_1)$. Durch Hintereinanderschalten von m solchen Abbildungen erhält man die m-te Iteration

$$z_m = f_m(z_0) = h_m h_{m-1} \ldots h_2 h_1(z_0) \qquad (z_0 \in G_0; m \geq 1).$$

Auch f_m ist in $z_0 = \infty$ normiert, und man findet für die Koeffizienten der (-1)-ten Potenz die Beziehung

$$a_1[f_m] = \sum_{k=1}^{m} a_1[h_k]. \qquad (4.32)$$

Weiter ist wegen der Normierung von f_m in ∞ der Rand von $G_m = f_m(G_0)$ in $|z_m| \leq 2R$ gelegen (siehe 4.5,b)), und $f_m(|z_0| = r)$ ($r > R$) liegt in $|z_m| \leq 2r$.

Die Cauchysche Formel liefert

$$|a_1[f_m]| \leq 2R^2.$$

b) Konvergenz des Verfahrens. Um $f_m(z_0) \to f(z_0)$ $(m \to \infty;\; z_0 \in G_0)$ zu beweisen, knüpfen wir nicht wie bei der Vollkreisabbildung an die Erhöhung der Spiegelungsfähigkeit von G_m an, sondern an das Verhalten von $a_1[h_m]$. Zunächst folgender vorbereitende

Satz 4.11. *Es sei D ein einfach zusammenhängendes Gebiet der z-Ebene mit $\infty \in D$, dessen Rand C in $|z| \leq R$ liegt und die ϑ-Breite $d \geq 0$ hat, und es sei $w = f(z) = z + \dfrac{a_1}{z} + \cdots$ die eindeutig bestimmte konforme Abbildung von D auf ein ϑ-Schlitzgebiet der w-Ebene.*

a) Dann gilt $\Re\{a_1 e^{-2i\vartheta}\} \geq 0$, wobei das Gleichheitszeichen genau dann steht, wenn D selbst ein ϑ-Schlitzgebiet ist.

b) Genauer gilt $\Re\{a_1 e^{-2i\vartheta}\} \geq p(R, d)$ mit einer von D unabhängigen Funktion $p = p(R, d)$, die

$$p(R, d) \geq 0, \quad p(R, d) > 0 \quad \text{für} \quad d > 0$$

erfüllt.

Beweis. Es sei B der Mittelpunkt des ϑ-Schlitzes in der w-Ebene, $4A$ seine Länge. Dann ist zunächst

$$A \leq R, \tag{4.33}$$

da das Bild von C wieder in $|w| \leq 2R$ liegt (vgl. 4.5,b)), und es bildet

$$w = A(\omega + e^{2i\vartheta}\omega^{-1}) + B$$

$|\omega| > 1$ konform auf das ϑ-Schlitzgebiet ab. Der $\omega \to z$-Zusammenhang ist

$$z = f^{-1}(w) = w - \frac{a_1}{w} + \cdots = A\omega + B + \left(A e^{2i\vartheta} - \frac{a_1}{A}\right) \cdot \frac{1}{\omega} + \cdots,$$

also

$$\frac{z - B}{A} = \omega + \left(e^{2i\vartheta} - \frac{a_1}{A^2}\right) \cdot \frac{1}{\omega} + \cdots$$

$$= \omega + \sum_{k=1}^{\infty} \alpha_k \omega^{-k} \qquad (|\omega| > 1). \tag{4.34}$$

Nach dem Flächensatz (z. B. BIEBERBACH [36], S. 72—73) ist $\sum\limits_{k=1}^{\infty} k\,|\alpha_k|^2 \leq 1$.

a) Daraus folgt zunächst $|\alpha_1| \leq 1$, also

$$\left|1 - \frac{a_1 e^{-2i\vartheta}}{A^2}\right| \leq 1 \tag{4.35}$$

und somit $\Re\{a_1 e^{-2i\vartheta}\} \geq 0$. Aus $\Re\{a_1 e^{-2i\vartheta}\} = 0$ folgt mit (4.35) weiter $a_1 = 0$ und $|\alpha_1| = 1$, also $\alpha_k = 0$ $(k > 1)$ und damit $z = A\omega + B + {}$ $+ A e^{2i\vartheta}\omega^{-1} = w$.

b) Der Beweis hierzu kann durch Betrachtung einer normalen Familie auf a) reduziert werden. Wir verschärfen statt dessen den vorigen Beweisgang und erhalten dadurch eine konkrete Aussage über $p(R, d)$. Bei GRÖTZSCH ([151], S. 30—33) wird dies mit seiner Flächenstreifenmethode versucht.

Es sei D kein ϑ-Schlitzgebiet, also $d > 0$, und $\Re\{a_1 e^{-2i\vartheta}\} = p > 0$. Dann folgt aus $\sum\limits_{k=1}^{\infty} k |\alpha_k|^2 \leq 1$ und (4.35)

$$\left|\frac{a_1}{A}\right| \leq \sqrt{2p} \quad \text{und} \quad |\alpha_1|^2 \geq 1 - \frac{2p}{A^2},$$

also

$$\sum_{k=2}^{\infty} k |\alpha_k|^2 \leq 1 - |\alpha_1|^2 \leq \frac{2p}{A^2}. \tag{4.36}$$

Wir suchen nun die ϑ-Breite des Bildes C_ϱ von $|\omega| = \varrho > 1$ unter der Abbildung (4.34), d. h. wenn

$$z = (A\omega + B + A e^{2i\vartheta} \omega^{-1}) - \frac{a_1}{A} \omega^{-1} + A \sum_{k=2}^{\infty} \alpha_k \omega^{-k}.$$

Der erste Term bildet $|\omega| = \varrho$ auf eine Ellipse der ϑ-Breite $2A\left(\varrho - \dfrac{1}{\varrho}\right)$ ab, während wir den Rest mit der Schwarzschen Ungleichung und danach mit (4.36) abschätzen:

$$|\text{Rest}| \leq \left(\left|\frac{a_1}{A}\right|^2 + \sum_{k=2}^{\infty} k A^2 |\alpha_k|^2\right)^{1/2} \left(\sum_{k=1}^{\infty} \frac{\varrho^{-2k}}{k}\right)^{1/2}$$

$$\leq 2\sqrt{p} \left[\log \varrho^2 - \log(\varrho^2 - 1)\right]^{1/2}.$$

Da C innerhalb C_ϱ liegt, ist seine ϑ-Breite d höchstens

$$2A(\varrho^2 - 1) + 4\sqrt{p} \left[\log \varrho^2 - \log(\varrho^2 - 1)\right]^{1/2} \quad (\varrho > 1, \text{beliebig}).$$

Wählt man $\varrho^2 = 1 + \sqrt{2p}$ und beachtet (4.33), so kommt schließlich

$$d \leq 2R\sqrt{2p} + 4\sqrt{p} \left(\sqrt{2p} - \log\sqrt{2p}\right)^{1/2}. \tag{4.37}$$

Darin ist insbesondere b) enthalten, und Satz 4.11 ist bewiesen.

Nun ist $f_m \to f$ vollends leicht zu zeigen. Infolge (4.32) ist

$$\Re\{a_1[f_m] e^{-2i\vartheta}\} = \sum_{k=1}^{m} \Re\{a_1[h_k] e^{-2i\vartheta}\} \qquad (m \geq 1);$$

die Reihenglieder sind nach Satz 4.11 a) alle ≥ 0, und die linke Seite wegen $|a_1[f_m]| \leq 2R^2$ beschränkt. Also strebt $\Re\{a_1[h_m] e^{-2i\vartheta}\} \to 0$ $(m \to \infty)$, so daß infolge (4.37) die größte ϑ-Breite d_m der Randkomponenten von G_m ebenfalls $\to 0$ strebt mit $m \to \infty$. Der Kern jeder konvergenten Teilfolge $\{G_{m'}\}$ von $\{G_m\}$ ist daher ein ϑ-Schlitzgebiet, und da eine normierte konforme Abbildung zwischen zwei solchen Schlitzgebieten notwendig die Identität ist, kann $\{G_m\}$ keine zwei Teilfolgen mit verschiedenen

Kernen besitzen. Also konvergiert die Gesamtfolge $\{G_m\}$ gegen ein ϑ-Schlitzgebiet und damit $\{f_m(z_0)\}$ gegen $f(z_0)$ $(z_0 \in G_0; \ m \to \infty)$. Man sieht leicht (Grötzsch [153], S. 576), daß die Konvergenz sogar gleichmäßig in $\overline{G}_0$ ist, wenn die $C_i^{(0)}$ Jordankurven sind. — Im Sonderfall $n = 2$ läßt sich zeigen, daß die ϑ-Breiten d_m monoton gegen 0 streben, wobei $d_m \leqq q^m d_0$ gilt für ein $q < 1$ (vgl. Lind [260a], S. 559).

Wir bemerken noch, daß nicht bekannt ist, ob das analoge Iterationsverfahren zur Gemischtschlitzabbildung ($n = 2$: ein Horizontalschlitz, ein Vertikalschlitz) konvergiert.

c) Konforme Abbildung auf Lemniskatengebiete. Im Anschluß an die Entwicklungen in 4.3,b) und c) beweisen wir (nach Landau [243]) folgenden Satz von Walsh ([444], S. 129).

Satz 4.12. *Es sei G $(\infty \in G)$ ein n-fach zusammenhängendes Gebiet der z-Ebene mit den Jordanrändern C_i $(i = 1, 2, \ldots, n)$. Dann gibt es eine konforme Abbildung $w = f(z)$ $(f(\infty) = \infty)$ von G auf ein Gebiet $\varDelta$ der w-Ebene, dessen Punkte w charakterisiert sind durch*

$$1 < |T(w)| < e^{\tau}, \quad T(w) = C \,\frac{(w - c_1)^{\alpha_1} \ldots (w - c_\mu)^{\alpha_\mu}}{(w - c_{\mu+1})^{\alpha_{\mu+1}} \ldots (w - c_n)^{\alpha_n}} \,,$$

wobei τ und $\alpha_i > 0$ sowie $\sum\limits_{i=1}^{\mu} \alpha_i = \sum\limits_{i=\mu+1}^{n} \alpha_i = 1$ ist. Die Ränder $C_i^* = f(C_i)$ $(i = 1, 2, \ldots, \mu; \ 0 < \mu < n)$ werden durch $|T(w)| = 1$ beschrieben, die Ränder $C_i^* = f(C_i)$ $(i = \mu + 1, \ldots, n)$ durch $|T(w)| = e^{\tau}$, und die c_i sind gewisse Punkte innerhalb C_i^*.

Dem Beweis schicken wir zwei Tatsachen über harmonische Funktionen voraus.

Hilfssatz 4.1. a) *Ist $u(z)$ in $|z| < \infty$ harmonisch und*

$$u(z) - A \log|z| \to B \qquad\qquad (|z| \to \infty)\,,$$

so ist $u(z) \equiv B$, insbesondere also $A = 0$.

b) *Ist $u(z)$ in $0 < |z| < r$ harmonisch und $u(z) \to +\infty$ $(|z| \to 0)$, so ist für eine Konstante $\alpha > 0$ $u(z) + \alpha \log|z|$ in $|z| < r$ harmonisch.*

Beweis. a) Es sei etwa $A \geqq 0$. Ist dann $v(z)$ eine Konjugierte zu $u(z)$, so lehrt der Satz von Liouville, auf $h(z) = e^{-(u(z)+i\,v(z))}$ angewandt, daß $h(z)$ und damit $u(z)$ konstant sein muß.

b) Es sei $v(z)$ eine Konjugierte zu $u(z)$, und $c > 0$ so gewählt, daß die Periode von $cv(z)$ beim Umlauf um $z = 0$ ein ganzes Vielfaches von 2π wird. Dann ist $h(z) = e^{-c\,(u(z)+i\,v(z))}$ in $0 < |z| < r$ eindeutig, regulär, und $|h(z)| \to 0$ $(|z| \to 0)$. Also hat $h(z)$ in $z = 0$ eine hebbare Singularität: $h(z) = A\,z^m(1 + o(1))$ mit $A \neq 0$, $m > 0$, somit $|h(z)| = e^{-cu(z)} = |A|\,|z|^m|1 +$ $+ o(1)|$. Daraus folgt b) mit $\alpha = \dfrac{m}{c}$.

Beweis von Satz 4.12. Zunächst werden n konforme Abbildungen H von der in Satz 4.7 genannten Art ausgeführt. Die dazu erforderlichen

Ringgebiete erklären wir folgendermaßen. Es sei $u(z)$ das harmonische Maß von $\bigcup\limits_{i=\mu+1}^{n} C_i$ bezüglich G, also $u(z)$ harmonisch in G und $\lim u(z) = 0$ $(z \to \bigcup\limits_{i=1}^{\mu} C_i)$, $\lim u(z) = 1$ $(z \to \bigcup\limits_{i=\mu+1}^{n} C_i)$. Um die C_i seien Niveaulinien Γ_i von $u(z)$ gezeichnet derart, daß von den C_i und Γ_i n fremde Ringgebiete R_i begrenzt werden. Im ersten Schritt wenden wir nun die Abbildung von Satz 4.7 auf das Ringgebiet R_1 an: $z_1 = H_1(z)$, hernach auf das Ringgebiet $H_1(R_2)$: $z_2 = H_2(z_1)$, usf. Nach n Schritten erhalten wir

$$w = f(z) = H_n H_{n-1} \ldots H_2 H_1(z) \qquad (z \in G) , \quad (4.38)$$

und wir behaupten, daß $f(z)$ die verlangte Abbildung leistet. Zunächst bildet $f(z)$ ganz G konform ab, und es ist $f(\infty) = \infty$. Das harmonische Maß $u(z)$ geht dabei in die innerhalb $\Delta = f(G)$ harmonische Funktion $v(w)$ über, für die $v(w) = 0$ $(w \in \bigcup\limits_{i=1}^{\mu} C_i^*)$ und $v(w) = 1$ $(w \in \bigcup\limits_{i=\mu+1}^{n} C_i^*)$ ist, $C_i^* = f(C_i)$, und die $R_i^* = f(R_i)$ werden wieder durch je zwei Niveaulinien von $v(w)$ begrenzt. Wichtig und *charakteristisch für* Δ ist nun, daß sämtliche R_i^* über ihre Innenränder C_i^* hinein unendlich oft spiegelungsfähig sind (Satz 4.7), wobei jeweils genau ein Punkt c_i innerhalb C_i^* ausgelassen wird. (Bei der Vollkreisabbildung ist das *ganze* Bildgebiet spiegelungsfähig, aber es werden unendlich viele Punkte ausgelassen, falls $n > 2$ ist.) Für das harmonische Maß $v(w)$ heißt das, daß $v(w)$ in das Innere von C_i^* hinein harmonisch fortgesetzt werden kann, wobei für $w \to c_i$

$$v(w) \to -\infty \ (i = 1, 2, \ldots, \mu) \ \text{ bzw. } \ v(w) \to +\infty \ (i = \mu+1, \ldots, n)$$

gilt. Nach Teil b) von Hilfssatz 4.1 ist daher mit Konstanten $\beta_i > 0$

$$v(w) - \sum_{i=1}^{\mu} \beta_i \log|w - c_i| + \sum_{i=\mu+1}^{n} \beta_i \log|w - c_i|$$

in der ganzen Ebene harmonisch, wobei $v(w) \to v(\infty)$ $(w \to \infty)$ gilt, und Teil a) des Hilfssatzes zeigt, daß dieser Ausdruck eine Konstante ist:

$$v(w) = \sum_{i=1}^{\mu} \beta_i \log|w - c_i| - \sum_{i=\mu+1}^{n} \beta_i \log|w - c_i| + B .$$

Vergleichen wir die Seiten für $|w| \to \infty$, so ergibt sich $\sum\limits_{i=1}^{\mu} \beta_i = \sum\limits_{i=\mu+1}^{n} \beta_i$, also mit $\alpha_i = \tau \beta_i$ für ein passendes $\tau > 0$:

$$\tau v(w) = \sum_{i=1}^{\mu} \alpha_i \log|w - c_i| - \sum_{i=\mu+1}^{n} \alpha_i \log|w - c_i| + \tau B, \ \sum_{i=1}^{\mu} \alpha_i = \sum_{i=\mu+1}^{n} \alpha_i = 1.$$

Für $w \in \Delta$ ist $0 < v(w) < 1$, also mit $|T(w)| = e^{\tau v(w)}$ gerade $1 < |T(w)| < e^{\tau}$, und auf den Bildern $C_i^*(i = 1, 2, \ldots, \mu)$ ist $v(w) = 0$, also $|T(w)| = 1$, während auf den C_i^* $(i = \mu + 1, \ldots, n)$ stets $v(w) = 1$, also $|T(w)| = e^\tau$ ist. Satz 4.12 ist bewiesen.

Aus (4.38) entnehmen wir überdies die Möglichkeit der Faktorisierung von f, und da die H_k iterativ ermittelbar sind, ist ein Weg zur Konstruktion von f aufgezeigt. Hinderlich ist allerdings, daß die Niveaulinien Γ_i nicht von vornherein bekannt sind. Auch der von WALSH und LANDAU diskutierte Fall, daß die Kurven $C_i (i > \mu)$ zu Punkten ausarten, kann so behandelt werden.

Wir erwähnen noch, daß man die n Folgen von konformen Abbildungen einfach zusammenhängender Gebiete, die in (4.38) stecken, ersetzen kann durch *eine* Folge von konformen Abbildungen einfach zusammenhängender Gebiete. Dazu hat man zuerst die Landausche Operation von **4.3,b)** auf das erste Ringgebiet R_1 anzuwenden: Abbildung des Äußeren von C_1 auf das Äußere eines Kreises K_1 durch $z_1 = h_1(z)$, und Spiegelung von $\Gamma_1^{(1)} = h_1(\Gamma_1)$ an K_1, was $C_1^{(1)}$ ergebe. Die neuen Ringgebiete der z_1-Ebene sind $R_1^{(1)}$ mit Rändern $C_1^{(1)}$ und $\Gamma_1^{(1)}$, sowie $R_i^{(1)} = h_1(R_i)$ $(i > 1)$. Beim zweiten Schritt tritt $R_2^{(1)}$ an die Stelle von R_1, usf. Die Funktionen

$$f_m(z) = h_m \ldots h_2 h_1(z) \qquad (z \in G;\, m \geq 1) \quad (4.39)$$

konvergieren dann gegen die Lemniskatenabbildung $f(z)$, und für die Geschwindigkeit der Konvergenz ist das Minimum der Moduln der Ringgebiete R_i maßgebend [vgl. **d)**].

d) Zusatz: Faktorisierung und iterative Gewinnung beliebiger schlichter Funktionen. Die in **c)** entwickelte Methode ist noch stark erweiterungsfähig. Wieder sei G $(\infty \in G)$ ein n-fach zusammenhängendes Gebiet, und $w = f(z)$ eine in G schlichte, in ∞ normierte Funktion, von der nur angenommen wird, daß das Bildgebiet $f(G)$ analytische Ränder C_i^* $(i = 1, 2, \ldots, n)$ besitze. Das Innere von C_i^* werde durch $w = \varphi_i(\omega)$ konform auf $|\omega| < 1$ abgebildet, und da $\varphi_i(\omega)$ über $|\omega| = 1$ hinaus schlicht fortsetzbar ist, kann man Zahlen $\varrho_i > 1$ finden so, daß $\varphi_i(\omega)$ in $|\omega| \leq \varrho_i$ schlicht ist und daß ferner die Ringgebiete $R_i^* = \varphi_i(1 < |\omega| < \varrho_i)$ in $f(G)$ enthalten sind.

Nun verwende man in **c)** statt R_i die Ringgebiete $f^{-1}(R_i^*)$ und führe die dort geschilderte Konstruktion aus. Nach HÜBNER ([174a], S. 47 und S. 56) ergibt sich dann folgendes: (i) Die Hintereinanderschaltung der n Funktionen H_i gemäß (4.38) liefert die Faktorisierung von f; (ii) die gemäß (4.39) gebildeten Iterationen $f_m(z)$ konvergieren gegen $f(z)$, und es gilt

$$|f(z) - f_m(z)| \leq L M^{-2N(m)} \qquad (z \in G;\, m \geq 1),$$

wobei $N(m) = 2^{[\frac{m}{n}]} - 1$ ist und L von m nicht abhängt, und wobei M das Minimum der Moduln der Ringgebiete R_i, d. h. $\min_i \varrho_i$ bedeutet.

§ 5. Verschiedene weitere Methoden zur konformen Abbildung mehrfach zusammenhängender Gebiete

Die nun zu schildernden Methoden sind, abgesehen von derjenigen in 5.4, praktisch noch nicht erprobt, doch glauben wir, daß sie so konkret sind, daß sie zur effektiven Herstellung der konformen Abbildung eines mehrfach zusammenhängenden Gebiets auf ein Normalgebiet verwendet werden können. An erster Stelle stehen Methoden, die direkt oder indirekt mit der Lösung von Extremalproblemen zusammenhängen (5.1 bis 5.3); die übrigen Methoden lassen sich nicht einheitlich klassifizieren.

5.1. Konforme Abbildung auf Normalgebiete mit Hilfe von Orthonormalsystemen oder der Bergmanschen Kernfunktion

Wir knüpfen an die in § 1 und § 2 von Kap. III begonnenen Untersuchungen an und verwenden auch hier ON-Systeme zur konformen Abbildung. Die Entwicklungen sind oft analog, so daß wir uns teilweise kürzer fassen können.

In 5.1 und 5.2 sei G durchweg ein endliches, p-fach zusammenhängendes Gebiet der z-Ebene mit analytischem Rand C, welcher so orientiert sei, daß G links liegt. Es bezeichne $L_2(G)$ die Klasse aller in G regulären Funktionen $f(z)$ *mit eindeutigem Integral*, für die

$$\|f\|^2 = \iint_G |f(z)|^2 db_z < \infty \tag{5.1}$$

ist. In $L_2(G)$ können wir ein inneres Produkt

$$(f, g) = \iint_G f(z)\,\overline{g(z)}\,db_z \tag{5.2}$$

einführen, wodurch aus $L_2(G)$ ein Hilbertraum wird. Es sei ferner $\{u_\nu(z)\}$ ($\nu = 1, 2, \ldots$) ein in $L_2(G)$ vollständiges, bezüglich (5.2) orthonormiertes System von Funktionen aus $L_2(G)$, und schließlich

$$K(z, t) = \sum_{\nu=1}^{\infty} u_\nu(z)\,\overline{u_\nu(t)} \qquad (z \in G;\, t \in G) \tag{5.3}$$

die Bergmansche Kernfunktion. Die Reihe (5.3) konvergiert absolut und gleichmäßig, wenn z und t in einem abgeschlossenen Teil $B \subset G$ liegen. $K(z, t)$ hängt nur von G, nicht von der speziellen Wahl der $u_\nu(z)$ ab, so daß $K(z, t)$ eine zu G gehörige Gebietsfunktion ist, welche überdies bei unseren Annahmen auch für $z \in \overline{G}$ regulär ist, für jedes feste $t \in G$.

Da auch die in 1.1 genannten Normalabbildungen von G Gebietsfunktionen sind, ist zu erwarten, daß zwischen ihnen und $K(z, t)$ [bzw. den $u_\nu(z)$] Zusammenhänge bestehen. Solche sind bekannt für die Normalabbildungen von G auf

(i) ein Parallelschlitzgebiet,

(ii) ein Kreisschlitz- oder Radialschlitzgebiet,

(iii) ein Kreisgebiet mit $p-1$ konzentrischen Kreisschlitzen,

(iv) einen konzentrischen Kreisring mit $p-2$ konzentrischen Kreisschlitzen,

(v) den p-fach überdeckten Einheitskreis.

Bezüglich (i)—(iv) siehe vor allem NEHARI ([293]; [297], S. 216), bezüglich (v) siehe MESCHKOWSKI [277]. Lehrbuchmäßige Darstellungen bei BERGMAN ([25], Kap. VI), NEHARI ([295], S. 367—378) und MESCHKOWSKI ([278], Kap. V). Ansätze für (i) schon bei SCHIFFER ([368], S. 538 und [369], S. 155). Der über die Schwarzsche Derivierte gehende Zusammenhang von $K(z, t)$ mit der Vollkreisabbildung ([293], S. 177; [277]) ist praktisch kaum verwertbar.

Wir gehen hier und in 5.2 nur auf die Parallelschlitzabbildung näher ein; in den Fällen (ii)—(v) liegen die Verhältnisse ganz ähnlich, und auf den Fall (iv) für $p = 2$ kommen wir in 5.3 zu sprechen. Es bezeichne $w = \varphi_\vartheta(z)$ die konforme Abbildung von G auf ein unendliches Gebiet der w-Ebene, dessen p Ränder Schlitze auf Geraden mit dem Steigungswinkel ϑ sind. Die Abbildung sei in einem weiterhin festgehaltenen Punkt $\zeta \in G$ normiert:

$$\varphi_\vartheta(z) = \frac{1}{z-\zeta} + a_\vartheta(z-\zeta) + \cdots \qquad (z \in G;\ \zeta \in G \text{ fest}). \quad (5.4)$$

Satz 5.1. *Ist* $\varphi_\vartheta(z)$ *die* ϑ-*Schlitzabbildung, so besitzt* $\varphi'_\vartheta(z)$ *die Darstellung durch die Bergmansche Kernfunktion*

$$\varphi'_\vartheta(z) = -\frac{1}{(z-\zeta)^2} + e^{i\vartheta} \int_C \Im\left\{\frac{e^{-i\vartheta}}{t-\zeta}\right\} K(z, t)\,\overline{dt} \qquad (z \in G). \quad (5.5)$$

Beweis. Neben $\varphi_\vartheta(z)$ betrachten wir die in $\overline{G}$ reguläre Funktion

$$h_\vartheta(z) = \varphi_\vartheta(z) - \frac{1}{z-\zeta}.$$

Wir benötigen wiederholt den folgenden

Hilfssatz 5.1. *Für jede in* $\overline{G}$ *reguläre Funktion* $f(z)$ *mit eindeutigem Integral gilt*

$$(f, h'_\vartheta) = e^{-i\vartheta} \int_C f(t)\, \Im\left\{\frac{e^{-i\vartheta}}{t-\zeta}\right\} dt. \quad (5.6)$$

Nach der Greenschen Formel (S. 118) ist nämlich die linke Seite

$$\iint_G f(z)\, \overline{h'_\vartheta(z)}\, db_z = \frac{1}{2i} \int_C f(t)\, \overline{h_\vartheta(t)}\, dt = \frac{e^{-i\vartheta}}{2i} \int_C f(t)\, \overline{h_\vartheta(t)e^{-i\vartheta}}\, dt, \quad (5.7)$$

und da $\varphi_\vartheta(z)$ die ϑ-Schlitzabbildung ist, gilt auf C

$$\overline{\varphi_\vartheta(t)e^{-i\vartheta}} = \varphi_\vartheta(t)\, e^{-i\vartheta} - 2i\, c_k, \quad \left[\frac{e^{-i\vartheta}}{t-\zeta}\right]^- = \frac{e^{-i\vartheta}}{t-\zeta} - 2i\Im\left\{\frac{e^{-i\vartheta}}{t-\zeta}\right\},$$

also

$$\overline{h_\vartheta(t)\, e^{-i\vartheta}} = h_\vartheta(t)\, e^{-i\vartheta} + 2i\Im\left\{\frac{e^{-i\vartheta}}{t-\zeta}\right\} - 2i\,c_k\,, \tag{5.8}$$

wobei die Zahlen c_k auf den p Randkontinuen C_k von C reelle Konstanten sind ($k = 1, 2, \ldots, p$). Wird (5.8) in (5.7) eingesetzt, so verschwindet das erste Integral nach dem Cauchyschen Integralsatz, und das letzte, da $f(z)$ in G ein eindeutiges Integral hat; dies ergibt (5.6).

Zum Beweis von (5.5) verwenden wir nun die reproduzierende Eigenschaft von $K(z, t)$, gültig für alle Funktionen aus $L_2(G)$. Auf $h'_\vartheta(z)$ angewandt, erhalten wir

$$h'_\vartheta(z) = (h'_\vartheta, K) = \overline{(K, h'_\vartheta)} = \left[e^{-i\vartheta}\int_C K(t, z)\,\Im\left\{\frac{e^{-i\vartheta}}{t-\zeta}\right\} dt\right]^{-},$$

wobei (5.6) für $f(t) = K(t, z)$ berücksichtigt wurde. Daraus folgt (5.5).

Durch leichte Umformung erhält man weitere Darstellungen von $\varphi'_\vartheta(z)$ nach NEHARI ([293], S. 167/168):

$$\varphi'_\vartheta(z) = -\frac{1}{(z-\zeta)^2} + \pi e^{2i\vartheta} K(z, \zeta) + \frac{1}{2i}\int_C \frac{K(z, t)}{t-\zeta}\,\overline{dt} \tag{5.9.a}$$

oder

$$\varphi'_\vartheta(z) = -\frac{1}{(z-\zeta)^2} + \pi e^{2i\vartheta} K(z, \zeta) + \frac{1}{2i}\int_C \frac{K(\zeta, t)}{t-z}\,\overline{dt}$$

$$= -\frac{1}{(z-\zeta)^2} - i e^{i\vartheta}\int_C \frac{\Re\{e^{i\vartheta} K(t, \zeta)\,dt\}}{t-z}\,. \tag{5.9.b}$$

Berechnet man $\varphi_\vartheta(z)$ mit (5.5) oder (5.9.a), so ist die Kenntnis von $K(z, t)$ für $z \in G$ und $t \in C$ erforderlich, während bei Verwendung von (5.9.b) lediglich $K(z, \zeta)$ ($z \in C$) bekannt sein muß; beachte $K(\zeta, t) = \overline{K(t, \zeta)}$. Aus den Darstellungsformeln ist ferner a_ϑ von (5.4) berechenbar; z. B. gilt

$$a_\vartheta = h'_\vartheta(\zeta) = e^{i\vartheta}\int_C \Im\left\{\frac{e^{-i\vartheta}}{t-\zeta}\right\} K(\zeta, t)\,\overline{dt}\,. \tag{5.10}$$

Aus den Formeln (5.5) und (5.9) folgt nun sofort die Darstellung von $\varphi'_\vartheta(z)$ mit Hilfe eines beliebigen in $L_2(G)$ vollständigen ON-Systems $\{u_\nu(z)\}$.

Satz 5.2. *Ist $\{u_\nu(z)\}$ ein beliebiges in $L_2(G)$ vollständiges ON-System, und sind die $u_\nu(z)$ auch auf C regulär, so gilt*

$$\varphi'_\vartheta(z) = -\frac{1}{(z-\zeta)^2} + \sum_{\nu=1}^\infty a_\nu u_\nu(z) \qquad (z \in G) \tag{5.11}$$

mit

$$a_\nu = e^{i\vartheta}\int_C \Im\left\{\frac{e^{-i\vartheta}}{t-\zeta}\right\} \overline{u_\nu(t)}\,\overline{dt} = \pi e^{2i\vartheta}\overline{u_\nu(\zeta)} + \frac{1}{2i}\int_C \frac{\overline{u_\nu(t)}}{t-\zeta}\,\overline{dt} \quad (\nu = 1, 2, \ldots).$$

Wir beherrschen also die ϑ-Schlitzabbildung, wenn ein solches ON-System $\{u_\nu(z)\}$ bekannt ist. Sind nun $\alpha_1,\ \alpha_2,\ \ldots,\ \alpha_{p-1}$ irgendwelche Punkte innerhalb der $p-1$ „Löcher" von G (dabei α_k im k-ten Loch), so bilden die linear unabhängigen rationalen Funktionen

$$1,\ z,\ z^2,\ \ldots;\ (z-\alpha_k)^{-m} \qquad (k=1,\ 2,\ \ldots,\ p-1;\ m=2,\ 3,\ \ldots) \tag{5.12}$$

jedenfalls ein in $L_2(G)$ vollständiges Funktionensystem, da dasselbe nach Ergänzung durch $(z-\alpha_k)^{-1}$ $(k=1,\ 2,\ \ldots,\ p-1)$ im Raum *aller* Funktionen $f(z)$ mit $\iint\limits_G |f(z)|^2 db_z < \infty$ vollständig ist (NEHARI [295], S. 372; MESCHKOWSKI [278], S. 83). Hat man nur Funktionen $f(z)$ mit eindeutigem Integral zu approximieren, so genügt offenbar (5.12).

Wir fassen zusammen: Um zur ϑ-Schlitzabbildung zu kommen, gehen wir vom System (5.12) aus, orthonormieren es nach den in § 2.1 und § 3.2 von Kap. III ausführlich geschilderten Methoden, errechnen die Kernfunktion nach (5.3) und verwenden die Formeln (5.5), (5.9) oder (5.11). Dabei scheinen uns (5.9.b) und (5.11) besonders brauchbar, da bei diesen Formeln die zuletzt erforderliche Integration nach z kein Problem ist.

Bemerkungen. 1. Bei der Ableitung der Darstellungsformeln für die Normalabbildungen nimmt man meist die Existenz dieser Abbildungen als bekannt an. Es ist aber auch möglich, zunächst die Kernfunktion formal aufzustellen und dann zu verifizieren, daß eine mit ihr gebildete Funktion die gesuchte Abbildung leistet, d. h. das gewünschte Randverhalten zeigt (LEHTO [247], GARABEDIAN-SCHIFFER [126], GARABEDIAN [124], BERGMAN [25], Kap. IX; s. a. FICHERA [94]). Allerdings sind bei solchen Existenzbeweisen gewisse Glätteannahmen über C meist unvermeidbar.

2. Führt man statt (5.1) eine Liniennorm ein, so entsteht an Stelle der Bergmanschen Kernfunktion $K(z, t)$ die Szegösche $\hat{K}(z, t)$. Beide hängen mittels der harmonischen Maße von G und deren Konjugierten zusammen (SCHIFFER [370], S. 356; BERGMAN [25], S. 88; NEHARI [295], S. 391), so daß die Normalabbildungen im Prinzip auch über $\hat{K}(z, t)$ darstellbar sind. Ob dies ohne vorherige Kenntnis der harmonischen Maße möglich ist, scheint nicht untersucht zu sein.

3. Die Methode der Bergmanschen Kernfunktion fand erstmals Anwendung bei ZARANKIEWICZ ([474], [475]); Abbildung von Ringgebiet auf Kreisring. Verwendet wird die konform invariante Bergmansche Metrik $\sqrt{K(z, z)}\ |dz|$, die es erlaubt, auf den Niveaulinien von G und deren Orthogonaltrajektorien Koordinaten einzuführen. Die Niveaulinien sind durch die Kernfunktion festgelegt, allerdings in recht impliziter Weise. Im Beispiel ist G ein Quadrat mit quadratischem Loch, und die ersten vier ON-Funktionen werden berechnet. Eine vollständige konforme Abbildung wird nicht vorgeführt. — Verwandt ist die Arbeit von EPSTEIN [85].

4. Auch Dirichletprobleme in mehrfach zusammenhängenden Gebieten können durch Orthonormierung eines vollständigen Systems harmonischer Funktionen gelöst werden (BERGMAN [25], S. 47 ff.). Bei REYNOLDS [342] werden z. B. die harmonischen Maße eines Gebiets G bestimmt, welches ein Kreis mit zwei Kreislöchern ist. Die Formeln sind für beliebig viele Kreislöcher angegeben. Ein 7-gliedriger Ansatz liefert eine harmonische Funktion, deren Randwerte um etwa 7% von den vorgeschriebenen abweichen. In dem Sonderfall, daß die beiden Innenkreise klein sind und nahe zusammenliegen, werden bei EPSTEIN [84] die Perioden der zu den harmonischen Maßen konjugierten Funktionen bestimmt; genäherte konforme Abbildung (ohne ON-Methoden).

5.2. Konforme Abbildung auf Normalgebiete durch Lösung von Extremalproblemen mit direkten Methoden

In Kap. III, § 1 war gezeigt worden, daß die konforme Abbildung eines einfach zusammenhängenden Gebiets auf den Einheitskreis eng mit gewissen Minimalaufgaben zusammenhängt. Durch direkte Lösung derselben (Ritz-Ansatz) kann man die Abbildung finden, *ohne* einen Orthonormierungsprozeß ausführen zu müssen. Wir behandeln jetzt (nach GAIER [121]) das entsprechende Problem für mehrfach zusammenhängende Gebiete, wobei sich zwei Möglichkeiten eröffnen:

(i) Lösung einer Minimalaufgabe, die die Bergmansche Kernfunktion charakterisiert;

(ii) Lösung einer Minimalaufgabe, die die ϑ-Schlitzabbildung selbst charakterisiert.

Beides sind Spezialfälle eines allgemeinen Minimumproblems, das wir zunächst behandeln.

a) Allgemeines Minimumproblem, seine Lösung durch Ritz-Ansatz. Gegeben sei eine im folgenden festgehaltene, in $\overline{G}$ reguläre Funktion $H(z) \not\equiv 0$ mit eindeutigem Integral, und es sei

$\Re$:   Klasse aller Funktionen $f \in L_2(G)$ mit $(f, H) = 1$.

Wir behandeln zunächst das

Problem I. *In der Klasse $\Re$ soll $\|f\|$ zum Minimum gemacht werden.*

Satz 5.3. *Das Problem I hat eine eindeutig bestimmte Lösung $F_0(z)$. Ist m das Minimum der Norm, so gilt*

$$F_0(z) = m^2 H(z) \,. \tag{5.13}$$

Beweis. Wegen $(f, H) = 1$ folgt mit der Schwarzschen Ungleichung

$$1 \leq \|f\| \cdot \|H\| \,, \quad \text{also} \quad \|f\| \geq 1/\|H\| = m \,,$$

wobei das Gleichheitszeichen genau dann steht, wenn $f(z) = \text{Const} \cdot H(z)$ ist, wegen $(f, H) = 1$ also genau dann, wenn $f(z) = \dfrac{H(z)}{\|H\|^2} = m^2 H(z)$ ist; dies beweist Satz 5.3.

Wir versuchen nun zweitens, die Minimalfunktion $F_0(z)$ und das Minimum m, und damit $H(z)$, durch einen Ritz-Ansatz zu approximieren. Es seien $\varphi_k(z)$ die Funktionen (5.12) in der folgenden Anordnung:

$$1; z; (z - \alpha_k)^{-2} (k = 1, 2, \ldots, p - 1), z^2;$$
$$(z - \alpha_k)^{-3} (k = 1, 2, \ldots, p - 1), z^3; \ldots \tag{5.14}$$

Diese Funktionen sind linear unabhängig und bilden ein in $L_2(G)$ vollständiges Funktionensystem. Wir bilden

$\Re_n$:   Klasse aller Funktionen $P(z) = \sum_{k=0}^{n} c_k \varphi_k(z)$ mit $(P, H) = 1$,

$\Re_n^{(0)}$:   Klasse aller Funktionen $Q(z) = \sum_{k=0}^{n} c_k \varphi_k(z)$ mit $(Q, H) = 0$.

Die Forderung $(P, H) = 1$ heißt dabei ausführlich geschrieben

$$\sum_{k=0}^{n} c_k \gamma_k = 1 \quad \text{mit} \quad \gamma_k = (\varphi_k, H) \quad (k = 0, 1, 2, \ldots). \tag{5.15}$$

Manche der γ_k können verschwinden, jedoch nicht alle, da sonst $H(z) \equiv 0$ wäre. Ist etwa

$$\gamma_q = (\varphi_q, H) \neq 0 \qquad (q \text{ weiterhin fest}) ,$$

so ist (5.15) für $n \geq q$ erfüllbar, $\Re_n$ also dann nicht leer.

Problem II. *In der Klasse $\Re_n$ soll $\|P\|$ zum Minimum gemacht werden.*

Wie in § 1.3 von Kap. III zeigt man nun, daß es genau ein $P_n \in \Re_n$ gibt mit minimaler Norm, und daß es eindeutig bestimmt ist durch $(P_n, Q) = 0$ für jedes $Q \in \Re_n^{(0)}$. Letzteres gilt insbesondere für

$$Q(z) = \gamma_q \varphi_j(z) - \gamma_j \varphi_q(z) \qquad (j = 0, 1, 2, \ldots, n; j \neq q)$$

[beachte $(Q, H) = 0$], und da sich umgekehrt jedes $Q(z) = \sum_{k=0}^{n} c_k \varphi_k(z) \in \Re_n^{(0)}$ schreiben läßt als

$$Q(z) = \gamma_q^{-1} \sum_{\substack{k=0 \\ k \neq q}}^{n} c_k(\gamma_q \varphi_k(z) - \gamma_k \varphi_q(z)) ,$$

so ist das minimale $P_n(z) = \sum_{k=0}^{n} a_k \varphi_k(z) \in \Re_n$ charakterisierbar durch das

(eindeutig lösbare) lineare Gleichungssystem für die Koeffizienten $a_k = a_k^{(n)}$:

$$\sum_{k=0}^{n} \gamma_k a_k = 1 ,$$
$$\sum_{k=0}^{n} [\overline{\gamma_q}(\varphi_k, \varphi_j) - \overline{\gamma_j}(\varphi_k, \varphi_q)] a_k = 0 \qquad (j = 0, 1, \ldots, n; j \neq q) . \tag{5.16}$$

Satz 5.4. *Das Problem II hat eine eindeutig bestimmte Lösung* $P_n(z) = \sum\limits_{k=0}^{n} a_k \varphi_k(z)$. *Die Koeffizienten* $a_k = a_k^{(n)}$ $(k = 0,1,\ldots,n)$ *bestimmen sich aus dem linearen Gleichungssystem* (5.16), *und das Minimum der Norm in der Klasse* $\Re_n$ *ist*

$$m_n = \|P_n\| = \Big[\sum_{j,k=0}^{n} a_j \overline{a_k}(\varphi_j, \varphi_k)\Big]^{1/2}. \tag{5.17}$$

Schließlich studieren wir den Grad der Approximation von m durch m_n und von $F_0(z)$ durch $P_n(z)$. Zunächst ist zu sagen: $P_n(z)$ *liefert in* $\Re_n$ *die beste Approximation von* $F_0(z)$ *in der Norm*:

$$\|P_n - F_0\|^2 \leq \|P - F_0\|^2 \qquad (P \in \Re_n)\,.$$

Es ist ja $(P - F_0, F_0) = m^2(P - F_0, H) = m^2[(P, H) - (F_0, H)] = 0$, also $(P, F_0) = (F_0, F_0)$ und somit

$$\|P - F_0\|^2 = \|P\|^2 - \|F_0\|^2 \geq \|P_n\|^2 - \|F_0\|^2 = \|P_n - F_0\|^2.$$

Wir zeigen nun: Gibt es eine Linearkombination $R(z) = \sum\limits_{k=0}^{n} c_k \varphi_k(z)$ mit $\|R - F_0\| \leq M$, so gibt es auch ein $P \in \Re_n$ mit $\|P - F_0\| \leq C \cdot M$, wobei C von n und M nicht abhängt. Dazu setzen wir

$$\alpha = \frac{(R - F_0, H)}{(\varphi_q, H)}, \quad P(z) = R(z) - \alpha \varphi_q(z)\,;$$

dann ist $(P, H) = 1$ erfüllt und außerdem mit der Schwarzschen Ungleichung

$$\|P - F_0\| \leq \|R - F_0\| + |\alpha|\,\|\varphi_q\| \leq \Big[1 + \frac{\|H\|\,\|\varphi_q\|}{|(\varphi_q, H)|}\Big] \cdot \|R - F_0\|\,,$$

was zu zeigen war.

Aus der Vollständigkeit des Systems $\{\varphi_k(z)\}$ in $L_2(G)$ folgt daher unmittelbar $\|P_n - F_0\|^2 = m_n^2 - m^2 \searrow 0$ $(n \to \infty)$ und mit (1.3) von Kap. III auch

$$P_n(z) \Rightarrow F_0(z) \qquad (n \to \infty;\, z \in B \subset G)\,.$$

Genauer findet man durch Zerlegung der in $\overline{G}$ regulären Funktion $F_0(z)$ in ihre Komponenten, daß sogar $m_n - m = O(\varrho^n)$ ist für ein $\varrho < 1$, und eine geeignete Modifikation des Beweises zu Satz 5 bei WALSH ([443], S. 95; s. auch S. 259) ergibt, daß weiter $|P_n(z) - F_0(z)| = O(\varrho^n)$ ist für $z \in \overline{G}$. Wir fassen zusammen:

Satz 5.5. *Für das Funktionensystem* (5.14) *seien die Zahlen* $\gamma_k = (\varphi_k, H)$ $(k = 0, 1, \ldots)$ *gebildet,* $\gamma_q \neq 0$ *(q fest), und für* $n \geq q$ *das lineare Gleichungssystem* (5.16) *gelöst:* $a_0, a_1, \ldots, a_n$. *Setzt man dann* $P_n(z) = \sum\limits_{k=0}^{n} a_k \varphi_k(z)$ *und* m_n *gemäß* (5.17), *so gilt für ein* $\varrho < 1$ *und eine von* n *unabhängige Konstante* A

$$\left|\frac{P_n(z)}{m_n^2} - \frac{F_0(z)}{m^2}\right| \leq A\,\varrho^n, \ \text{also}\ \left|\frac{P_n(z)}{m_n^2} - H(z)\right| \leq A\,\varrho^n \quad (z \in \overline{G};\ n \geq q)\ . \quad (5.18)$$

Dieser Satz ermöglicht die Approximation einer gesuchten Gebietsfunktion $H(z)$ in den Fällen, in denen sich die Zahlen $\gamma_k = (\varphi_k, H)$, die ja zur Bestimmung von $P_n(z)$ und m_n erforderlich sind, *ohne Kenntnis von* $H(z)$ berechnen lassen. Dafür lernen wir im folgenden drei Beispiele kennen.

b) Approximation der Kernfunktion über ein Minimalproblem. Wie bereits erwähnt, ist die zur Gewinnung von $\varphi_\vartheta(z)$ notwendige Integration nach z besonders einfach in (5.9.b):

$$\varphi_\vartheta(z) = \frac{1}{z-\zeta} + ie^{i\vartheta} \int\limits_C \log\frac{t-z}{t-\zeta} \Re\{e^{i\vartheta} K(t,\zeta)\,dt\} \quad (z \in G)\ . \quad (5.19)$$

Dabei ist $\log\frac{t-z}{t-\zeta}$ als Funktion von t eindeutig in G, wenn t einen von ζ nach z gezogenen Weg nicht überschreitet. Diese Formel gestattet die Berechnung von $\varphi_\vartheta(z)$ auf Grund der Kenntnis von $K(t,\zeta)$ für alle $t \in C$ und das stets feste $\zeta \in G$.

Um $K(z,\zeta)$ zu approximieren, spezialisieren wir in Teil **a)**: $H(z) = K(z,\zeta)$. Wegen der reproduzierenden Eigenschaft des Bergmanschen Kerns sind dann die Zahlen

$$\gamma_k = (\varphi_k(z), K(z,\zeta)) = \varphi_k(\zeta), \quad \text{insbesondere} \quad \gamma_0 = 1\,,$$

weshalb wir $q = 0$ wählen, und (5.16) vereinfacht sich zu

$$\sum_{k=0}^{n} \varphi_k(\zeta)\,a_k = 1\,,$$
$$\sum_{k=0}^{n} [(\varphi_k, \varphi_j) - \overline{\varphi_j(\zeta)}\,(\varphi_k, 1)]\,a_k = 0 \quad (j = 1, 2, \ldots, n)\ . \tag{5.20}$$

Satz 5.6. *Es seien* $\varphi_k(z)$ *die Funktionen* (5.14), *und* $a_0, a_1, \ldots, a_n$ *die eindeutige Lösung des linearen Gleichungssystems* (5.20). *Setzt man dann* $P_n(z) = \sum\limits_{k=0}^{n} a_k \varphi_k(z)$ *und* m_n *gemäß* (5.17), *so gilt für ein* $\varrho < 1$ *und eine von* n *unabhängige Konstante* A

$$\left|\frac{P_n(z)}{m_n^2} - K(z,\zeta)\right| \leq A\,\varrho^n \quad (z \in \overline{G};\ n \geq 0)\ . \quad (5.21)$$

c) Approximation von $\varphi_\vartheta(z)$ über ein Minimalproblem. Zur Gewinnung der durch (5.4) normierten Schlitzabbildung $\varphi_\vartheta(z)$ greifen wir wieder auf $h_\vartheta(z) = \varphi_\vartheta(z) - \dfrac{1}{z-\zeta}$ zurück; $h'_\vartheta(z)$ ist in $\overline{G}$ regulär und mit eindeutigem Integral versehen, und ferner ist $h'_\vartheta(z) \not\equiv 0$, da sonst $h_\vartheta(z) \equiv 0$, also $\varphi_\vartheta(z) = \dfrac{1}{z-\zeta}$ sein müßte und G somit von Schlitzen berandet wäre, die auf Kreisen durch ζ liegen. Um $h_\vartheta(z)$ zu approximieren, spezialisieren wir in Teil **a)**: $H(z) = h'_\vartheta(z)$. Aus Hilfssatz 5.1 folgt, daß die Zahlen γ_k wieder ohne Kenntnis von $H(z)$ zu ermitteln sind:

$$\gamma_k = (\varphi_k(z), h'_\vartheta(z)) = e^{-i\vartheta} \int_C \varphi_k(t)\, \Im\left\{\frac{e^{-i\vartheta}}{t-\zeta}\right\} dt \quad (k = 0, 1, \ldots). \tag{5.22}$$

Nehmen wir an, es sei $\gamma_q \neq 0$, so liefert Satz 5.5 hier speziell

Satz 5.7. *Es seien* $\varphi_k(z)$ *die Funktionen* (5.14), γ_k *nach* (5.22) *bestimmt, und für* $n \geq q$ *das lineare Gleichungssystem* (5.16) *gelöst:* $a_0, a_1,$ $\ldots, a_n$. *Setzt man dann* $P_n(z) = \sum_{k=0}^{n} a_k \varphi_k(z)$ *und* m_n *gemäß* (5.17), *so gilt für ein* $\varrho < 1$ *und eine von* n *unabhängige Konstante* A

$$\left|\frac{1}{m_n^2} \int_\zeta^z P_n(t)\, dt - h_\vartheta(z)\right| \leq A \varrho^n \quad (z \in \overline{G};\, n \geq q). \tag{5.23}$$

Bemerkung. Betrachtet man die Ableitung der Differenz in (5.23) an $z = \zeta$, so ergibt sich

$$\frac{P_n(\zeta)}{m_n^2} = a_\vartheta + O(\varrho^n) \qquad (n \to \infty),$$

was zur Approximation von a_ϑ in (5.4) verwendet werden kann. Die Minima m_n allein zeigen das Verhalten $m_n - m = O(\varrho^n)$ mit

$$m^{-2} = \|h'_\vartheta(z)\|^2 = 2\pi \Re\{e^{-2i\vartheta} a_\vartheta\} - B,$$

wobei B die Fläche des Komplements des Bildgebiets von G nach der Abbildung durch $w = \dfrac{1}{z-\zeta}$ ist; vgl. NEHARI ([297], S. 218).

5.3. Konforme Abbildung eines Ringgebiets auf einen Kreisring durch Lösung von Extremalproblemen

a) Verwendung der Methode von 5.2,a). Jetzt sei G ein Ringgebiet mit analytischem Rand C ($O \notin C$), das $z = 0$ von $z = \infty$ trennen möge, und $w = R(z)$ bilde G konform auf den Kreisring $R_1 < |w| < R_2$ ab, wobei sich die Außen- und Innenränder entsprechen mögen und ein Punkt $\zeta \in \overline{G}$ Fixpunkt der Abbildung sei: $R(\zeta) = \zeta$. Die Abbildung ist dann eindeutig bestimmt, und $M = \dfrac{R_2}{R_1} (>1)$ ist der Modul von G. Neben $R(z)$ betrachten wir die in $\overline{G}$ eindeutige und reguläre Hilfsfunktion

$$v(z) = \log R(z) - \log z \quad \text{mit} \quad v(\zeta) = 0.$$

In Analogie zu Hilfssatz 5.1 gilt nun der

Hilfssatz 5.2. *Für jede in* $\overline{G}$ *reguläre Funktion* $f(z)$ *mit eindeutigem Integral gilt*

$$(f, v') = i \int_C f(t)\, \log|t|\, dt. \tag{5.24}$$

Beweis. Nach der Greenschen Formel (S. 118) ist die linke Seite $\dfrac{1}{2i}\displaystyle\int_C f(t)\,\overline{v(t)}\,dt$. Auf C ist aber

$$\overline{v(t)} = -v(t) + 2\Re v(t) = -v(t) + 2\log\left|\frac{R(t)}{t}\right|$$

$$= -v(t) - 2\log|t| + \begin{array}{ll} 2\log R_1 & (t \in C_1) \\ 2\log R_2 & (t \in C_2)\,. \end{array} \tag{5.25}$$

Setzt man dies ein, so ergibt sich (5.24).

Nun wenden wir die allgemeine Methode von 5.2,**a)** auf $H(z) = v'(z)$ an. Dabei ist $v'(z) \not\equiv 0$, sofern G kein zu $z = 0$ konzentrischer Kreisring ist: Aus $v'(z) \equiv 0$ folgt ja $R(z) = \text{Const} \cdot z$. An Stelle der Funktionen (5.14) nehmen wir jetzt speziell für $\{\varphi_k(z)\}$ die Folge

$$1;\ z;\ z^2,\ z^{-2};\ z^3,\ z^{-3};\ \ldots, \tag{5.26}$$

und die Zahlen $\gamma_k = (\varphi_k, H)$ errechnen sich nach Hilfssatz 5.2 wieder ohne Kenntnis von $H(z)$ zu

$$\gamma_k = (\varphi_k, v') = i \int_C \varphi_k(t)\,\log|t|\,dt\,. \tag{5.27}$$

Nehmen wir an, es sei $\gamma_q \neq 0$, so liefert Satz 5.5 speziell:

Satz 5.8. *Es seien $\varphi_k(z)$ die Funktionen (5.26), γ_k gemäß (5.27) bestimmt, und für $n \geq q$ das lineare Gleichungssystem (5.16) gelöst: a_0, a_1, $\ldots$, a_n. Setzt man dann $P_n(z) = \sum\limits_{k=0}^{n} a_k \varphi_k(z)$ und m_n gemäß (5.17), so gilt für ein $\varrho < 1$ und eine feste Konstante A*

$$\left|\frac{1}{m_n^2}\int_\zeta^z P_n(t)\,dt - v(z)\right| \leq A\,\varrho^n \quad (z \in \overline{G};\, n \geq q)\,. \tag{5.28}$$

Damit ist $v(z)$ und also $R(z)$ approximierbar[1]. Für die Zahlen m_n gilt wie immer $m_n - m = O(\varrho^n)$, und dabei ist bemerkenswert, daß m mit dem Modul $M = \dfrac{R_2}{R_1}$, für den man sich oft allein interessiert, eng zusammenhängt.

Satz 5.9. *Es gilt*

$$m^{-2} = \|v'\|^2 = \iint_G \frac{db_t}{|t|^2} - 2\pi\log\frac{R_2}{R_1}\,. \tag{5.29}$$

Rechts stehen der von Teichmüller ([415], S. 625) eingeführte logarithmische Flächeninhalt F^* und der logarithmische Modul M^* von G:

$$F^* = \iint_G \frac{db_t}{|t|^2}\,, \quad M^* = \log M\,,$$

---

[1] Ist G p-fach zusammenhängend ($p > 2$), so liefert unsere Konstruktion eine Approximation der Kreisringschlitzabbildung.

wobei F^* die Fläche des Bildgebiets von G (geschlitzt) nach der Abbildung durch $w = \log z$ ist. Man hat also $2\pi M^* = F^* - m^{-2}$; F^* ist eine geometrische Größe, m durch m_n approximierbar, also ist damit M^* approximierbar. Nebenbei gewinnt man $2\pi M^* \leqq F^*$, mit Gleichheit genau dann, wenn $\|v'\| = 0$, also G ein zu $z = 0$ konzentrischer Kreisring ist (TEICHMÜLLER [415], S. 625).

Beweis (in Anlehnung an NEHARI [297], S. 223). Setzt man $f(z) = v'(z)$ in (5.24) ein und integriert partiell, so kommt

$$\|v'\|^2 = i \int_C v'(t) \log|t|\, dt = [i v(t) \log|t|]_C - i \int_C v(t)\, \Re\left\{\frac{dt}{t}\right\}$$

$$= 0 - \frac{i}{2} \int_C v(t)\, \frac{dt}{t} - \frac{i}{2} \int_C v(t)\, \frac{\overline{dt}}{\overline{t}} = -\frac{i}{2} \int_C v(t)\, \frac{\overline{dt}}{\overline{t}},$$

nach dem Cauchyschen Satz. Setzt man (5.25) ein, so verschwindet wieder ein Integral, und man erhält

$$\|v'\|^2 = i \int_C \log|t|\, \frac{\overline{dt}}{\overline{t}} - 2\pi \log \frac{R_2}{R_1} = D - 2\pi \log \frac{R_2}{R_1}\,.$$

Dabei ist

$$\overline{D} = -i \int_C \log|t|\, \frac{dt}{t} = -i \int_{C^*} \log|t|\, \frac{dt}{t}\,,$$

wobei jetzt in G ein Schlitz vom Außen- zum Innenrand gezogen wurde; C^* sei der Rand des geschlitzten Gebiets. Wegen $\log|t| = \frac{1}{2}(\log t + \overline{\log t})$ ist ferner

$$\overline{D} = -\frac{i}{2} \int_{C^*} \log t\, \frac{dt}{t} - \frac{i}{2} \int_{C^*} \overline{\log t}\, \frac{dt}{t} = 0 + \iint_G \frac{db_t}{|t|^2}$$

(Cauchyscher Satz und Greensche Formel). Dies beweist (5.29).

b) Extremalprobleme von KHAJALIA. Dieser Autor charakterisiert die Kreisringabbildung durch einige andere, verwandte Extremalprobleme ([196] — [199]). Die Arbeiten [196] und [197] sind dabei praktisch weniger wichtig, da sich die dort vorkommende Nebenbedingung $|f(z)| \geqq 1$ ($z \in G$) nicht einfach in den Ritz-Ansatz einbauen läßt. Wir beschränken uns daher auf das in [198] und [199] geschilderte Verfahren.

Zunächst stellen wir das Extremalproblem. Es sei G wie oben, C sein Rand, C_1 der Außen- und C_2 der Innenrand; G liegt stets links von C. Es sei $\Re$ die Klasse aller in $\overline{G}$ regulären Funktionen $f(z)$ mit

$$\frac{1}{2\pi i} \int_{-C_2} f'(z)\, \overline{f(z)}\, dz = 1\,. \tag{5.30}$$

Diese *nichtlineare* Nebenbedingung bedeutet für schlichtes $f(z)$, daß $f(C_2)$ die Fläche π umschließt. Wir suchen zunächst $\|f'\|^2 = \iint_G |f'(z)|^2 db_z$

in $\Re$ minimal zu machen. Führt man die Abbildung $z = h(w)$ vom Kreisring $1 < |w| < M$ auf G ein und setzt

$$f(z) = f(h(w)) = F(w) = \sum_{-\infty}^{+\infty} c_n w^n \qquad (1 \leq |w| \leq M) ,$$

so ist $\sum_{-\infty}^{+\infty} n |c_n|^2 (M^{2n} - 1)$ minimal zu machen unter der Nebenbedingung $\sum_{-\infty}^{+\infty} n |c_n|^2 = 1$. Nun ist aber

$$\sum_{-\infty}^{+\infty} n |c_n|^2 (M^{2n} - 1) = \sum_{-\infty}^{+\infty} n |c_n|^2 (M^{2n} - M^2) + (M^2 - 1) \geq M^2 - 1 ,$$

wobei genau dann Gleichheit besteht, wenn $c_n = 0$ ($n \neq 0, 1$) und c_0, c_1 beliebig sind, wegen der Nebenbedingung also genau dann, wenn $F(w) = c_0 + c_1 w$ ist mit $|c_1| = 1$. *Somit wird $\|f'\|$ in $\Re$ minimal genau dann, wenn $f(G)$ ein konzentrischer Kreisring mit den Radien 1 und M ist, wobei C_2 in den Innenkreis übergeht.* Zwei Minimalfunktionen hängen daher durch $f_1(z) = a + b f_2(z)$ zusammen ($|b| = 1$), und die Minimalfunktion $f_0(z)$ wird *eindeutig* bestimmt, falls wir $\Re$ durch die Zusatzbedingungen

$$\text{(i)} \quad \int_{-C_2} \frac{f(z)}{z}\, dz = 0 \quad \text{und} \quad \text{(ii)} \quad \frac{1}{2\pi i} \int_{-C_2} \frac{f(z)}{z^2}\, dz > 0 \qquad (5.31)$$

einschränken; (ii) setzt allerdings voraus, daß für eine Kreisringabbildung von G das Integral $\int_{-C_2} \frac{f(z)}{z^2}\, dz \neq 0$ ist. Man beachte, daß der Kreisring $f_0(G)$ im allgemeinen nicht zu $w = 0$ konzentrisch ist.

Zur Approximation von $f_0(z)$ machen wir einen Ritz-Ansatz, betrachten also Funktionen $f(z) = \sum_{\substack{j=-n \\ j \neq 0}}^{+n} a_j z^j$. Die Nebenbedingung (5.30) sowie $\|f'\|^2$ schreiben sich dann als quadratische Formen. Setzen wir nämlich

$$\mathfrak{a}' = (a_{-n}, \ldots, a_{-1}, a_1, \ldots, a_n); \quad \mathfrak{A} = (\alpha_{jk}), \ \mathfrak{B} = (\beta_{jk})$$

mit

$$\alpha_{jk} = jk \iint_G \bar{z}^{j-1} z^{k-1}\, db_z$$

und

$$(j, k = -n, \ldots, -1, +1, \ldots, n)$$

$$\beta_{jk} = \frac{k}{2\pi i} \int_{-C_2} \bar{z}^j z^{k-1}\, dz ,$$

so ist

$$\|f'\|^2 = \bar{\mathfrak{a}}' \mathfrak{A} \mathfrak{a} \quad \text{und} \quad \frac{1}{2\pi i} \int_{-C_2} f'(z)\, \overline{f(z)}\, dz = \bar{\mathfrak{a}}' \mathfrak{B} \mathfrak{a} ;$$

$\mathfrak{A}$ und $\mathfrak{B}$ sind Hermitesche Matrizen, $\mathfrak{A}$ außerdem positiv definit. Unser Minimalproblem lautet daher:

$$\bar{\mathfrak{a}}' \mathfrak{A} \mathfrak{a} = \text{min!} \quad \text{mit} \quad \bar{\mathfrak{a}}' \mathfrak{B} \mathfrak{a} = 1 ; \qquad (5.32)$$

siehe dazu Zurmühl ([478], S. 192). Die Existenz eines Minimalvektors $\mathfrak{a}_0$ ist klar; wir ermitteln ihn mit der Methode des Lagrangeschen Multiplikators und betrachten dazu

$$\Phi(\mathfrak{a}) = \bar{\mathfrak{a}}'\mathfrak{A}\mathfrak{a} - \lambda(\bar{\mathfrak{a}}'\mathfrak{B}\mathfrak{a} - 1) = \bar{\mathfrak{a}}'(\mathfrak{A} - \lambda\mathfrak{B})\,\mathfrak{a} + \lambda\,.$$

Durch Ableiten nach den Komponenten von $\mathfrak{a}$ findet man: Ein Minimalvektor $\mathfrak{a}_0$ genügt notwendig

$$(\mathfrak{A} - \lambda\mathfrak{B})\,\mathfrak{a}_0 = \mathfrak{o}\,. \tag{5.33}$$

Dabei ist λ die kleinste positive Wurzel λ_0 von $\det(\mathfrak{A} - \lambda\mathfrak{B}) = 0$. Denn zunächst ist ja $\bar{\mathfrak{a}}_0'(\mathfrak{A} - \lambda\mathfrak{B})\,\mathfrak{a}_0 = 0$, also $\bar{\mathfrak{a}}_0'\mathfrak{A}\mathfrak{a}_0 = \lambda \cdot 1 = \text{Minimum}$ $m_n > 0$, folglich $\lambda \geqq \lambda_0$. Umgekehrt sei $(\mathfrak{A} - \lambda_0\mathfrak{B})\,\mathfrak{a} = \mathfrak{o}$ für ein $\mathfrak{a} \neq \mathfrak{o}$. Dann ist

$$\bar{\mathfrak{a}}'(\mathfrak{A} - \lambda_0\mathfrak{B})\,\mathfrak{a} = 0\,, \quad \bar{\mathfrak{a}}'\mathfrak{A}\mathfrak{a} = \lambda_0\bar{\mathfrak{a}}'\mathfrak{B}\mathfrak{a} > 0\,,$$

also $\bar{\mathfrak{a}}'\mathfrak{B}\mathfrak{a} > 0$ und nach Normierung dieses Vektors $\mathfrak{a}$ sogar $\bar{\mathfrak{a}}'\mathfrak{B}\mathfrak{a} = 1$. Dies liefert $\lambda_0 \geqq m_n = \lambda$, insgesamt also $\lambda = \lambda_0$.

Nun ist $\mathfrak{a}_0$ durch (5.33) mit $\lambda = \lambda_0$ i. a. bis auf einen konstanten Faktor bestimmt (wenn nämlich λ_0 einfacher Eigenwert ist). Ist $a_1 \neq 0$, so wählen wir $a_1 = 1$, lösen (5.33) auf, und normieren $\mathfrak{a}$ durch Multiplikation mit einer positiven Konstanten so, daß $\bar{\mathfrak{a}}'\mathfrak{B}\mathfrak{a} = 1$ wird.

Zur Approximation von $f_0(z)$ sind somit folgende Schritte auszuführen:

(i) Berechnung der Matrizen $\mathfrak{A}$ und $\mathfrak{B}$;

(ii) Ermittlung der kleinsten positiven Wurzel λ_0 von $\det(\mathfrak{A} - \lambda\mathfrak{B})$ $= 0$;

(iii) Bestimmung einer Lösung $\mathfrak{a}$ von $(\mathfrak{A} - \lambda_0\mathfrak{B})\,\mathfrak{a} = \mathfrak{o}$ mit $a_1 = 1$;

(iv) Bildung von $\bar{\mathfrak{a}}'\mathfrak{B}\mathfrak{a} = \alpha > 0$.

Dann ist $\mathfrak{a}_0 = \dfrac{1}{\sqrt{\alpha}}\,\mathfrak{a}$ der gesuchte Minimalvektor (Probe: $\bar{\mathfrak{a}}_0'\mathfrak{A}\mathfrak{a}_0 = m_n = \lambda_0$),

und $P_n(z) = \sum\limits_{\substack{j=-n \\ j \neq 0}}^{+n} a_j^{(0)} z^j$ die gesuchte Approximation von $f_0(z)$.

Beim Vergleich mit Teil **a)** stellt man fest, daß das hier geschilderte Verfahren wegen der Schritte (i) und (ii) einen größeren Rechenaufwand erfordert.

5.4. Übertragung der Methoden von Kantorowitsch

Die in Kap. IV, § 2 geschilderten Methoden von Kantorowitsch lassen sich auch zur konformen Abbildung mehrfach zusammenhängender Gebiete heranziehen. Die von Kantorowitsch in [185] angegebene Erweiterung der Störungsmethode dürfte jedoch vom praktischen Standpunkt aus weniger wichtig sein, da bei ihr die Kenntnis der Greenschen Funktion des zu $\lambda = 0$ gehörigen Gebiets erforderlich ist und außerdem gewisse Funktionen auf komplizierte Weise rekursiv zu ermitteln sind, was für das elektronische Rechnen hinderlich ist.

Wir beschränken uns daher auf die Übertragung der Methode der unendlichen Gleichungssysteme für den Fall, daß $q < |z| < 1$ durch $w = f(z)$ auf ein von zwei Jordankurven C_1, C_2 berandetes Gebiet der w-Ebene abzubilden ist (RUPPERT [359], S. 43—49). Die Kurven C_j seien durch $\Phi_j(w, \overline{w}) = 0$ gegeben, und

$$f(z) = \sum_{n=-\infty}^{+\infty} a_n z^n \qquad (q \leq |z| \leq 1)$$

angesetzt; eine Übertragung des Fejérschen Satzes zeigt, daß auf $|z| = q$ und $|z| = 1$ noch gleichmäßige Konvergenz besteht. Für $z = e^{i\varphi}$ bzw. $z = qe^{i\varphi}$ soll $f(e^{i\varphi}) = w_1(\varphi)$ bzw. $f(qe^{i\varphi}) = w_2(\varphi)$ die Kurven C_1 und C_2 durchlaufen, also fordern wir

$$\Phi_1(w_1(\varphi), \overline{w_1(\varphi)}) = \sum_{k=-\infty}^{+\infty} \Phi_k^{(1)}(\ldots, a_{-1}, a_0, a_1, \ldots) e^{ik\varphi} = 0$$

und

$$\Phi_2(w_2(\varphi), \overline{w_2(\varphi)}) = \sum_{k=-\infty}^{+\infty} \Phi_k^{(2)}(\ldots, a_{-1}, a_0, a_1, \ldots; q) e^{ik\varphi} = 0 .$$

$$(0 \leq \varphi < 2\pi)$$

Zur Bestimmung der Unbekannten a_n und q hat man daher das nichtlineare Gleichungssystem

$$\Phi_k^{(1)}(\ldots, a_{-1}, a_0, a_1, \ldots) = 0, \quad \Phi_k^{(2)}(\ldots, a_{-1}, a_0, a_1, \ldots; q) = 0 \quad \text{(alle } k) \quad (5.34)$$

zu lösen.

Wir betrachten etwas genauer den Sonderfall

$$C_1: \quad |w| = 1 ; \quad C_2: \quad w\overline{w} + \lambda\Psi(w, \overline{w}) = \varrho^2 \qquad (\lambda \text{ reell});$$

die gesuchte Abbildung $w = f(z)$ sei durch $f(1) = 1$ normiert. Das System (5.34) lautet dann

$$\sum_{n=-\infty}^{+\infty} a_{n+k}\,\bar{a}_n = \begin{cases} 0 & k \neq 0 \\ 1 & k = 0 \end{cases} \quad \text{und} \quad \sum_{n=-\infty}^{+\infty} a_n\bar{a}_{n+k}q^{2n+k} + \lambda\tau_{-k} = \begin{cases} 0 & k \neq 0 \\ \varrho^2 & k = 0 \end{cases},$$

wobei die τ_{-k} gewisse von Ψ abhängige Funktionen der a_n und q sind: $\tau_{-k} = \tau_{-k}(\ldots, a_{-1}, a_0, a_1, \ldots; q)$. Diese Gleichungen werden für $k \geq 0$ verwendet und zur iterativen Lösung so umgeformt:

$$q^2 = \frac{1}{|a_1|^2}\{\varrho^2 - (\sum_{n \neq 1} |a_n|^2 q^{2n} + \lambda\tau_0)\}$$

$$|a_1|^2 = 1 - \sum_{n \neq 1} |a_n|^2$$

$$a_0 = -\frac{1}{1q}\{\sum_{n \neq 0} a_n\bar{a}_{n+1}q^{2n+1} + \lambda\tau_{-1}\}$$

$$a_{-1} = -\frac{1}{\bar{a}_1}\{\sum_{n \neq -1} a_n\bar{a}_{n+2}q^{2n+2} + \lambda\tau_{-2}\}$$

$$a_2 = -\frac{1}{\bar{a}_1}\sum_{n \neq 1} a_{n+1}\bar{a}_n$$

$$a_{-2} = -\frac{1}{\bar{a}_1 q^{-1}}\{\sum_{n \neq -2} a_n\bar{a}_{n+3}q^{2n+3} + \lambda\tau_{-3}\}$$

$$(5.35)$$

$$\ldots \qquad \ldots \qquad \ldots$$

Als Anfangsnäherung ist $a_1 = 1$, $a_n = 0$ ($n \neq 1$), $q = \varrho$ zu nehmen. Führt man λ (etwa bei Handrechnung) mit, so erhält man die gesuchte Abbildung für eine Schar von Innenkurven C_λ; für das elektronische Rechnen ist λ zu fixieren, und für die τ_{-k} sind spezielle, von Ψ abhängige Unterprogramme herzustellen.

Diese Methode wurde von RUPPERT auf das schon mehrfach behandelte Ringgebiet G_0 von 4.4,a) angewendet. Die dortige Innenkurve C_0 (hier C_2 genannt) läßt sich in komplexer Form darstellen:

$$w\overline{w} + \lambda \frac{L^2}{4}(w^2 + \overline{w}^2 + (w\overline{w})^2) = \frac{L^2}{4} \qquad (\lambda = -1; L = 0{,}848\,139)\,,$$

und aus Symmetriegründen sind alle a_n reell, und $a_n = 0$ (n gerade). Die Funktionen τ_{-k} ergeben sich zu

$$\tau_{-k} = \frac{L^2}{4}\left(t_k + t_{-k} + \sum_{\substack{i,j\ \text{gerade} \\ i-j=k}} t_i t_j\right) \qquad (k = 0, 2, 4, \ldots)\,,$$

wobei

$$t_j = q^j \sum_{\substack{\mu,\nu\ \text{ungerade} \\ \mu+\nu=j}} a_\mu a_\nu \qquad (j = 0, \pm 2, \pm 4, \ldots)\,.$$

Bei der Rechnung wurde (5.35) auf 11 Gleichungen für die 11 Unbekannten a_{-9}, a_{-7}, ..., a_7, a_9; q reduziert und dann iteriert; Tab. 27 enthält einen Teil der Ergebnisse. Nach jeweils 4 Iterationen wurde die Näherungsfunktion aufgestellt und die durch sie vermittelte konforme Abbildung (Argument und Betrag auf $|z| = q$ und $|z| = 1$) ausgedruckt; Tab. 28 enthält die gelieferten äußeren Ränderzuordnungen. Die Ergeb-

Tabelle 27. *Koeffizienten der Abbildungsfunktion für das Ringgebiet G_0*

Iteration	$a_{-3} \cdot 10^5$ $a_5 \cdot 10^2$	$a_{-1} \cdot 10$ $a_7 \cdot 10^4$	a_1 $a_9 \cdot 10^5$	$a_3 \cdot 10$ —	Modul q^{-1}
4	0,102 842	0,435 238	0,998 450	0,418 519	2,177 069
	0,153 919	0,484 234	0,004 122	—	
8	0,410 600	0,452 303	0,997 972	0,450 419	2,166 783
	0,202 747	0,904 291	0,395 344	—	
12	0,423 106	0,453 185	0,997 947	0,452 198	2,166 219
	0,205 277	0,931 392	0,423 042	—	
16	0,423 674	0,453 232	0,997 946	0,452 294	2,166 189
	0,205 412	0,932 866	0,424 524	—	

Alle Näherungen für a_{-9}, a_{-7}, a_{-5} waren $< 10^{-8}$ — Exakt: 2,166 187

nisse sind ausgezeichnet. Das Verfahren ist immer dann besonders zu empfehlen, wenn die Ränder C_1, C_2 analytisch sind und eine einfache komplexe Darstellung haben [z. B. wenn $\Psi(w, \overline{w})$ ein Polynom in w und $\overline{w}$ ist], damit die Unterprogramme für die τ_{-k} einfach werden.

Tabelle 28. *Äußere Ränderzuordnung bei der Abbildung von $q < |z| < 1$ auf G_0*

φ	Nach 4 Iterationen	Nach 8 Iterationen	Nach 12 Iterationen	Exakt
10°	0,146 320	0,144 888	0,144 809	0,144 804
20°	0,295 712	0,292 939	0,292 786	0,292 777
30°	0,451 017	0,447 107	0,446 893	0,446 881
40°	0,614 591	0,609 891	0,609 635	0,609 620
50°	0,788 023	0,783 031	0,782 761	0,782 745
60°	0,971 828	0,967 176	0,966 925	0,966 911
70°	1,165 209	1,161 584	1,161 389	1,161 378
80°	1,365 984	1,363 992	1,363 885	1,363 878

Das vollständige Programm für die Zuse Z 23 umfaßte 290 Befehle, und eine Iteration dauerte nur 30 sec.

5.5. Sonstige Methoden

Abschließend streifen wir noch einige für die Praxis der konformen Abbildung weniger bedeutsame Arbeiten.

Für *mehrfach zusammenhängende Polygongebiete* wendet man praktisch am besten die allgemeinen Abbildungsmethoden an. Immerhin liegen zahlreiche Untersuchungen über die Erweiterung der Schwarz-Christoffelschen Formel vor. Von den neueren Arbeiten nennen wir den Bericht von GOLUSIN in [144] (Polygonringgebiete) und die Arbeiten von KOMATU ([208], [212], [214], [216]) und LENZ [255]. Bei v. KOPPENFELS und STALLMANN ([222], S. 171—180) wird der Fall des Polygonringgebiets ausführlich behandelt. In KOBER ([200], S. 191—196) einige explizite Abbildungen.

Die *Umströmung einer geknickten Platte mit Spalt* (FLÜGGE-LOTZ und GINZEL [107]) läßt sich mit diesen Mitteln behandeln. STRASSL [400] erzeugt dagegen ein Leitwerksprofil mit Ruder durch Anwendung einiger elementarer Abbildungen aus dem Tandemschlitz. Zur Umströmung des Doppelflügels siehe auch BETZ ([33], S. 316 ff.). Gelegentlich kann die Abbildung eines mehrfach zusammenhängenden Gebiets auf eine Abbildung eines einfach zusammenhängenden Gebiets reduziert werden, z. B. KOSTYČEV [226] und zahlreiche Arbeiten über die Umströmung von Kaskaden gleicher Profile (Strömung um Turbinenschaufeln).

Die *Methode der Extremalpunkte von* LEJA (vgl. Kap. IV, § 4.2) ist von LEJA in [251] auf die konforme Abbildung eines Ringgebiets übertragen worden.

Durch *Lösung geeigneter Dirichlet-Probleme* mit Monte Carlo-Methoden ermitteln SUGIYAMA und JOH [406] Normalabbildungen mehrfach zusammenhängender Gebiete.

Schließlich erwähnen wir noch zwei Arbeiten von NARODECKIĬ und ŠERMAN ([291], [383]). Diese Autoren betrachten die konforme Abbildung $w = f(z)$ eines solchen Ringgebiets G der z-Ebene auf $1 < |w| < M$, welches innen von $|z| = R$, außen speziell von einer Ellipse C berandet ist. Die Funktion $z = A \left(\zeta + \dfrac{1}{\zeta} \right)$ bilde $|\zeta| > \varrho$ auf das Äußere von C ab. Dann läßt sich $\log \dfrac{f(z)}{z}$ approximieren durch

$$\log \frac{M}{A \varrho} + 2 \sum_{n=1}^{s} (-1)^{n-1} a_n - \sum_{n=1}^{s} \frac{b_n}{A^{2n}} \left(z^{2n} - \frac{R^{4n}}{z^{2n}} \right),$$

wobei die b_n komplizierte, aber explizite Ausdrücke in den a_n sind, die ihrerseits einem gewissen unendlichen Gleichungssystem genügen müssen. Experimente für verschiedene Ellipsen C zeigen gute Ergebnisse. Die Methode läßt sich auf solche Ringgebiete übertragen, für die das Äußere des Außenrandes C auf $|\zeta| > \varrho$ explizit und einfach abbildbar ist, so z. B. dann, wenn C ein Quadrat „mit abgerundeten Ecken" ist. Šerman hat diese Methode bei zahlreichen Torsionsproblemen angewendet.

Anhang

Hier sollen noch einige lose mit der Konstruktion konformer Abbildungen zusammenhängende Fragen behandelt werden. Zunächst geben wir verschiedene Hinweise auf Klassen bewährter Hilfsabbildungen sowie auf Literatur über Anwendungsgebiete der konformen Abbildung. Beides dürfte für den Praktiker von Nutzen sein. Sodann nennen wir einige Resultate über die konforme Abbildung veränderlicher Gebiete und weiter über die Ränderzuordnung bei konformer Abbildung, wovon wir zum Teil früher Gebrauch gemacht haben. Wir schließen mit der Aufzählung einiger für Experimente nützlicher konformer Abbildungen.

Anhang 1. Hilfsabbildungen

Hat ein Gebiet eine für die Anwendung eines Abbildungsverfahrens ungünstige Gestalt, so muß man es durch elementare Hilfsabbildungen zuerst in geeignete Form überführen. Neben den Büchern, die vorwiegend Anwendungen der konformen Abbildung behandeln (siehe Anhang 2), enthalten vor allem Kober [200] und v. Koppenfels und Stallmann [222] zahlreiche solche Hilfsabbildungen. Wir nennen weiter einige Originalarbeiten.

a) Einfacher Zusammenhang. Bildet man $|z| > R$ oder das Äußere eines dazu exzentrischen Kreises vermöge

$$\frac{w + k \mu R}{w - k \lambda R} = \left(\frac{z + \mu R}{z - \lambda R} \right)^{k} \quad (k \text{ reell}; \ \lambda, \mu \text{ komplex})$$

ab, so erhält man das Äußere einer großen Zahl für die *Tragflügeltheorie* wichtiger Profile (Lamla [237]), für die die aerodynamisch interessierenden Daten berechnet werden können, und umgekehrt wird ein dazu ähnliches Profil der w-Ebene auf ein kreisnahes Gebiet der z-Ebene abgebildet. Für $\mu = \lambda = 1$, $k = 2$ ergeben sich die Joukowski-Profile, für $\mu = \lambda = 1$, $0 < k < 2$ die Kármán-Trefftz-Profile [Hinterkantenwinkel $\pi(2 - k)$]. Timman ([419], S. 19) verwendet bei seinen Untersuchungen die einparametrige Schar von Abbildungen

$$w = z\left(1 - \frac{\alpha}{z}\right)^k,$$

wobei $|z| = \alpha$ in die Profilkontur übergeht. Durch „geometrische Interpolation" kommt Rossner [356] zu einer 4-parametrigen Schar symmetrischer Profile, während Tomlinson-Horowitz-Reynolds [425] im Ansatz

$$w = z + \frac{a}{z} + \frac{b}{z^2} + \frac{c}{z^3} \qquad (|z - z_0| > R;\, a,\, b,\, c \text{ reell})$$

6 reelle Parameter $(a,\, b,\, c,\, R,\, z_0 = x_0 + iy_0)$ zulassen. Nach Einstellung derselben an Potentiometern läßt sich das Profil am Analogiegerät ablesen (vgl. Kap. IV, § 4.3). Erwähnenswert sind weiter die Profile von Burington-Dobbie [53]. Hier wird das Gebiet links des rechten Astes der Hyperbel

$$\frac{x^2}{\lambda^2\cos^2\sigma\pi} - \frac{y^2}{\lambda^2\sin^2\sigma\pi} = 1 \qquad (z = x + iy;\, \lambda,\, \sigma > 0;\, 0 < \sigma < \tfrac{1}{2})$$

der Abbildung $w = \dfrac{1}{z + A}$ (geeignetes A) unterworfen, so daß sich eine 2-parametrige Profilschar ergibt; Sonderfall $\lambda = 1$ bei Piercy-Piper-Preston [323]. Bei der Umströmung von Rümpfen ist $|z| > 1$ auf das Äußere einer rechtecksähnlichen Kurve abzubilden (Maruhn [271]). — Eine Liste von Arbeiten über ältere Profilabbildungen findet sich bei Kober ([200], S. 69—71); siehe ferner den Bericht von Ullrich ([437], S. 103—106).

Bei *Elastizitätsproblemen* (Torsion, Biegung) treten oft Gebiete auf, die durch konforme Abbildung von $|z| > 1$ durch Funktionen der Form

$$w = z\sum_{n=0}^{m} a_n z^{-n} \text{ entstehen (z. B. Conroy [63], Evan-Iwanowski [87]),}$$

oder durch konforme Abbildung von $|z| < 1$ durch $w = z/(a + bz^n + cz^{2n})$ (Bassali [17] — [19]). Solche Abbildungen ergeben sich auch durch Reihenentwicklung der Schwarz-Christoffelschen Formel (vgl. Kap. IV, § 3.1). So bilden z. B.

$$w = C_1\left[z - \frac{1}{6}\cdot\frac{1}{z^3} + \frac{1}{56}\cdot\frac{1}{z^7} - \frac{1}{176}\cdot\frac{1}{z^{11}} + \frac{1}{384}\cdot\frac{1}{z^{15}}\right]$$

bzw.

$$w = C_2\left[z + \frac{1}{3}\cdot\frac{1}{z^2} + \frac{1}{45}\cdot\frac{1}{z^5} + \frac{1}{162}\cdot\frac{1}{z^8} + \frac{7}{2673}\cdot\frac{1}{z^{11}}\right]$$

$|z| > 1$ auf das Äußere eines Quadrats (bzw. gleichseitigen Dreiecks) „mit abgerundeten Ecken" ab; die Konstanten C_1, C_2 sind etwa durch

$z = 1 \leftrightarrow w = 1$ zu bestimmen. Diese Abbildungen spielen auch bei Elastizitätsproblemen für Ringgebiete eine Rolle; siehe z. B. AMENZADE ([11], [12]), BABUŠKA-REKTORYS-VYČICHLO ([15], S. 361 ff.), NARODECKIĬ [290], SASTRY [365].

b) Zweifacher Zusammenhang. Ringgebiete treten in der Aerodynamik dann auf, wenn die Umströmung eines Profils mit Berücksichtigung der Erdbodennähe, oder eines Doppelflügels studiert werden soll. Anfänglich nahm man als Profile Strecken oder Kreisbogen, da sich dann die erforderliche Abbildung auf das Äußere zweier Kreise durch elliptische Funktionen herstellen läßt. *Dicke Doppelflügel* können aus einem Tandemschlitz (STRASSL [400]) oder aus einem Kreisringgebiet (DUPONT [80], SCHMITT [376]) durch Hintereinanderschalten zweier Joukowski-Abbildungen erzeugt werden. Beim *anfahrenden Tragflügel* kann man die Hilfsabbildung

$$w = z + \frac{p^2 e^{i\gamma}}{z + z_0} + \frac{p^2 e^{-i\gamma}}{z + \bar{z}_0}$$

verwenden, welche das Äußere zweier zur x-Achse symmetrischer Kreise auf das Äußere zweier zur u-Achse symmetrischer Profile abbildet; siehe MÜLLER [282], TOMOTIKA-TAMADA-UMEMOTO [427], TOMOTIKA-HASIMOTO-URANO [426]; dort weitere Literaturhinweise. GREEN [149] geht von Profilen der Form $w = z \sum_{n=0}^{\infty} a_n z^{-n}$ $(z = e^{i\varphi})$ aus, die sich in Erdbodennähe oder in einem Kanal befinden. Daran schließen sich die Arbeiten von FUJIKAWA ([111], [112]) und EDMUNDS [83] an.

Anhang 2.
Literatur über Anwendungsgebiete der konformen Abbildung

Grundsätzlich kann die Methode der konformen Abbildung auf jedes zweidimensionale Randwertproblem angewendet werden. Die zur Abbildung gehörige Variablentransformation liefert dabei eine neue Randwertaufgabe, für eine im allgemeinen andere, möglicherweise schwierigere Differentialgleichung, jedoch für ein einfacheres Gebiet. Besonders vorteilhaft ist dieses Vorgehen bei $\Delta u = 0$ und $\Delta^2 u = 0$, da sich dann die gesuchte Funktion als $u(z) = \Re f(z)$ schreiben läßt, wo $f(z)$ analytisch ist, bzw. im Fall $\Delta^2 u = 0$ als

$$u(z) = \Re\{\bar{z}\,\varphi(z) + \psi(z)\} \qquad [\varphi(z), \psi(z) \text{ analytisch im Gebiet}]$$

(Goursatsche Formel). Darauf beruht die Nützlichkeit der konformen Abbildung bei Potential- und Bipotentialproblemen. Zu den ersteren gehören vor allem Strömungsprobleme der Hydro- und Aerodynamik, ferner Probleme der Elektrostatik, während die Probleme der Elastizitätstheorie sowohl auf $\Delta u = 0$ (Torsion) als auch auf $\Delta^2 u = 0$ (ebener Spannungszustand) führen.

Es würde den Rahmen dieses Berichts überschreiten, auf diese Anwendungsgebiete näher einzugehen. Wir beschränken uns daher auf einige Hinweise auf die einschlägige Literatur, genauer auf Lehrbücher und zusammenfassende Darstellungen, erwähnen jedoch keine Einzelarbeiten.

Für *allgemeine Strömungstheorie* ist in erster Linie MILNE-THOMSON [280] zu empfehlen, ferner COUCHET ([64], Memorialheft), DURAND ([81], älteres Standardwerk), JACOB ([176], bes. Kap. I—VII), SEDOV ([381], russisch; englische Übersetzung in Vorbereitung) und der Handbuchartikel von SERRIN [384]. *Sondergebiete* der Strömungstheorie behandeln GLAUERT [136], ROBINSON-LAURMANN [347] und WEISSINGER [460a] (speziell Tragflügeltheorie), ferner die Werke von FIL'ČAKOV ([101], [102]; russisch), GHEORGHITĂ ([135], rumänisch) und von POLUBARINOVA-KOCHINA und FALKOVICH ([329], [330]) über Grundwasserströmung.

Die *mathematische Elastizitätstheorie* behandeln einige auch rein mathematisch hervorragende Lehrbücher, nämlich BABUŠKA-REKTORYS-VYČICHLO [15], MUSKHELISHVILI [286] und SOKOLNIKOFF ([389], [390]), ferner die Artikel von TREFFTZ ([429], altes Handbuch der Physik) und SNEDDON-BERRY ([388], neues Handbuch der Physik) und der Ergebnisbericht von MILNE-THOMSON [281]. Für *Sondergebiete* der Elastizitätstheorie nennen wir HIGGINS [167] und WEBER-GÜNTHER [459] (beide über Torsionstheorie), ferner SAWIN ([366], Spannungserhöhung am Rande von Löchern).

Verschiedene Anwendungsgebiete werden bei BETZ [33] und ROTHE-OLLENDORFF-POHLHAUSEN [357] behandelt, ferner in dem kurzen Bericht von ULLRICH [437] und vor allem in dem von BECKENBACH [21] herausgegebenen Symposiumbericht.

Über die Anwendung speziell *elliptischer Funktionen* in Physik und Technik siehe OBERHETTINGER-MAGNUS [307] und BOWMAN [45]; an Tabellen stehen hierfür MILNE-THOMSON [279], SPENCELEY-SPENCELEY [392], SCHULER-GEBELEIN ([379], [380]) und HENDERSON [166] zur Verfügung.

Anhang 3. Konforme Abbildung veränderlicher Gebiete

Eine Möglichkeit, die Güte der Approximation einer (gesuchten) exakten Abbildungsfunktion $w = f(z)$ durch eine (mit einem Verfahren gewonnene) Näherungsfunktion $w = f^*(z)$ zu beurteilen, besteht darin, die Ränder der zugehörigen Bildgebiete miteinander zu vergleichen, und aus der „Nähe der Ränder" auf die „Nähe" von $f^*(z)$ an $f(z)$ zu schließen. Diese Frage legt man sich bei der Abbildung veränderlicher Gebiete vor. Wir unterscheiden die beiden Fälle: Abbildung von G auf $|w| < 1$ bzw. von $|z| < 1$ auf G.

a) Abbildung von Gebiet auf Einheitskreis. Das einfach zusammenhängende Gebiet G der z-Ebene werde durch $w = f(z)$ auf $|w| < 1$ abgebildet, Normierung durch $f(z_0) = 0$, $f'(z_0) > 0$ $(z_0 \in G)$, und $w = f^*(z)$ sei eine mit derselben Normierung versehene Näherung, welche G auf das Bildgebiet $R = f^*(G)$ mit Rand C abbilde. Dann ist für $z \in G$

$$|f^*(z) - f(z)| = |f^* f^{-1}(w) - w| = |F(w) - w| \qquad (|w| < 1) \, ,$$

wobei $F(w)$ den Kreis $|w| < 1$ in $w = 0$ normiert auf R abbildet. Damit ist das Problem der Abschätzung von $|f^*(z) - f(z)|$ $(z \in G)$ reduziert auf die Frage der Abweichung von $F(w)$ von der Identität, falls der Rand C von $R = F(|w| < 1)$ „nahe" am Einheitskreis liegt. Zur besseren Unterscheidung schreiben wir jetzt $\omega = F(w)$.

Liegt nun C im Ring $1 - \varepsilon < |\omega| < 1 + \varepsilon$, so ist $|F(w) - w|$ zwar in $|w| \leqq \varrho < 1$, nicht aber in ganz $|w| < 1$ abschätzbar. Hierzu sind zusätzliche Annahmen über die Glätte von C erforderlich; wir nennen drei Resultate, in denen die Normierung $F(0) = 0$, $F'(0) > 0$ angenommen ist.

Satz 1 (BIEBERBACH [35], S. 181; LANDAU [241], S. 241). *Der Rand C von R sei rektifizierbar, liege in $1 - \varepsilon \leqq |\omega| \leqq 1 + \varepsilon$, und seine Länge L genüge $|L - 2\pi| < 2\pi\varepsilon$ $(0 < \varepsilon < 1)$. Dann ist*

$$|F(w) - w| \leqq 10 \sqrt{\varepsilon} |w| \qquad (|w| < 1) \, . \quad (3.1)$$

Satz 2 (MARCHENKO [266], S. 289; WARSCHAWSKI [450], S. 343). *Der Rand C von R liege in $1 \leqq |\omega| \leqq 1 + \varepsilon$, und irgend zwei Punkte ω_1 und ω_2 von R mit $|\omega_1 - \omega_2| \leqq \varepsilon$ seien in R durch einen Bogen vom Durchmesser $\leqq \eta(\varepsilon)$ verbindbar. Dann gilt für gewisse Konstanten A und B*

$$|F(w) - w| \leqq [\pi\varepsilon |\log\varepsilon| + A\varepsilon + B\eta] \cdot |w| \qquad (|w| < 1) \, . \quad (3.2)$$

WARSCHAWSKIs Satz gestattet die tatsächliche Berechnung von A und B. Für konvexes R ist $\eta = \varepsilon$ wählbar. — Der Term mit $\varepsilon |\log\varepsilon|$ ist in (3.2) nicht entbehrlich, selbst wenn R konvex ist; vgl. GAIER ([119], S. 155). Dazu muß C vielmehr sogar einer ε-Bedingung genügen, d. h. es muß C eine bezüglich $\omega = 0$ sternige Jordankurve sein, $\omega = \varrho(\theta) e^{i\theta}$, wobei $\varrho(\theta)$ absolut stetig ist und $\left| \dfrac{\varrho'(\theta)}{\varrho(\theta)} \right| \leqq \varepsilon$ für fast alle θ gilt; vgl. S. 66.

Satz 3 (MARCHENKO [266], S. 290; WARSCHAWSKI [449], S. 567; SPECHT [391], S. 184; GAIER [119], S. 150). *Liegt C in $1 \leqq |\omega| \leqq 1 + \varepsilon$ und genügt C einer ε-Bedingung, so gilt*

$$|F(w) - w| \leqq 3{,}3 \, \varepsilon \cdot |w| \qquad (|w| < 1) \, . \quad (3.3)$$

Bei SPECHT darf allgemeiner $\left| \dfrac{\varrho'(\theta)}{\varrho(\theta)} \right| \leqq M\varepsilon$ sein; dann wird der Faktor in (3.3) noch von M abhängig.

b) Abbildung von Einheitskreis auf Gebiet. Nun sei $|z| < 1$ durch $w = f(z)$ konform und in $z = 0$ normiert auf G (Rand C) abzubilden, und

$w = f^*(z)$ sei eine normierte Näherung für $f(z)$. Das Bildgebiet $f^*(|z| < 1)$ $= G^*$ (Rand C^*) liege „nahe" an G, und $|f(z) - f^*(z)|$ $(|z| < 1)$ ist wieder abzuschätzen.

Die hierzu vorliegenden Ergebnisse sind numerisch nicht befriedigend. Wir nennen nur das folgende Resultat von WARSCHAWSKI ([455], S. 312). Die Ränder C und C^* seien rektifizierbar mit stetig sich drehender Tangente, und die Tangentenwinkelfunktionen $\vartheta(s)$ und $\vartheta^*(s)$ haben

Stetigkeitsmoduln $\beta(h)$, $\beta^*(h)$ mit $\int\limits_0^H \frac{\beta(h)}{h} dh < \infty, \int\limits_0^H \frac{\beta^*(h)}{h} dh < \infty$.

Weiter seien C und C^* in $d \leq |w| \leq D$ gelegen, und das Bogenstück zwischen je zwei Punkten w', w'' einer Kurve habe eine Länge $\Delta s \leq c \cdot |w' - w''|$ für ein festes c. Schließlich habe jeder Punkt von C eine Entfernung $< \varepsilon$ von C^* und umgekehrt. *Dann gibt es eine nur von d, D, c und $\beta(h)$, $\beta^*(h)$ abhängige Konstante M, so daß gilt*

$$|f(z) - f^*(z)| \leq M \varepsilon |\log \varepsilon| \qquad (|z| < 1).$$

Verwandte Sätze mit Abschätzungen derselben Größenordnung gaben MARKOUCHEVITCH ([267], S. 883) und KÖVÁRI [207] an. Bei WARSCHAWSKI ([450], S. 347) ist die Größenordnung schlechter, aber die Konstanten gehen explizit ein.

c) Weitere Literatur. Eine Zusammenstellung der Ergebnisse über die konforme Abbildung variabler Gebiete bis 1952 gibt WARSCHAWSKI [451]. Seither sind außer den oben genannten Arbeiten noch erschienen: WARSCHAWSKI [452], YOSHIKAWA [469]. Variationsformeln für *infinitesimale* Abänderungen des Gebiets (JULIA, HADAMARD) sind für unsere Zwecke weniger wichtig.

Anhang 4. Ränderzuordnung bei konformer Abbildung

Wir gehen noch kurz auf einige Ergebnisse über die Ränderzuordnung bei konformer Abbildung ein, die gelegentlich (z. B. bei der Ableitung von Integralgleichungen) von Nutzen sind. Zu diesem Thema vgl. vor allem die beiden Hefte von GATTEGNO und OSTROWSKI ([129], [130]); einige Resultate werden auch in Lehrbüchern behandelt, so bei GOLUSIN ([143], S. 369 ff.) und TSUJI ([431], S. 357 ff.).

Das Gebiet G der w-Ebene sei von einer Jordankurve C berandet. Dieselbe hat in w_0 eine *Tangente*, wenn die Verbindungsgerade von w_0 und w_1 einer Grenzgeraden zustrebt, falls w_1 auf C gegen w_0 rückt. C hat in w_0 eine *L-Tangente*, wenn sogar die Verbindungsgerade von w_1 und w_2 einer Grenzgeraden zustrebt, falls w_1 und w_2 auf C gegen w_0 streben. Durch $w = f(z)$ sei $|z| < 1$ auf G konform abgebildet; dabei läßt sich $f(z)$ stetig auf $|z| \leq 1$ fortsetzen, und $f(z)$ vermittelt eine topologische Abbildung von $|z| = 1$ auf C (CARATHÉODORY-OSGOOD). Unter zunehmenden Annahmen über die „Glätte" von C läßt sich nun über das Randverhalten von $f(z)$ folgendes zeigen.

Zunächst zwei lokale Aussagen. Hat C an w_0 eine Tangente, und ist $w_0 = f(z_0)$ ($|z_0| = 1$), so existiert $\lim\limits_{z \to z_0} \arg \dfrac{w - w_0}{z - z_0}$ für beliebige Annäherung aus $|z| \leq 1$ (Winkeltreue am Rande; LINDELÖF). Liegt an w_0 sogar eine L-Tangente vor, so existiert ferner $\lim\limits_{z \to z_0} \arg f'(z)$ für beliebige Annäherung aus $|z| < 1$ (LINDELÖF); auch die Umkehrung des Satzes ist richtig (WARSCHAWSKI).

Hat daher C einen Teilbogen γ mit stetig sich drehender Tangente (folglich in den Punkten von γ sogar L-Tangenten), und ist $e^{i\alpha} \ldots e^{i\beta}$ das Urbild von γ, so besitzt $\arg f'(z)$ auf dem Bogen $e^{i\alpha} \ldots e^{i\beta}$ stetige Randwerte. Hingegen braucht $f'(z)$ selbst dort *nicht* stetig zu sein, da möglicherweise $|f'(z)| \to \infty$ strebt bei Annäherung an den Einheitskreis. Unter der Annahme, daß C glatt ist, kann lediglich behauptet werden, daß zu jedem δ mit $0 < \delta < 1$ eine Konstante $A(\delta)$ existiert, so daß

$$\frac{1}{A(\delta)} \, |z - z_0|^{1/(1-\delta)} \leq |f(z) - f(z_0)| \leq A(\delta) \, |z - z_0|^{1-\delta}$$

gilt für $|z_0| = 1$, $|z| \leq 1$ (LAVRENTIEFF-WARSCHAWSKI). Hat jedoch C überall eine stetig sich drehende Tangente, deren Richtungswinkel $\vartheta = \vartheta(s)$ den Stetigkeitsmodul $\omega(\delta)$ hat [also $|\vartheta(s_0 + h) - \vartheta(s_0)| \leq \omega(\delta)$ falls $|h| \leq \delta \leq D$ ist, für jeden Punkt $w(s_0) \in C$], wobei

$$\int\limits_0^D \frac{\omega(t)}{t} \, dt < \infty$$

gilt, so ist für jedes z_0 auf $|z| = 1$ und bei beliebiger Annäherung an z_0 aus $|z| \leq 1$ der Grenzwert

$$\lim\limits_{z \to z_0} \frac{f(z) - f(z_0)}{z - z_0} \doteq f'(z_0) \neq 0 \tag{4.1}$$

vorhanden; mit dieser Erklärung auf $|z| = 1$ wird $f'(z)$ in $|z| \leq 1$ stetig (WARSCHAWSKI).

Die Annahme über $\vartheta(s)$ ist insbesondere dann erfüllt, wenn $\vartheta(s)$ einer Lipschitzbedingung Lip α genügt ($0 < \alpha \leq 1$). Dann aber gehört auch die durch (4.1) erklärte Randfunktion $f'(e^{i\varphi})$ und die Ableitung der Umkehrfunktion $g(w) = f^{-1}(w)$, also $g'(w)$, zu Lip α, sofern $0 < \alpha < 1$ ist. Das heißt also

$$|f'(e^{i\varphi_1}) - f'(e^{i\varphi_2})| \leq A_1 \, |\varphi_1 - \varphi_2|^\alpha$$

und
$$|g'(w_1) - g'(w_2)| \leq A_2 |w_1 - w_2|^\alpha \qquad (0 < \alpha < 1)$$

für $w_1, w_2 \in C$. Diese Ergebnisse stammen von KELLOGG und WARSCHAWSKI; neue, verhältnismäßig kurze Beweise bei WARSCHAWSKI [457].

Ist schließlich $\vartheta(s)$ n-mal differenzierbar und $\vartheta^{(n)}(s) \in \text{Lip}\,\alpha\ (0 < \alpha < 1)$, so ist $f^{(n+1)}(z)$ in $|z| \leq 1$ existent und stetig und genügt auf $|z| = 1$ einer Lipschitzbedingung $\text{Lip}\,\alpha$ mit demselben α (KELLOGG-WARSCHAWSKI).

Erwähnenswert ist noch der Fall der analytischen Ecke, wo also zwei analytische Kurvenbögen unter einem Winkel $\alpha\pi\ (0 < \alpha \leq 2)$ zusammenstoßen; Aussagen über $f(z)$ und sämtliche Ableitungen bei WARSCHAWSKI [453].

Anhang 5. Einige bekannte konforme Abbildungen

Für zukünftige Experimente ist es nützlich, Ränderzuordnungen und andere Angaben für einige explizit berechenbare konforme Abbildungen zu besitzen. Diese sollen hier zusammengestellt werden. Dabei sei das Normalgebiet $E\colon |z| < 1$, $E^*\colon |z| > 1$, oder $R\colon q < |z| < 1$ in der z-Ebene gelegen, das Bildgebiet G mit Rand C in der w-Ebene, und stets $\varphi = \arg z$, $\theta = \arg w$ gesetzt. Die Bezeichnungen weichen also teilweise von den früheren ab.

1. Exzentrischer Kreis. Das Gebiet G sei $|w - a| < b$, $b > a > 0$.

Randkurve C: $\qquad \varrho = \varrho(\theta) = a\cos\theta + \sqrt{b^2 - a^2\sin^2\theta}$.

Abbildungsfunktion $G \to E$: $\quad z = \dfrac{bw}{aw + b^2 - a^2}$.

Ränderzuordnung: $\quad \text{tg}\,\varphi = \dfrac{\sin\theta}{c\varrho(\theta) + \cos\theta}$ mit $c = \dfrac{a}{b^2 - a^2}$.

Tabellen: Für $a:b = 0{,}2$ und $0{,}6$, $\theta = 0°(6°)\,360°$ siehe ANDERSEN ([13], S. 160—161).

2. Gespiegelte Ellipsen. Das Gebiet G entsteht durch Spiegelung des Äußeren der Ellipse mit Halbachsen $\dfrac{1}{p}$ und 1 am Einheitskreis.

Randkurve C: $\qquad \varrho = \varrho(\theta) = \sqrt{1 - (1 - p^2)\cos^2\theta} \qquad\qquad (0 < p < 1)$.

Abbildungsfunktion $E \to G$: $\quad w = \dfrac{2pz}{(1 + p) + (1 - p)z^2}$.

Ränderzuordnung: $\qquad\qquad \text{tg}\,\theta = p\,\text{tg}\,\varphi$.

Tabellen: Für $p = 0{,}25;\ 0{,}6;\ 0{,}65$ und $\varphi = 0°(10°)\,90°$ siehe Tab. 4 und Tab. 6 auf S. 102—103.

3. Ellipsen. Die Kurve C sei $w = a\cos q + ib\sin q$, $a^2 - b^2 = 1$. Abgebildet wird das Außengebiet $G_a \to E^*$ und das Innengebiet $G_i \to E$. Ränderzuordnungen (als Funktion von q): $\varphi_a(q) = q$; $\varphi_i(q)$ siehe S. 56. Tabellen für $\varphi_i(q)$: Für $a:b = 1{,}2;\ 2;\ 5$ und $q = 0°(3°)\,180°$ siehe TODD-WARSCHAWSKI ([422], S. 43—44) und private Mitteilung. Auszüge in Tab. 14a) auf S. 161.

Ableitung im Nullpunkt: Siehe Formel (1.9) auf S. 160; schnell konvergente Reihe.

4. Einheitsquadrat. Das Innengebiet G_i sei $\{|u| < 1\} \cap \{|v| < 1\}$, das Außengebiet heiße G_a. Auf der Quadratseite $u = 1$ setzen wir $w = 1 + iv$.

a) Abbildung $G_i \leftrightarrow E$.

Ränderzuordnung $E \to G_i$:

$$K \cdot \mathrm{tg}\,\theta = F\left(\arcsin\,[\sqrt{2}\,\sin\varphi]; \frac{1}{\sqrt{2}}\right), \quad K = K\left(\frac{1}{\sqrt{2}}\right).$$

Für $\varphi = 0°\,(10°)\,40°$ siehe Tab. 9 auf S. 105.

Ränderzuordnung $G_i \to E$: $\cos\varphi = \mathrm{dn}\,(Kv) = \mathrm{dn}\,(K\,\mathrm{tg}\,\theta)$.

Für $v = 0\,(0{,}2)\,1$ siehe Tab. 2 auf S. 58.

Für $\theta = 0°\,(2°)\,34°\,(1°)\,45°$ siehe Tab. 11 auf S. 152.

Potenzreihenentwicklung: $w = f(z)$, $z = f^{-1}(w) = w\,e^{h(w)}$.

Koeffizienten von f: Siehe letzte Zeile von Tab. 16, S. 166.

Koeffizienten von f^{-1} und h: Siehe S. 159.

b) Abbildung $G_a \to E^*$.

Ränderzuordnung: Siehe S. 58.

Tabelle: Für $\varphi = \varphi(v)$, $v = 0\,(0{,}2)\,1$, siehe Tab. 2 auf S. 58.

5. Gleichseitiges Dreieck.

Ränderzuordnung $G \to E$: Siehe WILSON ([463], S. 371).

6. Ringgebiet. Der Außenrand von G sei $|w| = 1$, der Innenrand gegeben durch $\varrho = \varrho(\theta) = \sqrt{\dfrac{1}{L^2} + \sin^2\theta} - \sqrt{\dfrac{1}{L^2} + \sin^2\theta - 1}$. Die Abbildung $R \to G$ wird betrachtet.

Äußere Ränderzuordnung: Formel (4.20) auf S. 223.

Innere Ränderzuordnung: Formel (4.23) auf S. 224.

Tabellen: Für $L^2 = \sin 46°$ ergeben sich die Werte der letzten Spalten von Tab. 23 und Tab. 24 auf S. 227 und S. 228; der Modul von G ist 2,166 187.

Literatur

Mit MR, Zbl, FdM weisen wir auf die Referate in den Mathematical Reviews, im Zentralblatt und in den Fortschritten der Mathematik hin. Die Angabe V: 4.2 besagt, daß die Arbeit in Kapitel V, § 4.2 zitiert ist.

[1] ACHIESER, N. I., u. I. M. GLASMANN: Theorie der linearen Operatoren im Hilbert-Raum (2. Aufl.). Berlin 1958. MR **16**, 596; Zbl **41**, 229; Zbl **82**, 327. I: 3.3.

[2] AHLFORS, L. V.: Remarks on the Neumann-Poincaré integral equation. Pacific J. Math. 2, 271—280 (1952). MR **14**, 182; Zbl **47**, 79. I: 3.5.

[3] — Two numerical methods in conformal mapping. Nat. Bur. Standards, Appl. Math. Ser., **42**, 45—52 (1955). MR **17**, 668; Zbl **67**, 359 (TODD). III: 1.5; IV: 3.2.

[4] AITKEN, A. C.: Determinants and matrices (5. ed.). New York 1948. MR **1**, 35; Zbl **30**, 291; FdM **65**, 1111. II: 3.5.

[5] — Studies in practical mathematics. VI. On the factorization of polynomials by iterative methods. Proc. Roy. Soc. Edinburgh, Sect. A, **63**, 174—191 (1951). MR **12**, 860; Zbl **44**, 130. I: 4.3.

[6] ALBRECHT, R.: Zum Schmiegungsverfahren der konformen Abbildung. Z. angew. Math. Mech. **32**, 316—318 (1952). MR **14**, 366; Zbl **47**, 81. IV: 4.1.

[7] ALBRECHT, R.: Iterationsverfahren zur konformen Abbildung eines Ring-gebietes auf einen konzentrischen Kreisring. Sitz.-Ber. Bayer. Akad. Wiss., Math.-Nat. Kl., **1954**, 169—178 (1955). MR **17**, 26. V: 4.2, 4.3.

[8] ALLEN, H. J.: General theory of airfoil sections having arbitrary shape or pressure distribution. NACA Report 833 (1945). II: 2.0.

[9] AL'PER, S. Y.: Approximation in the mean of analytic functions of class E_p. (Russisch). Issledovaniya po sovremennym problemam teorii funkciĭ kompleksnogo peremennogo. Moskau 1960. MR **22**, 1169. III: 1.5.

[10] ALT, F. L.: Advances in computers, Vol. 2. New York-London 1961. MR **24** B, 334. III: 3.2, 3.3.

[11] AMENZADE, Y. A.: The bending of a prismatic rod weakened by a circular cavity. (Russisch). Doklady Akad. Nauk SSSR **114**, 37—40 (1957). MR **19**, 1106; Zbl **78**, 381. A: 1.

[12] — Local torsional stresses in a prismatic circular beam with an eccentric elliptical hole. Soviet Phys. Doklady **119**, 446—450 (1958) (= Doklady Akad. Nauk SSSR **119**, 1118—1121). MR **20**, 1215. A: 1.

[13] ANDERSEN, C.: The application of the Lichtenstein-Gershgorin integral equation in conformal mapping. Nord. Tidskr. Inform.-Behandl. **1**, 141—166 (1961). MR **27**, 733; Zbl **103**, 344. I: 4.1, 4.4; A: 5.

[14] ARBENZ, K.: Integralgleichungen für einige Randwertprobleme für Gebiete mit Ecken. Dissertation. ETH Zürich 1958. MR **21**, 45; Zbl **84**, 96. I: 2.8, 3.6, 4.4.

[15] BABUŠKA, I., K. REKTORYS u. F. VYČICHLO: Mathematische Elastizitäts-theorie der ebenen Probleme. Berlin 1960. MR **17**, 1253; MR **19**, 480; MR **22**, 1046; Zbl **92**, 418. A: 1,2.

[16] BANIN, A. M.: Approximate conformal transformation applied to a plane parallel flow past an arbitrary shape. (Russisch). Prikl. Mat. Meh. **7**, 131—140 (1943). MR **5**, 234; Zbl **61**, 281. I: 2.7, 3.4, 4.4.

[17] BASSALI, W. A.: Torsion of beams whose sections are bounded by certain quar-tic curves. J. Mech. Phys. Solids **7**, 272—281 (1959). MR **21**, 1260; Zbl **95**, 393. A: 1.

[18] — The torsion of elastic cylinders with regular curvilinear cross sections. J. Math. and Phys. **38**, 232—245 (1959/60). MR **22**, 549; Zbl **96**, 186. A: 1.

[19] — The classical torsion problem for sections with curvilinear boundaries. J. Mech. Phys. Solids **8**, 87—99 (1960). MR **22**, 1047; Zbl **96**, 181. A: 1.

[20] BATYREV, A. V.: Conformal mapping of nearby regions. (Russisch). Issle-dovaniya po sovremennym problemam teorii funkciĭ kompleksnogo pere-mennogo. Moskau 1960. MR **22**, 1895. II: 4.6.

[21] BECKENBACH, E. F. (editor): Construction and application of conformal maps. Nat. Bur. Standards, Appl. Math. Ser., **18**. Washington 1952. A: 2. Auf die einzelnen Arbeiten dieses Berichts wird gesondert hingewiesen.

[21a] BEHNKE, H., u. F. SOMMER: Theorie der analytischen Funktionen einer komplexen Veränderlichen (2. Aufl.). Berlin-Göttingen-Heidelberg 1962. MR **26**, 977; Zbl **101**, 295. III: 1.1.

[22] BERGMAN, S.: Über die Entwicklung der harmonischen Funktionen der Ebene und des Raumes nach Orthogonalfunktionen. Math. Ann. **86**, 238—271 (1922). FdM **48**, 1236. III: 2.1.

[23] — Punch-card machine methods applied to the solution of the torsion problem. Quart. Appl. Math. **5**, 69—81 (1947). MR **8**, 535; Zbl **29**, 273. III: 3.1, 3.2, 3.3.

[24] BERGMAN, S.: Sur la fonction-noyau d'un domaine et ses applications dans la théorie des transformations pseudo-conformes. Mém. Sci. Math. **108**. Paris 1948. MR **11**, 344; Zbl **36**, 52. III: 2.4.

[25] — The kernel function and conformal mapping. Math. Surveys **5**. New York 1950. MR **12**, 402; Zbl **40**, 190. III: 2.1, 2.4; IV: 3.2; V: 5.1.

[26] — Integral operators in the theory of linear partial differential equations. Berlin-Göttingen-Heidelberg 1961. MR **25**, 1025; Zbl **93**, 287. III: 2.4.

[27] —, and J. G. HERRIOT: Application of the method of the kernel function for solving boundary value problems. Technical Report No. 8. Stanford University 1960. III: 3.1, 3.2, 3.3.

[28] — — Application of the method of the kernel function for solving boundary-value problems. Numer. Math. **3**, 209—225 (1961). MR **23**B, 201. III: 3.1, 3.2, 3.3.

[29] —, and M. Schiffer: Kernel functions and conformal mapping. Compositio Math. **8**, 205—249 (1951). MR **12**, 602; Zbl **43**, 84. III: 2.4.

[30] — — Theory of kernel functions in conformal mapping. Nat. Bur. Standards, Appl. Math. Ser., **18**, 199—206 (1952). MR **14**, 860; Zbl **49**, 176. III: 2.4.

[31] — — Kernel functions and elliptic differential equations in mathematical physics. New York 1953. MR **14**, 876; Zbl **53**, 390. III: 2.4.

[32] BERGSTRÖM, H.: An approximation of the analytic function mapping a given domain inside or outside the unit circle. Mém. Publ. Soc. Sci. Arts Lettr. Hainaut, Volume hors Série, 193—198 (1958). MR **22**, 1375; Zbl **87**, 124. II: 4.2.

[33] BETZ, A.: Konforme Abbildung. Berlin-Göttingen-Heidelberg 1948. MR 11, 92. II: 4.3; V: 5.5; A: 2.

[34] BIEBERBACH, L.: Zur Theorie und Praxis der konformen Abbildung. Rend. Circ. Mat. Palermo 38, 98—112 (1914). FdM **45**, 670. III: 1.2, 1.3.

[35] — Über die konforme Kreisabbildung nahezu kreisförmiger Bereiche. Sitz.-Ber. Preuß. Akad. Wiss., Math.-Phys. Kl., **1924**, 181—188. FdM **50**, 640. A: 3.

[36] — Lehrbuch der Funktionentheorie, Band II (2. Aufl.). Leipzig-Berlin 1931. Zbl **1**, 211; FdM **57**, 340. V: 4.3, 4.6.

[37] — Einführung in die konforme Abbildung (5. Aufl.). Berlin 1956. Zbl **70**, 74. V: 1.0.

[38] — Einführung in die Funktionentheorie (3. Aufl.). Stuttgart 1959. MR **22**, 2087; Zbl **46**, 77. II: 4.1; III: 1.2; IV: 4.1.

[39] BIRKHOFF, G., D. M. YOUNG and E. H. ZARANTONELLO: Effective conformal transformation of smooth, simply connected domains. Proc. Nat. Acad. Sci. USA 37, 411—414 (1951). MR **13**, 288; Zbl **43**, 125. I: 2.1.

[40] — — — Numerical methods in conformal mapping. Proceedings of Symposia in Applied Mathematics, Vol. IV, 117—140 (1953). MR **15**, 258; Zbl **53**, 264. I: 1.1, 2.1, 2.3, 2.4, 2.5, 4.1, 4.4; II: 2.1, 3.5; III: 3.3.

[41] BLANCH, G., and L. K. JACKSON: Computation of harmonic measure by L. AHLFORS' method. Nat. Bur. Standards, Appl. Math. Ser., 42, 53—61 (1955). MR **17**, 669; Zbl **67**, 359 (TODD). IV: 3.2.

[42] BLASCHKE, W.: Kreis und Kugel. Leipzig 1916. FdM **46**, 1109. I: 4.2.

[43] BLUMENFELD, J., u. W. MAYER: Über Poincarésche Fundamentalfunktionen. Sitz.-Ber. Wien. Akad. Wiss., Abt. IIa, **123**, 2011—2047 (1914). FdM **45**, 530. I: 3.3.

[44] BOCHNER, S.: Über orthogonale Systeme analytischer Funktionen. Math. Z. **14**, 180—207 (1922). FdM **48**, 376. III: 2.1.

[45] Bowman, F.: Introduction to elliptic functions with applications. London 1953. MR 15, 420; Zbl 52, 71. A: 2.

[46] Bradfield, K. N. E., S. G. Hooker and R. V. Southwell: Conformal transformation with the aid of an electrical tank. Proc. Roy. Soc. London, Ser. A, 159, 315—346 (1937). Zbl 16, 175; FdM 63, 1143. IV: 4.3.

[47] Brakhage, H.: Über die numerische Behandlung von Integralgleichungen nach der Quadraturformelmethode. Numer. Math. 2, 183—196 (1960). MR 23B, 387. I: 4.1, 4.2.

[48] — Bemerkungen zur numerischen Behandlung und Fehlerabschätzung bei singulären Integralgleichungen. Z. angew. Math. Mech. 41, T 12 — T 14 (1961). II: 3.4.

[49] Brown, L. J. M.: On conformal mappings of domains of infinite connectivity. Proc. Cambridge Philos. Soc. 51, 56—64 (1955). MR 16, 811; Zbl 64, 75. V: 1.1.

[50] Bückner, H.: Bemerkungen zur numerischen Quadratur. I, II. Math. Nachr. 3, 142—145, 146—151 (1950). MR 13, 587; Zbl 37, 210. I: 4.2.

[51] — Die praktische Behandlung von Integralgleichungen. Ergebnisse der angew. Math. 1. Berlin-Göttingen-Heidelberg 1952. MR 14, 210; Zbl 48, 357. I: 4.2.

[52] Bundscherer, N.: Über die konforme Abbildung gewisser rechtwinkliger Achtecke. Z. angew. Math. Mech. 31, 370—387 (1951). MR 13, 641; Zbl 44, 84. IV: 3.3.

[53] Burington, R. S., and J. M. Dobbie: A new family of wing profiles. J. Math. and Phys. 20, 388—401 (1941). MR 3, 222. A: 1.

[54] Carathéodory, C.: Untersuchungen über die konformen Abbildungen von festen und veränderlichen Gebieten. Math. Ann. 72, 107—144 (1912). FdM 43, 524. III: 1.3; IV: 4.1.

[55] — Funktionentheorie, Band II. Basel 1950. MR 12, 248; Zbl 37, 332. IV: 3.0.

[56] Carleman, T.: Über das Neumann-Poincarésche Problem für ein Gebiet mit Ecken. Dissertation. Uppsala 1916. FdM 46, 732. I: 2.8, 3.3, 5.2.

[57] — Über ein Minimalproblem der mathematischen Physik. Math. Z. 1, 208—212 (1918). FdM 46, 765. V: 4.1.

[58] — Über die Approximation analytischer Funktionen durch lineare Aggregate von vorgegebenen Potenzen. Ark. Mat. Astr. Fys. 17, Nr. 9, 1—30 (1923). FdM 49, 708. III: 2.1, 2.3.

[59] Carrier, G. F.: On a conformal mapping technique. Quart. Appl. Math. 5, 101—104 (1947). MR 9, 24; Zbl 29, 124. I: 2.3.

[60] — On the conformal mapping of airfoils. Prikl. Mat. Meh. 11, 65—68 (1947). MR 9, 24; Zbl 29, 175. I: 2.3.

[61] Chufistova, A. M.: Approximate conformal mapping with the help of the exponential function. (Russisch). Leningrad State Univ. Annals (Uchenye Zapiski), Math. Ser., 6, 119—126 (1939). MR 2, 83. IV: 1.2, 1.3.

[62] Collatz, L.: Numerische Behandlung von Differentialgleichungen (2. Aufl.). Berlin-Göttingen-Heidelberg 1955. MR 16, 962; Zbl 64, 124. IV: 1.1.

[63] Conroy, M. F.: The elastic stresses at the boundary of a symmetrically shaped hole in an infinite plate loaded by normal boundary forces in the plane of the plate. Bull. Calcutta Math. Soc. 48, 47—54 (1956). MR 18, 689; Zbl 73, 191. A: 1.

[64] Couchet, G.: Mouvements plans d'un fluide en présence d'un profil mobile. Mém. Sci. Math. 135. Paris 1956. MR 19, 702; Zbl 74, 414. A: 2.

[65] Courant, R.: Dirichlet's principle, conformal mapping, and minimal surfaces. New York 1950. MR 12, 90; Zbl 40, 346. V: 1.0, 1.1.

[66] COURANT, R., B. MANEL and M. SHIFFMAN: A general theorem on conformal mapping of multiply connected domains. Proc. Nat. Acad. Sci. USA 26, 503—507 (1940). MR 2, 84; FdM 66, 370. V: 1.1.

[67] CREMER, H.: Ein Existenzbeweis der Kreisringabbildung zweifach zusammenhängender schlichter Bereiche. Ber. Verh. Sächs. Akad. Wiss. Leipzig, Math.-Phys. Kl., 82, 190—192 (1930). FdM 56, 296. V: 4.3.

[68] CURTISS, J. H.: Interpolation with harmonic and complex polynomials to boundary values. J. Math. Mech. 9, 167—192 (1960). MR 22, 819; Zbl 92, 293. IV: 1.1.

[69] — Interpolation by harmonic polynomials. J. Soc. Indust. Appl. Math. 10, 709—736 (1962). IV: 1.1.

[70] — Solution of the Dirichlet problem by interpolating harmonic polynomials. Bull. Am. Math. Soc. 68, 333—337 (1962). MR 26, 751. IV: 1.1.

[71] CZIPSZER, J., et G. FREUD: Sur l'approximation d'une fonction périodique et de ses dérivées successives par un polynome trigonométrique et par ses dérivées successives. Acta Math. 99, 33—51 (1958). MR 20, 426; Zbl 81, 60. II: 2.1.

[72] DAVIS, D. B.: Construction of certain extremal properties on multiply connected domains by variational techniques. Technical Report 107. Stanford University 1962. V: 4.1.

[73] DAVIS, P.: Numerical computation of the transfinite diameter of two collinear line segments. J. Res. Nat. Bur. Standards 58, 155—156 (1957). MR 18, 938; Zbl 88, 284. III: 3.3.

[74] — On the numerical integration of periodic analytic functions. Proceedings of a symposium on numerical approximation, 45—59. Madison 1959. MR 20, 1113. I: 4.2.

[75] —, and H. POLLAK: A theorem for kernel functions. Proc. Am. Math. Soc. 2, 686—690 (1951). MR 13, 337; Zbl 44, 85. III: 2.4.

[76] —, and P. RABINOWITZ: A multiple purpose orthonormalizing code and its uses. J. Assoc. Comput. Mach. 1, 183—191 (1954). MR 16, 751. III: 3.2.

[77] — — Abscissas and weights for Gaussian quadratures of high order. J. Res. Nat. Bur. Standards 56, 35—37 (1956). MR 17, 902; Zbl 74, 330. III: 3.1.

[78] — — Numerical experiments in potential theory using orthonormal functions. J. Washington Acad. Sci. 46, 12—17 (1956). MR 19, 686. III: 3.1, 3.2, 3.3.

[79] DENNEBERG, H.: Konforme Abbildung einer Klasse unendlich-vielfach zusammenhängender schlichter Bereiche auf Kreisbereiche. Ber. Verh. Sächs. Akad. Wiss. Leipzig, Math.-Phys. Kl., 84, 331—352 (1932). Zbl 7, 170; FdM 58, 1092. V: 1.1.

[80] DUPONT, M. P.: Théorie du biplan indéfini. Proc. 3rd Internat. Congr. Appl. Mech., Stockholm 1931, Vol. 1, S. 372—386. Zbl 2, 79; FdM 57, 1134. V: 4.5; A: 1.

[81] DURAND, W. F.: Aerodynamic theory, Band II. Berlin 1935. FdM 61, 901. II: 4.1; A: 2.

[82] DUREN, P. L., and M. SCHIFFER: A variational method for functions schlicht in an annulus. Arch. Rat. Mech. Anal. 9, 260—272 (1962). MR 25, 39; Zbl 101, 297. V: 4.1.

[83] EDMUNDS, D. E.: The moving aerofoil in the neighbourhood of a plane boundary. Quart. J. Mech. Appl. Math. 9, 400—424 (1956). MR 18, 530; Zbl 71, 404. A: 1.

[84] Epstein, B.: Determination of coefficients of capacitance of regions bounded by collinear slits and of related regions. Quart. Appl. Math. 14, 125—132 (1956). MR 18, 442; Zbl 72, 110. V: 5.1.

[85] — The kernel-function and conformal invariants. J. Math. Mech. 7, 925—936 (1958). MR 21, 261; Zbl 85, 68. V: 5.1.

[86] Erohin, V.: On the theory of conformal and quasiconformal mapping of multiply connected regions. (Russisch). Doklady Akad. Nauk SSSR 127, 1155—1157 (1959). MR 21, 1191. V: 4.3, 4.5.

[87] Evan-Iwanowski, R. M.: Stress solutions for an infinite plate with triangular inlay. J. Appl. Mech. 23, 336—338 (1956). MR 19, 339; Zbl 72, 412. A: 1.

[88] Farrell, O. J.: On approximation by polynomials to a function analytic in a simply connected region. Bull. Am. Math. Soc. 41, 707—711 (1935). Zbl 10, 348; FdM 61, 320. III: 1.3.

[89] Fejér, L.: Über die Lage der Nullstellen von Polynomen, die aus Minimumforderungen gewisser Art entspringen. Math. Ann. 85, 41—48 (1922). FdM 48, 1136. III: 2.3.

[90] —, u. F. Riesz: Über einige funktionentheoretische Ungleichungen. Math. Z. 11, 305—314 (1921). FdM 48, 327. III: 1.5.

[91] Fekete, M.: Über die Verteilung der Wurzeln bei gewissen algebraischen Gleichungen mit ganzzahligen Koeffizienten. Math. Z. 17, 228—249 (1923). FdM 49, 47. IV: 4.2.

[92] — Über den absoluten Betrag von Polynomen, welche auf einer Punktmenge gleichmäßig beschränkt sind. Math. Z. 26, 324—344 (1927). FdM 53, 82. IV: 4.2.

[93] Ferrari, C.: Sulla determinazione del flusso attraverso ad una schiera di profili alari con forte curvatura. Aerotecnica 28, 119—135 (1948). MR 10, 216. II: 4.1.

[94] Fichera, G.: Sui teoremi d'esistenza della teoria del potenziale e della rappresentazione conforme. I, II. Atti Accad. Naz. Lincei. Rend. Cl. Sci. Fis. Mat. Nat. (8) 10, 356—360, 452—457 (1951). MR 13, 931; Zbl 43, 101. V: 5.1.

[95] Fil'čakov, P. F.: On the method of successive conformal mappings. (Russisch). Doklady Akad. Nauk SSSR 101, 25—28 (1955). MR 16, 810; Zbl 64, 76. IV: 4.1.

[96] — The method of successive conformal mappings and its applications to filtration problems. I. (Russisch). Ukrain. Mat. Ž. 7, 453—470 (1955). MR 19, 538; Zbl 67, 58. IV: 4.1.

[97] — The method of successive conformal mappings and its application to filtration problems. II. Case of an arbitrary curve for a dam. (Russisch). Ukrain. Mat. Ž. 8, 76—91 (1956). MR 19, 538; Zbl 71, 293. IV: 4.1.

[98] — Method of successive conformal mappings. III. (Russisch). Ukrain. Mat. Ž. 8, 299—318 (1956). MR 19, 539; Zbl 72, 295. IV: 4.1.

[99] — Numerical method for determining the constants of the Christoffel-Schwarz integral. (Russisch). Ukrain. Mat. Ž. 10, 340—344 (1958). MR 20, 966; Zbl 90, 344. IV: 4.1.

[100] — Numerical method of conformal mapping of simple and simply connected regions. (Russisch). Ukrain. Mat. Ž. 10, 434—449 (1958). MR 20, 1072; Zbl 87, 123. IV: 4.1.

[101] — Theorie der Filtration unter hydrotechnischen Bauten, Band I. (Russisch). Kiew 1959. Zbl 95, 225. A: 2.

[102] — Theorie der Filtration unter hydrotechnischen Bauten, Band II. (Russisch). Kiew 1960. Zbl 96, 217. A: 2.

[103] Fil'čakov, P. F.: Hydrodynamic calculation of drained aprons. II. Application of the method of successive conformal mappings. (Russisch). Ukrain. Mat. Ž. 12, 439—462 (1960). MR 24B, 160. IV: 4.1.

[104] — Determination of the constants of the Christoffel-Schwarz integral by simulating on resistance paper. (Russisch). Ukrain. Mat. Ž. 13, 72—79 (1961). MR 24B, 277. IV: 4.3.

[105] — Effective method for determining the constant of the Christoffel-Schwarz integral for an arbitrary quadrilateral. (Ukrainisch). Dopovidi Akad. Nauk Ukrain. RSR 1961, 409—414. MR 24A, 370. IV: 3.3.

[106] Flügge-Lotz, I.: Mathematical improvement of method for computing Poisson integrals involved in determination of velocity distribution on airfoils. NACA Technical Note 2451 (1951). MR 13, 782. II: 2.2, 2.3.

[107] —, u. I. Ginzel: Die ebene Strömung um ein geknicktes Profil mit Spalt. Ing.-Arch. 11, 268—292 (1940). MR 3, 23; Zbl 23, 418; FdM 66, 1105. IV: 3.3; V: 5.5.

[108] Forsythe, G. E., and W. R. Wasow: Finite-difference methods for partial differential equations. New York-London 1960. MR 23B, 549; Zbl 99, 111. IV: 1.1.

[109] Fox, L., and E. T. Goodwin: The numerical solution of non-singular linear integral equations. Philos. Trans. Roy. Soc. London, Ser. A, 245, 501 bis 534 (1953). MR 14, 908; Zbl 50, 129. I: 4.1.

[110] Friberg, M. S.: A new method for the effective determination of conformal maps. Thesis. University of Minnesota 1951. II: 4.4.

[110a] Frohn, H.-J.: Über die Integralgleichungen mit Neumannschem Kern in der konformen Abbildung. Diplomarbeit. Universität Gießen 1963. V: 2.3.

[111] Fujikawa, H.: The lift on the symmetrical Joukowski aerofoil in a stream bounded by a plane wall. J. Phys. Soc. Japan 9, 233—239 (1954). MR 15, 910. A: 1.

[112] — Note on the lift acting on a circular-arc aerofoil in a stream bounded by a plane wall. J. Phys. Soc. Japan 9, 240—243 (1954). MR 15, 910. A: 1.

[113] Gaier, D.: Über ein Iterationsverfahren von Komatu zur konformen Abbildung von Ringgebieten. Z. angew. Math. Mech. 36, 252—253 (1956). MR 18, 882; Zbl 73, 68. V: 4.2.

[114] — Über ein Iterationsverfahren von Komatu zur konformen Abbildung von Ringgebieten. J. Math. Mech. 6, 865—883 (1957). MR 20,18; Zbl 79, 298. V: 4.2.

[115] — Über ein Extremalproblem der konformen Abbildung. Math. Z. 71, 83—88 (1959). MR 21, 659. V: 4.1.

[116] — Untersuchungen zur Durchführung der konformen Abbildung mehrfach zusammenhängender Gebiete. Arch. Rat. Mech. Anal. 3, 149—178 (1959). MR 21, 728; Zbl 88, 287. V: 4.1, 4.2, 4.3, 4.5.

[117] — Über die konforme Abbildung mehrfach zusammenhängender Gebiete. Z. angew. Math. Mech. 39, 369 (1959). Zbl 96, 275. V: 4.4.

[118] — Über die Symmetrisierbarkeit des Neumannschen Kerns. Z. angew. Math. Mech. 42, 569—570 (1962). I: 4.2.

[119] — On conformal mapping of nearly circular regions. Pacific J. Math. 12, 149—162 (1962). MR 26, 1208; Zbl 105, 61. II: 1.3; A: 3.

[120] — Über den Diskretisierungsfehler bei der Integralgleichung von Theodorsen. Z. angew. Math. Mech. 42, T 21—T 22 (1962). II: 3.4.

[121] — Konforme Abbildung mehrfach zusammenhängender Gebiete durch direkte Lösung von Extremalproblemen. Math. Z. 82, 413—419 (1963). V: 5.2.

[122] GAIER, D., and F. HUCKEMANN: Extremal problems for functions schlicht in an annulus. Arch. Rat. Mech. Anal. 9, 415—421 (1962). MR 25, 40. V: 4.1.

[123] GARABEDIAN, P. R.: A partial differential equation arising in conformal mapping. Pacific J. Math. 1, 485—524 (1951). MR 13, 735; Zbl 45, 51. III: 2.4.

[124] — A new proof of the Riemann mapping theorem. Nat. Bur. Standards, Appl. Math. Ser., 18, 207—213 (1952). MR 14, 860; Zbl 49, 175. V: 5.1.

[125] —, and M. Schiffer: Identities in the theory of conformal mapping. Trans. Am. Math. Soc. 65, 187—238 (1949). MR 10, 522; Zbl 35, 52. V: 1.1.

[126] — — On existence theorems of potential theory and conformal mapping. Ann. of Math. (2) 52, 164—187 (1950). MR 12, 89; Zbl 40, 329. V: 5.1.

[127] GARRICK, I. E.: Potential flow about arbitrary biplane wing sections. NACA Report 542 (1936). FdM 62, 1573. V: 3.0, 3.2, 4.5.

[128] — Conformal mapping in aerodynamics, with emphasis on the method of successive conjugates. Nat. Bur. Standards, Appl. Math. Ser., 18, 137—147 (1952). MR 14, 909; Zbl 49, 334. II: 2.1.

[129] GATTEGNO, C., et A. OSTROWSKI: Représentation conforme à la frontière; domaines généraux. Mém. Sci. Math. 109. Paris 1949. MR 11, 425; Zbl 37, 180. A: 4.

[130] — — Représentation conforme à la frontière; domaines particuliers. Mém. Sci. Math. 110. Paris 1949. MR 11, 426; Zbl 40, 331. A: 4.

[131] GEBELEIN, H.: Theorie der ebenen Potentialströmung um beliebige Tragflügelprofile. Ing.-Arch. 9, 214—240 (1938). FdM 64, 860. II: 1.3.

[132] GEHRING, F. W., and G. AF HÄLLSTRÖM: A distortion theorem for functions univalent in an annulus. Ann. Acad. Sci. Fenn., Ser. A. I, Nr. 325 (1963). MR 27, 60. V: 4.1.

[133] GERMAIN, P.: Sur le calcul numérique de certains opérateurs linéaires. C. R. Acad. Sci. Paris 220, 765—768 (1945). MR 7, 220; Zbl 61, 284. II: 2.1.

[134] GERSCHGORIN, S.: Über die konforme Abbildung eines einfach zusammenhängenden Bereiches auf den Kreis. (Russisch). Rec. Math. (Mat. Sbornik) 40, 48—58 (1933). Zbl 7, 170; FdM 59, 1044. I: 2.2, 2.5.

[135] GHEORGHIŢĂ, S. I.: Chapters in the theory of motion in porous media. (Rumänisch). Bukarest 1957. MR 21, 209. A: 2.

[136] GLAUERT, H.: The elements of aerofoil and airscrew theory (2. ed.). Cambridge-New York 1947. MR 9, 113. A: 2.

[137] GLAUERT, M. B.: The application of the exact method of aerofoil design. Aero. Res. Council, Reports and Memoranda 2683 (1947). MR 17, 98. II: 2.0.

[138] GOLDSTEIN, A. W., and M. JERISON: Isolated and cascade airfoils with prescribed velocity distribution. NACA Technical Report 869 (1947). MR 11, 273. II: 2.0.

[139] GOLDSTEIN, S.: Low-drag and suction airfoils. J. Aeronaut. Sci. 15, 189—214 (1948). II: 2.0.

[140] GOLUBEW, W. W.: Vorlesungen über Differentialgleichungen im Komplexen. Berlin 1958. MR 20, 1077; Zbl 82, 70. IV: 3.0.

[141] GOLUSIN, G. M.: Auflösung einiger ebenen Grundaufgaben der mathematischen Physik im Fall der Laplaceschen Gleichung und mehrfach zusammenhängender Gebiete, die durch Kreise begrenzt sind. (Russisch). Rec. Math. (Mat. Sbornik) 41, 246—276 (1934). Zbl 10, 207; FdM 60, 436. V: 4.5.

[142] — Iterationsprozesse für konforme Abbildungen mehrfach zusammenhängender Bereiche. (Russisch). Rec. Math. (Mat. Sbornik) 6 (48), 377 bis 382 (1939). MR 1, 306; Zbl 22, 362; FdM 65, 344. V: 4.6.

[143] GOLUSIN, G. M.: Geometrische Funktionentheorie. Berlin 1957. MR 15, 112;
      MR 19, 735; Zbl. 49, 59; Zbl 83, 66. I: 1.1; III: 1.0, 1.1, 1.3, 1.5; V: 1.0,
      1.1, 4.5; A: 4.

[144] —, L. KANTOROWITSCH, W. KRYLOW, P. MELENTJEW, M. MURATOV u. N.
      STENIN: Konforme Abbildung einfach zusammenhängender und mehrfach
      zusammenhängender Gebiete. (Russisch). Moskau-Leningrad 1937.
      II: 4.2; V: 5.5.

[145] GÓRSKI, J.: Une remarque sur la méthode des points extrémaux de F. LEJA.
      Ann. Polon. Math. 7, 63—69 (1959). MR 22, 1180; Zbl 94, 81. IV: 4.2.

[146] — Solution of some boundary-value problems by the method of F. LEJA.
      Ann. Polon. Math. 8, 249—257 (1960). MR 23 A, 69; Zbl 95, 78. IV: 4.2.

[147] GOUSSEINOFF, A.: Théorèmes d'existence et d'unicité pour les équations
      intégrales singulières non linéaires. (Russisch). Rec. Math. (Mat. Sbornik)
      20 (62), 293—310 (1947). MR 9, 147; Zbl 41, 226. II: 4.6.

[148] GRAESER, E.: Über konforme Abbildung des allgemeinen zweifach zusammen-
      hängenden schlichten Bereichs auf die Fläche eines Kreisrings. Disserta-
      tion. Leipzig 1930. FdM 56, 987. V: 4.3.

[149] GREEN, A. E.: The two-dimensional aerofoil in a bounded stream. Quart.
      J. Math. Oxford Ser. 18, 167—177 (1947). MR 9, 113; Zbl 29, 87. A: 1.

[150] GRÖTZSCH, H.: Zur konformen Abbildung mehrfach zusammenhängender
      schlichter Bereiche. (Iterationsverfahren). Ber. Verh. Sächs. Akad. Wiss.
      Leipzig, Math.-Phys. Kl., 83, 67—76 (1931). Zbl 3, 14; FdM 57, 400.
      V: 4.6.

[151] — Über das Parallelschlitztheorem der konformen Abbildung schlichter
      Bereiche. Ber. Verh. Sächs. Akad. Wiss. Leipzig, Math.-Phys. Kl., 84,
      15—36 (1932). Zbl 5, 68; FdM 58, 364. V: 1.1, 4.6.

[152] — Eine Bemerkung zum Koebeschen Kreisnormierungsprinzip. Ber. Verh.
      Sächs. Akad. Wiss. Leipzig, Math.-Phys. Kl., 87, 319—324 (1935).
      Zbl 14, 166; FdM 61, 1156. V: 1.1.

[153] — Konvergenz und Randkonvergenz bei Iterationsverfahren der konformen
      Abbildung. Wiss. Z. Martin-Luther-Univ. Halle-Wittenberg, Math.-Nat.
      Reihe, 5, 575—581 (1955/56). MR 19, 845; Zbl 71, 293. V: 4.2, 4.5, 4.6.

[154] GRUNSKY, H.: Zur Theorie der beschränkten Funktionen. Deutsche Math. 3,
      679—683 (1938). Zbl 19, 420; FdM 64, 303. V: 4.2.

[155] — Über konforme Abbildungen, die gewisse Gebietsfunktionen in elementare
      Funktionen transformieren. I. Math. Z. 67, 129—132 (1957). MR 19, 538;
      Zbl 77, 79. V: 1.1.

[156] — Über konforme Abbildungen, die gewisse Gebietsfunktionen in elementare
      Funktionen transformieren. II. Math. Z. 67, 223—228 (1957). MR 19,
      538; Zbl 78, 267. V: 1.1.

[157] — Eine Grundaufgabe der Uniformisierungstheorie als Extremalproblem.
      Math. Ann. 139, 204—216 (1960). MR 22, 805; Zbl 91, 255. V: 4.3.

[158] HÄMMERLIN, G.: Zur numerischen Integration periodischer Funktionen.
      Z. angew. Math. Mech. 39, 80—82 (1959). MR 21, 186; Zbl 85, 336.
      I: 4.1.

[159] HÄSELBARTH, V.: Geometrische und numerische Untersuchungen zum trans-
      finiten Durchmesser. Diplomarbeit. Universität Gießen 1963. IV: 4.2.

[160] HARTREE, D. R.: Numerical Analysis (2. ed.). New York 1958. MR 20, 1111;
      Zbl 82, 119. I: 4.1.

[161] HEINHOLD, J.: Zur Praxis der konformen Abbildung. Bericht Math.-Tagung
      Tübingen 1946, 75—77(1947). MR 9, 138; Zbl 29, 60. IV: 4.1.

[162] HEINHOLD, J.: Ein Schmiegungsverfahren der konformen Abbildung. Sitz.-Ber. Bayer. Akad. Wiss., Math.-Nat. Kl., 1948, 203—222. MR 11, 507; Zbl 40, 38. IV: 4.1.

[163] — Zur konformen Abbildung schlichter Gebiete. Math. Z. 67, 133—138 (1957). MR 19, 401; Zbl 79, 298. V: 4.3.

[164] — Konforme Abbildung mittels elektronischer Analogierechenanlagen. Z. angew. Math. Mech. 39, 369—370 (1959). Zbl 95, 119. IV: 4.3.

[164a] — Die Anwendung des elektronischen Analogrechners in der Funktionentheorie. Math.-Tech.-Wirtschaft 8, 147—154 (1961). MR 26, 863. IV: 4.3.

[165] —, u. R. ALBRECHT: Zur Praxis der konformen Abbildung. Rend. Circ. Mat. Palermo (2) 3, 130—148 (1954). MR 16, 180; Zbl 56, 74. IV: 4.1.

[166] HENDERSON, F. M.: Elliptic functions with complex arguments. Ann Arbor 1960. MR 26, 987; Zbl 97, 335. A: 2.

[167] HIGGINS, T. J.: A comprehensive review of SAINT-VENANT's torsion problem. Am. J. Phys. 10, 248—259 (1942). MR 4, 122. A: 2.

[168] — An epitomization of the basic theory of the generalized Schwarz-Christoffel transformations as used in applied physics. J. Appl. Phys. 22, 365—366 (1951). Zbl 42, 86. IV: 3.0.

[169] HILBERT, D.: Zur Theorie der konformen Abbildung. Nachr. Kgl. Ges. Wiss. Göttingen, Math.-Phys. Kl., 1909, 314—323. FdM 40, 732. V: 1.1.

[170] HOCHSTRASSER, U. W.: Numerical experiments in potential theory using the Nehari estimates. Math. Tables Aids Comput. 12, 26—33 (1958). MR 21, 82; Zbl 83, 123. III: 3.1, 3.3.

[171] HOCK, D.: Konforme Abbildung einfach zusammenhängender Gebiete durch extremale Polynome. Eine Gegenüberstellung von vier Verfahren. Diplomarbeit. Universität Gießen 1963. III: 3.1, 3.2, 3.3.

[172] HÖHNDORF, F.: Verfahren zur Berechnung des Auftriebes gegebener Tragflächen-Profile. Z. angew. Math. Mech. 6, 265—283 (1926). FdM 52, 883. III: 3.1, 3.3.

[173] HSIEH, P. F.: Effective determination of canonical conformal maps for multiply-connected domains. Technical Report. University of Minnesota 1961. I: 3.1; V: 2.1.

[174] HUCKEMANN, F.: Über einige Extremalprobleme bei konformer Abbildung eines Kreisringes. Math. Z. 80, 200—208 (1962). MR 26, 1211. V: 4.1.

[174a] HÜBNER, O.: Funktionentheoretische Iterationsverfahren zur konformen Abbildung ein- und mehrfach zusammenhängender Gebiete. Dissertation. Universität Gießen 1963. IV: 4.1; V: 4.6.

[175] IMAI, I., I. KAJI and K. UMEDA: Mapping functions of the NACA airfoils into the unit circle. J. Fac. Sci. Hokkaido Univ., Ser. II, 3, 265—304 (1950). MR 14, 102; Zbl 45, 41. II: 4.3.

[176] JACOB, C.: Introduction mathématique à la mécanique des fluides. Bukarest-Paris 1959. MR 22, 882; Zbl 92, 425. A: 2.

[177] JENKINS, J. A.: On a canonical conformal mapping of J. L. WALSH. Trans. Am. Math. Soc. 88, 207—213 (1958). MR 19, 538; Zbl 82, 62. V: 1.1.

[178] — On a paper of REICH concerning minimal slit domains. Proc. Am. Math. Soc. 13, 358—360 (1962). MR 26, 62. V: 1.1.

[179] JULIA, G.: Développement en série de polynomes ou de fonction rationelle de la fonction qui fournit la représentation conforme d'une aire simplement connexe sur un cercle. Ann. Sci. École Norm. Sup. (3) 44, 289—316 (1927). FdM 53, 323. III: 1.0.

[180] — Leçons sur la représentation conforme des aires simplement connexes. Paris 1931. Zbl 2, 400; FdM 57, 397. III: 1.0, 1.4.

[181] JULIA, G.: Leçons sur la représentation conforme des aires multiplement connexes. Paris 1934. Zbl 11, 312; FdM 60, 285. V: 1.0.

[182] KANTOROWITSCH, L. W.: Sur quelques méthodes de la détermination de la fonction qui effectue une représentation conforme. (Russisch). Bull. Acad. Sci. URSS (7) 1933, 229—235. Zbl 6, 354; FdM 59, 1044. IV: 2.1.

[183] — Sur la représentation conforme. (Russisch). Rec. Math. (Mat. Sbornik) 40, 294—325 (1933). Zbl 8, 74; FdM 59, 1043. IV: 2.1.

[184] — Quelques rectifications à mon mémoire «Sur la représentation conforme». (Russisch). Rec. Math. (Mat. Sbornik) 41, 179—182 (1934). Zbl 9, 261; FdM 59, 1043. IV: 2.1.

[185] — Sur la représentation conforme des domaines multiconnexes. (Russisch). C. R. (Doklady) Acad. Sci. URSS 2, 441—445 (1934). Zbl 9, 174; FdM 60, 1028. V: 5.4.

[186] — Les méthodes effectives dans la théorie des représentations conformes. (Russisch). Bull. Acad. Sci. URSS, Sér. math., 1937, 79—90. FdM 63, 985. II: 4.2; IV: 2.1.

[187] —, u. W. I. KRYLOW: Näherungsmethoden der höheren Analysis. Berlin 1956. MR 18, 32; Zbl 83, 352. I: 2.2, 2.5, 2.6, 3.2, 4.2; II: 3.5, 4.2; III: 1.3, 3.3; IV: 1.1, 1.2, 1.3, 2.1, 2.2, 2.3, 3.1; V: 2.1, 2.2, 3.1.

[188] KAPICA, S. P.: Mechanical calculation of harmonically conjugate functions. (Russisch). Vyčisl. Mat. 1, 167—169 (1957). MR 19, 776; Zbl 78, 126. II: 2.0.

[189] v. KÁRMÁN, TH., u. E. TREFFTZ: Potentialströmung um gegebene Tragflächenquerschnitte. Z. Flugtechnik u. Motorluftschiffahrt 9, 111—116 (1918). II: 4.1.

[189a] KEGEJAN, È. M.: Approximation in the mean in non-Carathéodory domains. (Russisch). Akad. Nauk Armjan. SSR Doklady 35, 145—150 (1962). MR 26, 784. III: 1.3.

[190] KELDYCH, M.: Sur l'approximation en moyenne quadratique des fonctions analytiques. Rec. Math. (Mat. Sbornik) 5 (47), 391—401 (1939). MR 2, 80; Zbl 22, 364. III: 1.3.

[191] — Sur les conditions pour qu'un système de polynômes orthogonaux avec un poids soit fermé. C. R. (Doklady) Acad. Sci. URSS (N. S.) 30, 778—780 (1941). MR 3, 114; Zbl 25, 44. III: 1.3.

[192] — Sur l'approximation en moyenne par polynomes des fonctions d'une variable complexe. Rec. Math. (Mat. Sbornik) 16 (58), 1—20 (1945). MR 7, 64; Zbl 60, 171. III: 1.3.

[193] —, et M. LAVRENTIEFF: Sur la représentation conforme. C. R. Acad. Sci. URSS Leningrad 1, 85—88 (1935). Zbl 11, 121; FdM 61, 358. III: 1.5.

[194] — — Sur la représentation conforme des domaines limités par des courbes rectifiables. Ann. Sci. École Norm. Sup. (3) 54, 1—38 (1937). Zbl 17, 217; FdM 63, 299. III: 1.1, 1.5.

[195] KEUNE, F.: Momente und Ruderauftrieb einer geknickten ebenen Platte. Luftfahrt-Forsch. 14, 558—563 (1937). FdM 63, 1363. IV: 3.3.

[196] KHAJALIA, G.: Sur la représentation conforme des aires doublement connexes sur l'anneau circulaire. (Russisch). Trav. Inst. Math. Tbilissi 1, 89—107 (1937). Zbl 16, 407; FdM 63, 982. V: 5.3.

[197] — Sur la représentation conforme des domaines doublement connexes. (Russisch). Trav. Inst. Math. Tbilissi 4, 123—134 (1938). Zbl 19, 126; FdM 64, 1074. V: 5.3.

[198] KHAJALIA, G.: Sur la théorie de la représentation conforme des domaines
      doublement connexes. (Russisch). Rec. Math. (Mat. Sbornik) 8 (50), 97—106
      (1940). MR 2, 84; Zbl 23, 336; Zbl 24, 222; FdM 66, 369. V: 5.3.

[199] — Sur la théorie de la représentation conforme des domaines doublement
      connexes. C. R. (Doklady) Acad. Sci. URSS (N. S.) 26, 550—551 (1940).
      MR 2, 186; Zbl 23, 55; FdM 66, 370. V: 5.3.

[199a] KLEINER, W.: Sur l'approximation du diamètre transfini. Ann. Polon.
      Math. 12, 171—173 (1962). MR 26, 751. IV: 4.2.

[200] KOBER, H.: Dictionary of conformal representations. New York 1952. MR 14,
      156; Zbl 49, 335. IV: 3.0; V: 5.5; A: 1.

[201] KOEBE, P.: Über die Uniformisierung der algebraischen Kurven (imaginäre
      Substitutionsgruppen). (Voranzeige.) Mitteilung eines Grenzübergangs
      durch iterierendes Verfahren. Nachr. Kgl. Ges. Wiss. Göttingen, Math.-
      Phys. Kl., 1908, 112—116. FdM 39, 489. V: 1.1, 4.5.

[202] — Über die Uniformisierung beliebiger analytischer Kurven. Vierte Mit-
      teilung. Nachr. Kgl. Ges. Wiss. Göttingen, Math.-Phys. Kl., 1909, 324—361.
      FdM 40, 468. V: 1.1.

[203] — Über die konforme Abbildung mehrfach zusammenhängender Bereiche.
      Jahresber. dtsch. Math.-Verein. 19, 339—348 (1910). FdM 41, 747.
      V: 1.1, 4.5.

[204] — Über eine neue Methode der konformen Abbildung und Uniformisierung.
      Nachr. Kgl. Ges. Wiss. Göttingen, Math.-Phys. Kl., 1912, 844—848.
      FdM 43, 520. IV: 4.1.

[205] — Abhandlungen zur Theorie der konformen Abbildung. I. Die Kreisab-
      bildung des allgemeinsten einfach und zweifach zusammenhängenden
      schlichten Bereichs und die Ränderzuordnung bei konformer Abbildung.
      J. reine angew. Math. 145, 177—223 (1915). FdM 45, 667. IV: 4.1.

[206] — Abhandlungen zur Theorie der konformen Abbildung. VI. Abbildung
      mehrfach zusammenhängender schlichter Bereiche auf Kreisbereiche.
      Uniformisierung hyperelliptischer Kurven. (Iterationsmethoden). Math.
      Z. 7, 235—301 (1920). FdM 47, 925. V: 1.1, 4.3, 4.5.

[207] KÖVÁRI, T.: On conformal mapping of ring-shaped domains. (Ungarisch).
      Magyar Tud. Akad. Mat. Fiz. Oszt. Közl. 5, 205—210 (1955). MR 17,
      250. A: 3.

[208] KOMATU, Y.: Darstellungen der in einem Kreisringe analytischen Funktionen
      nebst den Anwendungen auf konforme Abbildung über Polygonalring-
      gebiete. Japan. J. Math. 19, 203—215 (1945). MR 7, 287; Zbl 60, 236.
      V: 5.5.

[209] — Ein alternierendes Approximationsverfahren für konforme Abbildung
      von einem Ringgebiete auf einen Kreisring. Proc. Japan Acad. 21 (1945),
      146—155 (1949). MR 11, 341; Zbl 60, 236. V: 4.2.

[210] — Zur konformen Abbildung zweifach zusammenhängender Gebiete. I. Proc.
      Japan Acad. 21 (1945), 285—295 (1949). MR 11, 169. V: 1.1.

[211] — Zur konformen Abbildung zweifach zusammenhängender Gebiete. II.
      Proc. Japan Acad. 21 (1945), 296—307 (1949). MR 11, 169. V: 1.1.

[212] — Conformal mapping of polygonal domains. Kōdai Math. Sem. Rep. 1949,
      Nr. 3, 7—10. MR 11, 93; Zbl 45, 41. V: 5.5.

[213] — Existence theorem of conformal mapping of doubly-connected domains.
      Kōdai Math. Sem. Rep. 1949, Nr. 5/6, 3—4. MR 11, 590; Zbl 45, 41.
      V: 1.2.

[214] — Conformal mapping of polygonal domains. J. Math. Soc. Japan 2, 133—147
      (1950). MR 12, 491; Zbl 40, 189. V: 5.5.

[215] Komatu, Y.: Einige kanonische konforme Abbildungen vielfach zusammenhängender Gebiete. Proc. Japan Acad. **29**, 1−5 (1953). MR **14**, 969; Zbl **50**, 305. V: 1.1.

[216] — On conformal mapping of polygonal domains. Proc. Japan Acad. **33**, 279−283 (1957). MR **19**, 845; Zbl **78**, 267. V: 5.5.

[217] —, and M. Ozawa: Conformal mapping of multiply connected domains. I. Kōdai Math. Sem. Rep. **1951**, 81−95. MR **13**, 734; Zbl **45**, 189. V: 1.1.

[218] — — Conformal mapping of multiply connected domains. II. Kōdai Math. Sem. Rep. **1952**, 39−44. MR **14**, 461; Zbl **48**, 317. V: 1.1.

[219] von Koppenfels, W.: Die Lamé-Hermitesche Gleichung im Lichte der konformen Abbildung. Sitz.-Ber. Bayer. Akad. Wiss., Math.-Nat. Abt., **1938**, 185−188. Zbl **20**, 220; FdM **64**, 1134. IV: 3.3.

[220] — Konforme Abbildung besonderer Kreisbogenvierecke. J. reine angew. Math. **181**, 83−124 (1939). MR **1**, 111; Zbl **21**, 415; FdM **65**, 343. IV: 3.3.

[221] — Konforme Abbildung ausgezeichneter Kreisbogenvierecke. (Algebraische Lösungen der Lamé'schen Gleichung.) Sitz.-Ber. Bayer. Akad. Wiss., Math.-Nat. Abt., **1943**, 327−343. MR **8**, 324; Zbl **61**, 155. IV: 3.3.

[222] —, u. F. Stallmann: Praxis der konformen Abbildung. Berlin-Göttingen-Heidelberg 1959. MR **21**, 1191; Zbl **86**, 280. IV: 3.0, 3.1, 3.3, 4.1; V: 5.5; A: 1.

[223] Korn, A.: Über die erste und zweite Randwertaufgabe der Potentialtheorie. Rend. Circ. Mat. Palermo 35, 317−323 (1913). FdM **44**, 876. I: 3.3.

[224] — Über die Anwendung der Methode der sukzessiven Näherungen zur Lösung von linearen Integralgleichungen mit unsymmetrischen Kernen. Arch. Math. Phys. (3) **25**, 148−173 (1917); **27**, 97−120 (1918). FdM **46**, 653. I: 3.3.

[225] Korovkin, P. P.: Sur les polynomes orthogonaux le long d'un contour rectifiable dans le cas de la présence d'un poids. (Russisch). Rec. Math. (Mat. Sbornik) **9** (51), 469−485 (1941). MR **3**, 114; Zbl **60**, 169. III: 1.5, 2.3.

[226] Kostyčev, G. I.: On potential flow about a profile near a plane boundary. (Russisch). Kazan. Aviac. Inst. Trudy **29**, 25−37 (1955). MR **18**, 165. V: 5.5.

[227] Krylow, N. M., et N. N. Bogoljubow: La solution approchée du problème de Dirichlet. C. R. (Doklady) Acad. Sci. SSSR **1929**, 283−288. FdM **57**, 1471. I: 4.2.

[228] Krylow, V.: Une application des équations intégrales à la démonstration de certains théorèmes de la théorie des représentations conformes. (Russisch). Rec. Math. (Mat. Sbornik) **4** (46), 9−30 (1938). Zbl **20**, 142; FdM **64**, 312. V: 2.0, 2.3.

[229] Kudrjavcev, A. L.: On an approximate method for obtaining conformal mappings. (Russisch). Izv. Akad. Nauk UzSSR, Ser. Fiz.-Mat., **1959**, Nr. 6, 78−82. MR **24**A, 253. IV: 4.1.

[230] — On the possibility of the application of electronic digital computers to one of the approximate methods for obtaining conformal maps. (Russisch). Prikl. Mat. Meh. **24**, 390−392 (1960) (= J. Appl. Math. Mech. **24**, 567−571). MR **22**, 1035; Zbl **96**, 330. IV: 4.1.

[231] Kufarev, P. P.: On a method of numerical determination of the parameters in the Schwarz-Christoffel integral. (Russisch). Doklady Akad. Nauk SSSR **57**, 535−537 (1947). MR **9**, 277; Zbl **41**, 243. IV: 3.2.

[232] Kulisch, U.: Zur Praxis der konformen Abbildung im Hinblick auf Rechenautomaten. Diplomarbeit. Technische Hochschule München 1958. II: 4.2.

[233] Kulisch, U.: Konforme Abbildung durch die Lösungen der Differential-
      gleichung der Tschebyschewschen Polynome. Z. angew. Math. Mech. **40**,
      T 20—T 21 (1960). Zbl 97, 67. IV: 4.3.
[234] — Ein Iterationsverfahren zur konformen Abbildung des Einheitskreises auf
      einen Stern. Z. angew. Math. Mech. 43, 403—410 (1963). MR 27, 1123. II: 4.2.
[235] Kuz'mina, A. L.: On series of orthogonal polynomials. (Russisch). Ukrain.
      Mat. Ž. **6**, 363—366 (1954). MR 16, 1093; Zbl 56, 68. III: 2.3.
[236] Lagally, M.: Die reibungslose Strömung im Außengebiet zweier Kreise.
      Z. angew. Math. Mech. **9**, 299—305 (1929). FdM 55, 1127. V: 3.0, 4.5.
[237] Lamla, E.: Über die ebene Potentialströmung um ein Profil, das sich konform
      auf einen Kreis abbilden läßt, im unterkritischen Gebiet. Jahrb. dtsch.
      Luftfahrt-Forsch. **1940**, I 26—I 35. MR 9, 252. A: 1.
[238] Lammel, E.: Anwendung der Funktionentheorie auf die Theorie der Poten-
      tialströmungen um von Kreisen gebildete Profile. Monatsh. Math. Phys.
      51, 24—34 (1943). MR 7, 286; Zbl 28, 405. V: 3.0, 4.5.
[239] — Über das Verfahren von Theodorsen zur numerischen Berechnung der Ab-
      bildungsfunktion eines einfach zusammenhängenden Bereiches. Monatsh.
      Math. **53**, 257—267 (1949). MR 11, 341; Zbl 39, 84. II: 1.3, 1.4.
[240] Lanczos, C.: Solution of systems of linear equations by minimized-iterations.
      J. Res. Nat. Bur. Standards **49**, 33—53 (1952). MR 14, 501. I: 4.3.
[241] Landau, E.: Einige Bemerkungen über schlichte Abbildung. Jahresber.
      dtsch. Math.-Verein. **34**, 239—243 (1926). FdM 52, 349. A: 3.
[242] — Darstellung und Begründung einiger neuerer Ergebnisse der Funktionen-
      theorie (2. Aufl.). Berlin 1929. FdM 55, 171. IV: 2.1.
[243] Landau, H. J.: On canonical conformal maps of multiply connected domains.
      Trans. Am. Math. Soc. **99**, 1—20 (1961). MR 22, 2089; Zbl 102, 68.
      V: 1.1, 4.3, 4.6.
[244] Lavrentieff, M., et V. Chepeleff: Sur quelques propriétés des fonctions
      univalentes. (Russisch). Rec. Math. (Mat. Sbornik) **2 (44)**, 319—326 (1937).
      Zbl 17, 173; FdM 63, 296. V: 4.2.
[245] Legendre, R.: Fonctions abéliennes d'un groupe kleinéen. Applications à
      l'aérodynamique. O.N.E.R.A. Publ. No. 109 (1962). MR 27, 424. V: 4.5.
[246] Lehnhardt, K.: Approximation konformer Abbildungen mit Hilfe harmo-
      nischer Polynome. Staatsexamensarbeit. Universität Gießen 1962. IV: 1.3.
[247] Lehto, O.: Anwendung orthogonaler Systeme auf gewisse funktionentheoreti-
      sche Extremal- und Abbildungsprobleme. Ann. Acad. Sci. Fenn., Ser.
      A. I, Nr. **59** (1949). MR 11, 170; Zbl 35, 56. V: 5.1.
[248] Leja, F.: Construction de la fonction analytique effectuant la représentation
      conforme d'un domaine plan quelconque sur le cercle. Math. Ann. **111**,
      501—504 (1935). Zbl 12, 214; FdM 61, 356. IV: 4.2.
[249] — Sur une suite de polynômes et la représentation conforme d'un domaine
      plan quelconque sur le cercle. Ann. Soc. Polon. Math. **14**, 116—134 (1936).
      Zbl 18, 260; FdM 62, 1216. IV: 4.2.
[250] — Une méthode de construction de la fonction de Green des domaines plans
      quelconques. Ann. Acad. Sci. Tech. Varsovie **5**, 100—114 (1938). Zbl 26,
      219; FdM 64, 1161. IV: 4.2.
[251] — Polynômes extrémaux et la représentation conforme des domaines double-
      ment connexes. Ann. Polon. Math. **1**, 13—28 (1954). MR 16, 348; Zbl 56,
      74. V: 5.5.
[252] — Construction of the function mapping conformally an arbitrary simply
      connected domain upon a circle. (Polnisch). Zastos. Mat. **2**, 117—122
      (1955). MR 16, 917; Zbl 64, 325. IV: 4.2.

[253] LEJA, F.: Propriétés des points extrémaux des ensembles plans et leur application à la représentation conforme. Ann. Polon. Math. 3, 319—342 (1957). MR 19, 645; Zbl 86, 281. IV: 4.2.

[254] — Sur certaines suites liées aux ensembles plans et leur application à la représentation conforme. Ann. Polon. Math. 4, 8—13 (1957). MR 20, 1171; Zbl 89, 83. IV: 4.2.

[255] LENZ, H.: Über Verallgemeinerungen der Schwarzschen Polygonabbildung. Sitz.-Ber. Bayer. Akad. Wiss., Math.-Nat. Kl., 1952, 13—29. MR 14, 1076; Zbl 47, 318. V: 5.5.

[256] LICHTENSTEIN, L.: Zur konformen Abbildung einfach zusammenhängender schlichter Gebiete. Arch. Math. Phys. (3) 25, 179—180 (1917). FdM 46, 547. I: 2.1.

[257] — Neuere Entwicklung der Potentialtheorie. Konforme Abbildung. Encyklopädie der mathematischen Wissenschaften, Band II, 3. Teil, 1. Hälfte, C 3. Leipzig 1919. FdM 47, 450. V: 1.1, 4.5.

[258] LIEBMANN, H.: Die angenäherte Ermittlung harmonischer Funktionen und konformer Abbildungen (nach Ideen von BOLTZMANN und JACOBI). Sitz.-Ber. Bayer. Akad. Wiss., Math.-Nat. Kl., 1918, 385—416. FdM 46, 559. IV: 1.2.

[259] LIGHTHILL, M. J.: A mathematical method of cascade design. Aero. Res. Council, Reports and Memoranda 2104 (1945). MR 8, 610. II: 2.0.

[260] — A new method for aerodynamic design. Aero. Res. Council, Reports and Memoranda 2112 (1945). II: 2.0.

[260a] LIND, I.: An iterative method for conformal mappings of multiply-connected domains. Ark. Mat. 4, 557—560 (1963). MR 27, 59. V: 4.6.

[261] LITTLEWOOD, J. E.: Lectures on the Theory of Functions. Oxford 1944. MR 6, 261; Zbl 60, 199. II: 1.2; IV: 2.1.

[262] LÖSCH, F.: Auftrieb und Moment eines unsymmetrischen Doppelflügels. Luftfahrt-Forsch. 17, 22—31 (1940). FdM 66, 1103. II: 4.1; V: 4.5.

[263] MANGLER, W.: Zwei Bemerkungen zum Abbildungssatz von SCHWARZ-CHRISTOFFEL. Z. angew. Math. Mech. 18, 251—252 (1938). Zbl 19, 126; FdM 64, 312. IV: 3.1.

[264] — Die Berechnung eines Tragflügelprofiles mit vorgeschriebener Druckverteilung. Jahrb. dtsch. Luftfahrt-Forsch. 1938, 46—53. FdM 64, 1459. II: 2.0.

[265] —, u. A. WALZ: Zur numerischen Auswertung des Poissonschen Integrals. Z. angew. Math. Mech. 18, 309—311 (1938). Zbl 19, 274; FdM 64, 578. II: 2.0.

[266] MARCHENKO, A.: Sur la représentation conforme. C. R. (Doklady) Acad. Sci. URSS 1, 289—290 (1935). Zbl 11, 261; FdM 61, 362. A: 3.

[267] MARKOUCHEVITCH, A.: Sur la représentation conforme des domaines à frontières variables. Rec. Math. (Mat. Sbornik) N. S. 1, 863—884 (1936). Zbl 16, 310; FdM 62, 1215. A: 3.

[268] MARTENSEN, E.: Zur numerischen Behandlung des inneren Neumannschen und des Robinschen Problems. Z. angew. Math. Mech. 39, 377—380 (1959). Zbl 96, 326. I: 4.1.

[269] MARTY, J.: Développement suivant certaines solutions singulières. C. R. Acad. Sci. Paris 150, 603—606 (1910). FdM 41, 384. I: 3.3.

[270] — Existence de solutions singulières pour certaines équations de FREDHOLM. C. R. Acad. Sci. Paris 150, 1031—1033 (1910). FdM 41, 385. I: 3.3.

[271] MARUHN, K.: Aerodynamische Untersuchungen an Rümpfen mit rechteck-
      ähnlichem Querschnitt. Jahrb. dtsch. Luftfahrt-Forsch. 1942, I 263—
      I 279. A: 1.

[272] MERGELYAN, S. N.: On best approximation in a complex domain. (Russisch)
      Acta Sci. Math. Szeged 12, Pars A, 198—212 (1950). MR 12, 176; Zbl 36,
      324. III: 1.3, 1.5.

[273] — Certain questions of the constructive theory of functions. (Russisch).
      Trudy Mat. Inst. Steklov. 37 (1951). MR 14, 165; Zbl 45, 353. III: 1.3.

[274] MESCHKOWSKI, H.: Über die konforme Abbildung gewisser Bereiche von un-
      endlich hohem Zusammenhang auf Vollkreisbereiche. I. Math. Ann. 123,
      392—405 (1951). MR 13, 454; Zbl 43, 82. V: 1.1.

[275] — Beziehungen zwischen den Normalabbildungsfunktionen der Theorie der
      konformen Abbildung. Math. Z. 55, 114—124 (1951). MR 13, 734; Zbl 43,
      302. V: 1.1.

[276] — Über die konforme Abbildung gewisser Bereiche von unendlich hohem
      Zusammenhang auf Vollkreisbereiche. II. Math. Ann. 124, 178—181
      (1952). MR 13, 642; Zbl 46, 86. V: 1.1.

[277] — Einige Extremalprobleme aus der Theorie der konformen Abbildung.
      Ann. Acad. Sci. Fenn., Ser. A. I, Nr. 117 (1952). MR 14, 367; Zbl 47, 80.
      V: 5.1.

[278] — Hilbertsche Räume mit Kernfunktion. Berlin-Göttingen-Heidelberg 1962.
      MR 25, 843; Zbl 103, 88. V: 5.1.

[279] MILNE-THOMSON, L. M.: Jacobian elliptic function tables. New York 1950.
      MR 13, 987; Zbl 41, 447. A: 2.

[280] — Theoretical hydrodynamics. New York 1960. MR 22, 560; Zbl 89, 426.
      A: 2.

[281] — Plane elastic systems. Berlin-Göttingen-Heidelberg 1960. MR 22, 1761;
      Zbl 90, 174. A: 2.

[282] MÜLLER, W.: Abbildungstheoretische Grundlagen für das Problem des Trag-
      flügels in Erdbodennähe. Z. angew. Math. Mech. 11, 231—236 (1931).
      Zbl 2, 79; FdM 57, 1134. A: 1.

[283] MUGGIA, A.: Sull'aerodinamica dei profili a spezzata trilatera. Atti Accad.
      Sci. Torino, Cl. Sci. Fis. Mat. Nat., 87, 67—78 (1953). MR 16, 296; Zbl 52,
      427. IV: 3.3.

[284] — Sul calcolo dell'integrale di POISSON. Atti Accad. Sci. Torino, Cl. Sci. Fis.
      Mat. Nat., 87, 116—126 (1953). MR 16, 179; Zbl 52, 355. II: 2.3.

[285] MULTHOPP, H.: Die Berechnung der Auftriebsverteilung von Tragflügeln.
      Luftfahrt-Forsch. 15, 153—169 (1938). FdM 64, 863. II: 2.2.

[286] MUSKHELISHVILI, N. I.: Some basic problems of the mathematical theory of
      elasticity. Groningen 1953. MR 15, 370; Zbl 52, 414. A: 2.

[287] NAGURA, S.: Behavior of kernel functions on boundaries. Kōdai Math. Sem.
      Rep. 1952, 54. MR 14, 156; Zbl 47, 319. III: 2.4.

[288] NAIMAN, I.: Numerical evaluation of the ε-integral occurring in the Theodor-
      sen arbitrary airfoil potential theory. NACA Wartime Report L-136,
      originally issued as Advance Restricted Report L 4 D 27a, April 1944.
      II: 2.2.

[289] — Numerical evaluation by harmonic analysis of the ε-function of the Theo-
      dorsen arbitrary-airfoil potential theory. NACA Wartime Report L-153,
      originally issued as Advance Restricted Report L 5 H 18, September 1945.
      II: 2.1.

[290] NARODECKIĬ, M. Z.: Stress concentration in a twisted circular shaft with different square curvilinear cavities. (Russisch). Bul. Inst. Politehn. Iaşi (N. S.) **6**, 323—332 (1960). MR 23 B, 467. A: 1.

[291] —, and D. I. ŠERMAN: On a problem of conformal mapping. (Russisch). Prikl. Mat. Meh. **14**, 209—214 (1950). MR **11**, 649; Zbl **37**, 181. V: 5.5.

[292] NATANSON, I. P.: Theorie der Funktionen einer reellen Veränderlichen (2. Aufl.). Berlin 1961. MR **16**, 120; Zbl **56**, 52. I: 2.8.

[293] NEHARI, Z.: The kernel function and canonical conformal maps. Duke Math. J. **16**, 165—178 (1949). MR **10**, 440; Zbl **35**, 53. V: 5.1.

[294] — On the numerical computation of mapping functions by orthogonalization. Proc. Nat. Acad. Sci. USA **37**, 369—372 (1951). MR **13**, 164; Zbl **44**, 84. III: 2.2.

[295] — Conformal mapping. New York-Toronto-London 1952. MR **13**, 640; Zbl **48**, 315. II: 3.4, 4.1, 4.2; III: 1.1, 2.2, 2.4; IV: 1.3, 3.0; V: 1.0, 4.4, 5.1.

[296] — On weighted kernels. J. Analyse Math. **2**, 126—149 (1952). MR **14**, 742; Zbl **49**, 176. III: 2.2, 2.4.

[297] — The kernel function and the construction of conformal maps. Nat. Bur. Standards, Appl. Math. Ser., 18, 215—224 (1952). MR **14**, 861; Zbl **49**, 176. V: 5.1, 5.2, 5.3.

[298] — On the numerical solution of the Dirichlet problem. Proceedings of the conference on differential equations, 157—178. College Park 1956. MR **18**, 602; Zbl **72**, 337. III: 3.3.

[299] —, and V. SINGH: On the conformal mapping of nearly-circular domains. Proc. Am. Math. Soc. **7**, 370—378 (1956). MR **18**, 120; Zbl **71**, 73. III: 2.4.

[300] NEUMANN, C.: Untersuchungen über das logarithmische und Newtonsche Potential. Leipzig 1877. I: 1.1, 3.0, 3.2.

[301] NEWMAN, M., and J. TODD: The evaluation of matrix inversion programs. J. Soc. Indust. Appl. Math. **6**, 466—476 (1958). MR **20**, 1113; Zbl **85**, 343. I: 4.3.

[302] NIKOLAEVA, G. A.: On approximate conformal mapping by means of conjugate trigonometric series. (Russisch). Doklady Akad. Nauk SSSR **110**, 180—183 (1956). MR **18**, 385; Zbl **74**, 61. IV: 2.1.

[303] — On approximate construction of a conformal mapping by the method of conjugate trigonometric series. (Russisch). Trudy Mat. Inst. Steklov. **53**, 236—266 (1959). MR **22**, 643; Zbl **94**, 114. IV: 2.1, 2.2.

[304] NOWINSKI, J., and P. RABINOWITZ: The method of the kernel function in the theory of elastic plates. Z. angew. Math. Phys. **13**, 26—42 (1962). MR 24 B, 354. III: 3.3.

[305] NUZHIN, S. G.: Calculation of potential flow of an incompressible fluid past an airfoil of arbitrary shape. (Russisch). Prikl. Mat. Meh. **11**, 55—64 (1947). MR **9**, 113; Zbl **30**, 86. II: 4.3.

[306] NYSTRÖM, E. J.: Über die praktische Auflösung von Integralgleichungen mit Anwendungen auf Randwertaufgaben. Acta Math. **54**, 185—204 (1930). FdM **56**, 342. I: 4.2.

[307] OBERHETTINGER, F., u. W. MAGNUS: Anwendung der elliptischen Funktionen in Physik und Technik. Berlin-Göttingen-Heidelberg 1949. MR **11**, 104; Zbl **34**, 336. A: 2.

[308] OPITZ, G.: Die Konvergenz des Verfahrens von THEODORSEN zur konformen Abbildung kreisähnlicher Gebiete. Arch. Math. **2**, 110—116 (1950). MR **11**, 341; Zbl **35**, 56. II: 1.3.

[309] — Zur Konvergenz bei genäherter konformer Abbildung. Z. angew. Math. Mech. **30**, 337—346 (1950). MR **12**, 690; Zbl **40**, 215. II: 2.1, 3.1, 3.2, 3.4.

[310] OSTROWSKI, A.: Mathematische Miszellen. XV. Zur konformen Abbildung einfach zusammenhängender Gebiete. Jahresber. dtsch. Math.-Verein. 38, 168—182 (1929). FdM 55, 788. IV: 4.1.

[311] — Konvergenzdiskussion und Fehlerabschätzung für die Newtonsche Methode bei Gleichungssystemen. Comment. Math. Helv. 9, 79—103 (1936/37). Zbl 15, 364; FdM 63, 528. II: 3.3.

[312] — Sur l'approximation du déterminant de FREDHOLM par les déterminants des systèmes d'équations linéaires. Ark. Mat. Astr. Fys. 26 A, Nr. 14, 1—15 (1938). Zbl 22, 49; FdM 65, 464. I: 4.2.

[313] — On the convergence of THEODORSEN's and GARRICK's method of conformal mapping. Nat. Bur. Standards, Appl. Math. Ser., 18, 149—163 (1952). MR 14, 909; Zbl 49, 334. II: 1.3, 1.4; V: 3.3.

[314] — On a discontinuous analogue of THEODORSEN's and GARRICK's method. Nat. Bur. Standards, Appl. Math. Ser., 18, 165—174 (1952). MR 14, 909; Zbl 49, 334. II: 2.1, 3.2.

[315] — Simultaneous systems of equations. Nat. Bur. Standards, Appl. Math. Ser., 29, 29—34 (1953). MR 15, 190; Zbl 53, 34. II: 3.3.

[316] — THEODORSEN's and GARRICK's method for conformal mapping of the unit circle into an ellipse. Nat. Bur. Standards, Appl. Math. Ser., 42, 3—5 (1955). MR 17, 540; Zbl 67, 359 (TODD). II: 3.5.

[317] OZAWA, M.: Some estimations on the Szegö kernel function. Kōdai Math. Sem. Rep. 8, 71—78 (1956). MR 18, 200; Zbl 73, 297. III: 2.4.

[318] PAATERO, V.: Über die konforme Abbildung von Gebieten, deren Ränder von beschränkter Drehung sind. Ann. Acad. Sci. Fenn. A. 33, Nr. 9, 1—77 (1931). Zbl 1, 143; FdM 57, 398. I: 2.8.

[319] — Über Gebiete von beschränkter Randdrehung. Ann. Acad. Sci. Fenn. A. 37, Nr. 9, 1—20 (1933). Zbl 6, 354; FdM 59, 1045. I: 2.8.

[320] PERGAMENCEVA, E. D.: On a case of conformal mapping of a quadrilateral bounded by arcs of circles. (Russisch). Uspehi Mat. Nauk (N. S.) 12, Nr. 2 (74), 159—168 (1957). MR 19, 949; Zbl 84, 70. IV: 3.3.

[321] — Integral equations for Lamé functions with period 8 K in connection with the problem of conformal mapping of a semi-strip with semi-circular cut. (Russisch). Uspehi Mat. Nauk (N. S.) 14, Nr. 1 (85), 207—213 (1959). MR 21, 785; Zbl 99, 56. IV: 3.3.

[322] PICK, G.: Zur konformen Abbildung von Kreisbogenpolygonen auf die Halbebene. Monatsh. Math. Phys. 43, 29—43 (1936). Zbl 14, 71; FdM 62, 390. IV: 3.3.

[323] PIERCY, N. A. V., R. W. PIPER and J. H. PRESTON: A new family of wing profiles. Philos. Mag. (7) 24, 425—444 (1937). FdM 63, 1362. A: 1.

[324] PIRL, U.: Zum Normalformenproblem für endlich-vielfach zusammenhängende schlichte Gebiete. Wiss. Z. Martin-Luther-Univ. Halle-Wittenberg, Math.-Nat. Reihe, 6, 799—802 (1956/57). MR 22, 16. V: 1.1.

[325] PLEMELJ, J.: Potentialtheoretische Untersuchungen. Leipzig 1911. FdM 42, 828. I: 3.2, 3.3; V: 2.1.

[326] POINCARÉ, H.: La méthode de NEUMANN et le problème de DIRICHLET. Acta Math. 20, 59—142 (1896). FdM 27, 316. I: 3.0, 3.3.

[327] POLOŽII, G. N.: Conformal mapping of simply connected and doubly connected regions and the determination of the Christoffel-Schwarz constants by means of a mathematical apparatus. (Russisch). Doklady Akad. Nauk SSSR 104, 15—18 (1955). MR 17, 1010; Zbl 65, 70. IV: 4.3.

[328] Položiĭ, G. N.: Effective solution of a problem on approximate conformal mapping of simply connected and doubly connected regions and determination of the Christoffel-Schwarz constants by means of electrohydrodynamical analogies. (Russisch). Ukrain. Mat. Ž. 7, 423—432 (1955). MR 17, 1013; Zbl 66, 370. IV: 4.3.

[329] Polubarinova-Kochina, P. Ya.: Theory of ground water movement. Princeton 1962. MR 15, 71 (russ. Ausgabe); MR 25, 1099. A: 2.

[330] —, and S. B. Falkovich: Theory of filtration of liquids in porous media. Advances in Applied Mechanics, Vol. 2, S. 153—225. New York 1951. MR 10, 73 (russ. Originalarbeit); MR 12, 764; Zbl 54, 79. A: 2.

[331] Pólya, G., u. G. Szegö: Aufgaben und Lehrsätze aus der Analysis, Band I. Berlin 1925. FdM 51, 173. V: 3.2.

[332] de Possel, R.: Zum Parallelschlitztheorem unendlich-vielfach zusammenhängender Gebiete. Nachr. Ges. Wiss. Göttingen, Math.-Phys. Kl., 1931, 199—202. Zbl 3, 314; FdM 57, 400. V: 1.1.

[333] — Sur quelques propriétés de la représentation conforme des domaines multiplement connexes, en relation avec le théorème des fentes parallèles. Math. Ann. 107, 496—504 (1932). Zbl 5, 363; FdM 58, 364. V: 1.1.

[334] Prager, W.: Die Druckverteilung an Körpern in ebener Potentialströmung. Physik. Z. 29, 865—869 (1928). FdM 54, 900. I: 2.3.

[335] Priwalow, I. I.: Randeigenschaften analytischer Funktionen. Berlin 1956. MR 18, 727; Zbl 45, 347; Zbl 73, 65. I: 1.2; III: 1.5.

[336] Radon, J.: Über lineare Funktionaltransformationen und Funktionalgleichungen. Sitz.-Ber. Wien. Akad. Wiss., Abt. II a, 128, 1083—1121 (1919). FdM 47, 385. I: 3.6.

[337] — Über die Randwertaufgaben beim logarithmischen Potential. Sitz.-Ber. Wien. Akad. Wiss., Abt. II a, 128, 1123—1167 (1919). FdM 47, 457. I: 2.8, 3.6.

[338] Reich, E.: A counterexample of Koebe's for slit mappings. Proc. Am. Math. Soc. 11, 970—975 (1960). MR 26, 498; Zbl 103, 47. V: 1.1.

[339] —, and S. E. Warschawski: On canonical conformal maps of regions of arbitrary connectivity. Pacific J. Math. 10, 965—985 (1960). MR 22, 1376; Zbl 91, 255. V: 1.1.

[340] — — Canonical conformal maps onto a circular slit annulus. Scripta Math. 25, 137—146 (1960). MR 22, 2093; Zbl 99, 60. V: 1.1, 1.2.

[341] Rengel, E.: Existenzbeweise für schlichte Abbildungen mehrfach zusammenhängender Bereiche auf gewisse Normalbereiche. Jahresber. dtsch. Math.-Verein. 44, 51—55 (1934). Zbl 9, 173; FdM 60, 286. V: 1.1.

[342] Reynolds, R. R.: The Dirichlet problem for multiply connected domains. J. Math. and Phys. 30, 11—22 (1951). MR 12, 826; Zbl 42, 338. V: 5.1.

[343] Riesz, F.: Über die Randwerte einer analytischen Funktion. Math. Z. 18, 87—95 (1923). FdM 49, 225. II: 1.3; V: 3.3.

[344] —, u. B. Sz.-Nagy: Vorlesungen über Funktionalanalysis. Berlin 1956. MR 18, 747; Zbl 72, 119. I: 2.8, 3.6.

[345] Ringleb, F.: Numerische und graphische Verfahren der konformen Abbildung. Habilitationsschrift. Heidelberg 1939. Zentrale für wiss. Berichtswesen der Luftfahrtforschung des Generalluftzeugmeisters, Forsch. Ber. 1964 (1944). MR 11, 341 (engl. Übersetzung). IV: 4.1.

[346] — Iterationsverfahren zur Bestimmung der Geschwindigkeitsverteilung eines Tragflügelprofils. Jahrb. dtsch. Luftfahrt-Forsch. 1943, IA 011, 1—6. II: 4.3.

[347] ROBINSON, A., and J. A. LAURMANN: Wing theory. Cambridge 1956. MR 18, 529; Zbl 73, 419. A: 2.

[348] ROSENBLATT, A.: On the conformal mapping of plane bounded variable regions. (Spanisch). Rev. Ci. Lima 38, 75—102 (1936). Zbl 16, 64; FdM 62, 1216. I: 5.1.

[349] — Sur la représentation conforme de domaines plans. C. R. Acad. Sci. Paris 202, 1398—1400 (1936). Zbl 16, 216; FdM 62, 384. I: 5.1.

[350] — Sur la représentation conforme des domaines bornés limités par des courbes générales. C. R. Acad. Sci. Paris 202, 1832—1834 (1936). Zbl 14, 70; FdM 62, 384. I: 5.1.

[351] — Sur la représentation conforme de domaines plans. Bull. Soc. Math. Grèce 17, 26—49 (1936). Zbl 16, 216; FdM 62, 1216. I: 5.1.

[352] — On Mr. L. KANTOROVICH's method in the theory of conformal mapping and on the application of that method to aerodynamics. (Spanisch). Actas Acad. Ci. Lima 6, 199—219 (1943). MR 5, 260; Zbl 61, 154. IV: 2.1.

[353] — Some applications of KANTOROVICH's method of conformal mapping of plane domains to aerodynamics. (Spanisch). Actas Acad. Ci. Lima 6, 236—249 (1943). MR 5, 260; Zbl 61, 154. IV: 2.2.

[354] —, et S. TURSKI: Sur la représentation conforme de domaines plans. Bull. Sci. Math. (2) 60, 309—320 (1936). Zbl 15, 116; FdM 62, 1215. IV: 2.2.

[355] ROSENBLOOM, P. C., and S. E. WARSCHAWSKI: Approximation by polynomials. Lectures on functions of a complex variable, 287—302. Ann Arbor 1955. MR 17, 605; Zbl 67, 48. III: 1.3, 1.5, 2.3.

[356] ROSSNER, G.: Über eine Klasse von theoretischen Profilen mit vier frei wählbaren geometrischen Parametern. Jahrb. dtsch. Luftfahrt-Forsch. 1942, I 141—I 159. A: 1.

[357] ROTHE, R., F. OLLENDORFF and K. POHLHAUSEN: Theory of functions as applied to engineering problems. New York 1961. MR 23 A, 430; Zbl 98, 276. A: 2.

[358] ROYDEN, H. L.: A modification of the Neumann-Poincaré method for multiply connected regions. Pacific J. Math. 2, 385—394 (1952). MR 14, 182; Zbl 47, 79. V: 2.4.

[359] RUPPERT, E.: Die Methode der unendlichen Gleichungssysteme zur Approximation einer konformen Abbildung. Staatsexamensarbeit. Universität Gießen 1963. IV: 2.1; V: 5.4.

[360] RUTISHAUSER, H.: Anwendungen des Quotienten-Differenzen-Algorithmus. Z. angew. Math. Phys. 5, 496—508 (1954). MR 16, 863; Zbl 56, 350. IV: 3.1.

[361] ŠAG'INJAN, A. L.: Sur les polynômes extrémaux qui présentent l'approximation d'une fonction réalisant la représentation conforme d'un domaine sur un cercle. Doklady Akad. Nauk URSS 45, 50—52 (1944). MR 7, 64; Zbl 61, 155. III: 1.3.

[362] — On a certain problem in the theory of approximation in the complex domain. (Russisch). Sibirsk. Mat. Ž. 1, 523—544 (1960). MR 23 A, 182; Zbl 100, 66. III: 1.3.

[363] SALTZER, C.: On the numerical determination of the conformal mapping function of a nearly circular region. Thesis. Brown University 1949. II: 2.1, 3.2, 3.4.

[364] ŠAMANSKIĬ, V. E.: On conformal mapping by means of an electrical analogy. (Russisch). Ukrain. Mat. Ž. 8, 92—96 (1956). MR 17, 1013. IV: 4.3.

[365] Sastry, U. A.: Torsion of a circular cylinder having a square hole consisting of two different isotropic materials. Proc. 5th Congr. Theoret. Appl. Mech. (Roorkee, 1959), C. 153 — C. 156. MR 23 B, 6. A: 1.

[366] Sawin, G. N.: Spannungserhöhung am Rande von Löchern. Berlin 1956. Zbl 74, 188; MR 15, 370 (russ. Ausgabe); MR 23 B, 5 (engl. Ausgabe). IV: 3.1; A: 2.

[367] Schauer, U.: Über das Verfahren von Theodorsen für einfach und zweifach zusammenhängende Gebiete. Studienarbeit. Technische Hochschule Stuttgart 1963. II: 1.4; V: 3.0, 3.3, 3.4.

[368] Schiffer, M.: The kernel function of an orthonormal system. Duke Math. J. 13, 529—540 (1946). MR 8, 371; Zbl 60, 237. III: 2.4; V: 5.1.

[369] — An application of orthonormal functions in the theory of conformal mapping. Am. J. Math. 70, 147—156 (1948). MR 9, 341; Zbl 35, 56. V: 5.1.

[370] — Various types of orthogonalization. Duke Math. J. 17, 329—366 (1950). MR 12, 491; Zbl 39, 86. V: 5.1.

[371] — The Fredholm eigen values of plane domains. Pacific J. Math. 7, 1187—1225 (1957). MR 21, 684. I: 3.5.

[372] — Applications of variational methods in the theory of conformal mapping. Proceedings of Symposia in Applied Mathematics, Vol. 8, 93—113 (1958). MR 20, 157; Zbl 89, 288. I: 3.5.

[373] — Fredholm eigen values of multiply-connected domains. Pacific J. Math. 9, 211—269 (1959). MR 22, 657. V: 1.1, 2.1.

[374] —, and N. S. Hawley: Connections and conformal mapping. Acta Math. 107, 175—274 (1962). V: 1.1.

[375] Schmieden, C.: Die Strömung um einen ebenen Tragflügel mit Querruder. Z. angew. Math. Mech. 16, 193—198 (1936). FdM 62, 979. IV: 3.3.

[376] Schmitt, P.: Contribution à l'étude de l'écoulement autour de deux profils d'aile. C. R. Acad. Sci. Paris 215, 400—401 (1942). MR 5, 135; Zbl 61, 448. V: 4.5; A: 1.

[377] Schoenberg, I. J.: Contributions to the problem of approximation of equidistant data by analytic functions. Part A. On the problem of smoothing or graduation. A first class of analytic approximation formulae. Quart. Appl. Math. 4, 45—99 (1946). MR 7, 487; Zbl 61, 288. II: 2.2.

[378] — Contributions to the problem of approximation of equidistant data by analytic functions. Part B. On the problem of osculatory interpolation. A second class of analytic approximation formulae. Quart. Appl. Math. 4, 112—141 (1946). MR 8, 55; Zbl 61, 288. II: 2.2.

[379] Schuler, M., u. H. Gebelein: Acht- und neunstellige Tabellen zu den elliptischen Funktionen, dargestellt mittels des Jacobischen Parameters q. Berlin-Göttingen-Heidelberg 1955. MR 17, 670; Zbl 65, 360. A: 2.

[380] — — Fünfstellige Tabellen zu den elliptischen Funktionen, dargestellt mittels des Jacobischen Parameters q. Berlin-Göttingen-Heidelberg 1955. MR 17, 670; Zbl 65, 360. A: 2.

[381] Sedov, L. I.: Plane problems of hydrodynamics and aerodynamics. (Russisch). Moskau-Leningrad 1950. MR 19, 346. (Englische Übersetzung in Vorbereitung). A: 2.

[382] Seidel, W.: Über die Ränderzuordnung bei konformen Abbildungen. Math. Ann. 104, 182—243 (1931). Zbl 1, 19; FdM 57, 398. I: 3.5; II: 1.1.

[383] Šerman, D. I., and M. Z. Narodeckii: On the torsion of some prismatic hollow bodies. (Russisch). Akad. Nauk SSSR Inženernyi Sbornik 6, 17—46 (1950). MR 13, 886. V: 5.5.

[384] Serrin, J.: Mathematical principles of classical fluid mechanics. Handbuch
      der Physik. Band 8/1. Strömungsmechanik I, 125—263. Berlin-Göttingen-
      Heidelberg 1959. MR 21, 1269. A: 2.

[385] Siryk, G. V.: On conformal mapping of nearby regions. (Russisch). Uspehi
      Mat. Nauk (N. S.) 11, Nr. 5 (71), 57—60 (1956). MR 19, 258; Zbl 74, 61.
      II: 4.6.

[386] Smirnow, W. I.: Sur la théorie des polynomes orthogonaux à une variable
      complexe. J. Soc. Phys.-Math. Léningrade 2, Heft 1, 155—179 (1928).
      FdM 57, 1411. III: 1.5.

[387] — Lehrgang der höheren Mathematik, Teil III, 2. Berlin 1955. MR 17, 833;
      Zbl 65, 35. IV: 2.1.

[388] Sneddon, I. N., and D. S. Berry: The classical theory of elasticity. Handbuch
      der Physik. Band 6, 1—126. Berlin-Göttingen-Heidelberg 1958. MR 19,
      1208; Zbl 103, 164. A: 2.

[389] Sokolnikoff, I. S.: Some new methods of solution of two-dimensional
      problems in elasticity. Bull. Am. Math. Soc. 48, 539—555 (1942). MR 4,
      122. A: 2.

[390] — Mathematical theory of elasticity (2. ed.). New York-Toronto-London
      1956. MR 17, 800; Zbl 70, 411. A: 2.

[391] Specht, E. J.: Estimates on the mapping function and its derivatives in
      conformal mapping of nearly circular regions. Trans. Am. Math. Soc. 71,
      183—196 (1951). MR 13, 337; Zbl 43, 302. I: 3.5; A: 3.

[392] Spenceley, G. W., and R. M. Spenceley: Smithsonian Elliptic Functions
      Tables. Washington 1947. MR 9, 380. I: 4.4; V: 4.4; A: 2.

[393] Spitzbart, A.: Approximation in the sense of least p-th powers with a single
      auxiliary condition of interpolation. Bull. Am. Math. Soc. 52, 338—346
      (1946). MR 7, 425; Zbl 61, 142. III: 1.5.

[394] Spraglin, W. E.: Flow through cascades in tandem. NACA Technical Notes
      2393 (1951). MR 13, 175. V: 4.5.

[394a] Springer, G.: Fredholm eigenvalues and quasiconformal mapping. Bull.
      Am. Math. Soc. 69, 810—811 (1962). V: 2.1.

[395] Stallmann, F.: Konforme Abbildung von Kreisbogenpolygonen. I. Math. Z.
      60, 187—212 (1954). MR 15, 948; Zbl 55, 72. IV: 3.1.

[396] — Konforme Abbildung von Kreisbogenpolygonen. II. Math. Z. 68, 27—76
      (1957). MR 19, 1043; Zbl 79, 101. IV: 3.1.

[397] — Konforme Abbildung von Kreisbogenpolygonen. III. Math. Z. 68,
      245—266 (1957). MR 19, 1043; Zbl 89, 289. IV: 3.1.

[398] Stečkin, S. B.: On best approximation of conjugate functions by trigono-
      metric polynomials. (Russisch). Izv. Akad. Nauk SSSR Ser. Mat. 20,
      197—206 (1956). MR 17, 1079; Zbl 70, 65. II: 2.1.

[399] Stiefel, E.: On solving Fredholm integral equations. Applications to con-
      formal mapping and variational problems of potential theory. J. Soc.
      Indust. Appl. Math. 4, 63—85 (1956). MR 19, 324; Zbl 72, 335. I: 2.7,
      3.4, 4.3, 4.4.

[400] Strassl, H.: Die ebene Potentialströmung um ein Flügelprofil mit Vorflügel.
      Jahrb. dtsch. Luftfahrt-Forsch. 1939, I 67. V: 5.5; A: 1.

[401] Strebel, K.: Über das Kreisnormierungsproblem der konformen Abbildung.
      Ann. Acad. Sci. Fenn., Ser. A. I, Nr. 101 (1951). MR 14, 549; Zbl 44, 85.
      V: 1.1.

[402] Suetin, P. K.: On polynomials orthogonal along a smooth boundary with
      differentiable weight. (Russisch). Doklady Akad. Nauk SSSR 114,
      498—501 (1957). MR 19, 852; Zbl 81, 295. III: 2.3.

[403] Suetin, P. K.: Polynomials orthogonal over an area. (Russisch). Doklady Akad. Nauk SSSR **126**, 943—945 (1959). MR 21, 1088; Zbl 100, 66. III: 2.3.

[404] — Some asymptotic properties of polynomials. (Russisch). Doklady Akad. Nauk SSSR **129**, 30—33 (1959). MR 21, 1348; Zbl 86, 276. III: 2.3.

[405] — On the degree of approximation of analytic functions by partial sums of series of orthogonal polynomials. (Russisch). Izv. Akad. Nauk Armjan. SSR, Ser. Fiz.-Mat. Nauk, **15**, 81—86 (1962). MR 25, 1036. III: 1.5, 2.3.

[406] Sugiyama, H., and K. Joh: A numerical procedure of conformal mapping in case of simply, doubly, and multiply connected domains from the viewpoint of Monte Carlo approach. I. Tech. Rep. Osaka Univ. **12**, 1—9 (1962). MR 26, 171. IV: 1.2; V: 5.5.

[407] Suharevskiĭ, I. V.: On a boundary problem of hydrodynamics. I. (Ukrainisch). Dopovidi Akad. Nauk Ukrain. RSR **1954**, 416—418. MR 17, 547. I: 5.2.

[408] — On a boundary problem of hydrodynamics. II. (Ukrainisch). Dopovidi Akad. Nauk Ukrain. RSR **1955**, 39—42. MR 17, 1019; Zbl 66, 196. I: 5.2.

[409] — On convergence of a limiting process in potential theory. (Russisch). Mat. Sbornik **38** (80), 167—182 (1956). MR 18, 205; Zbl 71, 319. I: 5.2.

[410] Swinford, L. H.: An approximate method for conformal mapping. Nat. Bur. Standards, Appl. Math. Ser., **18**, 225 (1952). MR 14, 909; Zbl 49, 334. IV: 4.1.

[411] Szegö, G.: Über orthogonale Polynome, die zu einer gegebenen Kurve der komplexen Ebene gehören. Math. Z. **9**, 218—270 (1921). FdM 48, 374. III: 2.1, 2.3.

[412] — Orthogonal polynomials. Am. Math. Soc. Coll. Publ. **23**. New York 1939. MR 1, 14; Zbl 23, 215. III: 2.1, 2.3.

[413] — On conjugate trigonometric polynomials. Am. J. Math. **65**, 532—536 (1943). MR 5, 65; Zbl 61, 137. II: 2.1.

[414] — Conformal mapping of the interior of an ellipse onto a circle. Am. Math. Monthly **57**, 474—478 (1950). MR 12, 401; Zbl 41, 413. I: 4.4.

[415] Teichmüller, O.: Untersuchungen über konforme und quasikonforme Abbildung. Deutsche Math. **3**, 621—678 (1938). Zbl 20, 238; FdM 64, 313. V: 5.3.

[416] Theodorsen, T.: Theory of wing sections of arbitrary shape. NACA Report 411 (1931). Zbl 4, 175. II: 1.2, 2.2.

[417] —, and I. E. Garrick: General potential theory of arbitrary wing sections. NACA Report 452 (1933). FdM 59, 1448. II: 1.2, 2.2.

[418] Timan, A. F.: Theory of approximation of functions of a real variable. (Russisch). Moskau 1960. MR 22, 1402. II: 2.1.

[419] Timman, R.: The direct and the inverse problem of airofoil theory. A method, to obtain numerical solutions. Nat. Luchtv. Labor. Amsterdam, Report F. 16 (1951). MR 13, 164. II: 2.0, 2.2, 4.3; A: 1.

[420] Todd, J.: The condition of certain integral equations. Symposium on the numerical treatment of ordinary differential equations, integral and integro-differential equations, 306—311. Basel 1960. MR 23 B, 453. I: 4.3.

[421] — Survey of numerical analysis. New York-Toronto-London 1962. MR 24 B, 191; Zbl 101, 336. I: 4.2; III: 3.2, 3.3.

[422] —, and S. E. Warschawski: On the solution of the Lichtenstein-Gershgorin integral equation in conformal mapping: II. Computational experiments. Nat. Bur. Standards, Appl. Math. Ser., **42**, 31—44 (1955). MR 17, 540; Zbl 67, 359. I: 4.1, 4.3, 4.4; IV: 1.3; A: 5.

[423] Tolstov, Y. G.: The conformal representation of doubly connected regions with the aid of an electric integrator. (Russisch). Izvestia Akad. Nauk SSSR **1944**, 447—461. MR **9**, 535. IV: 4.3.

[424] — The use of an electric integrator for the conformal mapping of simply connected regions. (Russisch). Izvestia Akad. Nauk SSSR **1947**, 159—164. MR **9**, 535. IV: 4.3.

[425] Tomlinson, N. P., M. Horowitz and C. H. Reynolds: Analog computer construction of conformal maps in fluid dynamics. J. Appl. Phys. **26**, 229—232 (1955). MR **16**, 527. IV: 4.3; A: 1.

[426] Tomotika, S., Z. Hasimoto and K. Urano: The forces acting on an aerofoil of approximate Joukowski type in a stream bounded by a plane wall. Quart. J. Mech. Appl. Math. **4**, 289—307 (1951). MR **13**, 396; Zbl **44**, 211. A: 1.

[427] —, K. Tamada and H. Umemoto: The lift and moment acting on a circular-arc aerofoil in a stream bounded by a plane wall. Quart. J. Mech. Appl. Math. **4**, 1—22 (1951). MR **13**, 396; Zbl **44**, 403. A: 1.

[428] Traupel, W.: Calculation of potential flow through blade grids. Sulzer Tech. Rev. **1945**, Nr. 1, 25—42 (1945). MR **7**, 423. I: 2.3.

[429] Trefftz, E.: Mathematische Elastizitätstheorie. Handbuch der Physik **6**, Kap. 2, S. 47—140. Berlin 1928. FdM **54**, 843. A: 2.

[430] Tricomi, F., u. M. Krafft: Elliptische Funktionen. Leipzig 1948. MR **10**, 532; Zbl **32**, 277. V: 3.1.

[431] Tsuji, M.: Potential theory in modern function theory. Tokio 1959. MR **22**, 958; Zbl **87**, 284. V: 1.0; A: 4.

[432] Tumarkin, G. C.: A sufficient condition for a domain to belong to class S. (Russisch). Vestnik Leningrad. Univ. **17**, Nr. 13, 47—55 (1962). MR **25**, 1004. III: 1.5.

[433] Ugodčikov, A. G.: Electromodelling of the problem of conformal mapping of a circle on a simply connected region given beforehand. (Russisch). Ukrain. Mat. Ž. **7**, 221—230 (1955). MR **17**, 197; Zbl **64**, 126. IV: 4.3.

[434] — Electromodelling of the conformal mapping of a circular cylinder onto a given doubly connected region. (Russisch). Ukrain. Mat. Ž. **7**, 305—312 (1955). MR **17**, 903; Zbl **66**, 370. IV: 4.3.

[435] — On the solution of the plane problem for a composite isotropic medium by means of electrical modelling of the conformal transformation. (Ukrainisch). Dopovidi Akad. Nauk Ukrain. RSR **1957**, 343—347. MR **19**, 592; Zbl **87**, 126. IV: 4.3.

[436] —, and I. I. Serebrennikova: On the electrical modelling of the conformal mapping of the exterior of a unit circle on the exterior of a given curve. (Ukrainisch). Akad. Nauk Ukrain. RSR, Prikl. Meh. **3**, 269—276 (1957). MR **23** B, 290. IV: 4.3.

[437] Ullrich, E.: Praxis der konformen Abbildung. Naturforschung und Medizin in Deutschland 1939—1946. Band 3, Teil I, 93—118. Weinheim 1953. MR **15**, 745. IV: 3.0, 4.1; A: 1, 2.

[438] Varga, R. S.: A comparison of the successive overrelaxation method and semi-iterative methods using Chebyshev polynomials. J. Soc. Indust. Appl. Math. **5**, 39—46 (1957). MR **19**, 772; Zbl **80**, 107. II: 3.5.

[439] — Orderings of the successive overrelaxation scheme. Pacific J. Math. **9**, 925—939 (1959). MR **22**, 697. II: 3.5.

[440] Vertgeim, B. A.: Approximate construction of some conformal mappings. (Russisch). Doklady Akad. Nauk SSSR **119**, 12—14 (1958). MR **20**, 966; Zbl **80**, 288. II: 4.6.

[441] Villat, H.: Le problème de Dirichlet dans une aire annulaire. Rend. Circ. Mat. Palermo **33**, 134—174 (1912). FdM **43**, 490. V: 3.1.

[442] Walsh, J. L.: On interpolation to harmonic functions by harmonic polynomials. Proc. Nat. Acad. Sci. USA **18**, 514—517 (1932). Zbl **5**, 17; FdM **58**, 505. IV: 1.1.

[443] — Interpolation and approximation by rational functions in the complex domain. Am. Math. Soc. Coll. Publ. **20**. New York 1935. Zbl **13**, 59; FdM **61**, 315. I: 1.2; III: 1.3, 1.5; V: 5.2.

[444] — On the conformal mapping of multiply connected regions. Trans. Am. Math. Soc. **82**, 128—146 (1956). MR **18**, 290; Zbl **71**, 72. V: 1.1, 4.6.

[445] — Solution of the Dirichlet problem for the ellipse by interpolating harmonic polynomials. J. Math. Mech. **9**, 193—196 (1960). MR **22**, 820; Zbl **92**, 293. IV: 1.1.

[446] —, W. E. Sewell and H. M. Elliott: On the degree of polynomial approximation to harmonic and analytic functions. Trans. Am. Math. Soc. **67**, 381—420 (1949). MR **11**, 515; Zbl **35**, 171. IV: 1.1.

[447] Warschawski, S. E.: Über einen Satz von O. D. Kellogg. Nachr. Ges. Wiss. Göttingen, Math.-Phys. Kl., **1932**, 73—86. Zbl **5**, 361; FdM **58**, 1095. I: 3.5.

[448] — On Theodorsen's method of conformal mapping of nearly circular regions. Quart. Appl. Math. **3**, 12—28 (1945). MR **6**, 207; Zbl **61**, 155. II: 1.3, 1.4.

[449] — On conformal mapping of nearly circular regions. Proc. Am. Math. Soc. **1**, 562—574 (1950). MR **12**, 170; Zbl **41**, 51. I: 3.5; II: 3.4; A: 3.

[450] — On the degree of variation in conformal mapping of variable regions. Trans. Am. Math. Soc. **69**, 335—356 (1950). MR **12**, 327; Zbl **41**, 51. A: 3.

[451] — On conformal mapping of variable regions. Nat. Bur. Standards, Appl. Math. Ser., **18**, 175—187 (1952). MR **14**, 860; Zbl **49**, 61. A: 3.

[452] — On mean convergence in conformal mapping. Arch. Math. **6**, 102—114 (1955). MR **16**, 811; Zbl **64**, 76. A: 3.

[453] — On a theorem of L. Lichtenstein. Pacific J. Math. **5**, 835—839 (1955). MR **17**, 357; Zbl **65**, 310. A: 4.

[454] — On the solution of the Lichtenstein-Gershgorin integral equation in conformal mapping: I. Theory. Nat. Bur. Standards, Appl. Math. Ser., **42**, 7—29 (1955). MR **17**, 540; Zbl **67**, 359 (Todd). I: 2.7, 3.0, 3.2, 3.3, 3.4, 3.5.

[455] — On the distortion in conformal mapping of variable domains. Trans. Am. Math. Soc. **82**, 300—322 (1956). MR **18**, 121; Zbl **70**, 301. A: 3.

[456] — Recent results in numerical methods of conformal mapping. Proceedings of Symposia in Applied Mathematics, Vol. VI, 219—250 (1956). MR **19**, 180; Zbl **73**, 110. I: 3.3, 3.5, 4.4, 5.1; II: 4.4; III: 1.5.

[457] — On differentiability at the boundary in conformal mapping. Proc. Am. Math. Soc. **12**, 614—620 (1961). MR **24** A, 253; Zbl **100**, 288. A: 4.

[458] Watson, E. J.: Formulae for the computation of the functions employed for calculating the velocity distribution about a given airofoil. Aero. Res. Council, Reports and Memoranda 2176 (1945). MR **9**, 211. II: 2.1.

[459] Weber, C., u. W. Günther: Torsionstheorie. Braunschweig 1958. MR **20**, 81; Zbl **79**, 394. A: 2.

[460] Weinberger, W.: Auftrieb und Moment von Leitwerksprofilen endlicher Dicke verschwindenden Spalts. Luftfahrt-Forsch. **17**, 3—11 (1940). FdM **66**, 1103. IV: 3.3.

[460a] Weissinger, J.: Theorie des Tragflügels bei stationärer Bewegung in reibungslosen, inkompressiblen Medien. Handbuch der Physik. Band 8/2. Strömungsmechanik II, 385—437. Berlin-Göttingen-Heidelberg 1963. A: 2.

[461] WIELANDT, H.: Error bounds for eigenvalues of symmetric integral equations. Proceedings of Symposia in Applied Mathematics, Vol. VI, 261—282 (1956). MR 19, 179. I: 4.3.

[462] WILLERS, F. A.: Methoden der praktischen Analysis (3. Aufl.). Berlin 1957. MR 19, 579; Zbl 34, 375. II: 3.3.

[463] WILSON, W. L.: On discrete Dirichlet and Plateau problems. Numer. Math. 3, 359—373 (1961). MR 25, 157. A: 5.

[464] WITTICH, H.: Bemerkungen zur Druckverteilungsrechnung nach THEODORSEN-GARRICK. Jahrb. dtsch. Luftfahrt-Forsch. 1941, 152—157. MR 9, 253. II: 2.1.

[465] — Konforme Abbildung einfach zusammenhängender Gebiete. Z. angew. Math. Mech. 25/27, 131—132 (1947). MR 9, 384; Zbl 29, 59. II: 1.3.

[466] — Konvergenzbetrachtung zum Abbildungsverfahren von THEODORSEN-GARRICK. Math. Ann. 122, 6—13 (1950). MR 12, 170; Zbl 37, 55. II: 1.3.

[467] — Konforme Abbildung schlichter Gebiete. Ann. Acad. Sci. Fenn., Ser. A. I, Nr. 249/6 (1958). MR 20, 539; Zbl 82, 61. V: 1.1, 1.2.

[468] WYNN, P.: Acceleration techniques in numerical analysis, with particular reference to problems in one independent variable. Manuskript 1962. I: 4.3.

[468a] — The rational approximation of functions which are formally defined by a power series expansion. Math. Comput. 14, 147—186 (1960). MR 22, 1237. IV: 3.1.

[469] YOSHIKAWA, H.: Sur un problème de la convergence dans la représentation conforme. Mem. Fac. Eng. Kyushu Univ. 12, 229—234 (1951). MR 14, 503. IV: 4.1; A: 3.

[470] — On the conformal mapping of nearly circular domains. J. Math. Soc. Japan 12, 174—186 (1960). MR 23 A, 329. II: 4.5.

[471] YOUNG, D.: Iterative methods for solving partial difference equations of elliptic type. Trans. Am. Math. Soc. 76, 92—111 (1954). MR 15, 562; Zbl 55, 357. II: 3.5.

[472] ZAANEN, A. C.: Linear analysis. New York-Amsterdam-Groningen 1953. MR 15, 878; Zbl 53, 256. I: 3.3.

[473] ZAKARIN, A.: On a method of successive approximations in conformal mapping. (Russisch). Izv. Akad. Nauk Kazah. SSR 1951, Nr. 62, Ser. Mat. Meh., 5, 104—118 (1951). MR 15, 303. II: 4.6.

[474] ZARANKIEWICZ, K.: Sur la représentation conforme d'un domaine doublement connexe sur un anneau circulaire. C. R. Acad. Sci. Paris 198, 1347—1349 (1934). Zbl 9, 26; FdM 60, 286. V: 5.1.

[475] — Über ein numerisches Verfahren zur konformen Abbildung zweifach zusammenhängender Gebiete. Z. angew. Math. Mech. 14, 97—104 (1934). Zbl 9, 26; FdM 60, 1207. V: 5.1.

[476] ZEITLIN, D.: Behavior of conformal maps under analytic deformation of the domain. Thesis. University of Minnesota 1957. I: 5.1.

[477] ZOLIN, A. F.: A method for approximate conformal maps. (Russisch). Izv. Vysš. Učebn. Zaved. Matematika 1960, Nr. 4 (17), 101—105. MR 24 A, 495; Zbl 100, 74. IV: 1.2.

[478] ZURMÜHL, R.: Matrizen (2. Aufl.). Berlin-Göttingen-Heidelberg 1958. MR 20, 756; Zbl 83, 4. I: 4.3; II: 2.1, 3.3; V: 5.3.

[479] ZYGMUND, A.: Trigonometrical series. Warschau 1935. Zbl 11, 17; FdM 61, 263. II: 1.1, 1.3; V: 3.3.

[480] — Trigonometric series, Vol. II (2. ed.). New York 1959. MR 21, 1208; Zbl 85, 56. II: 2.1.

Nachträge

Während der Drucklegung des vorliegenden Buches wurde der Verf. noch auf folgende Arbeiten und Bücher aufmerksam.

1. In Kap. III (148 Seiten) des von GRAM (MR **26, 1351**) herausgegebenen Sammelbandes "Selected numerical methods" werden verschiedene Methoden zur Durchführung von konformen Abbildungen einfach- und zweifachzusammenhängender Gebiete besprochen. Besonders ausführlich werden die Integralgleichungsmethoden von ROYDEN und GERSCHGORIN, sowie eine der Methoden von KANTOROWITSCH behandelt. Den beiden letztgenannten Verfahren sind ALGOL-Programme beigefügt, und es wird über einige Experimente berichtet.

2. DZJADYK (MR **27, 66** und 938) behandelt die Güte der Approximation einer in einem Gebiet G regulären, in $\overline{G}$ stetigen Funktion $f(z)$, wobei der Rand C von G stückweise stetig gekrümmt ist, aber Ecken aufweisen darf. Die Resultate sind im Zusammenhang mit Kap. III, § 1 wichtig.

3. Schließlich ist soeben eine Neuauflage von BETZ [33] erschienen. Die Gesamtanlage des Buches und die besondere Betonung der Anwendungen der konformen Abbildung auf Strömungsprobleme sind geblieben. Näherungsmethoden der konformen Abbildung werden nur kurz behandelt.

12. Mai 1964

Sachverzeichnis